Excel
数据处理与分析实战宝典

耿勇 编著

第2版

电子工业出版社
Publishing House of Electronics Industry
北京·BEIJING

内 容 简 介

随着数据时代的来临，Excel 的数据处理与分析能力对职场人士而言是一项必备的职业技能，数据处理与分析能力也正在成为组织的核心竞争力。本书并没有对 Excel 的各个功能进行全面介绍，而是侧重于 Excel 数据处理与分析在实际工作中的应用，书中精选了众多的技巧和经典案例，并辅以深入浅出的解析，力求让更多希望深入掌握 Excel 数据处理与分析技巧的读者取得长足的进步。

本书从实际工作应用出发，重点介绍了数据处理的重要技巧及函数的应用，特别是数据清理技术的应用能让读者对数据去伪存真，掌握数据主动权，全面掌控数据；Excel 中 SQL、数据透视表、Power Query、PowerPivot、VBA 的应用重在挖掘隐藏的数据价值，轻松整合海量数据；各种图表类型的制作技巧及 Power View 的应用可展现数据可视化效果，让数据说话。

本书内容丰富，图文并茂，既适合 Excel 中高级用户阅读，也可作为 Excel 初学者的参考用书。通过对本书的学习，读者可以学到数据处理与分析的科学工作方法，快速掌握各种 Excel 数据处理与分析技巧。

本书附赠内容包括超大容量的教学视频及典型函数与公式案例。

未经许可，不得以任何方式复制或抄袭本书之部分或全部内容。
版权所有，侵权必究。

图书在版编目（CIP）数据

Excel 数据处理与分析实战宝典 / 耿勇编著. —2 版. —北京：电子工业出版社，2019.1
ISBN 978-7-121-35459-5

Ⅰ. ①E… Ⅱ. ①耿… Ⅲ. ①表处理软件 Ⅳ. ①TP391.13

中国版本图书馆 CIP 数据核字（2018）第 255243 号

策划编辑：李利健
责任编辑：李云静

印　　刷：北京捷迅佳彩印刷有限公司
装　　订：北京捷迅佳彩印刷有限公司
出版发行：电子工业出版社
　　　　　北京市海淀区万寿路 173 信箱　邮编：100036
开　　本：787×980　1/16　印张：29　字数：660 千字
版　　次：2017 年 1 月第 1 版
　　　　　2019 年 1 月第 2 版
印　　次：2020 年 8 月第 5 次印刷
定　　价：89.00 元

凡所购买电子工业出版社图书有缺损问题，请向购买书店调换。若书店售缺，请与本社发行部联系，联系及邮购电话：（010）88254888，88258888。
质量投诉请发邮件至 zlts@phei.com.cn，盗版侵权举报请发邮件至 dbqq@phei.com.cn。
本书咨询联系方式：010-51260888-819，faq@phei.com.cn。

推荐序

随着信息技术的迅猛发展与应用，数据呈现出海量、多样与快速三大特点，并已渗透到当今各行业和业务职能领域，成为重要的生产因素，深刻影响到技术、商业、法律、社会规范等人类生活的方方面面。数据作为与人、财、物比肩的资源，正在成为组织的财富和创新的基础，数据分析能力正在成为组织的核心竞争力。

既然数据在当今社会中如此重要，那么我们如何获取、处理和分析数据呢？Excel 已经是广大用户经常使用的一个数据处理和分析工具，也是应用最广泛的电子表格处理软件之一。Excel 从 1997 版、2003 版到 2016 版，一直处于不断完善和改进中，实用易学。随着大数据浪潮的来临，Excel 的商务智能化、可视化效果、数据交互功能越来越受到广大用户的喜爱。然而，不少用户存在着"Excel 不过如此"和"Excel 只是一个数据统计表格"等肤浅认识，在 Excel 的使用上也是浅尝辄止，没有进一步领略 Excel 的数据处理与分析能力，当然更谈不上如何利用 Excel 的强大功能来提高工作效率和管理水平了。

本书并没有对 Excel 的各个功能进行全面介绍，只是就 Excel 中的重要知识点结合实例进行重点详述和拓展应用，其中也有 Excel 2013 中新功能的一些说明和使用技巧。无论是要在 Excel 中进行数据清理、导入/导出数据，还是利用 Power 系列处理数据，或是在 Excel 中创建图表，如何完成这些任务尽在本书的讲解中。本书主要结合公司实际环境下的应用实例来讲解各种数据处理与分析技术，注重点面结合，同时还注重逻辑思维的拓展，以便培养读者的数据观察与函数构建能力。学习完本书若干章节和附录中有关数据规范性的相关知识后，相信对读者 Excel 数据应用水平的提升会有所裨益。

张学才

国家开发银行高级经济师

前 言

本书的组织架构

本书以 Excel 2013 为基准平台，兼顾早期版本的不同点，使新旧用户都能快速掌握 Excel 应用技巧，积累 Excel 应用知识。

全书共 16 章，另外还有一个附录，主要内容如下。

第 1 章：数据处理基本技巧。本章通过实例形式阐述数据处理的各种基础技巧。

第 2 章：数据专项处理技巧。本章包含条件格式、排序、筛选、汇总、合并计算、定义名称、分列、数据导入/导出等方面的内容，着重介绍了数据清理方法及 SQL 语句在数据查询中的应用。

第 3、4 章：数据透视表，包括数据透视表的基础应用、扩展、PowerPivot 与数据透视表、数据模型，以及 Power Query 应用实例。

第 5~12 章：Excel 公式与函数。这里主要通过实例的形式展示在 Excel 中执行计算工作的公式与函数，以及重点函数的应用。

第 13 章：函数与公式的综合应用。本章主要展示函数与公式在解决实际工作复杂问题中的应用。

第 14、15 章：Excel 图表制作。这里通过一些实例介绍 Excel 图表制作以及利用 Power View 制作 BI 图。

第 16 章：VBA 在数据处理中的应用。本章主要介绍几个常用的 VBA 数据处理实例。

本书附录部分介绍如何用数据标准化思维规范数据和如何养成良好的数据处理习惯。

读者对象

本书面向的读者群包括 Excel 中高级用户和从事 Excel 开发的相关 IT 人员。因此，读者在阅读本书前应具备使用 Windows 操作系统且至少具有 Excel 2007 的使用经验，并了解键盘和鼠标在 Excel 中的一些使用方法，掌握 Excel 的一些基本功能和常用命令按钮的操作方法。

前 言

致谢

本书主要由耿勇编写，参与编写的人员还有刘钰、俞丹、龚学雷和谭春成。

感谢"魔术师中的笨小孩们"QQ 群的各位朋友、ExcelHome 在线培训教管团队，以及 ExcelHome 网站站长周庆麟、知名版主祝洪忠老师和各位同事对本书的支持与帮助，他们分别是赵兰、张飞燕、朱楠、李敏、彭智勇、时坤、文雪儒、刘欣悦、王永州等，在此向这些最可爱的人表示由衷的感谢。

学习 Excel 的方法

作为 ExcelHome 论坛培训中心助教和公司 Excel 培训讲师，我经常会面对这样的提问："如何学习 Excel？""怎么样才能快速成为 Excel 高手？"然而，这些问题并不好直接回答。

在这里，我只想说：Excel 的学习是一个循序渐进的过程，没什么秘籍或绝招可以让我们在短期内成为高手。笔者认为，只有具备积极的心态、正确的方法并持之以恒地努力，才能学有所长。

回首自己学习 Excel 的经历，正应了"非学无以广才，非志无以成学"这句话。最初的胆怯心态并不可怕，最可怕的是心态浮躁、难以静下心来学习。面对数据处理与分析，我们不必浪费大把的时间去学习那些令人生畏的大型数据库软件或者各种程序设计语言。只要你花点时间，静下心来读一本 Excel 的书，练一练 Excel 数据处理技巧，相信对工作中遇到的绝大部分数据处理与分析问题都可游刃有余地解决。

学习 Excel 的方式如下：阅读相关图书，用 Office 自带的联机帮助，问身边的同事，用网络搜索解决问题等。其中在网络搜索时需要注意，问题表述要尽可能准确。在互联网时代，有关 Excel 数据处理应用的文章、动画、视频非常多，这些都是我们学习的资源。学习 Excel，实践最重要，正可谓你听见了会忘记，你看见了就记住了，你做了就明白了。而这其中听一看一做就是学习 Excel 的最佳结合，在做中学，在学中做，多练习是最好的方法，只有多练，才能将其转化为自己所有。

随着信息技术的飞速发展，Excel 数据处理技术也日新月异。从 Excel 1997/Excel 2003 更新升级到 Excel 2016，无论是用户界面还是其交互功能，Excel 的数据处理方式越来越人性化。因此，随着 Excel 的升级，用户也应花点时间去了解和学习新版本 Excel 的新功能，而不能故步自封、裹足不前。

为方便读者学习，本书还附赠超大容量的教学视频及典型函数与公式案例，其下载地址为 http://www.broadview.com.cn/35459。

耿 勇
2019 年 1 月

读者服务

轻松注册成为博文视点社区用户（www.broadview.com.cn），扫码直达本书页面。

- **下载资源**：本书提供示例代码及资源文件，可在 下载资源 处下载。
- **提交勘误**：您对书中内容的修改意见可在 提交勘误 处提交，若被采纳，将获赠博文视点社区积分（在您购买电子书时，积分可用来抵扣相应金额）。
- **交流互动**：在页面下方 读者评论 处留下您的疑问或观点，与我们和其他读者一同学习交流。

页面入口：http://www.broadview.com.cn/35459

目 录

第1章 数据处理基本技巧 1

  1.1 认识 Excel 表格 1

    1.1.1 Excel 表格中的对象 2

    1.1.2 认识 Excel 超级表 3

  1.2 数据验证的强大功能 4

    1.2.1 数据验证应用之一：规范数据输入 5

    1.2.2 数据验证应用之二：制作二级下拉菜单 6

    1.2.3 名称管理器突破数据验证的限制 8

    1.2.4 数据验证圈释无效数据 10

  1.3 神奇的选择性粘贴 11

    1.3.1 数据位置不变实现万元来回切换 12

    1.3.2 选择性粘贴清除超链接 13

    1.3.3 选择性粘贴转换数据类型 14

    1.3.4 跳过空单元格 14

  1.4 查找和替换 15

    1.4.1 批量清除单元格中的空格或换行符 16

    1.4.2 批量替换公式 18

    1.4.3 批量替换通配符*或? 18

    1.4.4 批量插入年份 19

    1.4.5 垂直数据转换为水平数据 20

  1.5 奇妙的定位条件 22

    1.5.1 由上向下批量填充 23

- 1.5.2 左右批量填充 ... 25
- 1.5.3 阶梯状批量填充 ... 27
- 1.5.4 删除对象实现文件瘦身 ... 29
- 1.5.5 定位空值实现批量求和 ... 30
- 1.6 创建、关闭输入超链接 ... 31
  - 1.6.1 创建超链接 ... 31
  - 1.6.2 关闭输入超链接 ... 34
- 1.7 单元格格式设置 ... 34
  - 1.7.1 认识各种数据格式 ... 34
  - 1.7.2 空单元格与空文本 ... 35
  - 1.7.3 自定义单元格格式 ... 36
  - 1.7.4 合并单元格 ... 40
- 1.8 基本技巧综合应用案例 ... 42
  - 1.8.1 提取混合单元格中的数字 ... 42
  - 1.8.2 查找和替换的妙用 ... 45

第2章 数据专项处理技巧 ... 48

- 2.1 条件格式 ... 48
  - 2.1.1 认识条件格式 ... 48
  - 2.1.2 条件格式的简单应用 ... 49
  - 2.1.3 用四色交通灯标示财务状态 ... 51
  - 2.1.4 对查询的数据高亮显示 ... 52
  - 2.1.5 标识两列中不同的物料名称 ... 54
- 2.2 排序、筛选与分类汇总 ... 56
  - 2.2.1 排序、筛选与分类汇总对数据的要求 ... 56
  - 2.2.2 按图标集进行数据排序 ... 57
  - 2.2.3 使用自定义序列排序 ... 58
  - 2.2.4 利用排序生成成绩单 ... 61
- 2.3 合并计算 ... 63
  - 2.3.1 利用公式合并计算 ... 63
  - 2.3.2 按位置进行合并计算 ... 64
  - 2.3.3 按项目进行合并计算 ... 66
  - 2.3.4 利用合并计算对比差异 ... 66

目 录

- 2.4 名称管理器 ... 69
  - 2.4.1 认识名称管理器 ... 69
  - 2.4.2 创建名称的 3 种方式 ... 69
  - 2.4.3 名称在函数中的应用：合并报表编制 ... 72
- 2.5 数据分列 ... 73
  - 2.5.1 固定宽度的数据分列 ... 73
  - 2.5.2 对 SAP 屏幕中复制出来的数据分列 ... 75
  - 2.5.3 按分隔符号进行数据分列 ... 76
  - 2.5.4 利用分列改变数据类型 ... 77
  - 2.5.5 快速填充处理无法分列的数据 ... 79
- 2.6 数据异常处理 ... 80
  - 2.6.1 数据异常的常见问题及处理技巧 ... 80
  - 2.6.2 记事本程序"捉妖记" ... 81
  - 2.6.3 利用函数清理异常数据 ... 83
  - 2.6.4 利用分列清理异常数据 ... 83
  - 2.6.5 利用 Word 清理异常数据 ... 85
  - 2.6.6 无法插入列或行表格的处理 ... 86
  - 2.6.7 删除重复数据 ... 87
  - 2.6.8 利用 SQL 语句实现文件的瘦身 ... 89
  - 2.6.9 利用剪贴板处理同一列中带不同货币符号的数据 ... 92
- 2.7 数据的导入与导出 ... 94
  - 2.7.1 Excel 数据的导入、导出简介 ... 94
  - 2.7.2 Excel SQL 基础知识 ... 95
  - 2.7.3 使用 OLE DB 导入外部数据 ... 98
  - 2.7.4 使用 Microsoft Query 查询外部数据 ... 103
  - 2.7.5 联合查询、子查询 ... 111
  - 2.7.6 SQL 与数据透视表 ... 114
  - 2.7.7 导入文本格式的数据 ... 121
  - 2.7.8 导出到文本文件 ... 124
- 2.8 数据专项处理技巧综合案例 ... 125
  - 2.8.1 巧用批量插入行 ... 125
  - 2.8.2 批量合并单元格 ... 128

第 3 章 数据透视表基础 ... 131

- 3.1 认识数据透视表 ... 131
- 3.2 制作数据透视表的一般步骤 ... 133
- 3.3 数据透视表的修改及其布局调整 ... 135
- 3.4 数据透视表的格式设置 ... 140
- 3.5 数据透视表值字段的设置 ... 148

第 4 章 数据透视表与 Power 系列 ... 153

- 4.1 在数据透视表中定义公式 ... 153
- 4.2 对数据透视表中的项进行组合 ... 158
- 4.3 利用名称创建动态数据透视表 ... 167
- 4.4 切片器在数据透视表中的应用 ... 169
- 4.5 日程表在数据透视表中的应用 ... 174
- 4.6 单页字段数据透视表 ... 176
- 4.7 利用数据透视表拆分表格 ... 180
- 4.8 利用数据透视表转换表结构 ... 184
- 4.9 PowerPivot 和数据透视表 ... 188
- 4.10 使用数据模型 ... 191
- 4.11 利用 PowerPivot 和切片器制作销售看板 ... 195
- 4.12 Power Query 逆操作二维表 ... 204
- 4.13 利用 Power Query 实现发货标签数据整理 ... 207
- 4.14 多表数据关联关系的基本概念 ... 212
- 4.15 利用 Power Query 展开 BOM 计算产品材料成本 ... 214
- 4.16 利用 Power Query 拆分连续号码查找差异 ... 225

第 5 章 Excel 函数与公式 ... 230

- 5.1 函数与公式基础 ... 230
- 5.2 公式中的引用 ... 233
- 5.3 公式的查错与监视 ... 238

第 6 章 逻辑函数 ... 242

- 6.1 逻辑函数概述 ... 242
- 6.2 逻辑函数案例：个人所得税计算 ... 244

目 录

- 6.3 逻辑函数综合应用1：业务员星级评定 ... 246
- 6.4 逻辑函数综合应用2：应收账款账龄分析模型 ... 246
- 6.5 利用IF函数实现数据的批量填充 ... 247

第7章 求和、统计函数 ... 249

- 7.1 求和、统计函数概述 ... 249
- 7.2 求和、统计函数应用案例 ... 250
  - 7.2.1 多条件求和公式 ... 250
  - 7.2.2 模糊条件求和 ... 255
  - 7.2.3 几种特殊方式求和 ... 256
  - 7.2.4 条件计数 ... 258
  - 7.2.5 筛选状态下的SUBTOTAL函数 ... 260
  - 7.2.6 不重复数据统计 ... 262
  - 7.2.7 频率分布 ... 263
  - 7.2.8 不重复排名与中国式排名 ... 265
  - 7.2.9 线性插值法的应用 ... 265
  - 7.2.10 舍入函数的应用 ... 267
  - 7.2.11 上下限函数的应用 ... 270

第8章 查找与引用函数 ... 272

- 8.1 查找与引用函数概述 ... 272
- 8.2 VLOOKUP函数应用案例 ... 273
  - 8.2.1 按列查找 ... 273
  - 8.2.2 逆向查找 ... 273
  - 8.2.3 多条件查找 ... 274
  - 8.2.4 一对多查找 ... 275
  - 8.2.5 模糊查找 ... 276
  - 8.2.6 巧用VLOOKUP核对银行账 ... 277
  - 8.2.7 VLOOKUP的常见错误类型及解决方法 ... 279
- 8.3 LOOKUP函数应用案例 ... 280
  - 8.3.1 LOOKUP向量和数组查找基础 ... 280
  - 8.3.2 数组型查找 ... 281
  - 8.3.3 分组查找 ... 282

8.3.4 单一条件查找 ... 283
8.3.5 多条件查找 ... 284
8.3.6 在合并单元格内查找 ... 285
8.4 INDEX 函数 ... 286
8.4.1 INDEX 函数的基本用法 ... 286
8.4.2 INDEX 函数的引用形式 ... 286
8.4.3 执行双向查找 ... 287
8.4.4 创建动态区域 ... 288
8.5 OFFSET 函数 ... 291
8.5.1 OFFSET 函数的基本用法 ... 291
8.5.2 在二维区域内查找 ... 291
8.5.3 储值卡余额的计算及查询 ... 292
8.5.4 OFFSET 与动态数据验证 ... 294
8.5.5 按关键字设置智能记忆式下拉菜单 ... 295
8.6 INDIRECT 函数 ... 296
8.6.1 认识 INDIRECT 函数 ... 296
8.6.2 汇总各分表数据 ... 298
8.6.3 查询特殊分表数据 ... 300
8.6.4 查询区域中的倒数第二个数 ... 301
8.6.5 按最近值查询 ... 302
8.7 HYPERLINK 函数 ... 303
8.7.1 建立超链接并高亮显示数据记录 ... 303
8.7.2 编制工作表目录 ... 304
8.7.3 取得硬盘指定目录下的文件名 ... 305

第 9 章 日期与时间函数 ... 308
9.1 认识日期与时间的本质 ... 308
9.2 返回与月份相关的数据 ... 309
9.3 与星期、工作日有关的函数 ... 310
9.4 利用假日函数巧解票据缺失问题 ... 311
9.5 隐藏 DATEDIF 函数 ... 312
9.6 时间函数计算应用实例 ... 314

目　录

第10章　文本函数 316

- 10.1　常见的文本函数 316
- 10.2　文本函数基础 317
- 10.3　两组文本函数用法的比较 318
- 10.4　分离中英文 319
- 10.5　根据多个关键字确定结果 320
- 10.6　从路径中提取文件名 321
- 10.7　付款模板设计 322
- 10.8　从文本中分离物料代码 323
- 10.9　"文本函数之王"——TEXT 函数 325

第11章　信息函数 328

- 11.1　常见的信息函数 328
- 11.2　检验数据类型函数 328
- 11.3　CELL 函数及其应用 329
  - 11.3.1　CELL 函数概述 329
  - 11.3.2　CELL 函数应用 330
- 11.4　根据关键字设置智能模糊查询 331

第12章　数组公式 334

- 12.1　数组公式的概念与特性 334
- 12.2　单一单元格数组公式 337
  - 12.2.1　单一单元格数组公式的两个实例 337
  - 12.2.2　MMULT 函数应用 339
  - 12.2.3　应收账款余额账龄的计算 341
  - 12.2.4　一对多查询经典应用 342
- 12.3　多单元格数组公式 344
  - 12.3.1　条件求和 344
  - 12.3.2　按年龄段统计辞职人数的频率分布 345
  - 12.3.3　预测未来值 346

第13章　函数与公式的综合应用 348

- 13.1　循环引用与迭代计算 348

13.2　随机函数的应用 350
13.3　规划求解的应用 351
13.4　直线法折旧计算表 354
13.5　先进先出法计算库存物料的账龄 356

第 14 章　Excel 图表制作技巧 359

14.1　Excel 图表制作基础 359
14.1.1　认识 Excel 图表要素 359
14.1.2　Excel 图表制作原则 360
14.1.3　Excel 数据关系与图表选择 361
14.1.4　图表制作的注意事项 362

14.2　Excel 图表制作技巧系列 364
14.2.1　快速向图表追加数据系列 364
14.2.2　让折线图从纵坐标轴开始 365
14.2.3　设置图表互补色 366
14.2.4　图表配色原则和取色方法 366
14.2.5　自动绘制参考线 367
14.2.6　将数据错行与空行组织 368
14.2.7　使用涨/跌柱线显示预算与实际差异 370
14.2.8　添加误差线 372
14.2.9　绘图前的数据排序 375
14.2.10　用颜色区分业绩高低的柱形图 377
14.2.11　居于条形图之间的分类轴标签 379

第 15 章　专业图表制作 382

15.1　圆环图 382
15.2　弧线对比图 384
15.3　气泡图 386
15.4　矩阵图 389
15.5　平板图 392
15.6　不等宽柱形图 394
15.7　滑珠图 397
15.8　不等距纵坐标图形 400

目录

- 15.9 百分比堆积柱形图 404
- 15.10 利用数据验证创建动态图形 407
- 15.11 本量利分析动态图 409
- 15.12 利用名称与控件制作动态图形 413
- 15.13 Power View 基础 417
- 15.14 Power View BI 图 420

第 16 章 VBA 在数据处理中的应用 424

- 16.1 制作目录链接报表 424
- 16.2 利用循环分解连续发票号码 425
- 16.3 VBA 自定义函数 427
- 16.4 合并工作表 430
- 16.5 合并工作簿 431
- 16.6 将工作簿中的多张工作表批量复制到总表 434
- 16.7 简易报价单系统 436

附录 A 用数据标准化思维规范数据 438

第 1 章 数据处理基本技巧

1.1 认识 Excel 表格

全球知名咨询公司麦肯锡称:"数据已经渗透到当今每一个行业和业务职能领域,并成为重要的生产因素。人们对海量数据的挖掘和运用,预示着新一轮生产率增长和消费者盈余浪潮的到来。"数据作为与人、财、物比肩的资源,正在成为组织的财富和创新的基础,数据分析能力正在成为组织的核心竞争力。

Excel 是美国微软公司推出的办公自动化系列 Office 应用软件中用于表格数据处理的应用软件,也是应用最广泛的电子表格软件。Excel 是一个分析数据的极佳工具,并且它经常用于处理数据、汇总数据,并以表格和图形的形式展现数据信息。Excel 数据处理方式已成为通用标准。可以说,Excel 的魅力就在于它多种多样的数据处理方式。

具体地讲,Excel 表格有以下几个具体用途。

★ 数据运算:可以通过各种基本编辑命令、排序、筛选、分类汇总、数据透视表、公式与函数等处理数据。

★ 数据存储:可将数据保存在 Excel 表格中供用户使用。

★ 创建各种图形:用各种专业化的图形直观地展现数据特点,即数据图表化。

★ 具有较强的数据交互功能,可以导入外部数据、导出数据。

★ 自动处理各种复杂任务：通过 Excel VBA 功能，可以高效地执行重复乏味的任务。

用 Excel 进行数据处理的目的主要有以下两方面。

★ 制作报表、图表。

★ 利用 Excel 进行数据分析，帮助管理者进行判断和决策。

1.1.1　Excel 表格中的对象

Excel 表格从形状上看是一个矩形的数据区域，该区域由若干个单元格组成，单元格是由行和列交叉决定的，如同坐标系中横坐标、纵坐标交叉决定一个坐标点，单元格是 Excel 表格基本的构成要素。因此，在学习 Excel 知识前，有必要先了解一下 Excel 表格中的对象，其对象分类如图 1-1 所示。

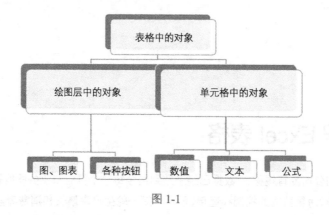

图 1-1

我们接触得最多的是单元格中的对象，单元格中对象的数据类型可分为数值（日期和时间也属于数值）、文本、公式 3 种。

★ 数值：就是可以进行数学运算的数据，例如，价格、数量、百分比。其中日期与时间值在 Excel 中被存为数值形式，它拥有数值所具备的一切运算功能，属于一种特殊的数值。

★ 文本：就是文字信息，它不能参与数学运算。常见的文本如姓名、性别、身份证号码等。

★ 公式：就是对某个计算方法的描述，是为了解决某个计算问题而设置的计算式。公式主要分为普通公式、数组公式和命名公式（即定义名称的公式）。Excel 公式通过计算式来返回值，Excel 常见的返回值有数字、文本、逻辑值和错误值。

因此，从 Excel 数据类型来看，可以分为 4 种：文本、数值、逻辑值、错误值。在默认情况下，文本是左对齐的，数值是右对齐的，逻辑值和错误值是居中对齐的。

绘图层中的对象主要包括图、图表（图主要指的是在表格中插入的图片、联机图片、形状、SmartArt 和屏幕截图等，图表则是依据表格单元格中的数据制作的图形），以及按钮和其他对象等。

第 1 章 数据处理基本技巧

这些对象不在单元格中,而驻留在工作表格的绘图层中(绘图层是每张工作表中不可见的层)。

1.1.2 认识 Excel 超级表

绝大多数 Excel 数据处理者都将具有一定行数和列数构成的单元格数据区域看成表,从严格意义上讲,这样的区域只能被称为数据区域,不能被称为"表",但这种数据区域可快速地创建成表。选择区域内的任意单元格,单击"插入"选项卡下"表格"分组中的"表格"按钮,Excel 会自动弹出"创建表"对话框,如图 1-2 所示,完成上述操作后,数据区域会被转换为表格。

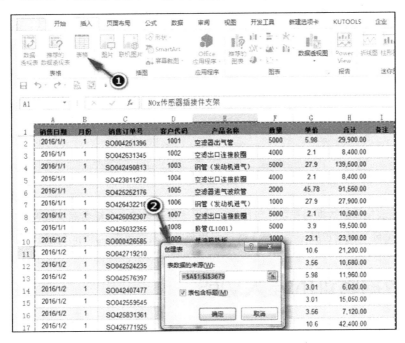

图 1-2

此时可以看到原来的 Excel 数据区域发生了一些变化:表格标题变成了加粗字体,每行数据的背景色变成了深浅相间的样式,这就是 Excel "超级表"(又称智能表)。

> **提示** 数据区域中如果包含空白行或空白列,Excel 选择的区域会出现错误,这时可单击"设计"选项卡下的"转换为区域"或者撤销创建表,删除所有的空白行列,然后进行创建表的操作。

超级表具有如下特点。
- ★ 选择表中的任意单元格,在功能区中将出现"表格工具"→"设计"选项卡。
- ★ 可直接在表格中创建切片器进行灵活的数据筛选。

3

★ 在表格列中定义公式会自动扩展至该列的其他单元格中。

★ 如果在表格右侧加入新列或者在表格下方的行中添加新的数据记录,表格会自动扩充以包含新列或新行。

用于表格的切片器是 Excel 2013 的一项新功能,如图 1-3 所示,此前的切片器在 Excel 2010 中只能用于数据透视表中。

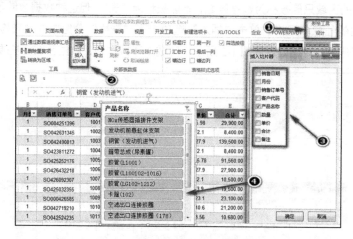

图 1-3

基于超级表制作的数据透视表(包括超级数据透视表)等,会随着表格数据行或者列的增加(或者减少)而随之自动扩展(或压缩)数据引用范围。只需单击"刷新"按钮,即可更新数据。

1.2 数据验证的强大功能

"数据验证"在 Excel 2010 及以下版本中被称为"数据有效性",它允许用户设置一些规则,用于规定单元格中输入的数据。例如,某科目考试成绩满分为 100 分,如果输入大于 100 或者小于 0 的非法数据,会自动弹出如图 1-4 所示的警告错误信息。

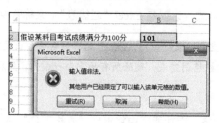

图 1-4

第 1 章　数据处理基本技巧

使用 Excel 设置数据验证的验证条件类型可在"数据验证"对话框中"设置"选项卡下的"允许"下拉列表框查看到，主要类型有任何值、整数、小数、列表、日期、时间、文本长度、自定义。

在"数据验证"对话框中的"设置"选项卡下还有"忽略空值"和"对有同样设置的所有其他单元格应用这些更改"两个复选框。

★ 忽略空值：如果选择此复选框，则允许为空值。
★ 对有同样设置的所有其他单元格应用这些更改：如果选择此复选框，则所做的更改可应用于其他已设置数据验证的其他单元格。

提示　Excel"数据验证"功能存在的一个问题是，如果用户复制一个不具有"数据验证"功能的单元格，并且将其粘贴到已经设置"数据验证"的单元格区域中，则会破坏已设置"数据验证"的单元格区域的"数据验证"功能。

"数据验证"最常见的用途如下。

★ 可以对单元格的输入数据进行条件限制，防止无效数据的录入，并圈释无效数据。
★ 在单元格中创建下拉列表菜单，方便用户选择输入。
★ 通过下拉列表菜单可以实现数据源动态选择，用于制作动态图形。

1.2.1　数据验证应用之一：规范数据输入

公司部门一般有"财务部、采购部、销售部、生产部、行政部、质量部、技术部、工程部、人事部"等名称，如果部门名称不统一，会给数据处理和分析带来诸多不便。现对表格中的"部门"所在列设置"数据验证"，步骤如下。

选择 E2 单元格，单击"数据"选项卡下的"数据验证"，弹出"数据验证"对话框。在"设置"选项卡的"允许"下拉列表中选择"序列"，在"来源"编辑框中输入"财务部,采购部,销售部,生产部,行政部,质量部,技术部,工程部,人事部"，完成后单击"确定"按钮，关闭"数据验证"对话框，如图 1-5 所示。

如果要使"数据验证"具有更强大的防错功能，还可以在"数据验证"对话框中的"出错警告"选项卡下"错误信息"处输入"请输入正确的部门！"，单击"确定"按钮，关闭"数据验证"对话框，如图 1-6 所示。当输入数据错误时，会自动阻止不正确的数据输入。

图 1-5

图 1-6

如果要将此单元格中的"数据验证"功能应用到此列其他单元格中,可以直接拖动复制 E2 单元格到其他单元格区域中。也可以使用这种方法:"复制"此单元格,弹出"选择性粘贴"对话框,选择"粘贴"选项卡下的"验证"。

提示 各部门名称之间的逗号必须以英文半角的逗号隔开,而不能用全角的逗号,否则 Excel 会将逗号前后的值作为一个选项。

设置"数据验证"时也可在"来源"编辑框中直接选择事先在某列中输入的部门系列单元格区域,如图 1-7 所示。但此列不能删除,否则已经设置的"数据验证"会失去。

图 1-7

1.2.2 数据验证应用之二:制作二级下拉菜单

在如图 1-8 所示的 E 列和 F 列设置"数据验证",以达到在 E 列单元格选择相应省份时,在 F 列单元格可以选择所在省份对应城市的目的。

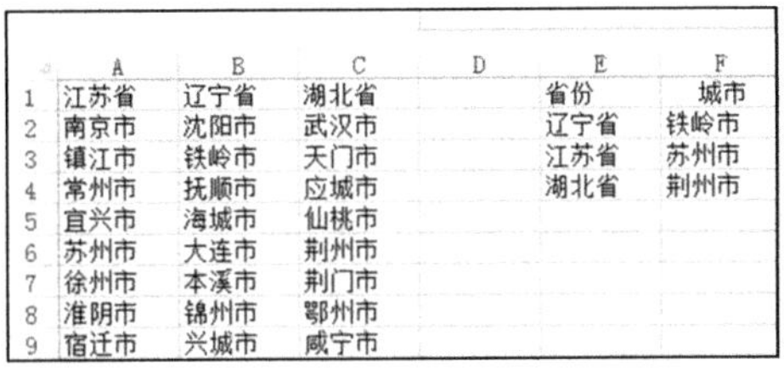

	A	B	C	D	E	F
1	江苏省	辽宁省	湖北省		省份	城市
2	南京市	沈阳市	武汉市		辽宁省	铁岭市
3	镇江市	铁岭市	天门市		江苏省	苏州市
4	常州市	抚顺市	应城市		湖北省	荆州市
5	宜兴市	海城市	仙桃市			
6	苏州市	大连市	荆州市			
7	徐州市	本溪市	荆门市			
8	淮阴市	锦州市	鄂州市			
9	宿迁市	兴城市	咸宁市			

图 1-8

STEP 01 选中 A1 单元格，单击“公式”选项卡下的“定义名称”，弹出“新建名称”对话框，“名称”自动默认为首个单元格中的文本“江苏省”，在“引用位置”处点选红色箭头，选择 A2:A9 单元格区域，单击“确定”按钮，关闭“新建名称”对话框，如图 1-9 所示。用同样的方法设置“辽宁省”和“湖北省”名称。

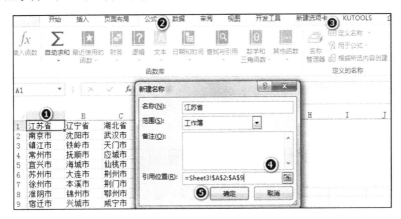

图 1-9

STEP 02 在 E2 单元格设置“省份”的“数据验证”功能，依照 1.2.1 节的方法设置，如图 1-10 所示。

STEP 03 在 F2 单元格设置“城市”的“数据验证”功能，在“数据验证”对话框的“来源”编辑框中输入=INDIRECT($E2)，如图 1-11 所示，单击“确定”按钮，关闭“数据验证”对话框。将 E2、F2 单元格的“数据验证”应用于同列其他单元格。

　　　图 1-10

　　　图 1-11

在 E2 单元格中随意选择"省份",然后可在 F2 单元格的下拉列表框中选择对应的"城市"名称,这样就实现了二级下拉菜单的制作。

> **提示** 作为数据验证第一级的名称,在数据源区域第一行的名称不能是
>
> ★ 阿拉伯数字,例如,"二"不能写作"2";
>
> ★ 不能以 R 或/开头。

1.2.3　名称管理器突破数据验证的限制

数据验证设置时要求,序列的源数据区必须是单行或单列的。如果选择多列区域,则会弹出如图 1-12 所示的警告窗口。

图 1-12

如何使多列数据出现在序列列表中呢?现利用名称管理器定义名称以突破数据验证限制,步骤如下。

STEP 01 选中 A1 单元格,单击"公式"选项卡下的"定义名称",弹出"新建名称"对话框,"名称"自动默认为首个单元格中的文本"部门",在"引用位置"处点选红色箭头,选择 A2:A7

单元格区域，单击"确定"按钮，关闭"新建名称"对话框，如图 1-13 所示。

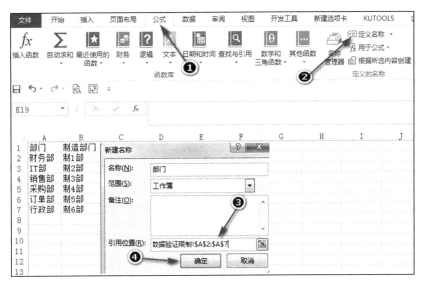

图 1-13

STEP 02 设置数据验证，来源区域设置为该名称"部门"，如图 1-14 所示。

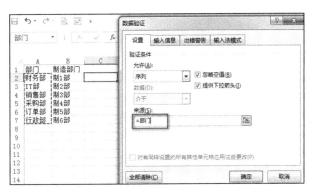

图 1-14

STEP 03 在"名称管理器"对话框中，重新编辑"名称"的数据区，使之包括多行或多列，这里选择 A2:B7 单元格区域，然后单击"关闭"按钮，如图 1-15 所示。

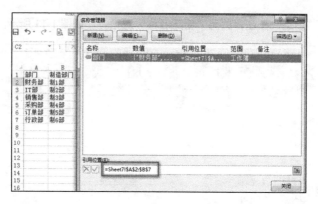

图 1-15

接下来在 C2 单元格中，我们会发现现在数据验证下拉列表中已经包含多个数据，如图 1-16 所示。

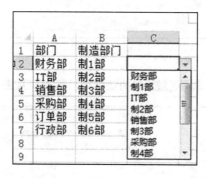

图 1-16

1.2.4 数据验证圈释无效数据

使用 Excel 数据验证功能可以圈出无效的数据，如图 1-17 所示，假设这是某班级的成绩，成绩的范围介于 0~120 分之间。

选定 B2:D16 这组数据，单击"数据"选项卡下的"数据验证"按钮，在"数据验证"对话框"设置"选项卡中的"验证条件"下设置成绩的范围：0~120，如图 1-18 所示。

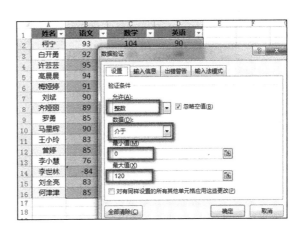

图 1-17　　　　　　　　　　　　　图 1-18

回到"数据"选项卡中，单击"数据验证"按钮下的"圈释无效数据"，可以看到无效的数据都被椭圆圈出来了，如图 1-19 所示，据此可以更正数据输入。

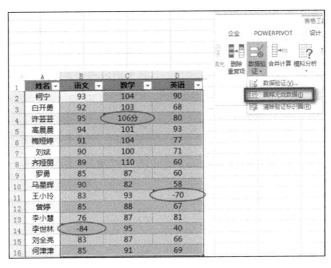

图 1-19

1.3　神奇的选择性粘贴

"选择性粘贴"是 Excel 的强大功能之一。

Excel 选择性粘贴的对话框如图 1-20 所示，我们可以把它划成 4 个区域，即"粘贴""运算""特殊处理""按钮区域"。其中，粘贴方式、运算方式、特殊处理设置相互之间可以同时使用。

- ★ "全部"：包括内容和格式等，其效果等于直接粘贴。
- ★ "公式"：只粘贴文本和公式，不粘贴字体、格式（对齐、文字方向、数字格式、底纹等）、边框、注释、内容校验等。
- ★ "数值"：只粘贴文本，单元格的内容是计算公式则只粘贴计算结果，这两项不改变目标单元格的格式。
- ★ "格式"：仅粘贴原单元格格式，但不能粘贴单元格的有效性，粘贴格式包括字体、对齐、文字方向、边框、底纹等，不改变目标单元格的文字内容（该功能相当于格式刷）。
- ★ "批注"：把原单元格的批注内容复制过来，不改变目标单元格的内容和格式。
- ★ "验证"：将复制单元格的数据有效性规则粘贴到粘贴区域，只粘贴有效性验证内容，其他的保持不变。
- ★ "边框除外"：粘贴除边框外的所有内容和格式，保持目标单元格和原单元格相同的内容和格式。
- ★ "列宽"：将某个列或列的区域粘贴到另一个列或列的区域，使目标单元格和原单元格拥有同样的列宽，不改变内容和格式。
- ★ "公式和数字格式"：仅从选中的单元格粘贴公式和所有的数字格式选项。
- ★ "值和数字格式"：仅从选中的单元格粘贴值和所有的数字格式选项。
- ★ "转置"：可以将行的内容转换为列向排列，将列的内容转换为行向排列。

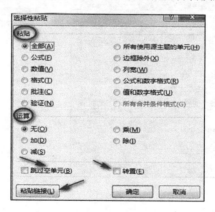

图 1-20

下面用具体案例来介绍"选择性粘贴"功能在数据处理中的奇妙应用。

1.3.1 数据位置不变实现万元来回切换

在日常工作中，尤其是财务人员在数据处理时并不需要精确到元，往往需要以"万元"的形式对数据进行处理（统计上往往要求统计报表采取“千元”的方式填报）。

现需要直接将如图 1-21 所示的 C 列数据变换成以“万元”的形式表现出来，不能借助辅助列，而且要求能随时切换成原来的以“元”表现的数据。

	A	B	C
1	项目	行次	金额
2	一、营业收入	1	2,823,797,841.92
3	减：营业成本	2	2,537,574,414.00
4	营业税金及附加	3	32,266,887.30
5	销售费用	4	97,091,695.86
6	管理费用	5	197,971,464.42
7	财务费用	6	342,698,501.04

图 1-21

处理方法如下：在除数据区域外的任意一个空白单元格中输入 10000，选择该单元格进行复制之后选择图 1-21 中的 C2:C7 单元格区域，单击鼠标右键，选择“选择性粘贴”。随后在“选择性粘贴”对话框中选择“运算”下的“除”单选项，单击“确定”按钮，关闭“选择性粘贴”对话框，“万元”数据即可转换完成，如图 1-22 所示。

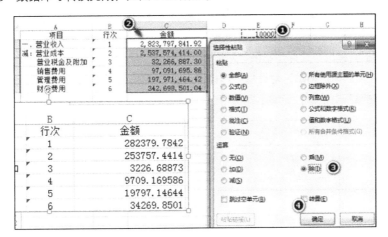

图 1-22

如果要恢复到未转换成万元之前的数据状态，用户可按照前述转换万元的方法操作，唯一不同之处是，在“选择性粘贴”对话框中选择“运算”下的“乘”（即原来“除”的逆运算）。

1.3.2　选择性粘贴清除超链接

有时我们会遇到一些含有超链接的表格，特别是从网页上下载下来的表格很多都有超链接。超链接过多往往会造成表格运行很慢的情况，这种超链接对数据处理者来说是无用的，所以必须清除。如图 1-23 所示,就是一个有不少超链接的表格。

图 1-23

处理方法如下:选择除数据区域外的任意一个空白单元格进行复制,其余步骤与 1.2.1 节的步骤相同,处理方式也可以选择"运算"下的"加"或者"减"。

1.3.3 选择性粘贴转换数据类型

如图 1-24 所示,单元格区域内的数据都是文本型数字,这种数字左上角都有绿色小三角标记,由于文本型数字不能计算,因此需要将其转换为数值型数字,具体操作如下。

STEP 01 复制一个空白单元格,选中如图 1-24 所示的 A1:E6 单元格区域,单击鼠标右键,选择"选择性粘贴",弹出"选择性粘贴"对话框。

STEP 02 在"选择性粘贴"对话框中选择"运算"下的"加"单选项,单击"确定"按钮,关闭"选择性粘贴"对话框,如图 1-24 所示。

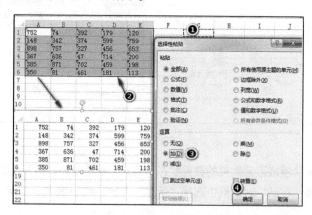

图 1-24

1.3.4 跳过空单元格

在"选择性粘贴"对话框中勾选"跳过空单元"复选框,可以防止复制/粘贴数据覆盖原来非空白单元格中的内容。

如图 1-25 所示，将 C3:C10 单元格区域中的内容复制并粘贴到 A1:A10 单元格区域的空白单元格中，步骤如下。

选择 C3:C10 连续区域中的单元格进行复制，鼠标指针放在 A2 空白单元格中，然后单击鼠标右键，选择"选择性粘贴"，在弹出的"选择性粘贴"对话框中勾选"跳过空单元"复选框，单击"确定"按钮，关闭"选择性粘贴"对话框。

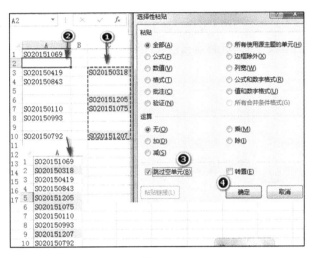

图 1-25

提示 必须选择 C3:C10 连续区域中的单元格进行复制，不能只选择有数据的单元格进行复制，否则会覆盖掉 A 列中原本有数据的单元格，即所选择复制的区域大小必须和粘贴区域大小一致，并且复制的数据区域中的间隔必须和欲粘贴区域中的间隔相同。

1.4 查找和替换

"查找"和"替换"功能在"开始"选项卡中的"查找和选择"命令下，也可以使用 Ctrl+F 组合键与 Ctrl+H 组合键实现同样的功能。"查找"和"替换"功能在数据处理中的应用非常广泛，巧妙地利用这个功能往往可以起到事半功倍的效果。

"查找"的默认设置是模糊查找。如果要实现精确查找，需要利用"查找和替换"对话框中的"选项"按钮。勾选"选项"中的"单元格匹配"复选框可实现精确查找，去掉勾选则是模糊查找，如图 1-26 所示。

图 1-26

图 1-26 中的"格式"按钮具有如下功能:按字体进行查找、按单元格边框粗细进行查找、按单元格文本对齐方式进行查找、按单元格填充色进行查找、按文本字形进行查找、按文本字体进行查找,如图 1-27 所示。

图 1-27

下面以几个案例来详细介绍"查找"和"替换"功能。

1.4.1 批量清除单元格中的空格或换行符

我们经常从网页或者其他系统将数据导出到 Excel 表格中,这时往往包含大量的空格、换行符或者其他不可见的非法字符,在处理数据时明明存在该数据对象,却无法找到对应的数据。

如图 1-28 所示,根据"物料代码"查找"数量"时,由于物料代码列中的每个物料代码列后都包含空格,因此导致查询数据时出现#N/A 错误。

第 1 章 数据处理基本技巧

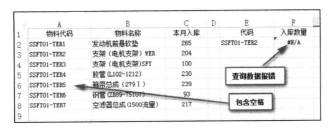

图 1-28

在"开始"选项卡下的"查找和选择"命令中选择"替换",在打开的"查找和替换"对话框中的"查找内容"处输入一个空格,"替换为"处不输入任何内容。单击"全部替换"按钮,会出现"全部完成,完成多少处替换"的提示,单击"确定"按钮,然后单击"关闭"按钮,关闭"查找和替换"对话框,如图 1-29 所示。

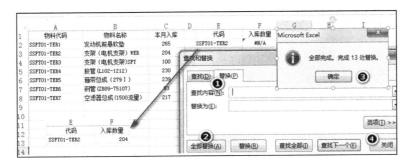

图 1-29

提示

★ 由于数据区域有时不够规则,无法确认有多少个单元格有空格,也无法快速确认空格是在数据的前面还是后面,因此直接使用"替换"功能一次性将空格全部替换掉。当查询对象明明存在但返回数据报错时,可以将光标放在数据源区域中的查询对象前面或者后面,然后向右拉,出现一个条状的字符,如图 1-30 所示。

图 1-30

★ 单元格中有换行符的判断及解决方法是,选择数据源区域中的查询对象单元格,如果存在换行符,则在"文件"选项卡下"对齐方式"分组中的"自动换行"呈高亮显示,如图 1-31 所示。按 Ctrl+F

17

组合键调出"查找和替换"对话框,光标放在"查找内容"处,然后按住 Alt 键,并用小数字键盘输入 10,在"替换为"处不输入任何内容,之后单击"全部替换"按钮即可。

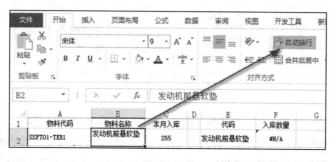

图 1-31

1.4.2 批量替换公式

如图 1-32 所示,很多报表都是以这种形式分月填报的,每月只需填报本月数据,其中累计数据都是在前一个月的基础上进行自动累加得出来的。

当进行 3 月报表填报时,只需复制一份 2 月报表,然后重命名为"3 月",调出"查找和替换"对话框,在"查找内容"处输入"1 月","替换为"处输入"2 月",之后单击"全部替换"按钮,关闭"查找和替换"对话框,完成公式的批量替换。

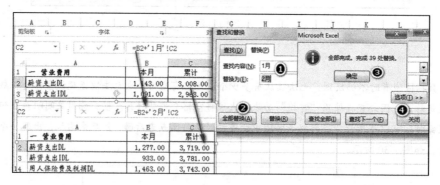

图 1-32

1.4.3 批量替换通配符*或?

Excel 中的通配符主要有"*""?""~"。其中,?(问号)表示任意单个字符;*(星号)表示任意数量的字符。~(波形符)后跟?或*、~,表示通配符本身由于"*"或"?"在 Excel 中为通配符,如果直接查找并替换通配符,会出现将全部数据都替换成通配符的情况;因此,需要采取变通方式处理。

若要将物料名称中 “*” 的全部内容替换为 “×”，则可以在 “查找内容” 处输入波形符 “~”，波形符后不要有空格，接着输入 “*”，然后在 “替换为” 处输入 “×”，单击 “全部替换” 按钮，如图 1-33 所示。

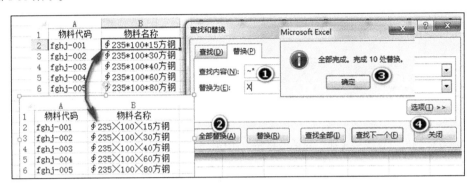

图 1-33

1.4.4　批量插入年份

若需要在图 1-34 中 “2014 年” 下面批量插入 “2015 年”，操作步骤如下。

	A	B	C	D	E	F
1	省份	经销商名称	年份	1月	2月	3月
2			2012			
3		武汉来伊份	2013			
4			2014			
5			2012			
6	湖北	黄冈广大兴	2013			
7			2014			
8			2012			
9		红安茗货行	2013			
10			2014			

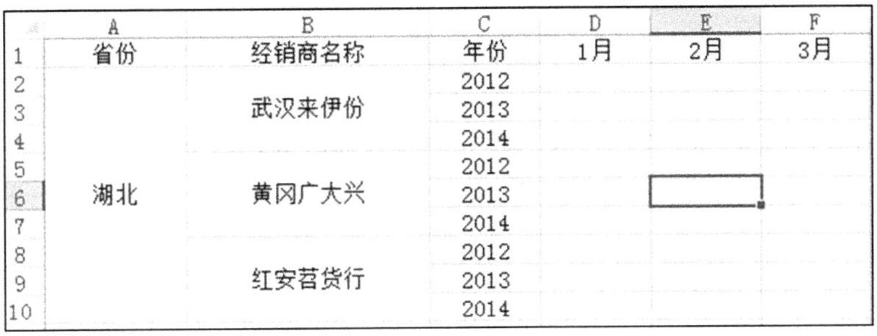

图 1-34

STEP 01 在图 1-34 中的 C 列选择 C2:C10，调出 “查找和替换” 对话框，然后输入 “2014”，单击 “查找全部” 按钮，接着在对话框中全选（按 Ctrl+A 组合键），这时 “2014” 变成蓝色填充形式，如图 1-35 所示。注意：这里必须在 “查找和替换” 对话框中进行全选。

STEP 02 关闭 “查找和替换” 对话框，单击鼠标右键，选择 “插入” 命令，出现 “插入” 对话框，之后选择 “整行”，如图 1-36 所示。

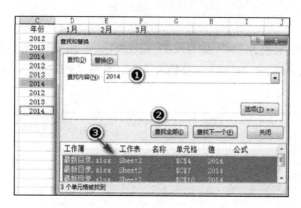
图 1-35

图 1-36

STEP 03 调出"查找和替换"对话框,将"2014"替换为"2015",如图 1-37 所示。

图 1-37

STEP 04 最后筛选 C 列的空单元格并填入"2014",如图 1-38 所示,最终结果如图 1-39 所示。

图 1-38

图 1-39

1.4.5 垂直数据转换为水平数据

如图 1-40 所示,需要将 A 列数据转换为 C、D 两列的水平数据,从而达到编制一个中英文对照表的目的,具体操作步骤如下。

第 1 章 数据处理基本技巧

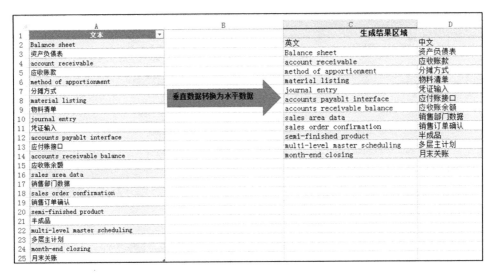

图 1-40

STEP 01 观察数据特点可知，A 列共有 12 对数据（24 行/2），在 C、D 两列的 C3:D14 单元格区域中快速输入上述数据的单元格地址文本表达式，如图 1-41 所示。

图 1-41

STEP 02 按 Ctrl+F 组合键快速调出"查找和替换"对话框，在"查找内容"处输入"A"，"替换为"处输入"=A"，单击"全部替换"按钮，完成对数据的引用，如图 1-42 所示。

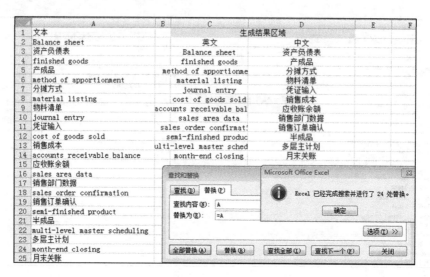

图 1-42

STEP 03 将 C3:D14 单元格区域中的数据选择性粘贴成值,对齐调整,最终效果如图 1-40 中 C、D 列所示。

1.5 奇妙的定位条件

定位是选定单元格的一种方式,主要用来选定"位置相对无规则但条件有规则的单元格或区域"。定位是选中单元格的一种方法,只不过它选中的这些单元格区域不集中,用传统的鼠标选择效率低、难度大,这些单元格虽然分散,但本身具有共性或分散且有规律,这些共性或规律就是定位条件窗口下的选择条件。

例如:表格中有间隔不等的空行,其中的空行需要按上一非空行的内容进行批量填充,在填充过程中不能破坏原非空行的内容,只按照规则批量填充空行。"定位条件"在"开始"选项卡中"编辑"分组的"查找和选择"按钮下可以找到,单击该按钮可以显示"定位条件"对话框,如图 1-43 所示。

提示 如果在使用该功能前只选择了单个单元格,则"定位条件"会基于整张工作表进行选择,否则该功能基于光标选定的区域。

第 1 章 数据处理基本技巧

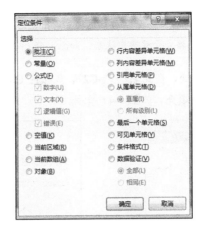

图 1-43

以下分几个实例[1]来说明"定位条件"在数据处理中的应用。

1.5.1 由上向下批量填充

如图 1-44 所示是人员部门对应表的一部分，需要利用"定位条件"将"部门"列中的空白单元格用当列中上一行的非空白单元格向下进行批量填充，操作步骤如下。

STEP 01 选择 C2:C20 连续单元格区域，在"开始"选项卡"编辑"分组中的"查找和选择"按钮下选择"定位条件"，调出"定位条件"对话框（或直接使用 Ctrl+G 组合键调出该对话框），单击"空值"单选按钮，之后单击"确定"按钮，关闭"定位条件"对话框，如图 1-45 所示。

图 1-44

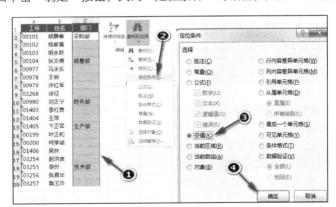

图 1-45

---

1 本书实例中的数据仅用于辅助学习，不具有实际统计意义。——编者注

提示 上述所选择的单元格区域中除第一个空白单元格呈现出矩形框状态外,其余空白单元格背景都呈现阴影状态,表明该列空白单元格处于被选中状态,如图 1-46 所示。

STEP 02 将光标放在编辑栏处,在此输入"=C2",先按住 Ctrl 键不放,然后按下 Enter 键,完成空白单元格由上向下的批量填充,如图 1-47 所示。

图 1-46　　　　　　　　图 1-47

提示 很多不熟悉"定位条件"的用户在这一步容易出现两个错误,一是在选择特定的空白单元格区域后,鼠标不经意地选择了表格中的其他单元格,造成该被选中的单元格区域未被选中;二是按 Ctrl+Enter 组合键方式不正确。

STEP 03 选中 C2:C20 连续单元格区域,将其选择性粘贴成数值,效果如图 1-48 所示。

提示 粘贴成数值可防止后续进行排序或者其他操作会造成原来公式引用产生错乱,从而保护原有数据不会被破坏。

定位空值实现批量填充不仅局限于单列数据,如果表格中有多列数据存在空值,也可以一起选定进行批量填充。它也不仅仅局限于由上向下批量填充,还能实现由下向上批量填充,在此不再举例赘述。

注意 如果使用 Ctrl+G 组合键调出"定位条件"对话框,操作界面和上述按菜单路径调出对话框略有一点区别,单击"定位条件"按钮,如图 1-49 所示,然后可进入"定位条件"对话框。

第 1 章 数据处理基本技巧

图 1-48

图 1-49

1.5.2 左右批量填充

如图 1-50 所示是若干个学生的一个答题情况，每答对一道题得 5 分，答错一道题得 0 分。现对试卷进行评分，这个案例也可以用到"定位条件"功能，操作步骤如下。

序号	标准答案	学生1	学生2	学生3	学生4	学生5
1	B	B	B	B	B	B
2	C	A	C	C	C	C
3	D	D	D	D	D	D
4	A	A	B	A	A	B
5	C	C	C	C	C	C
6	B	B	C	C	B	B
7	B	B	B	C	B	B
8	A	A	A	A	A	A
9	C	C	C	C	A	C
10	A	A	A	A	A	A
11	B	B	B	D	D	B
12	C	C	C	C	D	D
13	C	D	C	D	A	C
14	A	A	A	A	A	A
15	C	C	C	D	D	D
16	A	A	C	C	A	A
17	B	B	C	B	A	B
18	A	A	A	C	A	C
19	C	C	C	C	C	D
20	A	A	A	B	A	A

图 1-50

 01 选择 B2:G21 连续单元格区域，使用 Ctrl+G 组合键调出"定位条件"对话框，选择"行内容差异单元格"单选项，单击"确定"按钮，关闭"定位条件"对话框，如图 1-51 所示。

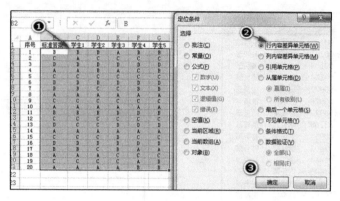

图 1-51

STEP 02 将光标放在编辑栏位置，在此输入"=0"，先按住 Ctrl 键不放，然后按 Enter 键，完成空白单元格由左向右批量填充，如图 1-52 所示，将 C2:G21 选择性粘贴成值。这里以 B 列每道题的标准答案与其 C:G 列中每位学生选择的答案进行比较，如果有差异，就表明答错，选择这些单元格与标准答案不同的字母，然后替换为"0"。

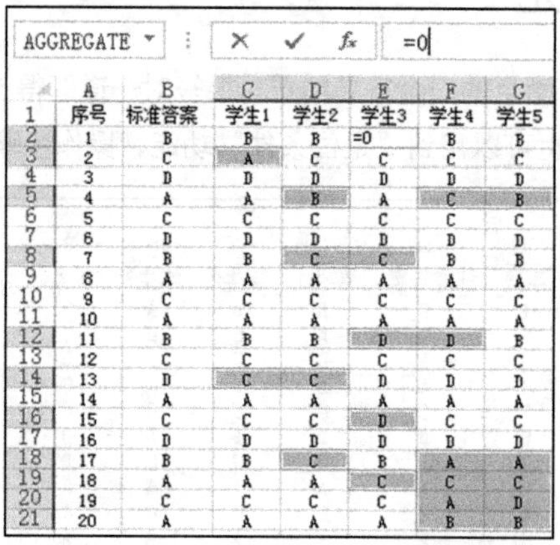

图 1-52

提示 这一步如果不粘贴成值，下一步就无法正确执行。

STEP 03 在 H2:H21 连续单元格区域中输入"0"，从 H2 单元格由右向左选择到 C21 这个连续单元格区域，调出"定位条件"对话框，选择"行内容差异单元格"单选项，单击"确定"按钮，关闭"定位条件"对话框。

提示 注意此处区域选择的顺序为由右向左，不能由左向右进行选择，由于第 1、2 步已经将错误答案判成了"0"分，因此剩下的就应该是正确的答案。

STEP 04 将光标放在编辑栏处，在此输入“=5”，如图 1-53 所示，先按住 Ctrl 键不放，然后按 Enter 键，完成空白单元格由右向左批量填充，之后选择 C2:G21 区域，将 C2:G21 选择性粘贴成数值，删除 H 列。

提示 由于第 1、2 步已经将错误答案判成了“0”分，因此剩下的就是正确的答案，故而一律将字母替换为“5”。

STEP 05 给每位学生评分，效果如图 1-54 所示。

AGGREGATE　=5

	A	B	C	D	E	F	G	H
1	序号	标准答案	学生1	学生2	学生3	学生4	学生5	
2	1	B	=5	B	0	B	B	0
3	2	C	0	C	C	C	C	0
4	3	D	D	D	D	D	D	0
5	4	A	A	0	A	0	0	0
6	5	C	C	C	C	C	C	0
7	6	D	D	D	D	D	D	0
8	7	B	B	0	0	B	B	0
9	8	A	A	A	A	A	A	0
10	9	C	C	C	C	C	C	0
11	10	A	A	A	A	A	A	0
12	11	B	B	B	0	0	B	0
13	12	C	C	C	C	C	C	0
14	13	D	0	0	D	D	D	0
15	14	A	A	A	A	A	A	0
16	15	C	C	C	0	C	C	0
17	16	D	D	D	D	D	D	0
18	17	B	B	0	B	0	0	0
19	18	A	A	A	0	0	0	0
20	19	C	C	C	C	0	0	0
21	20	A	A	A	A	0	0	0

图 1-53

	A	B	C	D	E	F	G
1	序号	标准答案	学生1	学生2	学生3	学生4	学生5
2	1	B	5	5	0	5	5
3	2	C	0	5	5	5	5
4	3	D	5	5	5	5	5
5	4	A	5	0	5	0	0
6	5	C	5	5	5	5	5
7	6	D	5	5	5	5	5
8	7	B	5	0	0	5	5
9	8	A	5	5	5	5	5
10	9	C	5	5	5	5	5
11	10	A	5	5	5	5	5
12	11	B	5	5	0	0	5
13	12	C	5	5	5	5	5
14	13	D	0	0	5	5	5
15	14	A	5	5	5	5	5
16	15	C	5	5	0	5	5
17	16	D	5	5	5	5	5
18	17	B	5	0	5	0	0
19	18	A	5	5	0	0	0
20	19	C	5	5	5	0	0
21	20	A	5	5	5	0	0
22	合计		90	80	75	70	75

图 1-54

1.5.3 阶梯状批量填充

如图 1-55 所示，每一个采购订单号需要对应 B:E 列中的每项物料，这种格式无疑是不符合表格形式要求的，现需要将 C:E 列的物料名称填充到 B 列对应的位置处，操作步骤如下。

	A	B	C	D	E
1	订单号	物料			
2	P0201601852				
3	P0201601852				
4	P0201601852	胶管	箍带总成	钢管	
5	P0201601013				
6	P0201601013				
7	P0201601013	空滤器总成	泄露报警器	空滤器进气波纹管	
8	P0201601592				
9	P0201601592				
10	P0201601592				
11	P0201601592	胶管	加气面板总成	胶管3	支架
12	P0201601598				
13	P0201601598	空滤器隔热板	消声器抱箍总成		
14	P0201601034				
15	P0201601034				
16	P0201601034	高压电缆线tr	高压电缆线ty	前车架前部总成	

图 1-55

STEP 01 选择 B2:E16 连续单元格区域，使用 Ctrl+G 组合键调出“定位条件”对话框，选择“空值”单选项，单击“确定”按钮，关闭“定位条件”对话框，如图 1-56 所示。

	A	B	C	D	E
1	订单号	物料			
2	P0201601852				
3	P0201601852				
4	P0201601852	胶管	箍带总成	钢管	
5	P0201601013				
6	P0201601013				
7	P0201601013	空滤器总成	泄露报警器	空滤器进气波纹管	
8	P0201601592				
9	P0201601592				
10	P0201601592				
11	P0201601592	胶管	加气面板总成	胶管3	支架
12	P0201601598				
13	P0201601598	空滤器隔热板	消声器抱箍总成		
14	P0201601034				
15	P0201601034				
16	P0201601034	高压电缆线tr	高压电缆线ty	前车架前部总成	

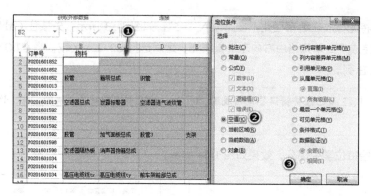

图 1-56

STEP 02 将光标放在编辑栏处，在此输入“=C3”，如图 1-57 所示，先按住 Ctrl 键不放，然后按 Enter 键，完成空白单元格阶梯状填充，如图 1-58 所示，将 B2:E16 选择性粘贴成值。

	A	B	C	D	E
1	订单号	物料			
2	P0201601852	=C3			
3	P0201601852				
4	P0201601852	胶管	箍带总成	钢管	
5	P0201601013				
6	P0201601013				
7	P0201601013	空滤器总成	泄露报警器	空滤器进气波纹管	
8	P0201601592				
9	P0201601592				
10	P0201601592				
11	P0201601592	胶管	加气面板总成	胶管3	支架
12	P0201601598				
13	P0201601598	空滤器隔热板	消声器抱箍总成		
14	P0201601034				
15	P0201601034				
16	P0201601034	高压电缆线tr	高压电缆线ty	前车架前部总成	

图 1-57

	A	B	C	D	E
1	订单号	物料			
2	P0201601852	钢管	0	0	0
3	P0201601852	箍带总成	钢管	0	0
4	P0201601852	胶管	箍带总成	钢管	0
5	P0201601013	空滤器进气波纹	0	0	0
6	P0201601013	泄露报警器	空滤器进气波纹管	0	0
7	P0201601013	空滤器总成	泄露报警器	空滤器进气波纹管	0
8	P0201601592	支架	0	0	0
9	P0201601592	胶管3	支架	0	0
10	P0201601592	加气面板总成	胶管3	支架	0
11	P0201601592	胶管	加气面板总成	胶管3	支架
12	P0201601598	消声器抱箍总成	0	0	0
13	P0201601598	空滤器隔热板	消声器抱箍总成	0	0
14	P0201601034	前车架前部总成	0	0	0
15	P0201601034	高压电缆线ty	前车架前部总成	0	0
16	P0201601034	高压电缆线tr	高压电缆线ty	前车架前部总成	0

图 1-58

STEP 03 删除 C~E 列的内容，效果如图 1-59 所示。

	A	B
1	订单号	物料
2	P0201601852	钢管
3	P0201601852	箍带总成
4	P0201601852	胶管
5	P0201601013	空滤器进气波纹管
6	P0201601013	泄露报警器
7	P0201601013	空滤器总成
8	P0201601592	支架
9	P0201601592	胶管3
10	P0201601592	加气面板总成
11	P0201601592	胶管
12	P0201601598	消声器抱箍总成
13	P0201601598	空滤器隔热板
14	P0201601034	前车架前部总成
15	P0201601034	高压电缆线ty
16	P0201601034	高压电缆线tr

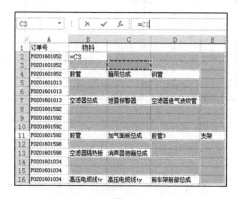

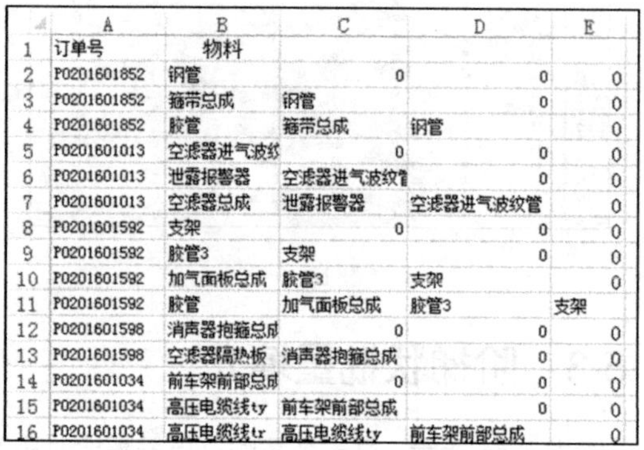

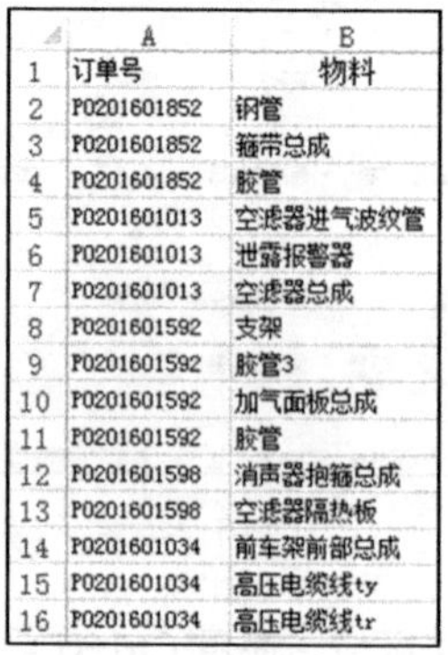

图 1-59

1.5.4 删除对象实现文件瘦身

有的表格文件本身很小,但打开和编辑的速度却很缓慢,具体症状如下。

★ 文件莫名其妙地变大了很多。

★ 文件中并没有很大的数据量或大量的公式。

★ 文件中的某一张工作表,用光标选择其工作表标签后会有明显的延迟,然后此工作表才显示。

这主要是由于工作表里被人在无意间插入了大量的文本框、线条等无法用肉眼看见的字符造成的,这样的文件必须采取"定位条件"进行瘦身。

如图 1-60 所示的文件中只有截图大小的数据,但看该文件属性时却发现文件有 3.89MB。很明显,该文件存在上述臃肿的症状,处理步骤如下。

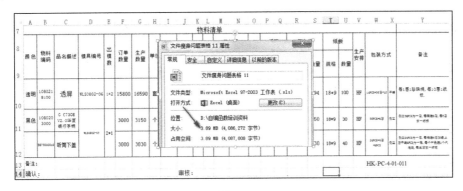

图 1-60

STEP 01 使用 Ctrl+G 组合键调出"定位条件"对话框,选择"对象"单选项,单击"确定"按钮,关闭"定位条件"对话框,如图 1-61 所示。如图 1-62 所示的箭头处有很多小文本框和小细线。

图 1-61

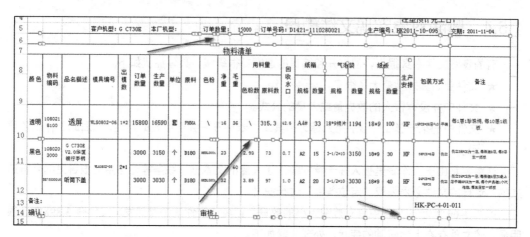

图 1-62

STEP 02 看到出现的上述文本框已经被选中，可按 Delete 键删除。如果不能确定是否删除了对象，可以再使用一次定位条件删除对象，如果删除成功，就会弹出"找不到对象"提示，单击"确定"按钮，然后保存表格并退出。这时，该文件只有 35.5KB 大小，如图 1-63 所示。

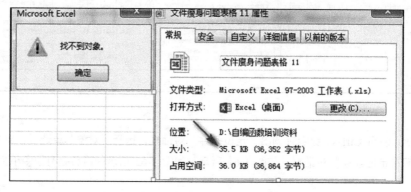

图 1-63

1.5.5 定位空值实现批量求和

在如图 1-64 所示的土建工程汇总表中，分部分项工程、措施项目、规费税金等分别由多项费用组成，如何在 C 列对应单元格中求出相关项目之和？实现步骤如下。

STEP 01 选择 C2:C16 单元格区域，使用 Ctrl+G 组合键调出"定位条件"对话框，选择"空值"单选项，单击"确定"按钮，如图 1-65 所示。

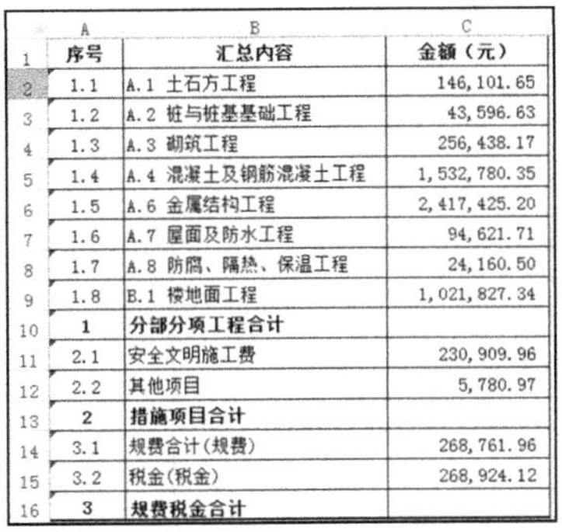

	A	B	C
1	序号	汇总内容	金额（元）
2	1.1	A.1 土石方工程	146,101.65
3	1.2	A.2 桩与桩基基础工程	43,596.63
4	1.3	A.3 砌筑工程	256,438.17
5	1.4	A.4 混凝土及钢筋混凝土工程	1,532,780.35
6	1.5	A.6 金属结构工程	2,417,425.20
7	1.6	A.7 屋面及防水工程	94,621.71
8	1.7	A.8 防腐、隔热、保温工程	24,160.50
9	1.8	B.1 楼地面工程	1,021,827.34
10	1	分部分项工程合计	
11	2.1	安全文明施工费	230,909.96
12	2.2	其他项目	5,780.97
13	2	措施项目合计	
14	3.1	规费合计(规费)	268,761.96
15	3.2	税金(税金)	268,924.12
16	3	规费税金合计	

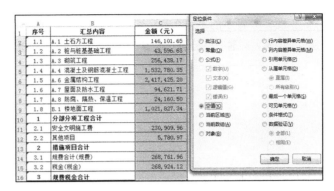

图 1-64

图 1-65

STEP 02 单击“开始”选项卡下的“求和”按钮（Σ），合计单元格实现自动填充求和公式，如图 1-66 所示。

C10　=SUM(C14:C15)

	A	B	C
1	序号	汇总内容	金额（元）
2	1.1	A.1 土石方工程	146,101.65
3	1.2	A.2 桩与桩基基础工程	43,596.63
4	1.3	A.3 砌筑工程	256,438.17
5	1.4	A.4 混凝土及钢筋混凝土工程	1,532,780.35
6	1.5	A.6 金属结构工程	2,417,425.20
7	1.6	A.7 屋面及防水工程	94,621.71
8	1.7	A.8 防腐、隔热、保温工程	24,160.50
9	1.8	B.1 楼地面工程	1,021,827.34
10	1	分部分项工程合计	5,536,951.55
11	2.1	安全文明施工费	230,909.96
12	2.2	其他项目	5,780.97
13	2	措施项目合计	236,690.93
14	3.1	规费合计(规费)	268,761.96
15	3.2	税金(税金)	268,924.12
16	3	规费税金合计	537,686.08

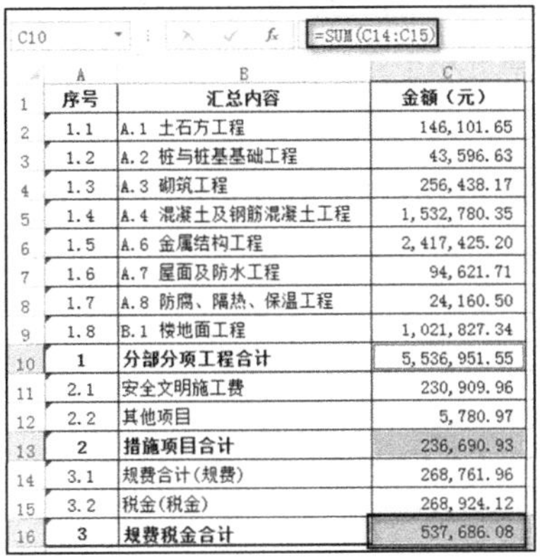

图 1-66

1.6　创建、关闭输入超链接

1.6.1　创建超链接

我们经常会在 Excel 工作簿中查看多张表格的数据信息，这样查找希望看到的表格很不方便。其实我们可以使用 Excel 中的超链接功能实现自动跳转到要查看的工作表的某个位置或者其他工作表。“链接”可在“插入”选项卡下找到，也可以在鼠标右键菜单中选择“链接”命令。

如图1-67所示的工作簿中有多张工作表，需要在"首页"工作表中设置超链接自动跳转到相应的工作表，同时在各分表中设置"回首页"实现自动跳转到首页的超链接，步骤如下。

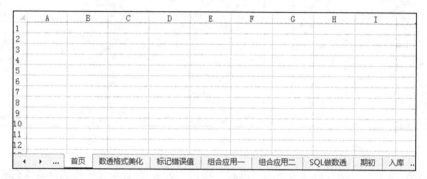

图 1-67

STEP 01 将光标放在 A2 单元格，单击鼠标右键，选择"链接"，弹出"插入超链接"对话框，选择"本文档中的位置"，在"单元格引用"下选择第一张工作表"首页"，单击"确定"按钮，关闭"插入超链接"对话框，如图 1-68 所示。

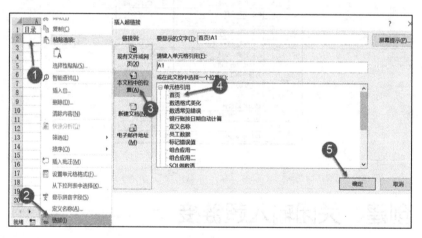

图 1-68

STEP 02 单击"插入"选项卡下的"形状"按钮，选择如图 1-69 所示向左的箭头。

第 1 章　数据处理基本技巧

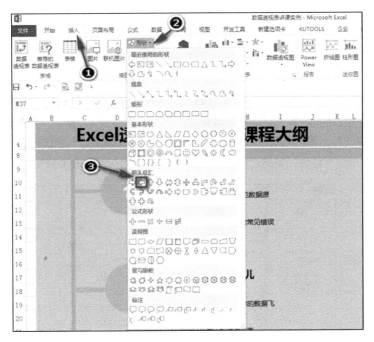

图 1-69

STEP 03 在"数透格式美化"工作表中设置"回首页",实现自动跳回首页的超链接:选中箭头后单击鼠标右键,选择"编辑文字",输入"回首页"。输入完毕,单击鼠标右键,选择"链接",弹出"插入超链接"对话框,选择"本文档中的位置",在"单元格引用"下选择第一张工作表"首页",单击"确定"按钮,关闭"插入超链接"对话框,如图 1-70 所示,完成自动跳转到首页的超链接。单击"回首页"可实现跳回首页的功能。其余各分表中可依照同样的方法设置自动跳转回到首页的超链接。

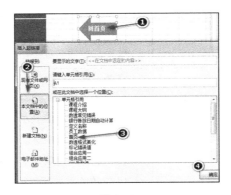

图 1-70

1.6.2 关闭输入超链接

尽管超链接具有多种优点，但有些情况下使用超链接反而不方便。例如，在 Excel 表格中录入员工、客户、供应商等关系人信息时常常要录入联系邮箱，但录入邮箱时往往会自动形成超链接的形式，给数据处理带来不必要的麻烦。Excel 为用户提供了关闭输入超链接的方法。

在输入带有电子邮件或者网址之前，选择"文件"→"选项"，进入"Excel 选项"对话框，选择"校对"，在"自动更正选项"下勾选"忽略 Internet 和文件地址"复选框即可，如图 1-71 所示。之后单击"确定"按钮，关闭"Excel 选项"对话框，然后进行数据输入。

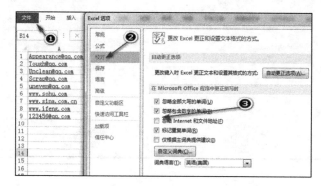

图 1-71

1.7 单元格格式设置

1.7.1 认识各种数据格式

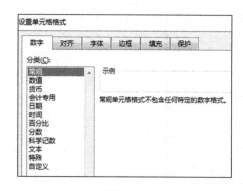

图 1-72

Excel 中的数据格式如图 1-72 所示。其中的数字包含两种：一种是数值型数字，另一种是文本型数字，数值与数字不可混淆，二者并不完全一致。数值型数字可以参与各种运算，文本型数字不能参与数学运算。

其中的数值表示计量对象的数量，例如，金额、人数、考试成绩等。需要特别提到的是 Excel 中的数字是有一定限制的，最大可精确到 15 位数。超过 15 位数的主要是银行卡卡号、身份证号码等，这些数字应作为文本。图 1-73 展示了 Excel 中其他一些

第 1 章 数据处理基本技巧

数值的限制。

最大正数	9.9E+307	最小负数	−9.9E+307
最小正数	1E−307	最大负数	−1E−307

图 1-73

Excel 将日期与时间作为一种特殊的数值，它使用一个序号系统来处理。Excel 系统中最早的日期是 1900 年 1 月 1 日，该日期的序号是 1，1900 年 1 月 2 日的序号是 2，其余日期依此类推。例如，2016 年 1 月 5 日的序号是 42374。在处理有关时间的数据时，Excel 以小数形式来处理时间，例如，2016 年 1 月 5 日 12：00 在数值上表现为 42374.5，即小时数除以 24（12/24），得出按天折算的数值。如果时间中包含分钟数，分钟数就需要折算成小时数（分钟数/60），然后再除以 24 折算成天数，也就是分钟数折算为天数=分钟数/60/24。

文本就是文字信息，它可以为值的标签、列标题，以及对工作表中对象的说明。如果需要输入身份证号码、银行卡卡号，可以事先在需要输入文本的区域中设置成文本格式，然后输入文本，这样不会导致文本型数字出错。

1.7.2 空单元格与空文本

空白单元格并不等于空值。有些用户在单元格中按空格键时以为会删除单元格中的数据，其实是输入了不可见的空格字符，在计算数据时，这些包含空格的字符并不会被认作空白单元格。

空格（空文本）本质上是一个字符，只是这个字符是不可见的。如图 1-74 所示的 A2:F2 单元格区域中非空数据个数为 6 个，但从单元格区域表面上看只有 5 个。俗话说的"眼见为实"在 Excel 表格中不一定适用，这里需要一些技巧来判断是否有空格。

图 1-74

怎么快速找出并替换表格中的空格字符呢？下面是一个只搜索包含空格字符的方法。

按 Ctrl+F 组合键调出"查找和替换"对话框，单击"选项"按钮，之后在"查找内容"处输入"＊＊"（即先输入一个*号，后面跟一个空格，再输入一个*号），随后勾选"单元格匹配"复选框，单击"查找全部"按钮，查找出的结果如下：在对话框底部列出了所有具有空格的相应单元格，如图 1-75 所示。单击"替换"选项卡，接着单击"全部替换"按钮，表格中只包含空格的单元格中的空格将被替换。

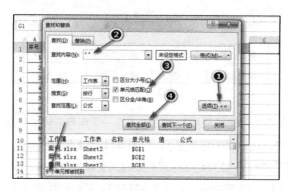

图 1-75

> **提示** 这种方式只能查找具有空格字符的单元格;对于那些数据前后有空格的单元格,使用这种方式无效。

1.7.3 自定义单元格格式

Excel 自定义单元格格式是一个看似很基础却又很高端的数据设置方式。下面简单介绍 Excel 自定义单元格格式的基础知识(见表 1-1)。

表 1-1

正数的格式	负数的格式	零 的 格 式	文本的格式
#,##0.00	[Red]-#,##0.00	0.00	"TEXT"@

在 Excel 自定义数字格式的格式代码中,用户最多可以指定 4 节;每节之间用分号进行分隔,这 4 节依次定义了格式中的正数、负数、零和文本。如果用户在表达方式中只指定两节,则第一部分用于表示正数和零,第二部分用于表示负数。如果用户在表达方式中只指定了一节,那么所有的数字都会使用该格式。如果在表达方式中要跳过某一节,则对该节仅使用分号即可。

自定义格式中的双引号必须用英文状态下的双引号,中文状态下的双引号无效。

常见的自定义单元格格式列表如表 1-2 所示。

表 1-2

序 号	格 式	说 明	实 例
1	G/通用格式	以常规方式显示数字,相当于"分类"列表中的"常规"选项	在"G/通用格式"代码下:100 显示为 100,999.2 显示 999.2
2	"#":数字占位符	只显示有意义的零而不显示无意义的零。小数点后的数字如大于"#"的数量,则按"#"的位数四舍五入	例:在代码"###.##"下:98.3 显示为 98.30,456.347 显示为 456.35

第1章 数据处理基本技巧

续表

序号	格式	说明	实例
3	"0"：数字占位符	如果单元格的内容大于占位符的数量，则显示实际数字；如果小于占位符的数量，则用0补足	例：在"000000"代码下 87654321 显示为 87654321，654 显示为 000654；在"00.000"代码下 12.31 显示为 12.310，9.9 显示为 09.900
4	"@"：文本占位符	要在输入数字数据之后自动添加文本，使用自定义格式为："文本内容"@；要在输入数字数据之前自动添加文本，使用自定义格式为@"文本内容"。@符号的位置决定了Excel输入的数字数据相对于添加文本的位置。如果使用多个@，则可以重复文本	例：在""湖北省"@"县"" 下，"红安"显示为"湖北省红安县"；在代码"@@@"下输入"铁血红安"，则显示为"铁血红安铁血红安铁血红安"
5	"*"：重复下一次字符	重复下一次字符，直到充满列宽	在代码@*-下"奔波儿霸"显示如下：奔波儿霸------------------；其可用于密码保护，例如，代码**;**;**;**下 31 显示为下面这样：**********
6	","：千位分隔符	财务专用的一种数据格式	在"#,###"代码下，"5321.19"显示为"5,321.19"
7	"\"：显示下一个字符	"文本"显示双引号里面的文本；"\"显示下一个字符；和""""用途相同，都是显示输入的文本，且输入后会自动转变为双引号表达	在代码"\人民币 #,##0,,\百万"下，"1234567890"显示如下：人民币 1,235 百万，上述代码输入完毕后会变成下面这样："人""民""币""#,##0,,"百万"，也等于【"人民币"#,##0,,"百万"】这个代码
8	"?"：数字占位符	在小数点两边为无意义的零添加空格，以便当按固定宽度时，小数点可对齐	在"??.??"代码下，"59.1969"显示为 59.2；在"???.???"代码下则显示为"59.197"
9	颜色：用指定的颜色显示字符	有8种颜色可选：红色、黑色、黄色、绿色、白色、蓝色、青色和洋红	代码："[青色];[红色];[黄色];[蓝色]"。显示结果是正数，则显示为青色；负数显示为红色，零显示为黄色；文本则显示为蓝色 代码："[颜色3]"，单元格显示的颜色为调色板上的第3种颜色
10	条件：可以单元格内容判断后再设置格式	条件格式化只限于使用3个条件，其中两个条件是明确的，另一个是"所有的其他"。条件要放到方括号中，必须进行简单的比较	代码：[>0]"正数";[<0]"负数";"零"。显示结果如下：单元格的数值大于零，显示"正数"；小于零，则显示"负数"；否则显示为"零"
11	"!"：显示"""	由于引号是代码常用的符号，因此在单元格中无法用""""来显示出""。要想显示出引号，必须在之前加入"!"	代码：#!"，例如 654 显示：654"；代码：#!"!"，例如："999"显示：999""

续表

序号	格式	说明	实例
12	时间和日期代码		"YYYY"或"YY":按四位(1900~9999)或两位(00~99)显示年;"MM"或"M":以两位(01~12)或一位(1~12)表示月;"DD"或"D":以两位(01~31)或一位(1-31)来表示天

下面以 4 个案例来介绍自定义单元格格式的知识和技巧。

实例 1:数量之后带出"kg"、单价前加"@"

选择图 1-76 中的 B2 单元格,单击鼠标右键,选择"单元格格式设置",之后进入"设置单元格格式"对话框。选择"数字"选项卡,随后选择"自定义",在"G/通用格式"后面输入"kg"。单击"确定"按钮,关闭"设置单元格格式"对话框,如图 1-76 所示。

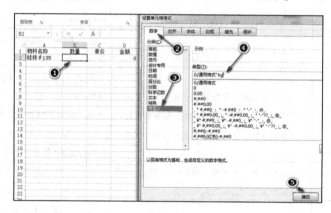

图 1-76

在 B2 单元格中输入一个数据,B2 单元格呈现出带有"kg"的数据,但编辑栏中显示出正常的数据,如图 1-77 所示。

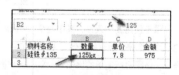

图 1-77

有时需要输入单价,很多用户采用"@"后加数字表示单价,也可以使用自定义单元格格式,设置方法及效果如图 1-78 所示。

第 1 章 数据处理基本技巧

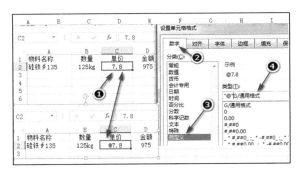

图 1-78

通过上述案例可以看出,尽管单元格设置了带有一些特殊符号的格式,但是"金额"所在列中的单元格还是可以计算的。这主要是因为自定义单元格格式只是改变了数据的显示样式,却不会改变数据的大小和属性。

实例 2:绩效指标考核分等级

如图 1-79 所示,是各制造部门单位能耗指标数据,现在希望根据右边的规则在 B 列单元格中将其等级标示出来。这时只需将自定义数字格式设置为[<8]"优";[<10]"良";"差"即可,设置方法及结果如图 1-80 所示。

	A	B	C	D	E
1	部门	单位能耗指标		规则	等级
2	制造1部	5		5≤单位能耗指标<8	优
3	制造2部	9		8≤单位能耗指标<10	良
4	制造3部	10		单位能耗指标≥10	差
5	制造4部	13			
6	制造5部	6			
7	制造6部	8			
8	制造7部	5			
9	制造8部	15			

图 1-79

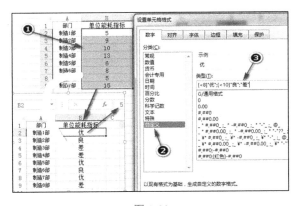

图 1-80

实例 3：隐藏单元格中的数值

在 Excel 工作表中，有时为了表格的美观，我们希望将单元格中的数值隐藏起来，这时可使用 ";;;"（3 个英文状态下的分号）的自定义数字格式来达到此目的。这样单元格中的值只会在编辑栏中出现，并且被隐藏单元格中的数值还不会被打印出来，但是该单元格中的数值可以被其他单元格正常引用，如图 1-81 所示。

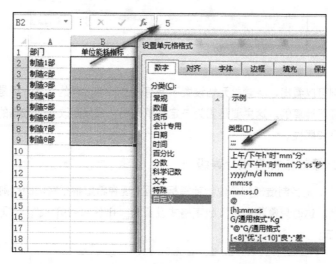

图 1-81

实例 4：自定义缩放数值

在统计中需要用到亿、千万、万等表示方式，自定义的示例如图 1-82 所示。

说明	原数据	结果	自定义格式
按亿缩放	134,239,871.00	1.34	0"."00,,
按千万缩放	134,239,871.00	13.4	0"."0,,
按百万缩放	1,936,502.93	1.9	0.0,,
按万缩放	936,502.93	93.7	0!.0,
按千缩放	936,502.93	936.5	0.0,
按百缩放	936,502.93	9365.03	0!.00

图 1-82

1.7.4 合并单元格

在合并单元格中，默认仅显示所合并的单元格区域左上角第一个单元格中的内容，遇到空单元格时仅显示第一个有数据内容的单元格。如在 A2:A6 单元格区域中 A2 为空，A3 不为空，则合并单元格后仅显示 A3 单元格中的内容；而 A4:A6 单元格区域中即使有内容，也不会显示，A4:A6

单元格区域中的原有内容被删除。

在报表中使用规范、层次清晰的合并单元格可以让报表看起来更加美观。合并单元格用于数据表时仅保留最左上角单元格中的数据，这样筛选、排序、复制和粘贴、数据透视、分类汇总等操作对数据表会造成不利的影响，对函数的使用也会带来诸多限制，因此合并单元格用在数据表（俗称流水账）中并不合适。

既然合并单元格对数据表会造成不利的影响，那么如何在如图 1-83 所示的表格中找出全部合并单元格，并批量取消合并单元格呢？步骤如下。

	A	B	C	D	E
1	Type	Item No	Code	Business Class	Cost Update-Material
2	半成品semi-finished products	8M15-7262-B001	WJ18M15-7262-B001	BU2无机种	-7.79
3	半成品semi-finished products	8-00-7126B0-12	WJ18-00-7126B0-12		-2.77
4	半成品semi-finished products	8-00-7132K0-11	WJ18-00-7132K0-11	BU3无机种	-0.31
5		8-00-7220B0-02	WJ18-00-7220B0-02		-0.23
6	半成品semi-finished products	8-00-7219B0-02	WJ18-00-7219B0-02	BU2无机种	0.86
7	半成品semi-finished products	8-00-7133B0-03		BU2无机种	-0.40
8	原材料 raw material	314-0000-00442	WJ1314-0000-00442	BU2无机种	-1.64
9	原材料 raw material	336-0000-00082	WJ1336-0000-00082	6009机种	4.23
10	原材料 raw material	311-0000-00762	WJ1311-0000-00762	BU2无机种	7.36
11	半成品semi-finished products	8-7262-00-0039	WJ18-7262-00-0039		-1.83
12	半成品semi-finished products	8M15-7215-B205	WJ18M15-7215-B205	BU2无机种	-4.79
13	半成品semi-finished products	8-00-7220B0-02	WJ18-00-7220B0-02	BU2无机种	-1.15

图 1-83

STEP 01 选择整张工作表区域，单击鼠标右键，选择“设置单元格格式”，进入“设置单元格格式”对话框。选择“对齐”选项卡，取消勾选“文本控制”下的“合并单元格”复选框，单击“确定”按钮，关闭“设置单元格格式”对话框，如图 1-84 所示。

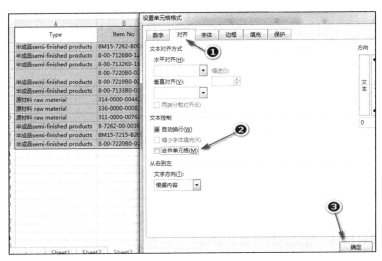

图 1-84

> **提示** 也可以选择整张表格，单击"文件"选项卡下"对齐方式"分组中的"合并后居中"按钮，取消所有的合并单元格。

STEP 02 按 Ctrl+G 组合键调出"定位条件"对话框，选择"空值"，单击"确定"按钮，关闭"定位条件"对话框，如图 1-85 所示。将光标放在编辑栏处，在此输入"=D3"，如图 1-86 所示，先按住 Ctrl 键不放，然后按 Enter 键，完成空白单元格由上向下的批量填充，将 A2:D13 区域选择性粘贴成值。

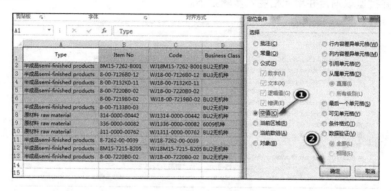

图 1-85

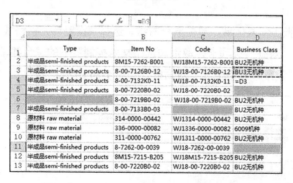

图 1-86

至此，所有的合并单元格处理完毕，满足了数据表的规范化需求。

1.8 基本技巧综合应用案例

1.8.1 提取混合单元格中的数字

混合单元格是指既有数值又有文本的单元格。从混合单元格中提取数字的方法多种多样，现

第 1 章　数据处理基本技巧

在介绍一种提取混合单元格中数字的方法。如图 1-87 所示，需要提取 A 列单元格中所有的数字，操作方法如下。

图 1-87

STEP 01 复制 A1:A4 单元格区域中的数据，将其粘贴到 B 列，将列宽拉至一个字符的宽度，如图 1-88 所示。

图 1-88

STEP 02 选择"开始"选项卡下"编辑"分组中的"填充"，选择"两端对齐"，之后出现"文本将超出选定区域"提示。单击"确定"按钮，出现每个单元格只有一个值的情况，如图 1-89 所示。

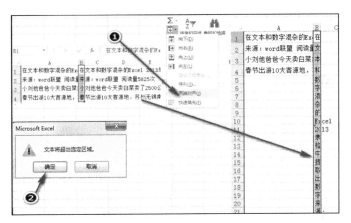

图 1-89

STEP 03 选择上述单个单元格只有一个值的单列区域，单击"数据"选项卡下的"分列"按钮，进入"文本分列向导"对话框，单击"分隔符号"，之后单击"完成"按钮，如图 1-90 所示。

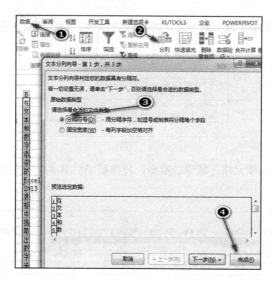

图 1-90

STEP 04 使用 Ctrl+G 组合键调出"定位条件"对话框。进入"定位条件"对话框,单击"常量"单选按钮,取消勾选"公式"下的"数字"复选框,之后单击"确定"按钮,关闭"定位条件"对话框,如图 1-91 所示。

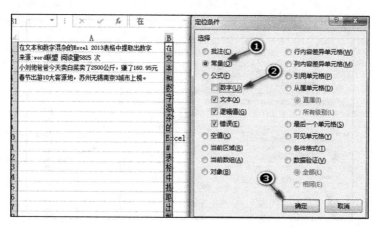

图 1-91

STEP 05 在确保上述单元格被选定的情况下,单击鼠标右键,选择"删除",进入"删除"对话框。单击"下方单元格上移"单选按钮,之后单击"确定"按钮,关闭"删除"对话框。将 B 列列宽拉至足够宽,提取的数字如图 1-92 所示。

第 1 章 数据处理基本技巧

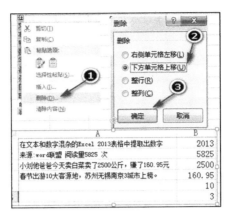

图 1-92

提示 在上述实例中,如果同一个单元格中含有位置不同的多个数字,该方法依然有效,这相比快速填充功能或者其他方法只能提取一个数值要高效得多。唯一缺憾的是,如果英文单词与数字之间无空格或无其他字符,则无法提取数字。

1.8.2 查找和替换的妙用

前导性符号" ' "经常用在文本型数字前,便于文本型数字能正确导入特定的系统中。前导性符号的作用是用来标识文本。导入到业务系统或者从业务系统中导出数据时,有时会出现这个隐藏的字符(主要用于数据库中的某个字段转化成 Excel 文件的文本)。其特点是,该前导性符号" ' "不包括在单元格字符的长度内。

如图 1-93 所示,F 列是一组手机号码或电话号码,通信系统要求每个号码前要加一个前导性符号" ' "后导入到通信系统中。尽管 F 列单元格中的号码为文本格式,但仍无法导入到通信系统中,处理步骤如下。

	A	B	C	D	E	F
1	会员卡号码	消费者姓名	性别	年龄	消费金额	电话号码
2	20000001	代玉	女	27	400.0	15163319777
3	20000002	赵鑫	男	27	384.0	15066150669
4	20000003	杨玉英	女	65	100.0	13573108702
5	20000004	赵桂霞	女	48	183.0	13808938665
6	20000005	张君	女	25	272.0	13969199598
7	20000006	林宗艳	女	40	272.8	15254122371
8	20000007	曾绍钧	男	36	238.0	13509849776
9	20000008	张学义	男	44	683.0	0531-82439371
10	20000009	李敏	女	30	691.8	13791040327
11	20000010	孙艳丽	女	32	277.2	13969111013

图 1-93

STEP 01 在 G2、H2 单元格中分别定义公式：="'"&F2、=LEN(G2)，如图 1-94 所示，这时可以看出"'"占了一个字符长度。

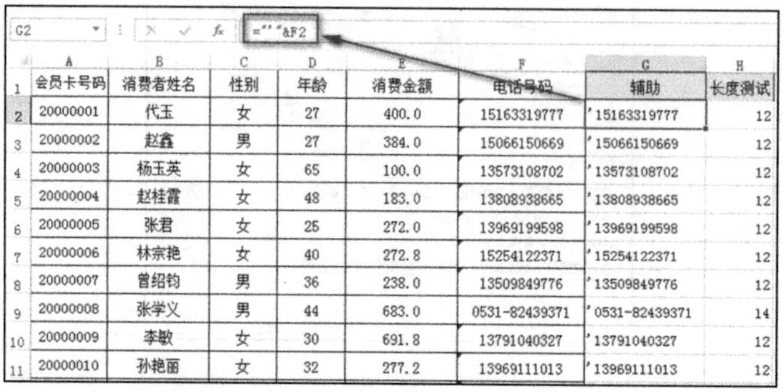

图 1-94

提示 尽管这一步中每个手机号前都加上了"'"，但这种格式仍然无法满足导入通信系统的要求，这个"'"还不是前导性符号"'"。

STEP 02 选择 G2 开始的单元格数据区域，将其复制并选择性粘贴成数值，选择"开始"选项卡下"剪贴板"分组右下角的对话框启动器，再选择 G2 单元格开始的数据区域进行复制，出现剪贴板界面，之后单击剪贴板右边的下拉按钮，选择"粘贴"，如图 1-95 所示。

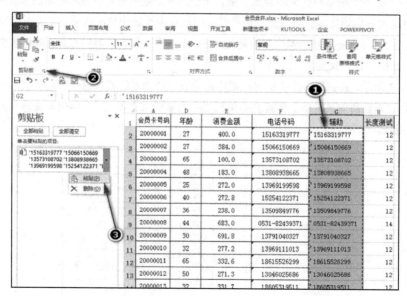

图 1-95

第 1 章 数据处理基本技巧

STEP 03 复制剪贴板中手机号码前的 "'"，按 Ctrl+F 组合键调出 "查找和替换" 对话框，在 "查找内容" 和 "替换为" 中粘贴先前复制的半角前导性符号 "'"，单击 "全部替换" 按钮，出现替换完成提示，关闭 "查找和替换" 对话框，如图 1-96 所示。

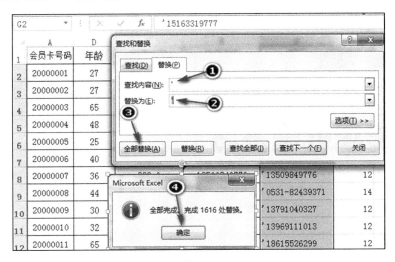

图 1-96

从编辑栏中可以看出，号码前已经全部加上了前导性符号 "'"，前导性符号 "'" 不占单元格字符的长度，如图 1-97 所示。

图 1-97

提示 身份证号码、银行卡卡号等文本型数字在需要批量导入身份证查询系统或者银行系统时，也可以采取这种方式加上前导性符号 "'"。

47

第 2 章

数据专项处理技巧

2.1 条件格式

2.1.1 认识条件格式

当单元格符合某项（些）条件时，单元格将显示指定的格式，这就是条件格式。由于单元格按照对应的条件显示特定的格式，因此条件格式是数据可视化的重要工具之一，在有些图形制作中也可以应用条件格式。

条件格式有多种规则供用户使用，用户可使用如图 2-1 所示的下拉列表中的一个命令来指定某个规则进行条件格式设置。

★ 突出显示单元格规则：例如，突出显示大于某个值、小于某个值、介于某两个值之间、等于某个值、文本包含某个值等规则，这与筛选功能选项下的规则有些近似。

★ 项目选取规则：前多少项、前 n%、最后多少项、后 n%、高于或低于平均值等选项。

★ 数据条：按照单元格值的大小在单元格中显示条形图。

★ 色阶：按照单元格值的大小在单元格中显示渐变的颜色，每个值所在单元格的颜色表示每个值在单元格区域中的相对大小。

★ 图标集：直接在单元格中按照一定规则显示图标。

第 2 章 数据专项处理技巧

★ 新建规则：可供用户指定其他条件格式规则，其中可根据要求创建逻辑条件公式规则，这也是条件格式应用广泛的关键所在。
★ 清除规则：供用户删除原来所应用的条件格式。
★ 管理规则：通过"条件格式规则管理器"对话框可以新建、修改、删除规则。

当复制含有条件格式的单元格时，也将复制条件格式。如果只想复制所在单元格的条件格式，可以选择"选择性粘贴"下的"格式"选项。

在"查找和选择"下的"查找"和"替换"中虽然可以按照特定格式查找单元格，但是此功能不会搜索包含由条件格式生成特定格式的单元格。用户可在"定位条件"对话框中使用"条件格式"按钮，实现对含有条件格式的单元格的查找。

条件格式的可视化效果虽然比较强，但是当表格中的数据量较大时，使用条件格式会造成文件运行缓慢。因此，条件格式在表格数据量较大时并不适合使用。

图 2-1

2.1.2 条件格式的简单应用

如何快速地将如图 2-2 所示的表格中所有"鼠标"的销售数据记录和满足条件的数据记录的整行用颜色标示出来呢？操作步骤如下。

	A	B	C	D
1	日期	项目	收入	成本
2	2016/6/1	微软无线鼠标 迅雷鲨6000	10,025.00	8,832.00
3	2016/6/2	人体工学键盘	5,227.00	5,227.00
4	2016/6/3	微软激光鼠标 暴雷鲨6000	9,560.00	9,560.00
5	2016/6/4	微软光电鼠标	4,403.00	4,403.00
6	2016/6/5	防水键盘	7,869.00	7,869.00
7	2016/6/6	立体声蓝牙耳机 H820	5,550.00	5,550.00
8	2016/6/7	蓝牙耳机 A400	7,367.00	7,367.00
9	2016/6/9	防水键盘	7,500.00	6,928.00
10	2016/6/10	无线人体工学键盘	5,906.00	5,906.00
11	2016/6/11	微软无线鼠标 迅雷鲨6000	8,057.00	8,057.00
12	2016/6/12	微软激光鼠标 暴雷鲨6000	1,683.00	1,683.00

图 2-2

STEP 01 选择 A2:D12 连续的单元格区域，选择"开始"选项卡下"样式"分组"条件格式"中的"新建规则"按钮，如图 2-3 所示，进入"新建格式规则"对话框。

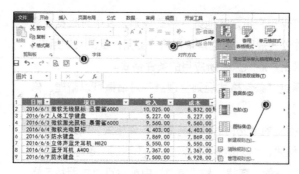

图 2-3

STEP 02 在"选择规则类型"列表中选择"使用公式确定要设置格式的单元格"。在"为符合此公式的值设置格式"处输入公式：=FIND("鼠标",$B2)，单击"格式"按钮，进入"设置单元格格式"对话框。选取"背景色"中所希望填充的颜色，单击"确定"按钮，关闭"设置单元格格式"对话框，如图 2-4 所示。在"新建格式规则"对话框中单击"确定"按钮，关闭"新建格式规则"对话框。

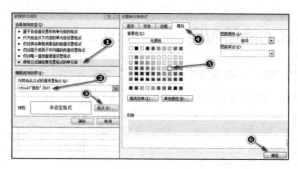

图 2-4

以上步骤实现的效果如图 2-5 所示。

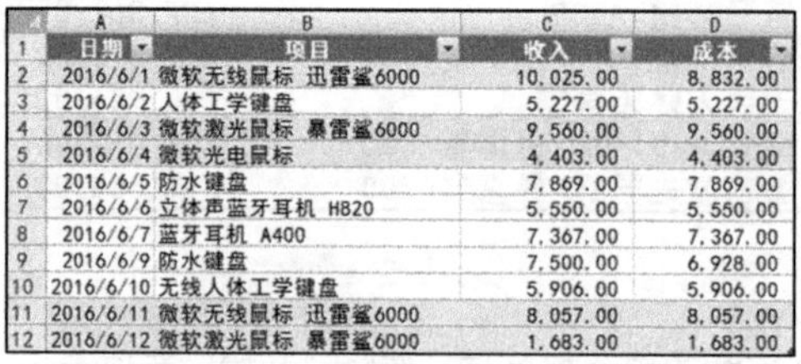

图 2-5

提示 在输入图 2-4 中的公式时，FIND 的第二个参数一定要锁定 B 列（即在列号 B 前加上"$"），不能将公式写成=FIND("鼠标",B2);否则填充颜色只会填充 A 列，达不到整条记录都填充颜色的目的。

2.1.3　用四色交通灯标示财务状态

如图 2-6 所示，要对产品毛利率按照 D:E 列的规则标示各产品毛利率水平，便于很直观地看出各产品毛利率水平的高低，具体操作步骤如下。

	A	B	C	D	E
1	产品类别	毛利率		规则	
2	ffd-01	1.59%		毛利率>=13%	绿色
3	ffd-02	4.35%		毛利率>=10%	黄色
4	ffd-03	18.50%		毛利率>=3%	红色
5	ffd-04	12.62%		毛利率<3%	黑色
6	ffd-05	11.35%			
7	ffd-06	8.47%			
8	ffd-07	18.29%			
9	ffd-08	-0.50%			

图 2-6

STEP 01　选择 B2:B9 单元格区域，在“开始”选项卡中依次单击“条件格式”→“新建规则”选项，打开“新建格式规则”对话框。

STEP 02　选择“基于各自值设置所有单元格的格式”这一规则类型，然后在“格式样式”下拉列表中选择“图标集”选项，在“图标样式”下拉列表选择“四色交通灯（无边框）”图标，如图 2-7 所示。

STEP 03　在对话框下方按照表中 D 列到 E 列单元格中的规则依次进行设置，设置完毕后单击“确定”按钮，关闭“新建格式规则”对话框。

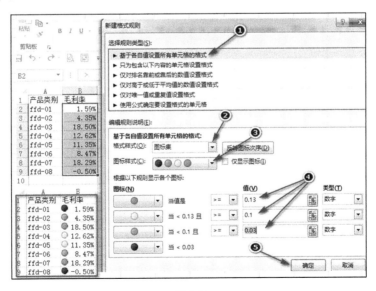

图 2-7

2.1.4 对查询的数据高亮显示

如何随着图2-8中O1与O2单元格的动态选择在所选择的数据源区域中实现高亮显示的效果？设置步骤如下。

	A	B	C	D	E	F	G	H	I	J	K	L	M	N	O
1	部门	1月	2月	3月	4月	5月	6月	7月	8月	9月	10月	11月	12月	月份	5月
2	财务部	26	37	75	26	61	24	57	35	47	21	22	63	部门	研发部
3	IT部	50	66	61	55	57	67	28	81	47	29	26	28	指标	24
4	销售部	49	75	33	49	25	89	66	88	43	23	83	70		
5	采购部	48	35	26	76	23	81	39	77	51	28	89	35	52	
6	研发部	89	55	22	34	24	37	71	23	58	57	32	56		
7	行政部	80	47	39	53	74	50	25	29	56	69	59	66		
8	制1部	65	48	44	90	41	85	30	60	26	72	78	44		
9	制2部	20	82	53	34	78	47	71	46	88	40	90	53		
10	制3部	64	78	58	85	45	20	87	66	47	51	32	37		
11	制4部	33	26	28	42	61	76	22	49	76	21	79	90		
12	制5部	60	86	76	51	32	56	70	27	36	82	36	34		
13	制6部	62	36	51	24	40	47	26	75	81	42	27	57		

图2-8

STEP 01 在O1与O2单元格中分别设置数据验证，O1单元格来源处选取B1:M1单元格区域，O2单元格来源处选取A2:A13单元格区域，如图2-9和图2-10所示。

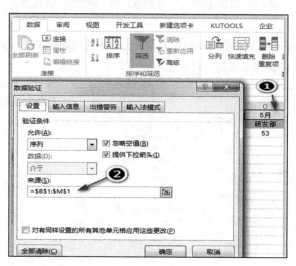

图2-9

第 2 章 数据专项处理技巧

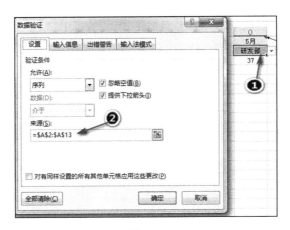

图 2-10

STEP 02 在 O3 单元格中输入引用数据的公式：

=INDEX($B$2:$M$13,MATCH(O2,$A$2:$A$13,0),MATCH(O1,$B$1:$M$1,0))

其中，MATCH(O2,$A$2:$A$13,0)是根据 O2 单元格中的部门来确定在 B2:M13 区域内的行号，MATCH(O1,$B$1:$M$1,0) 是根据 O1 单元格中的月份来确定在 B2:M13 区域内列标的序号。

STEP 03 确定查询值所在单元格所在的行和列以浅蓝色显示：选择 B2:M13 区域，在"为符合此公式的值设置格式"处输入公式：=(B$1=$O$1)+($A2=$O$2)，如图 2-11 所示。该条件公式表示"当 O1 等于 B1:M1 区域内的任意一个值、O2 单元格所选择的值等于 A2:A13 区域内的任意一个值"这两个条件只要其中一个成立，即可高亮显示该单元格所在的行或者列，这里的"+"是"或者"的意思。

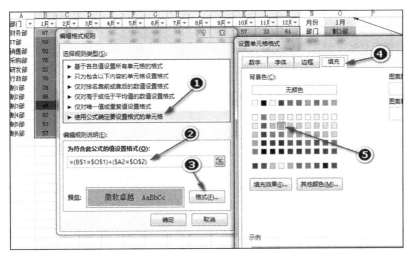

图 2-11

STEP 04 确定所显示数据的单元格呈红色高亮显示：选择 B2:M13 区域，在"为符合此公式的值设置格式"处输入公式：=(B$1=$O$1)*($A2=$O$2)，如图 2-12 所示。该条件公式表示"当 O1 等于 B1:M1 区域内的任意一个值、O2 单元格所选择的值等于 A2:A13 区域内的任意一个值"这两个条件同时成立时，即可高亮显示该单元格，这里的"*"是"并且"的意思。

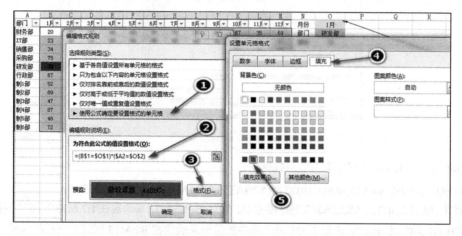

图 2-12

提示 第 3、4 步顺序不能颠倒，否则高亮显示查询单元格的红色就会被浅蓝色覆盖掉。

2.1.5 标识两列中不同的物料名称

如图 2-13 所示，A 列中的数据是标配 BOM，B 列是试制 BOM，两方数据都可能存在差异，如何将重复出现（如果多次出现的，则只有一方多出的次数会被标识）的、缺失的物料名称标识出来？例如，"手制动压力开关 YU0I-06001"在 A 列出现 1 次，而在 B 列出现 3 次，则需要将 B 列第 2 次及以上次数标识出来。实现步骤如下。

第 2 章　数据专项处理技巧

图 2-13

STEP 01　选择 A2:A22 单元格区域，在条件格式设置中选择"使用公式确定要设置格式的单元格"，在"为符合此公式的值设置格式"编辑框中输入如下公式（见图 2-14）：

=SUMPRODUCT (--((A$2:A2)=A2))>SUMPRODUCT(--((B$2:B$99)=A2))

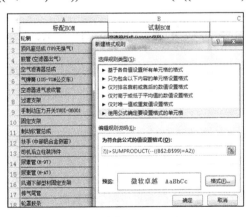

图 2-14

STEP 02　在"设置单元格格式"对话框中选择"数字"选项卡，在"分类"列表框中选择"自定义"，并在"类型"编辑框中输入"B列无："@；在"字体"选项卡中的"字形"设置为加粗，"颜色"设置为红色，如图 2-15 所示。

55

图 2-15

STEP 03 用同样的方法在 B 列中按上述步骤设置 B2:B23 单元格中的条件格式,条件公式如下:
=SUMPRODUCT(--((B$2:B2)=B2))>SUMPRODUCT(--((A$2:A$99)=B2))

提示 使用 SUMPRODUCT(--((B$2:B2)=B2))统计自 B2 单元格至当前单元格中物料名称的次数,可以看到"手制动压力开关 YU0I-06001"在 B 列中出现了 3 次,而在 A 列只出现了 1 次,故在 B 列中第 2、3 次出现时标识出 A 列无此数据,但 B 列中第 1 次出现时则不进行提示。

2.2 排序、筛选与分类汇总

2.2.1 排序、筛选与分类汇总对数据的要求

在数据表中,用户经常需要对表格中大量的数据进行处理分析,发现异常数据进行追根溯源,以提炼出规律、趋势并进行总结和预测,而数据的排序、筛选与分类汇总则是 Excel 数据处理的重要功能之一。

数据的排序、筛选与分类汇总的数据源多是使用数据表形式的数据源,规范的数据源的具体要求如下:

★ 需要避免工作表中有空行或者空列,否则会造成数据排序或汇总错误。
★ 工作表中的字段名称不重复,字段名称应简单而具有良好的标识作用。
★ 工作表的数据源无合并单元格或空格。
★ 工作表的数据源中不能有小计、合计、总计等汇总数据。
★ 同列的数据属性一致。

如果要排序的同一列中有不止一种数据格式,在按降序排序时,Excel 按如下次序排序:错误值、逻辑值、文本、数值、空格。在按升序排序时,Excel 按如下次序排序:数值、文本、逻辑值、

第 2 章　数据专项处理技巧

错误值、空格。不管是升序还是降序，空格总排在最后。

2.2.2　按图标集进行数据排序

一般排序均按"数值"方式进行排序，在 Excel 2007 及以上版本的表格中，还可以按"单元格填充颜色""字体颜色""单元格图标"进行排序，如图 2-16 所示。下面就以一个实例来说明按"单元格图标"排序的方法，步骤如下。

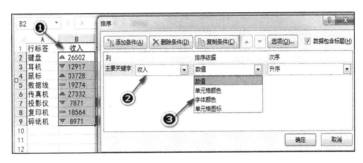

图 2-16

STEP 01 选中 B2:B9 连续的单元格区域，在单元格区域右下角出现"快速分析"按钮，选择格式下的"图标集"，之后选择 ▲ ― ▼ 图标，操作过程及效果如图 2-17 所示。

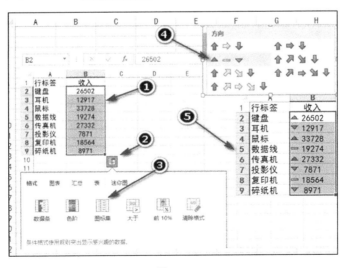

图 2-17

STEP 02 单击"排序与筛选"分组中的"排序"按钮，在调出的"排序"对话框中，"主要关键字"选择"收入"，"排列依据"选择"单元格图标"，随后次序栏出现 3 种颜色的图标，选择绿色向上的三角形，最后选择"在顶端"。仔细观察效果图，发现图中存在的图标和数值大小还没达到应有的效果，如图 2-18 所示。

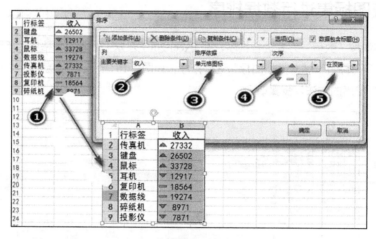

图 2-18

STEP 03 单击"添加条件"，出现"次要关键字"按钮，再次按步骤 2 中的方法依次进行设置，最后再设置第 3 条件排序，方法如前，选择"在顶端"或"在底端"均可，步骤及效果如图 2-19 所示。

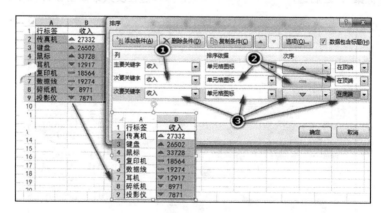

图 2-19

2.2.3 使用自定义序列排序

Excel 提供了两种自定义系列的方式：一种是导入法，另一种是手动添加法。

首先介绍"导入法"。我们以自定义一个公司的部门系列："财务部、采购部、销售部、生产

第 2 章　数据专项处理技巧

部、行政部、质量部、技术部、工程部"为例，介绍"导入法"自定义系列的一般步骤。

STEP 01　选中如图 2-20 所示的 A1:A8 单元格区域。

STEP 02　单击"文件"选项卡中的"选项"命令，如图 2-20 所示，出现"Excel 选项"对话框。

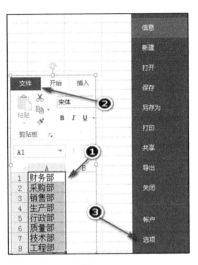

图 2-20

STEP 03　在"Excel 选项"对话框中单击"高级"选项卡，在右侧区域右下方找到并单击"编辑自定义列表"按钮，如图 2-21 所示，出现"自定义序列"对话框。

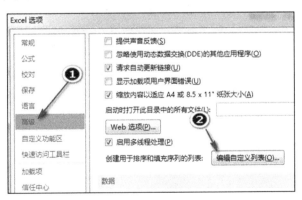

图 2-21

STEP 04　在"自定义序列"对话框右下方的编辑框中已经显示了 $A$1:$A$8 先前选定的内容。单击"导入"按钮完成自定义系列的导入，随后单击"确定"按钮，关闭"自定义序列"对话框，如图 2-22 所示。之后单击"确定"按钮，关闭"Excel 选项"对话框。

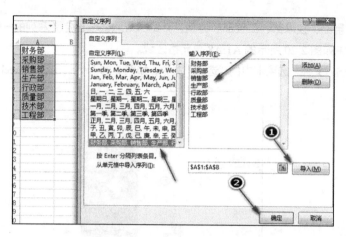

图 2-22

> **提示** 手动添加"自定义系列"也可以在图 2-22 的"输入系列"框中进行手工输入。每输入一个部门，按 Enter 键结束，全部输入完毕后单击"添加"按钮，即可完成"自定义系列"的添加。

上述自定义系列可以在本机所有的工作簿中使用，如果该工作簿转移到了其他计算机，这个自定义系列依然有效。下面简要介绍自定义系列的使用。

将上述部门的数据复制到新工作表中，单击该数据区域的任意单元格，之后单击"数据"选项卡下的"排序"，弹出"排序"对话框。单击"主要关键字"，选择"部门"，之后单击"次序"旁的下拉按钮，选择"自定义系列"，如图 2-23 所示。

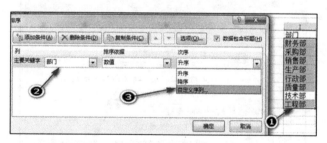

图 2-23

在弹出的"自定义系列"对话框中选择定义的系列，单击"确定"按钮，关闭"自定义系列"对话框，如图 2-24 所示。"排序"对话框中出现了如图 2-25 中箭头所示的自定义系列排序。

第 2 章 数据专项处理技巧

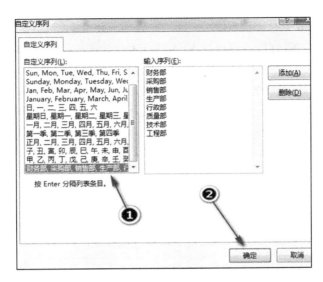

图 2-24

图 2-25

2.2.4 利用排序生成成绩单

在日常工作中，老师常常需要给每位学生分发成绩单，公司需要给职员分发工资条。下面介绍利用排序生成成绩单的简单方法，如图 2-26 所示是一张学生成绩表，操作步骤如下。

	A	B	C	D	E	F	G	H	I
1	姓名	语文	数学	英语	物理	化学	历史	政治	总分
2	张燕	98	100	99	90	97	90	89	663
3	占成峰	92	97	75	85	84	86	75	594
4	安然	88	75	89	90	84	75	65	566
5	李毅	75	65	55	58	70	80	62	465
6	罗红成	74	65	75	58	70	80	62	484
7	蔡涛峰	89	97	87	91	94	93	84	635
8	战海强	85	97	81	91	92	93	80	619
9	耿玉斌	85	97	81	91	92	93	80	619
10	张学才	95	98	99	92	96	98	98	676

图 2-26

STEP 01 在图 2-26 中的 A 列前插入一列，在 A1 单元格中输入列标题"序号"，可以先在成绩表中输入数字"1""3""5"，然后选中 A2:A4 单元格区域填充至最后一条记录（在这里是表格第 10 行）。

STEP 02 复制成绩表的表头，然后将其复制成 8 行（需要添加的表头标题数为记录的条数减去 1，这里为 9 名学生）。在 A11:A13 单元格中输入"2""4""6"，之后选中 A11:A13 单元格区域填充至最后一条记录，如图 2-27 所示。

	A	B	C	D	E	F	G	H	I	J
1	序号	姓名	语文	数学	英语	物理	化学	历史	政治	总分
2	1	张燕	98	100	99	90	97	90	89	663
3	3	占成峰	92	97	75	85	84	86	75	594
4	5	安然	88	75	89	90	84	75	65	566
5	7	辛毅	75	65	55	58	70	80	62	465
6	9	罗红成	74	65	75	58	70	80	62	484
7	11	蔡涛峰	89	97	87	91	94	93	84	635
8	13	戚海强	85	97	81	91	92	93	80	619
9	15	耿玉斌	85	97	81	91	92	93	80	619
10	17	张学才	95	98	99	92	96	98	98	676
11	2	姓名	语文	数学	英语	物理	化学	历史	政治	总分
12	4	姓名	语文	数学	英语	物理	化学	历史	政治	总分
13	6	姓名	语文	数学	英语	物理	化学	历史	政治	总分
14	8	姓名	语文	数学	英语	物理	化学	历史	政治	总分
15	10	姓名	语文	数学	英语	物理	化学	历史	政治	总分
16	12	姓名	语文	数学	英语	物理	化学	历史	政治	总分
17	14	姓名	语文	数学	英语	物理	化学	历史	政治	总分
18	16	姓名	语文	数学	英语	物理	化学	历史	政治	总分

图 2-27

STEP 03 最后选中表格按序号进行升序排序，即可生成成绩单，效果如图 2-28 所示。

	A	B	C	D	E	F	G	H	I	J
1	序号	姓名	语文	数学	英语	物理	化学	历史	政治	总分
2	1	张燕	98	100	99	90	97	90	89	663
3	2	姓名	语文	数学	英语	物理	化学	历史	政治	总分
4	3	占成峰	92	97	75	85	84	86	75	594
5	4	姓名	语文	数学	英语	物理	化学	历史	政治	总分
6	5	安然	88	75	89	90	84	75	65	566
7	6	姓名	语文	数学	英语	物理	化学	历史	政治	总分
8	7	辛毅	75	65	55	58	70	80	62	465
9	8	姓名	语文	数学	英语	物理	化学	历史	政治	总分
10	9	罗红成	74	65	75	58	70	80	62	484
11	10	姓名	语文	数学	英语	物理	化学	历史	政治	总分
12	11	蔡涛峰	89	97	87	91	94	93	84	635
13	12	姓名	语文	数学	英语	物理	化学	历史	政治	总分
14	13	戚海强	85	97	81	91	92	93	80	619
15	14	姓名	语文	数学	英语	物理	化学	历史	政治	总分
16	15	耿玉斌	85	97	81	91	92	93	80	619
17	16	姓名	语文	数学	英语	物理	化学	历史	政治	总分
18	17	张学才	95	98	99	92	96	98	98	676

图 2-28

> 提示　上述生成成绩单的案例利用了序号的奇偶性填充数据，然后按序号数字的大小进行排序。

感兴趣的读者也可以利用序号生成有间隔空行的成绩单。

2.3 合并计算

2.3.1 利用公式合并计算

如图 2-29 所示，汇总表需要将后面 4 张结构相同的表格进行合并计算。所谓结构相同，在这里是指品种、销量、收入、成本、毛利在各分表中的排列顺序和汇总表是完全相同的。

1. 方法 1

在汇总表的 B2 单元格中输入公式：=SUM('*'!B2)，按 Enter 键确认公式。注意，"!"以英文状态输入，这时公式变成"=SUM(常熟厂:园区厂!B2)"，效果如图 2-29 所示，拖动复制 B2 单元格中的公式到其他相应的行列完成合并计算。

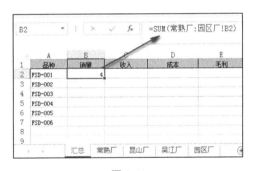

图 2-29

在本例中利用了 SUM 函数支持多表三维引用的特性和通配符引用的技巧。在使用通配符达到连续多表三维引用的目的时，通配符表示除了当前活动工作表以外的所有满足通配符条件的工作表。在使用此功能时，要注意以下两点：

★ 当前只有一张工作表时，输入=SUM('*'B2)，文件会自动提示不能输入，这是因为除了当前工作表外再也没有其他工作表了。

★ 当只有两张工作表时，输入上述公式，公式会自动引用另外一张工作表。

2. 方法 2

STEP 01　在工作簿中分别插入一个名为 Beginning 和 Ending 的工作表，如图 2-30 所示。

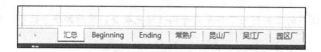

图 2-30

STEP 02 在汇总表 B2 单元格中输入公式：=SUM(Beginning:Ending!B2)，这时出现计算结果为 0，如图 2-31 所示。

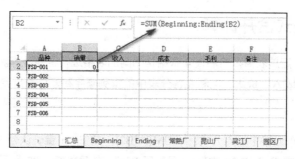

图 2-31

STEP 03 将 Ending 工作表标签移动到工作表标签的最后位置，汇总表的 B2 单元格出现正确的计算结果，拖动复制公式到汇总表的其他行和列的单元格中，效果如图 2-32 所示。

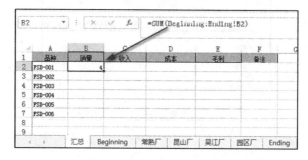

图 2-32

> **提示** 方法 2 的合并计算方式非常灵活，插入的这两张工作表是空白的工作表，如果将 Ending 工作表移动到任意位置，可实现意想不到的效果。其实质是，SUM(Beginning:Ending!B2)公式中 Beginning 和 Ending 工作表之间的若干工作表就是公式的合并计算范围。

2.3.2 按位置进行合并计算

如图 2-33 所示，在某个工作簿的不同工作表中包含几个部门 1—12 月各月的人力需求数据，已知各岗位的薪资结构，这些人力需求表有相同的行标题和列标题。由于制造部门订单生产的特

第 2 章 数据专项处理技巧

殊性，制造部门各月的人力数量需求往往是波动的，因此必须分月进行预算。现在需要将这几张工作表中的数据合并到"人力成本核算"工作表中，步骤如下。

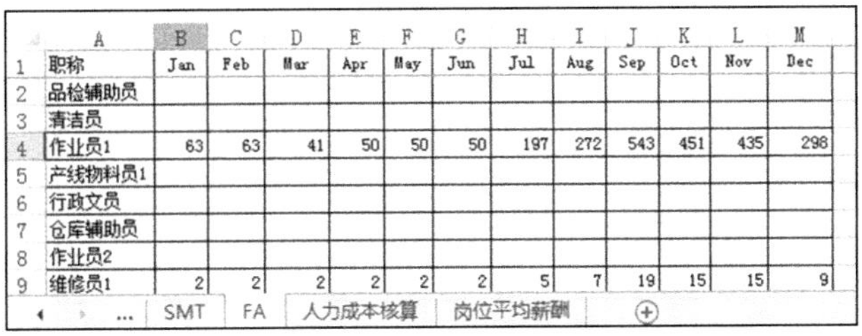

图 2-33

STEP 01 在"人力成本核算"工作表中，选择数据合并后所在区域的左上角 B2 单元格。之后在功能区中选择"数据"选项卡，在"数据工具"分组中单击"合并计算"按钮，弹出"合并计算"对话框，在该对话框的"函数"下拉列表中保持默认的"求和"选项，选择其中一个分工作表，选择 B2:M82 区域，然后单击"添加"按钮。用同样的方法依次添加合并计算区域到"所有引用位置"区域中，这样就将各月人力需求数据按岗位合并计算到各月中了，如图 2-34 所示。

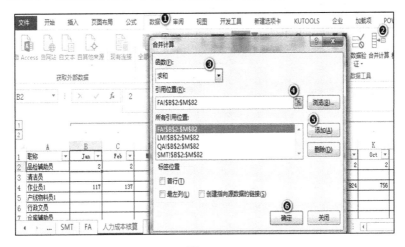

图 2-34

STEP 02 用 VLOOKUP 函数将各岗位平均薪酬从岗位薪酬表中的数据引用到 O 列（Salary 列），在 P2 单元格中定义=B2*$O2，将此公式往下复制格式，然后向右复制公式，即可求出全年各月薪资预计支出，如图 2-35 所示。

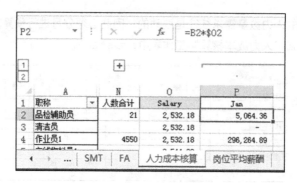

图 2-35

2.3.3 按项目进行合并计算

需要同时根据列标题和行标题进行分类合并计算时,如果各表的记录明细不相同,但结构上相同,也可以合并计算。和 2.3.2 节的案例合并计算步骤不同的是,在做合并计算时,合并表并不需要输入行标题与列标题,直接为空白即可;数据源选择的范围上也有所不同,这里需要选择从行标题、列标题到最后一条数据记录;勾选"首行"和"最左列",然后单击"确定"按钮,关闭"合并计算"对话框,如图 2-36 所示。

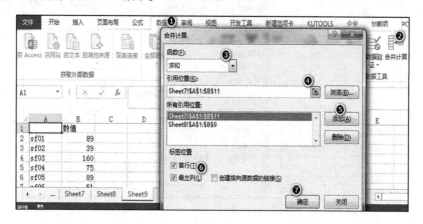

图 2-36

> **提示** 在这种合并计算模式下,合并计算后起始单元格的列标题会出现空白,要手工输入。

2.3.4 利用合并计算对比差异

Excel 合并计算经常用来对结构相同的多份报表进行求和计算;当我们需要对两年期的数据进

第 2 章　数据专项处理技巧

行差异比较分析时，也可以利用合并计算功能。

图 2-37 是 2014 年和 2015 两年期同期数据的明细清单，现利用合并计算功能实现两年期的同期产品销售差异分析，步骤如下。

	A	B	C	D	A	B	C	D
1	产品型号	销量	收入	成本	产品型号	销量	收入	成本
2	AS005-BEV	795	357,322,226.62	252,318,375.94	AS006-BEV	410	24,846,077.19	26,957,938.71
3	AS006-BEV	609	39,683,349.09	39,677,001.65	AS007-BEV	401	186,538,545.51	152,692,650.03
4	AS007-BEV	570	285,112,409.67	216,224,229.57	AS008-BEV	122	6,106,870.67	6,186,074.26
5	AS008-BEV	543	29,226,430.22	29,290,533.01	AS009-BEV	140	125,573,927.09	102,168,885.84
6	AS009-BEV	513	494,772,846.36	372,847,314.82	AS010-BEV	622	436,782,320.17	395,431,057.97
7	AS010-BEV	346	261,256,928.36	219,966,472.76	AS011-BEV	567	385,032,338.30	343,230,337.51
8	AS011-BEV	330	240,960,102.48	199,763,688.50	AS012-BEV	469	53,950,914.78	55,112,493.29
9	AS012-BEV	304	37,602,490.07	35,723,236.59	AS013-BEV	257	115,016,664.51	95,429,318.11
10	AS013-BEV	280	134,741,919.01	103,969,605.10	AS014-BEV	163	53,056,500.00	54,116,109.21
11	AS014-BEV09	278	98,604,179.48	92,139,323.45	AS015-BEV	490	61,328,804.02	67,642,748.07
12	AS015-BEV	263	35,394,942.85	36,306,209.68	AS013-BEV21	405	192,091,500.00	154,681,419.15

图 2-37

STEP 01 因为两表结构一致，为了区分两年期数据，现将两年期除产品型号外的计算字段，都在字段名前加上 2015 与 2014（如果不添加年份，两表计算字段完全一致，会将两年的数据汇总在一起）。

STEP 02 在该工作簿的空白表格中，在"数据"选项卡下选择"合并计算"命令，选择 2014 年同期数据。"函数"默认选择为"求和"。单击"引用位置"处的扩展按钮，选择需要处理的数据单元格区域，然后单击"添加"按钮。勾选"首行""最左列""创建指向源数据的链接"复选框。操作顺序如图 2-38 中的序号所示。

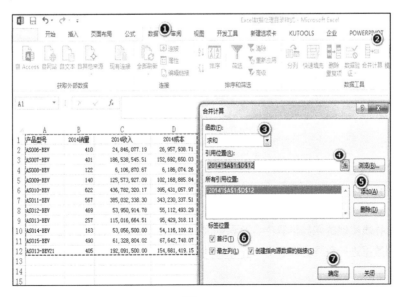

图 2-38

STEP 03 这里需要指出的是，在合并计算时，如果勾选"创建指向源数据的链接"，当分报表数据有变化时，合并表也会同步变化，实现自动更新。按同样的方法添加 2015 年的数据，如图 2-39 所示。

图 2-39

STEP 04 计算各差异项：在数据右侧单元格中输入各项差异的列字段名，然后在各行定义用 2015 年同期数据减去 2014 年同期数据，在合计所在行的 C 列单元格定义求和公式：=SUBTOTAL(109,C2:C36)，复制合计所在行 C 列的公式至 K 列，如图 2-40 所示。

图 2-40

从这个合并表实现的差异计算中，可识别出两年期的可比产品和不可比产品，也能对可比产品的两年同期数据进行差异比较和分析，分析两年期的可比产品的赢利能力、不可比产品对毛利影响的程度。

2.4 名称管理器

2.4.1 认识名称管理器

Excel 的名称管理器可用于对已命名的单元格区域进行管理，其中使用名称的作用在于以更加直观形象的方法来间接引用单元格或单元格区域，而名称可以命名为对单元格区域的描述性名称。因此，使用名称相对于使用单元格区域更加通俗易懂，可读性更强，如图 2-41 所示。

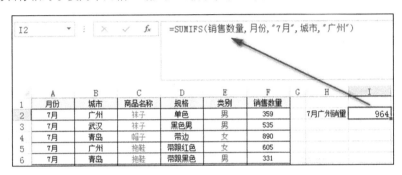

图 2-41

名称管理器可以与数据验证、数据透视表、公式、动态图形制作等结合运用，处理数据更加高效。

名称的命名有一些规则限制，以下是名称命名的若干规则。

★ 名称不能含有空格，如果要使用多个文本来命名，可以使用下画线 "_" 来代替空格，例如 "月份_汇总"。

★ 名称不能以数字开头，但可以以文字或字母、下画线、反斜线开头。也不能使用看起来像单元格地址一样的名称，例如 "AC3"。

★ 名称禁止使用除下画线（_）、反斜线（\）、点号（.）及问号（?）以外的其他符号。

★ 名称最多包含 255 个字符，而且应尽量简短易懂。

★ 避免使用 Excel 自带的名称，如 Print_Area、Print_Titles、Sheet_Title、Consolidate_Titles。

★ 同一工作簿、同一工作表不能使用相同的名称。

2.4.2 创建名称的 3 种方式

创建名称的方式有如下 3 种。

1. 使用"名称"框创建名称

这是最快速的创建名称的方法。例如，选择如图 2-42 所示的 A1:F23 单元格区域创建名称，单击"名称"框，然后输入名称"数据"，按 Enter 键，即可创建名称。查看名称管理器中的"数据"，即可看出如图 2-42 所示的名称。

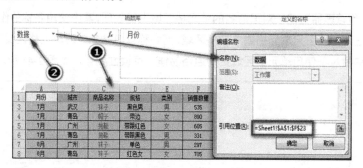

图 2-42

提示 在"名称"框中输入名称后必须按下 Enter 键才可以创建名称。如果在输入名称后又在工作表中单击，则 Excel 不会创建名称。

2. 使用"新建名称"对话框创建名称

首先选择要命名的单元格或者单元格区域，之后在"公式"选项卡的"定义的名称"分组中单击"定义名称"按钮，弹出"新建名称"对话框。在"名称"文本框中输入名称，在"引用位置"处可显示原选择的单元格或单元格区域，如图 2-43 所示。也可以直接使用"定义名称"对话框，在"名称"框中输入名称，在"引用位置"处输入定义的公式。

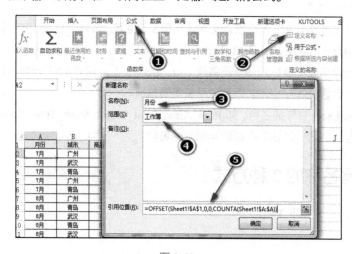

图 2-43

第 2 章 数据专项处理技巧

提示 如果想将名称应用于整个工作簿，可在范围处选择"工作簿"；如果将名称仅限于本工作表中使用，可在"范围"下拉列表框中选择本表名称。有时在"引用位置"处定义的公式较长，导致无法显示整条公式，这时可调整"定义名称"对话框大小，单击并拖动边框，以改变大小。

3．使用"根据所选内容创建"名称

Excel 会很智能地根据所选内容勾选"以选定区域创建名称"对话框中的复选框，如图 2-44 所示。如果 Excel 选择不正确，用户可以更改复选框，单击"确定"按钮，自行创建名称，如图 2-45 所示。

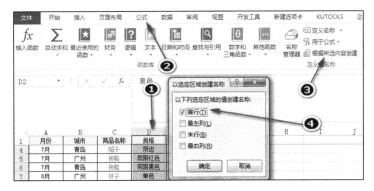

图 2-44

图 2-45

提示 在删除名称时需要注意工作簿或者工作表中是否已经使用了名称。如果删除了此名称，则会造成公式无效，在原定义公式的单元格中会出现"#NAME?"错误提示。关于名称与数据验证的结合使用，1.2 节已有相关案例阐述，在此不再赘述。

2.4.3 名称在函数中的应用：合并报表编制

在编制抵销会计分录工作表中，将科目这一列的区域选定，单击"新建名称"按钮，这里将其命名为"科目"，在"引用位置"处选择 C2:C28 单元格区域，然后单击"确定"按钮，关闭"编辑名称"对话框，完成"科目"这一名称的定义，如图 2-46 所示。类似地，分别定义名称为"借方"和"贷方"。

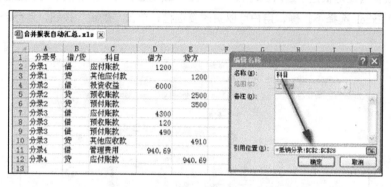

图 2-46

我们知道，合并资产负债表的合并数由合并范围内各公司汇总数和抵销会计分录的各科目的汇总数计算得来。如图 2-47 所示，表中的汇总数由 E 和 F 列汇总而来。如果还有子公司，可以继续在 E 列和 F 列中间插入处理。根据 SUM 多条件求和数组公式，我们可在抵销数这列的 C5 单元格中输入公式：=SUM((科目=A5)*借方)-SUM((科目=A5)*贷方)。编辑完公式，按 Ctrl+Shift+Enter 组合键完成数组公式的定义。

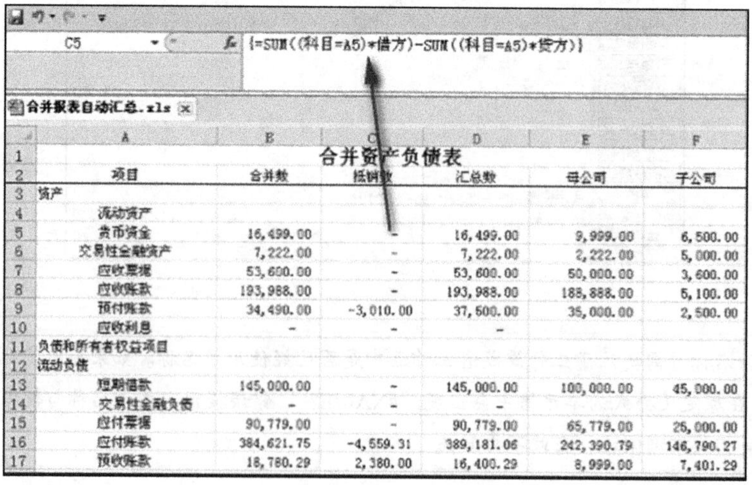

图 2-47

2.5　数据分列

现在很多公司的 ERP 软件都能将数据以其他格式输出。有时虽以 Excel 表格形式输出，但数据却不能被直接使用；有时 Excel 表格中本身有数据，但该数据不是正确的 Excel 格式，从而无法进行数据处理。Excel 为用户提供了一种数据分列功能，可将数据转换成能处理的数据，可以在“数据”选项卡下“数据工具”分组中找到它。下面介绍数据分列功能的使用。

2.5.1　固定宽度的数据分列

如图 2-48 所示，是从 Oracle 系统中导出的数据。数据看起来好像是均匀分布在各列中的，但将图 2-48 中的 A 列拉至足够宽时，却发现导出来的数据只在 A 列中显示，这对我们处理与分析数据造成了不便。分列处理步骤如下。

1	Supplier	Supplier	Invoice	Invoice	Inv	Invoice	Voucher	User	
2	Name	Number	Number	Date	Cur	Amount	Number	Name	Exception
3	-------------------------	--------	----------------	---------	---	---------------	----------	-------	------------
4	ACEUS INT'LINC	108530	ACEUS1206-05.	29-JUN-12	USD	23,247.23	212081162	B2B盡ノ	Not Validated
5	ACEUS INT'LINC	108530	ACEUS1207-01.	03-AUG-12	USD	14,715.37	212080832	B2B盡ノ	Not Validated
6	ACEUS INT'LINC	108530	ACEUS1207-02.	03-AUG-12	USD	2,813.64	212081163	B2B盡ノ	Not Validated
7	ACEUS INT'LINC	108530	ACEUS1207-03.	03-AUG-12	USD	3,624.81	212081164	B2B盡ノ	Not Validated
8	ACEUS INT'LINC	108530	ACEUS1207-04.	03-AUG-12	USD	2,961.66	212081165	B2B盡ノ	Not Validated
9	ADVANCE ELECTRONIC SUPPL	102951	1235-1208090003	09-AUG-12	USD	586.80	212080861	B2B盡ノ	Not Validated
10	AZUREWAVE TECHNOLOGIES,I	108752	46351	23-MAY-12	USD	68,544.00	212080865	B2B盡ノ	Not Validated
11	EPCOS LTD	101598	89373254	22-SEP-11	USD	1,620.00	212081224	B2B盡ノ	Not Validated
12	EPCOS LTD	101598	89825750.	14-MAR-12	USD	4,230.00	212081225	B2B盡ノ	Not Validated

图 2-48

STEP 01　选择 A 列，单击“数据”选项卡下“数据工具”分组中的“分列”按钮，之后弹出“文本分列向导”对话框，在“原始数据类型”下选择“固定宽度”，如图 2-49 所示。单击“下一步”按钮，进入“文本分列向导”对话框的第 2 步。

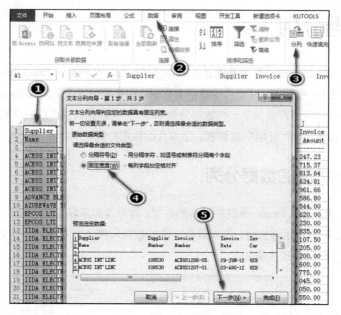

图 2-49

STEP 02 在"文本分列向导"对话框的第 2 步中会自动出现一些带箭头的分列线将各列分开。但有些列的数据没有分开,可在没有建立分列线处单击鼠标建立分列线;有些本不应该分列的却出现了带箭头的线条,需要双击清除分列线,如图 2-50 所示。单击"下一步"按钮,进入"文本分列向导"对话框的第 3 步。

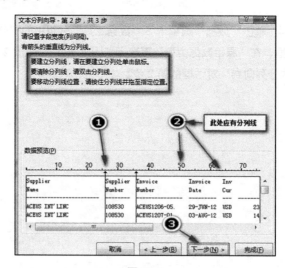

图 2-50

STEP 03 在“文本分列向导”对话框的第 3 步中，“列数据格式”默认为“常规”。此例中除“Invoice Date”字段外，其余各字段均默认为“常规”。选择“Invoice Date”字段，然后选择“日期”，最后单击“完成”按钮，关闭“文本分列向导”对话框，如图 2-51 所示。

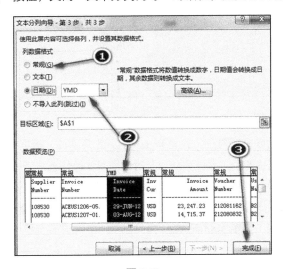

图 2-51

STEP 04 整理分列后的数据：由于每个单元格中字段名的文本分别在第一行和第二行单元格中显示，不是规范的列字段名，因此在 A3 单元格中定义公式：=A1&" "&A2，然后横向复制此公式至最后一列 I3，将 A3:I3 单元格中的值选择性粘贴成值，删除表格中的第一行和第二行。最终效果如图 2-52 所示。

	A	B	C	D	E	F	G	H	I
1	Supplier Name	Supplier Number	Invoice Number	Invoice Date	Inv Cur	Invoice Amount	Voucher Number	User Name	Exception
2	ACEUS INT'LINC	108530	ACEUS1206-05.	2012/6/29	USD	23,247.23	212081162	B2B畫/	Not Validated
3	ACEUS INT'LINC	108530	ACEUS1207-01.	2012/8/3	USD	14,715.37	212080832	B2B畫/	Not Validated
4	ACEUS INT'LINC	108530	ACEUS1207-02.	2012/8/3	USD	2,813.64	212081163	B2B畫/	Not Validated
5	ACEUS INT'LINC	108530	ACEUS1207-03.	2012/8/3	USD	3,624.81	212081164	B2B畫/	Not Validated
6	ACEUS INT'LINC	108530	ACEUS1207-04.	2012/8/3	USD	2,961.66	212081165	B2B畫/	Not Validated
7	ADVANCE ELECTRONIC SUPPL	102951	1235-1208090003	2012/8/9	USD	586.8	212080861	B2B畫/	Not Validated
8	AZUREWAVE TECHNOLOGIES,I	108752	46351	2012/5/23	USD	68,544.00	212080865	B2B畫/	Not Validated
9	EPCOS LTD	101598	89373254	2011/9/22	USD	1,620.00	212081224	B2B畫/	Not Validated
10	EPCOS LTD	101598	89825750	2012/3/14	USD	4,230.00	212081225	B2B畫/	Not Validated

图 2-52

2.5.2　对 SAP 屏幕中复制出来的数据分列

用过 SAP 的用户都知道，负数中的负号在 SAP 系统中都是在数字的尾部显示的，例如，图 2-53 的 SAP 屏幕中 12,000.00–，而不是常见的–12,000.00。我们可以复制该屏幕上的数据粘贴到 Excel 表格中，但是 Excel 却将尾部带负号的数字确认为非数字，处理步骤如下。

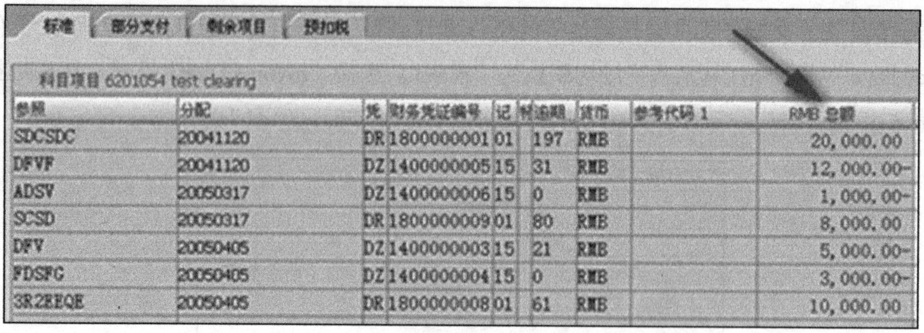

Excel 数据处理与分析实战宝典（第 2 版）

图 2-53

选择结尾具有负号的数据所在列（这里为 H 列），之后选择"数据"选项卡下"数据工具"分组中的"分列"按钮，按照"文本分列向导"对话框逐步操作至"完成"，完成数据分列，转换成正常数据，将尾部带有负号的数据的负号调整到数值前面。该过程之所以有效，原因如下：在数据分列的第 3 步中单击"高级"按钮可以看到，"按负号跟踪负数"复选框已勾选，在分列模式中，这个选项是默认设置，如图 2-54 所示。

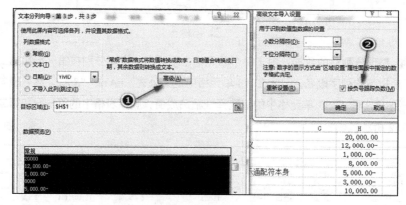

图 2-54

2.5.3 按分隔符号进行数据分列

如果某列同一单元格中有不同类型的数据，无论数据长度是否一致，只要有空格、分号、逗号或者其他字符，均可做到将数据分离开来（注意分号、逗号是在半角状态输入的），如图 2-55 所示。

选择 A 列数据，在原始数据类型下选择"分隔符号"，单击"下一步"按钮，进入"文本分列向导"对话框的第 2 步，如图 2-56 所示。勾选"分隔符号"下"空格""逗号""分号"这些选项前的复选框，在"其他"选项后的方框中输入连字符"&"，单击"下一步"按钮，之后单击"完成"按钮,关闭"文本分列向导"对话框。

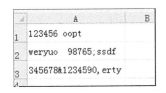

图 2-55

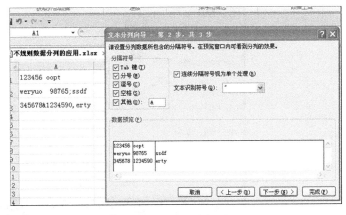

图 2-56

提示 由于空格字符不可见,因此有时后续处理可能会出现错误的结果。对此,我们可以利用以分隔符号进行分列的特性,以清理掉单元格中数据前后存在空格的情形。

2.5.4 利用分列改变数据类型

在工作中偶尔会遇到这种情况:某些单元格中明明是数字,但是自动靠左对齐,左上角有一个绿色三角,这些单元格的数值不能参与运算。原因是这些单元格被设置成了文本格式,运用格式刷刷成"常规"往往不能奏效。这时可以考虑使用分列功能,如图 2-57 所示。

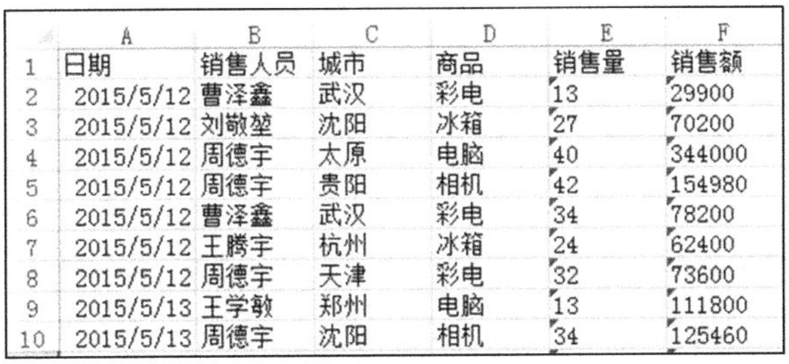

图 2-57

选择图 2-57 中的"销售量"这一列数据,之后单击"数据"选项卡下的"分列"功能,在弹出的"文本分列向导"对话框第 1 步、第 2 步按照前述案例的方法进行操作,进入"文本分列向导"第 3 步,在"列数据格式"下选择"常规",然后单击"完成"按钮,如图 2-58 所示。这样就将文本型数字转换成了数值型数字。同理,按照相同的方法对"销售额"这列数据完成数据类型的转换，效果如图 2-59 所示。

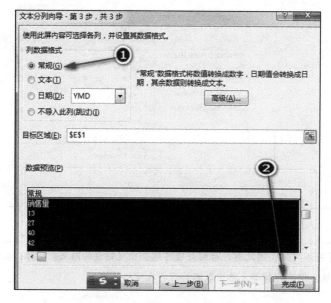

图 2-58

	A	B	C	D	E	F
1	日期	销售人员	城市	商品	销售量	销售额
2	2015/5/12	曹泽鑫	武汉	彩电	13	29900
3	2015/5/12	刘敬堃	沈阳	冰箱	27	70200
4	2015/5/12	周德宇	太原	电脑	40	344000
5	2015/5/12	周德宇	贵阳	相机	42	154980
6	2015/5/12	曹泽鑫	武汉	彩电	34	78200
7	2015/5/12	王腾宇	杭州	冰箱	24	62400
8	2015/5/12	周德宇	天津	彩电	32	73600
9	2015/5/13	王学敏	郑州	电脑	13	111800
10	2015/5/13	周德宇	沈阳	相机	34	125460

图 2-59

提示 在这里不能一次性选定 E 列和 F 列数据一起完成数据分列，分列操作只能选择单列进行操作，不能同时选定多列进行分列操作。

对于一列数据中既有文本型数字，又有数值型数字的，处理时用分列能快速将数据格式进行统一。如果某一块状区域都是文本型数字，Excel 在所选择的单元格区域左上角会自动出现智能提醒标记 ! ▾。单击该标记会弹出如图 2-60 所示的画面，单击“转换为数字”，即可将文本型数字转换成数值型数字。

第 2 章　数据专项处理技巧

图 2-60

2.5.5　快速填充处理无法分列的数据

如图 2-61 所示，A 列中包含着一些数字的文本。我们希望从中提取这些数字，通过"文本分列向导"显然无法得到结果，而如果通过公式取得数据，编制公式将十分复杂。

图 2-61

对于上述实例，可以采用"快速填充"，该功能是 Excel 2013 新增的功能。"快速填充"采用智能化识别和提取数据，只需要在与数据相邻的一列中输入几个范例，然后转到"数据"→"数据工具"→"快速填充"（或直接按 Ctrl+E 组合键）即可，如图 2-62 所示。

图 2-62

在单元格 B1 与 B2 中分别输入"12.9"与"0.93",选中 B1 至 B10 单元格,然后使用"快速填充"功能,结果发现下面的填充数据错误。删除 B3 及以下单元格提取的数据,在 B3 中继续输入"954",接着继续按前述方法使用该功能,Excel 在一瞬间填充了余下所有的单元格,如图 2-63 所示。

> **注意** 必须选择开始手工输入数据的起始单元格至最后一个单元格,不能选择手工输入数据之后的空白单元格区域执行"快速填充",否则无法生成数据。

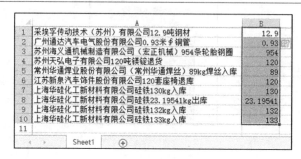

图 2-63

这个简单的实例体现了如下两个关键点。

★ 使用该功能必须仔细检查数据,因为只有前几行数据是正确的,不能保证使用了"快速填充"功能后所有行对应的结果都是正确的。

★ 在欲提取数据所在列的单元格中输入的范例越多,其准确性就越高。使用此功能只能在数据一致时才能准确地工作,但必须仔细检查该功能所提取的数据。该功能并不是一个动态的数据提取技术,使用一次后,如果数据源发生变化,其结果不能自动更新。

2.6 数据异常处理

2.6.1 数据异常的常见问题及处理技巧

在日常处理数据的过程中,我们经常会遇到异常的数据。根据这些异常数据情况的不同,可采取不同的方法进行处理。

表 2-1 中列出了一些数据异常情况及处理方法,该表提供的解决方法只是解决问题的可能方法,并不是必备的解决方法。表中有些数据异常的清理方法在前面已有所涉及,在此不再赘述。

第 2 章 数据专项处理技巧

表 2-1

序号	问 题 项	解 决 方 法
1	每一列中的数据格式是否一致	利用 IS 类函数检测数据类型,采取刷新、分列、函数等方法处理
2	是否存在重复的数据	删除重复项、标记重复项、SQL 语句过滤重复数据
3	数据中是否包含有多余的空格或者不可见字符	批量替换,利用记事本程序或 Word 处理软件以及 TRIM、CLEAN、NUMBERVALUE 等函数去掉不可见字符,还可以利用定位条件删除对象
4	单元格中是否存在换行符	按 Alt+10 组合键批量清除换行符
5	单元格中是否存在不必要的超链接	利用"选择性粘贴"按钮下的"加"选项等批量清除超链接
6	是否存在丢失的数据	对比原始数据与处理后数据的差异
7	是否存在无效的数据	数据验证圈释无效数据、函数或者条件格式标记无效数据;IS 类函数检测数据类型
8	是否存在数据长度不一致或者数据类型不一致的问题	利用 LEN 函数检查数据长度或者利用 TYPE 函数检查数据类型
9	是否存在拼写错误的数据	检查拼写错误
10	文本型数据是否存在大小写不一致的问题	利用 UPPER、LOWER、PROPER 函数转换大小写
11	是否存在不应是空白状态的空白单元格	利用 ISBLANK 函数等检查是否真的为空白,补齐空白单元格数据
12	是否存在数据末尾有减号的问题	数据分列
13	外来表格有数据,但是打开为空白,无法显示数据	利用 SQL 语句读取外来表格数据
14	表格中无法插入行或者列	删除空白行或者空白列,取消合并单元格后再插入
15	表格打开和编辑非常缓慢,造成死机	不打开有问题的表格,直接在空白表中利用 SQL 语句读取数据
16	表格中存在干扰码导致计算错误	复制/粘贴到 Word 中,在"开始"选项卡下"编辑"分组中,使用"选择"按钮下拉列表框中的"选定所有格式类似的文本"删除干扰码

以下 8 个示例是异常数据清理中的若干技巧和应用。

2.6.2 记事本程序"捉妖记"

如图 2-64 所示,对所属 E 列和 F 列的求和结果是 0,从单个单元格来看也不存在文本型的数字,在单个单元格中检查前后也没有空格存在。对于这种数据,我们可用记事本程序来"照一照",看看数据中到底隐藏着什么"妖怪",处理步骤如下。

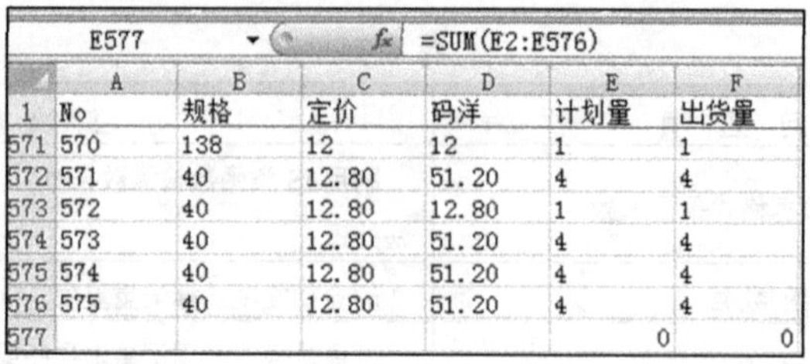

E577 | =SUM(E2:E576)

	A	B	C	D	E	F
1	No	规格	定价	码洋	计划量	出货量
571	570	138	12	12	1	1
572	571	40	12.80	51.20	4	4
573	572	40	12.80	12.80	1	1
574	573	40	12.80	51.20	4	4
575	574	40	12.80	51.20	4	4
576	575	40	12.80	51.20	4	4
577					0	0

图 2-64

STEP 01 复制并粘贴该表格数据到记事本程序中，出现如图 2-65 所示的界面，图中那些黑块状的字符就是隐藏在数据中的“妖怪”。

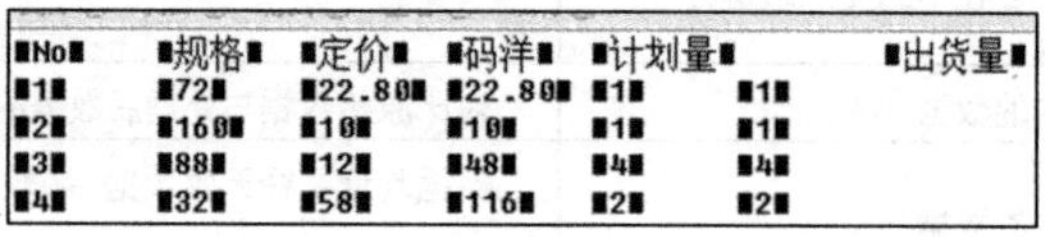

■No■	■规格■	■定价■	■码洋■	■计划量■		■出货量■
■1■	■72■	■22.80■	■22.80■	■1■	■1■	
■2■	■160■	■10■	■10■	■1■	■1■	
■3■	■88■	■12■	■48■	■4■	■4■	
■4■	■32■	■58■	■116■	■2■	■2■	

图 2-65

STEP 02 复制该黑块状字符，在记事本程序的“编辑”选项卡下找到“替换”，在查找内容处粘贴该字符，然后单击“全部替换”按钮，如图 2-66 所示。替换完毕，复制所有的数据并粘贴到 Excel 表格中，再对 F 和 G 列求和，可得出正确的结果，如图 2-67 所示。

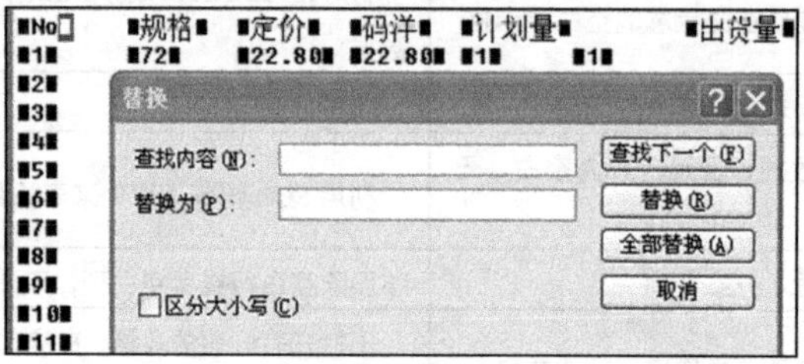

图 2-66

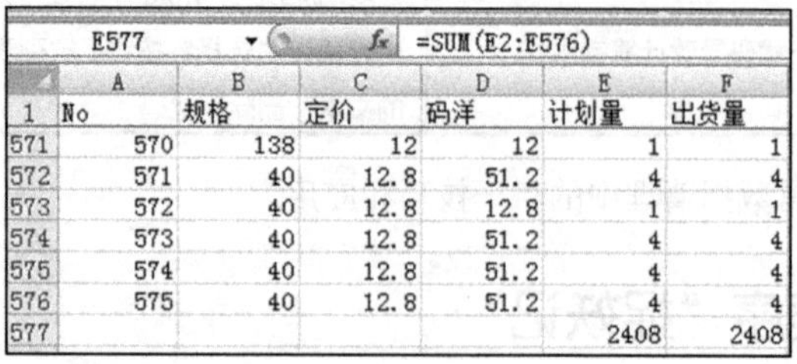

E577 | =SUM(E2:E576)

	A	B	C	D	E	F
1	No	规格	定价	码洋	计划量	出货量
571	570	138	12	12	1	1
572	571	40	12.8	51.2	4	4
573	572	40	12.8	12.8	1	1
574	573	40	12.8	51.2	4	4
575	574	40	12.8	51.2	4	4
576	575	40	12.8	51.2	4	4
577					2408	2408

图 2-67

提示　上述文件在 Windows XP 操作系统下的记事本程序中可以看到该非法字符。如果在 Windows 7 及以上操作系统中使用记事本程序，则无法查看和替换该非法字符，此时可用函数来清理异常数据。

2.6.3　利用函数清理异常数据

下面仍以 2.6.2 节中的案例来说明如何用函数清理异常数据。

假设该数据在 Sheet1 表中，我们在 Sheet2 表中处理该非法字符。在 Sheet2 表的 A1 单元格中可以定义公式：=CLEAN(Sheet1!A1)，然后拖动复制该单元格中的公式至最后一列 F1 单元格；在 Sheet2 表的 A2 单元格中可以定义公式：=VALUE(CLEAN(Sheet1!A2))，接着将公式复制并粘贴到 A2:F576 这个连续的单元格区域中，对计划量和出货量进行求和，这时数据就可以正常计算了，如图 2-68 所示。

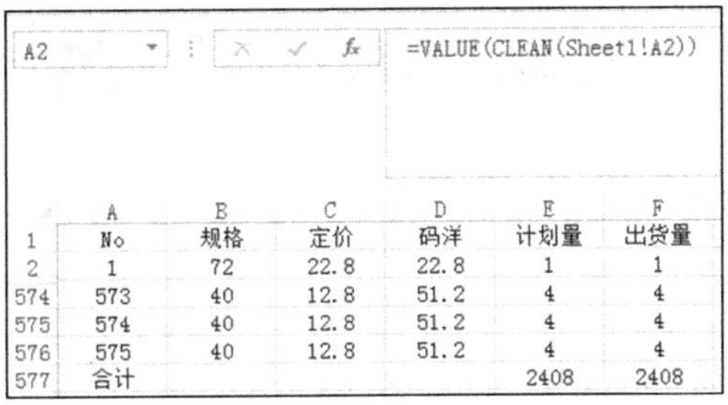

A2　=VALUE(CLEAN(Sheet1!A2))

	A	B	C	D	E	F
1	No	规格	定价	码洋	计划量	出货量
2	1	72	22.8	22.8	1	1
574	573	40	12.8	51.2	4	4
575	574	40	12.8	51.2	4	4
576	575	40	12.8	51.2	4	4
577	合计				2408	2408

图 2-68

2.6.4　利用分列清理异常数据

如图 2-69 所示的表格按工厂代码统计数量，结果发现行标签数据中存在重复的数据，导致数据透视表统计数据错误。我们发现工厂代码的格式存在不一致的情况，有的工厂代码数据格式为“常规”，有的为“文本”，处理步骤如下。

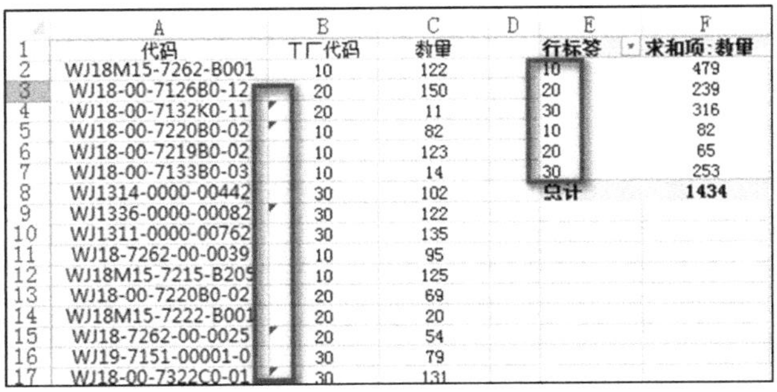

	A	B	C	D	E	F
1	代码	工厂代码	数量		行标签	求和项:数量
2	WJ18M15-7262-B001	10	122		10	479
3	WJ18-00-7126B0-12	20	150		20	239
4	WJ18-00-7132K0-11	20	11		30	316
5	WJ18-00-7220B0-02	10	82		10	82
6	WJ18-00-7219B0-02	10	123		20	65
7	WJ18-00-7133B0-03	10	14		30	253
8	WJ1314-0000-00442	30	102		总计	1434
9	WJ1336-0000-00082	30	122			
10	WJ1311-0000-00762	30	135			
11	WJ18-7262-00-0039	10	95			
12	WJ18M15-7215-B205	10	125			
13	WJ18-00-7220B0-02	20	69			
14	WJ18M15-7222-B001	20	20			
15	WJ18-7262-00-0025	20	54			
16	WJ19-7151-00001-0	30	79			
17	WJ18-00-7322C0-01	30	131			

图 2-69

STEP 01 选中"工厂代码"这列数据,之后选择"数据"选项卡下的"分列",进入"文本分列向导"对话框。按照前述方法一直处理,直到进入"文本分列向导"第 3 步,在"列数据格式"下选择"常规",如图 2-70 所示。单击"完成"按钮,关闭"文本分列向导"对话框。

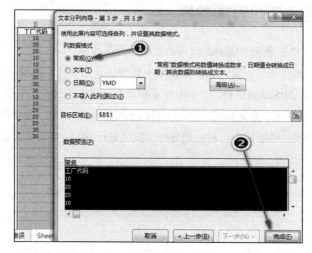

图 2-70

STEP 02 将光标放在数据透视表的任意位置,然后单击鼠标右键,选择"刷新",即可得到正确的数据透视表结果,如图 2-71 所示。

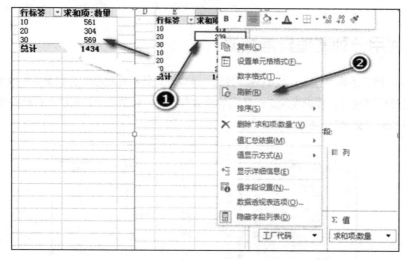

图 2-71

2.6.5 利用 Word 清理异常数据

如图 2-72 所示，表格中的数据存在自动换行的状况。这种格式的数据不是我们所希望的数据格式，我们希望每个单元格中只有一个数据。这时可以借助 Word 来处理自动换行符，从而达到数据分列的效果，处理步骤如下。

STEP 01 选择如图 2-72 所示的 A1:A3 单元格区域进行复制，将其粘贴到 Word 文档中的效果如图 2-73 所示。

图 2-72　　　　　图 2-73

STEP 02 全选 Word 文档中的该数据进行复制，将其粘贴回 Excel 表格的 C 列单元格中，即可实现数据分列的效果，如图 2-74 所示。

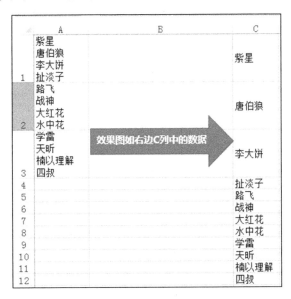

图 2-74

2.6.6 无法插入列或行表格的处理

在处理数据时,需要在表格中插入列或行,但有时会出现无法插入列或行的现象。如图 2-75 所示,就是一个无法插入列的表格,当插入列时会出现如图 2-75 所示的警告提示。对这种异常处理的步骤如下。

图 2-75

选择该表格最后非空行的下一行至表格最大行处,在这里选择第 713 行至 65 536 行这些空白的整行,然后单击鼠标右键,选择"删除",如图 2-76 所示。

同理,选择本表格中的 AI:IV 空白列,然后单击鼠标右键,利用"删除"菜单删除选定的空白列,如图 2-77 所示。

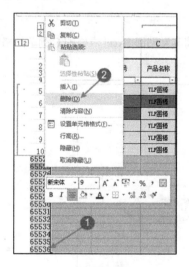

图 2-76

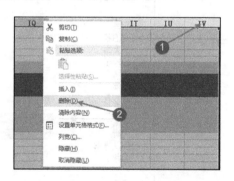

图 2-77

保存表格后退出,再次打开该表格,在该表格中"产品名称"与"材料名称"之间尝试插入列。这时就可以插入列了,效果如图 2-78 所示。

第 2 章 数据专项处理技巧

	A	B	C	D	E
1					
2	订单号	生产编号	产品名称		材料名称
3					
4					
11	117082	117082	YLF圆棒		YLF
12	1745530	1745530	弯月透镜		ZF6

图 2-78

2.6.7 删除重复数据

有时由于数据的来源不同，可能会包含重复的数据，这些重复数据对文件来讲是没必要存在的数据，需要清除。下面介绍以下几种删除重复数据的方法。

1. 删除重复项

该功能可在"数据"选项卡中的"数据工具"分组中找到。该命令是 Excel 2007 开始新增的一个功能，下面以一个实例来说明该功能的用法。

选中数据区域，单击"数据"选项卡下"数据工具"分组中的"删除重复项"按钮，"删除重复项"对话框将列出数据区域的所有列。一般情况下，需要选择所有列，单击"确定"按钮删除重复行，Excel 将提示有多少行重复数据被删除。当"删除重复项"对话框列出数据区域的所有列时，只有当每列的内容重复时，才可以删除重复的行，如图 2-79 所示。

图 2-79

当 Excel 发现重复行时，只保留第一行数据，其后的重复行将被删除。如图 2-80 所示，有 11 条记录，删除重复项后将保留 8 条记录。

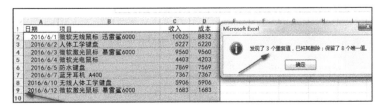

图 2-80

提示 重复值是由单元格显示的值确定的，不一定由单元格中存储的值确定。例如，当图 2-81 中上半部分标示颜色的日期格式有所不同时（A3 单元格日期为 2016/6/2，A7 单元格日期为 2-Jun-16），即使 B:D 列内容完全相同，删除重复项后，由于日期格式不同，这两条记录也被当作不同的数据记录，而没有删除其中一条，如图 2-81 所示。

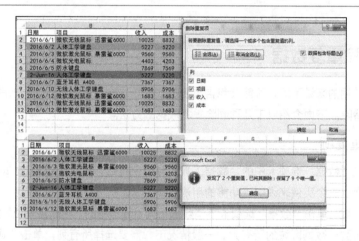

图 2-81

当同列的数据中（比如金额）有的单元格带有货币符号（如¥、$），有的没有货币符号时，即使数字大小一致，也会被视作不同的数据。

由此可见，在检查是否存在重复项时最好先检查每列数据的格式是否统一。

在删除重复项之前，请先从数据中删除所有的分类汇总；使用“删除重复项”功能时，将会永久删除重复的数据。删除重复项之前，建议做好备份，以免出现意外而丢失任何信息。

2. 利用混合引用标示重复的数据记录

如果想标示出重复的记录，但又不删除重复的记录，可使用添加辅助列，然后对辅助列进行计数的方法识别出重复记录，如图 2-82 所示。

	A	B	C	D	E	F
1	昵称	部门	年龄	职位	合并	计数
2	天昕	IT部	32	主管	天昕IT部32主管	1
3	水中花	财务部	31	财务经理	水中花财务部31财务经理	1
4	战神	IT部	27	职员	战神IT部27职员	1
5	踏飞	生产部	30	生产主管	踏飞生产部30生产主管	1
6	学雷	数据中心	29	数据分析师	学雷数据中心29数据分析师	1
7	大红花	营销部	26	销售员	大红花营销部26销售员	1
8	四叔	财务部	41	财务管理	四叔财务部41财务管理	1
9	李大饼	人力资源部	21	培训师	李大饼人力资源部21培训师	1
10	战神	IT部	27	职员	战神IT部27职员	2
11	学雷	数据中心	29	数据分析师	学雷数据中心29数据分析师	2
12	唐伯狼	人力资源部	32	培训主管	唐伯狼人力资源部32培训主管	1
13	水中花	财务部	31	财务经理	水中花财务部31财务经理	2

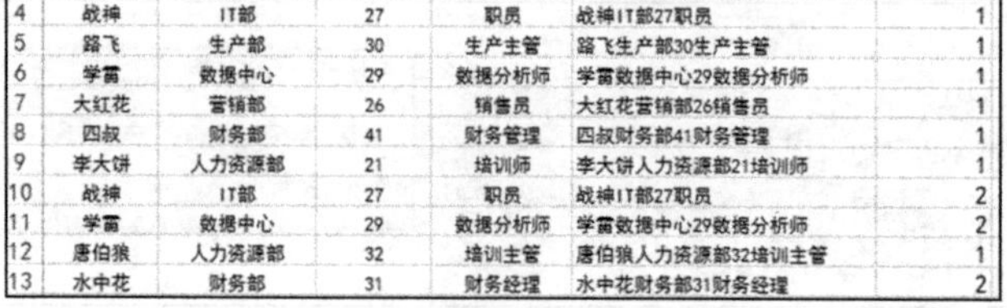

图 2-82

第 2 章 数据专项处理技巧

在 E2 单元格中定义公式：=A2&B2&C2&D2，在 F2 单元格中定义公式：= COUNTIF (E$2: E2,E2)，在 E 列、F 列中复制应用 E2 和 F2 单元格中定义的公式。其中"计数"列中数据显示大于 1 的就为重复的记录。

> **提示** 这个案例也可以使用条件格式来标示出重复的记录，读者可以自行完成。

3．利用高级筛选"选择不重复的记录"

这种删除重复项的方法在 Excel 2003 中已存在，不过远没有 Excel 2007 的"删除重复项"功能使用方便。具体操作细节可参见图 2-83，在此不再赘述。

图 2-83

2.6.8 利用 SQL 语句实现文件的瘦身

在日常工作中，我们有时会遇到文件打开与处理非常缓慢的异常状况，这类文件的数据大多是从网页中复制的。查看该文件属性，发现文件大小有 5.57MB，如图 2-84 所示，直接打开该表格进行处理更是束手无策。

图 2-84

这时可以考虑利用 SQL 语句从该类型的文件中读取数据，步骤如下。

STEP 01 新建一个空白工作表，选择空白工作表的 A1 单元格，单击"数据"选项卡中的"现有连接",在打开的"现有连接"对话框中单击"浏览更多"按钮,进入"选取数据源"对话框。找到需要瘦身的文件,单击"打开"按钮,关闭"选取数据源"对话框,如图 2-85 所示,进入"选择表格"对话框。

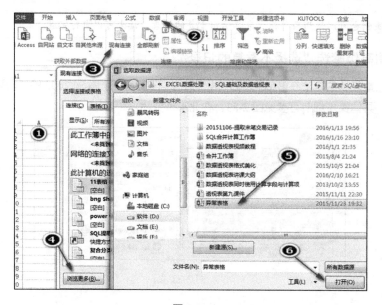

图 2-85

STEP 02 在"选择表格"对话框中,选择"Sheet1$",单击"确定"按钮,关闭"选择表格"对话框,如图 2-86 所示,进入"导入数据"对话框。

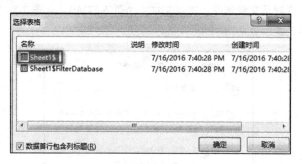

图 2-86

STEP 03 在如图 2-87 所示的"导入数据"对话框中,单击"属性"按钮,进入"连接属性"对话框,如图 2-88 所示。选择"定义"选项卡,在"命令文本"中输入"select * from [Sheet1$]",单击"确定"按钮,即可从原来的文件中读取数据。

第 2 章　数据专项处理技巧

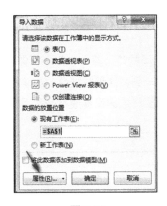

图 2-87

图 2-88

读取数据后，表格的效果如图 2-89 所示。关闭该文件，选择该文件后单击鼠标右键，选择"属性"，发现该文件大小只有 272KB，如图 2-90 所示。使用 SQL 语句不仅返回了整张工作表的内容，而且能随着数据源的变化不断自动更新。更重要的是，这样操作只查询出数据，不引用格式等无关数据，能让文件轻轻松松实现瘦身。

序	省份	付款客户名称	原币应收款	原币实际支出	原币省期	催收提醒
1	浙江省	宁波市公共交通总公司	51.3	2399.7	0	
2	浙江省	宁波市公共交通总公司	9	279	0	
3	浙江省	宁波市公共交通总公司	4.5	210.5	0	
4	江西省	吉安市青原区国泰旅游汽车有限公司	107.5	45.5	107.5	催收提醒
5	江西省	吉安市青原区国泰旅游汽车有限公司	67	31	67	催收提醒
6	江西省	吉安市青原区国泰旅游汽车有限公司	41.5	40.5	41.5	催收提醒
7	湖北省	武汉众禾汽车销售服务有限公司	37.3	304.466	37.3	催收提醒
8	湖北省	武汉众禾汽车销售服务有限公司	14	37.632	14	催收提醒

图 2-89

图 2-90

> **提示** 有时外来表格明明有内容，但打开后却无任何数据显示（即一片空白，这种问题多是由版本兼容性问题引起的）。这时可关闭该工作簿，另外新建一个空白表格，在空白表格中利用 SQL 语句从原来显示无数据的表格中读取数据，处理步骤与上述过程相同。

2.6.9 利用剪贴板处理同一列中带不同货币符号的数据

如图 2-91 所示表格 A 列中的数据带有美元、欧元等不同的货币符号，表格中没有其他列对该列数据的币种进行标识，这样不同货币符号的数据处于同一列，这种数据会对后续的汇总或者比对造成不便。很显然，这种数据格式是不规范的，我们需要将数据设置成不带货币符号的形式，用另外一列来标识出对应数值的币种，处理步骤如下。

图 2-91

STEP 01 单击"开始"选项卡下"剪贴板"分组右下角的对话框启动器，打开剪贴板界面，如图 2-92 所示。选择 A2:A8 单元格区域进行复制，剪贴板中已出现复制的数据，如图 2-93 所示。

STEP 02 选择 A2:A8 单元格区域并清除原有数据，将其设置成文本格式，如图 2-94 所示。

图 2-92

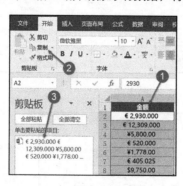

图 2-93

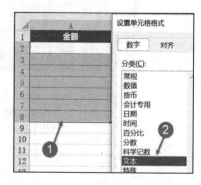

图 2-94

STEP 03 选择 A2:A8 单元格区域，单击"开始"选项卡下"剪贴板"分组中的"粘贴"按钮，打开下拉列表框，在"粘贴选项"中选择"选择性粘贴"，弹出"选择性粘贴"对话框。然后选择"文本"，单击"确定"按钮，如图 2-95 所示。这时我们看到在 A 列区域中显示了带有货币符号文

第 2 章 数据专项处理技巧

本形式的数据,如图 2-96 所示。注意:此前这列数据的货币符号是不占字符位数的,这样处理后货币符号是占字符位数的。关于剪贴板的这一功能我们可称之为"所见即所得"。

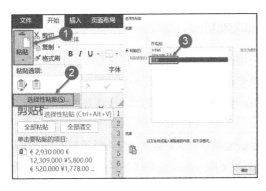

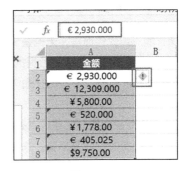

图 2-95　　　　　　　　　　　　　图 2-96

STEP 04　根据处理后的数据货币符号具有字符长度的特点,我们可以取出对应的币种。在 B2 单元格中定义公式如下:=IF(LEFT(A2,1)="€","EUR",IF(LEFT(A2,1)="$","USD","RMB")),并将公式应用到其余单元格区域中,计算完毕,将所得的币种结果选择性粘贴成值,选择 A 列进行分列处理,在"文本分列向导"的第 3 步中选择默认的列数据格式为"常规",最后单击"完成"按钮,如图 2-97 所示。设置 A 列数据格式为不带货币符号的数据格式,其中的"¥"等符号无法去除,使用替换按钮替换掉即可,最终结果如图 2-98 所示。

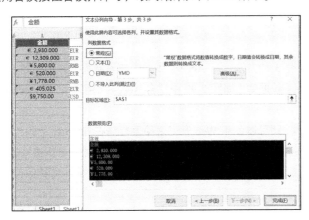

图 2-97　　　　　　　　　　　　　图 2-98

2.7 数据的导入与导出

2.7.1 Excel 数据的导入、导出简介

对优秀的应用软件而言,无论是灵活的 Office 系列通用软件,还是专业化的财务软件或者数据库软件,其中重要的一条就是数据的交互功能必须强大,或者说数据的导入/导出要方便、灵活、简单,通用性和可移植性要强。Excel 不仅具备强大的数据处理能力,也具备与其他软件系统数据交互的功能。

Excel 获取外部数据的主要优点是用户可以定期分析这些数据,而无须重复地复制数据。重复复制数据可能很费时且容易出错。连接到外部数据后,用户还可以从原始数据源自动刷新(或更新)Excel 工作簿。许多数据源还需要 ODBC 驱动程序或 OLE DB 提供程序来协调数据在 Excel、连接文件,以及数据源之间的流动。

Excel 导入外部数据功能的命令在"数据"选项卡的"获取外部数据"分组中可找到,如图 2-99 所示,主要有自 Access 导入、自网站导入、自文本导入、自其他来源导入、现有连接等 5 种导入按钮。

图 2-99

Access 和 Excel 之间交互数据主要有 3 种方法:从 Access 数据表中复制数据并粘贴到 Excel 工作表中;从 Excel 工作表连接到 Access 数据库(即图 2-99 中"自 Access"所示);在 Access 中将数据导出到 Excel 工作表。

"自网站"是指从 Web 页面导入数据,即可以使用 Web 查询来检索存储在 Internet 上的数据。网页中经常包含特别适于在 Excel 中分析的信息,并使用 Excel 中的工具和功能来分析这些数据。根据需要,用户可以检索可刷新的数据(即动态的数据),也可以从网页获取数据并将其保存在工作表中,使之成为静态的数据。

"自文本"是指将文本文件中的数据导入工作表中。文本导入向导将检查用户正在导入的文本文件,并帮助用户确保按照用户希望的方式导入数据,主要包括 TXT、DLT、CSV、PRN 文件,这些文件可用记事本程序打开。

"自其他来源"是指从如图 2-100 所示的途径中导入数据,主要包括从 SQL Server 导入数据、从 SQL Server Analysis Services 导入数据、导入 XML 数据、使用数据连接向导连接到已定义的 OLE DB 和 ODBC 外部数据源、使用 Microsoft Query 等导入数据。

第 2 章 数据专项处理技巧

图 2-100

现有连接主要包括工作簿中的连接、用户计算机上的连接文件等内容。

其中"自其他来源"和"现有连接"在查询导入数据时经常用到 SQL 语句。

2.7.2 Excel SQL 基础知识

SQL 是结构化查询语言（Structured Query Language）的简称，它是一种特殊目的的编程语言，是一种数据库查询和程序设计语言，用于存取数据，以及查询、更新和管理关系数据库系统。SQL 语句特别适用于 Excel 数据表、数据库中的查询（关于 Excel 数据表的理解可参见本书附录的相关内容）。

访问数据库中数据常用的 SQL 语句有如下 4 种。

★ select 语句——查询数据。

★ insert 语句——添加记录。

★ delete 语句——删除记录。

★ update 语句——更新记录。

在本书中着重介绍 select 语句在 Excel 表格中的用法。

在 Excel 中，SQL 查询语句的逻辑如同数据筛选、分类汇总的逻辑一样，与数据筛选、分类汇总相比，SQL 语句查询数据更具有优势：SQL 语句查询数据只需设定一次，以后查询数据时只需"刷新"，即可得到所需的结果。特别是在数据量巨大时不用打开数据源所在的工作簿，即可直接使用 SQL 语句读取数据源中的数据；而在数据量庞大的表格中直接操作数据时不仅速度缓慢，所查询的数据结果也不具备实时更新功能。

select 语句：主要是实现数据库的查询，取得满足指定条件的记录集。选出来的记录集是一个虚拟的数据表。

语法形式如下：

① select * from [表名$]

② select 字段1名,字段2名,字段3名,…… from [表名$] （where 条件）

提示 当select子句取数据源所有的字段时用第①种形式。当select子句取数据源指定的若干个字段时，要用第②种形式，各字段名之间要用","分隔开，","必须在英文半角状态下输入，"select"与"字段1名"之间也要用空格分隔开，最后一个字段名与from之间仍要用空格分隔开。总之，在写select语句时，除提取各字段名外，其余各部分前后之间要用空格分隔开，如同写英文语句一样。

在Excel中，SQL查询语句"from [表名$]"的表名要用"[ ]"括起来，"表名"后跟"$"符号。

以上只是select语句的基本语法形式，更全面的select语句形式如下：

　select（谓词）字段名 as 别名 from [表名$] where 分组前条件 group by 分组依据 having 分组后条件 order by 指定顺序

表2-2是对以上语句中各部分的解释说明。

表 2-2

部 分	说 明
select	查询
from	从……返回
谓词	可选，包括all、distinct、top等谓词，如缺省，则默认为all
字段名	包含要查询数据的列标题。若要查询全部字段，需要用"*"；如需要查询指定的多个字段，各字段之间必须用英文半角状态下的","
as	别名标志，可用as对字段进行重命名
表名$	工作表或查询
where	限制查询返回分组前的记录，使查询只返回符合分组前条件的记录
group by	分组依据，指记录如何进行分组和合并
having	限制查询返回分组后的记录，使查询只返回符合分组后条件的记录
order by	对结果进行排序，其中asc为升序，desc为降序

以上语句执行的先后顺序如图2-101所示。

图 2-101

提示 指定数据源的第一行最好不要写上工作表名称，第一行中最好是各列字段名称，从第二行开始是数据记录。如果列字段名的上一行有工作表名称，"[表名$]"中必须指定数据源的单元格区域，例如[表名$A2:I9999]。

第 2 章 数据专项处理技巧

使用 distinct 谓词可以忽略指定字段的重复记录，即只保留数据源重复记录中的一条；使用 top 谓词可以返回位于 order by 子句中所指定范围内靠前或靠后的记录。

SQL 语句中的运算符和 like 连接的通配符如表 2-3、表 2-4 所示。

表 2-3

运算符	说 明	示 例
and、or	当查询条件有 2 个或者 2 个以上时可用 and、or 等运算符连接不同的条件。其中 and 运算符的执行顺序比 or 运算符优先	select * from [入库明细表$] where 物料名称="轮胎 r23.5" and 数量>100
like	返回指定匹配模式指定的记录，如要返回与指定匹配模式相反的记录，可用 not like，like 支持使用 "%" "_" "#" 等通配符	select 月份,凭证字,摘要,借方,贷方 from [分录明细$] where 科目编号 like "102%"
in	确定字段的记录是否包含在指定的集合中。如要查询指定集合之外的记录，可使用 not in	select 订单号,客户名称,商品名称,sum（销售数量） as 销量 from [销售表$] where 会计期 in ("1月","2月","3月")
between…and	用于确定指定字段的记录是否在指定值范围内	select * from [分录明细$] where 科目编号="101" and not 贷方 between 2000 and 4500
not	表示取相反的条件	select 月份,凭证字,摘要,科目编号,科目名称,借方,贷方 from [分录明细$] where 科目编号="101" and not 贷方 between 2000 and 4500
null	表示未知值或结果未知。判断记录是否为空用 is null 或 is not null	select * from [销售表$] where 销售数量 is null

表 2-4

通配符	说 明
%	零个或多个字符
_	任意单个字符
#	任意单个数字（0~9）
[0~9]	匹配数字字符列表[0~9]
[A~Z]	匹配大写字母字符列表[A~Z]
[a~z]	匹配小写字母字符列表[a~z]
[!字符列表]	不在字符列表中的任意单个字符

提示 在 Excel 2010 及以上版本保存的工作簿中，使用 SQL 语句返回的记录不区分大小写，但以兼容形式另存为 Excel 2010 以下版本的工作簿时，记录区分大小写。

SQL 语句中比较常用的函数是聚合函数，聚合函数说明如表 2-5 所示。

表 2-5

聚合函数	说明
SUM（）	求和
COUNT（）	计数
AVG（）	平均值
MAX（）	最大值
MIN（）	最小值
FIRST（）	首次出现的记录
LAST（）	最后一条记录

聚合函数会对一组值执行计算并返回单一的值。聚合函数忽略空值，它经常与 select 语句的 group by 子句一同使用。

2.7.3 使用 OLE DB 导入外部数据

📖 **实例 1：从分录明细表中查询科目代码为 101（科目名称为"现金"）的明细记录**

执行步骤如下。

STEP 01 新建一个空白表格，选择表中的 A1 单元格，之后单击"数据"选项卡下的"现有连接"按钮，进入"现有连接"对话框。单击"浏览更多"按钮，找到"分录明细表"所在的工作簿并选择该工作簿，单击"打开"按钮，如图 2-102 所示，进入"选择表格"对话框。

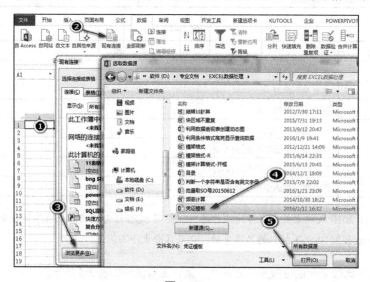

图 2-102

第 2 章 数据专项处理技巧

STEP 02 在如图 2-103 所示的"选择表格"对话框中，选择数据源所在的工作表"分录明细$"，默认勾选"数据首行包含列标题"复选框，单击"确定"按钮，关闭"选择表格"对话框，进入"导入数据"对话框。

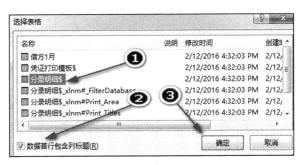

图 2-103

STEP 03 在如图 2-104 所示的"导入数据"对话框中，在"请选择该数据在工作簿中的显示方式"下选择"表"，数据存放位置的起始单元格为最初选定的空白表格中的 A1 单元格，单击"属性"按钮，进入"连接属性"对话框。

STEP 04 在如图 2-105 所示的"连接属性"对话框中，勾选"使用状况"选项卡下的"打开文件时刷新数据""允许后台刷新""全部刷新时刷新此连接"复选框。对于"刷新频率"，用户可根据需要进行设置。

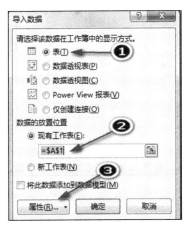

图 2-104

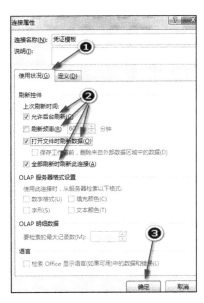

图 2-105

STEP 05 在"连接属性"对话框中,单击"定义"选项卡,在"命令文本"后的文本框中输入 SQL 语句:"select 月份,凭证字,摘要,科目编号,科目名称,借方,贷方 from [分录明细$] where 科目编号="101"",如图 2-106 所示。单击"确定"按钮,关闭"连接属性"对话框。

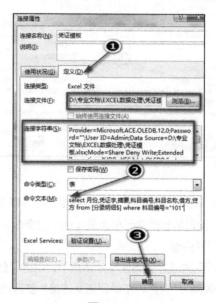

图 2-106

STEP 06 关闭"连接属性"对话框后,SQL 查询语句会将查询结果存放在以 A1 为起始单元格的区域中,如图 2-107 所示。至此,查询数据任务已经结束。

	A	B	C	D	E	F	G
1	月	凭证	摘要	科目编	科目名	借方	贷方
2	12	记	提现支付费用报销	101	现金	96,166.15	
3	12	记	现金支付	101	现金		4,100.00
4	12	记	黄霜霜借款	101	现金		10,000.00
5	12	记	提现支付	101	现金		14,098.00
6	12	记	SMT部帮困资金 谭勇	101	现金		4,000.00
7	12	记	提现支付 各分工会报销文体活动费用	101	现金		50,468.15
8	12	记	提现支付	101	现金		2,400.00
9	12	记	表彰	101	现金		11,100.00
10	12	记	提取现金	101	现金	5,689.00	

图 2-107

提示 如果所查询的数据需要更新,可将光标放在查询表的任意位置,然后单击鼠标右键,选择"刷新"命令,即可查询出最新的数据信息,如图 2-108 所示。

如果所查询的数据不符合用户需要,可将光标放在查询表的任意位置,单击鼠标右键,选择"表格"→"编辑查询",如图 2-108 所示。进入"编辑 OLE DB 查询"对话框,在"命令文本"

第 2 章　数据专项处理技巧

后的文本框中修改 SQL 语句，修改完毕后单击"确定"按钮，关闭"编辑 OLE DB 查询"对话框，如图 2-109 所示。

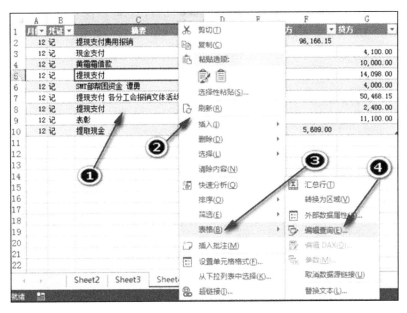

图 2-108

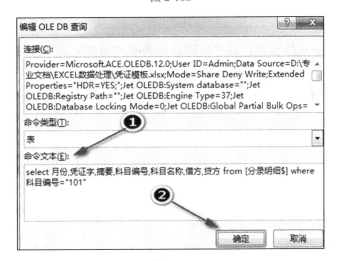

图 2-109

> **提示**　"连接文件"处后面的文本框显示了数据源所在的位置路径，"连接字符串"处后面文本框中的一堆代码是由此前的操作形成的。

如果数据源文件移动到了其他位置，不在原路径下，那么刷新数据就会出现"不是一个有效的路径"的出错提示。因此，必须修改路径，这里假设数据源被移到 E 盘根目录下(E:\凭证模板.xlsx)。修改方法为，将光标放在查询表的任意位置，单击鼠标右键，选择"表格"，然后选择"编辑查询"，进入"编辑 OLE DB 查询"对话框，如图 2-110 所示，将"连接"文本框中有下画线的路径（即 D:\专业文档\EXCEL 数据处理\凭证模板.xlsx）用"E:\凭证模板.xlsx"替换，单击"确定"按钮，关闭"编辑 OLE DB 查询"对话框，之后刷新数据。

图 2-110

📖 实例 2：按商品名称、客户名称从销售表中分类汇总 1 至 2 月的销量、收入和毛利

数据源表结构如图 2-111 所示。本例的操作步骤与案例 1 相同，在"命令文本"文本框中输入 SQL 语句：

```
select 客户名称,商品名称, sum(销售数量) as 销量, sum(销售收入) as 收入, sum(销售毛利) as 毛利 from [销售表$] where 月份 in ("1月","2月") group by 客户名称,商品名称
```

	A	B	C	D	E	F	G	H
1	月份	商品名称	合同号	客户名称	销售数量	销售收入	销售成本	销售毛利
2	1月	汽车配件4	S01	P7有限公司	1	34.87	34.58	0.29
3	1月	汽车配件5	S01	P8有限公司	0	0	0.07	-0.07
4	1月	汽车配件1	S01	P10有限公司	0	-0.31	-0.31	0
5	1月	汽车配件3	S010	P8有限公司	0	0	0.01	-0.01
6	1月	汽车配件6	S010	P4有限公司	0	0	0.04	-0.04
7	1月	汽车配件7	S010	P7有限公司	0	0	-0.04	0.04
8	1月	汽车配件2	S010	P7有限公司	0	0	0.03	-0.03

图 2-111

读取的数据部分截图如图 2-112 所示。

	A	B	C	D	E
1	客户名称	商品名称	销量	收入	毛利
2	P10有限公司	汽车配件1	32	1,053.51	107.04
3	P10有限公司	汽车配件2	30	1,061.18	120.02
4	P10有限公司	汽车配件3	38	1,156.44	160.90
5	P10有限公司	汽车配件4	24	1,018.86	134.23
6	P10有限公司	汽车配件5	25	1,049.61	168.62
7	P10有限公司	汽车配件6	35	1,334.65	149.85
8	P10有限公司	汽车配件7	31	1,049.76	117.65

图 2-112

提示 此实例应用了聚合函数 SUM 对销售数量、销售收入、销售毛利进行求和处理。

在对相关字段进行求和时用到了 as，是为了对字段进行重命名，便于更好地理解数据的含义。上述语句改为如下形式：

```
select 客户名称,商品名称, sum(销售数量) as 销量, sum(销售收入) as 收入, sum(销售毛利) from [销售表$] where 月份 in ("1月","2月") group by 客户名称,商品名称
```

"sum（销售毛利）"的后面如果不用 as，虽然也可以读取数据，但是所得的"销售毛利"列字段名为"Expr1004"，如图 2-113 所示，远不如用 as 重命名后容易理解。

	A	B	C	D	E
1	客户名称	商品名称	销量	收入	Expr1004
2	P10有限公司	汽车配件1	32	1,053.51	107.04
3	P10有限公司	汽车配件2	30	1,061.18	120.02
4	P10有限公司	汽车配件3	38	1,156.44	160.90
5	P10有限公司	汽车配件4	24	1,018.86	134.23
6	P10有限公司	汽车配件5	25	1,049.61	168.62
7	P10有限公司	汽车配件6	35	1,334.65	149.85

图 2-113

小结 以上两个案例都是通过"现有连接"从外部数据源获取所需数据，外部数据源在这里是作为一个 Excel 数据库存在的。其中的关键就在于通过"OLE DB"来访问不同的数据源。OLE DB 可以在不同的数据源中进行转换，通过 OLE DB 接口可以在 Excel 中很方便地使用 SQL 语句。

2.7.4 使用 Microsoft Query 查询外部数据

实例 1：使用 Microsoft Query 导入外部数据

本节以导入 2.7.3 节中的实例 2 数据源中的所有记录为例说明使用 Microsoft Query 导入外部

数据的一般步骤。

STEP 01 选择"数据"选项卡下"获取外部数据"分组中的"自其他来源"按钮,在下拉菜单中选择"来自 Microsoft Query"选项,弹出"选择数据源"对话框。取消勾选"使用'查询向导'创建/编辑查询"复选框,在"数据库"列表框中选择"Excel Files*"选项,单击"确定"按钮,如图 2-114 所示,关闭"选择数据源"对话框。

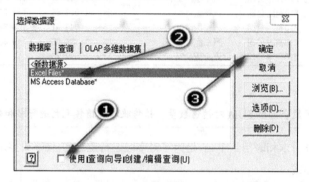

图 2-114

STEP 02 在弹出的"选择工作簿"对话框中,在"驱动器"列表中选择数据所在的 D 盘,在"目录"列表中选择数据源所在的文件夹,在"数据库名"列表中选择销售表,单击"确定"按钮,如图 2-115 所示,关闭"选择工作簿"对话框。

STEP 03 在弹出的"添加表"对话框中,选择销售表,先后单击"添加"和"关闭"按钮,关闭"添加表"对话框,如图 2-116 所示。

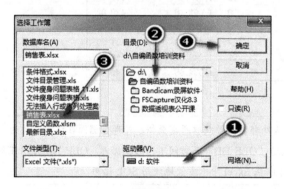 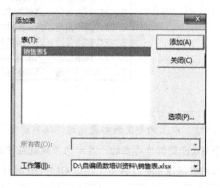

图 2-115　　　　　　　　　　　　图 2-116

STEP 04 在弹出的"Microsoft Query"对话框中,双击"*"号,即可显示"销售表"中所有的记录,如图 2-117 所示。如果不选择所有的字段,可以逐一选择需要显示的字段名。

第 2 章 数据专项处理技巧

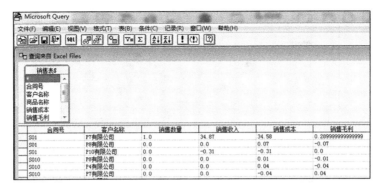

图 2-117

STEP 05 选择图 2-117 中"文件"选项卡下的"将数据返回 Microsoft Excel"命令,弹出"导入数据"对话框,指定"数据的放置位置"为现有工作表的 A1 单元格,单击"确定"按钮,如图 2-118 所示,关闭对话框。实现返回外部数据源,导入外部数据的效果,如图 2-119 所示。

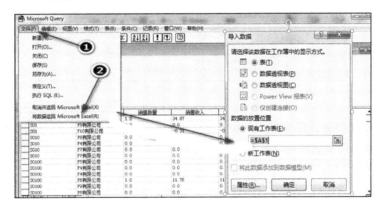

图 2-118

	A	B	C	D	E	F	G	H
1	月份	商品名称	合同号	客户名称	销售数量	销售收入	销售成本	销售毛利
2	1月	汽车配件4	S01	P7有限公司	1	34.87	34.58	0.29
3	1月	汽车配件5	S01	P8有限公司	0	0	0.07	-0.07
4	1月	汽车配件1	S01	P10有限公司	0	-0.31	-0.31	0
5	1月	汽车配件3	S010	P8有限公司	0	0	0.01	-0.01
6	1月	汽车配件6	S010	P4有限公司	0	0	0.04	-0.04

图 2-119

提示 在使用 Microsoft Query 查询的过程中,有可能出现无法添加表的情况,此时只需全部勾选如图 2-120 所示的"表选项"下的复选框即可。

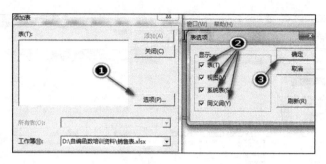

图 2-120

在 Microsoft Query 视图中，单击如图 2-121 所示的 SQL 按钮，可显示执行 Microsoft Query 查询自动生成的 SQL 语句。

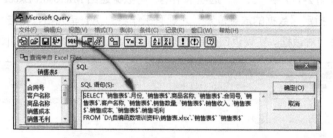

图 2-121

通过上述 SQL 界面，可对 SQL 语句进行修改简化，修改完毕后单击"确定"按钮，在弹出的"Microsoft Query"对话框中单击"确定"按钮，随后按照正常操作，即可实现导入外部数据，如图 2-122 所示。

图 2-122

小结 使用"Microsoft Query"可以从公司数据库或文件中检索数据，而不必在 Excel 中重新输入所要分析的数据，也可以在数据库数据更新时自动更新 Excel 报表中的数据。在导入外部数据源的过程中常常要将 Microsoft Query 与 SQL 语句进行数据查询和数据重新构建。

实例 2：Microsoft Query 多条件模糊查询

如图 2-123 所示，只需在 A2、B2 单元格中输入关键字，在不需要修改 SQL 语句的情况下就可以使用 Microsoft Query 实时查询出所需的数据，实现步骤如下。

第 2 章　数据专项处理技巧

	A	B	C	D	E	F	G	H	I	J	K
1	商品名称	支付方式									
2	鲜	现金									
3	门店编号	小票号	条码	商品编码	商品名称	售卖数	单价	销售金	支付方式	支付金	交易金额
4	A0001	A00010120160429000002	2111022	1100030	鲜鸡蛋（加价购）	1.5	7.2	10.8	现金	20	2016/4/29 9:25
5	A0001	A00010120160429000008	2113022	1300075	李锦记 味极鲜蚝油 680g（用券价）	1	4.9	4.9	现金	5	2016/4/29 10:39
6	A0001	A00010120160429000057	6922824001251	1000549	李锦记 味极鲜蚝油 680g	3	6.9	-20.7	现金	124.1	2016/4/29 12:49
7	A0001	A00010120160429000059	6922824001251	1000549	李锦记 味极鲜蚝油 680g	3	6.9	20.7	现金	124.1	2016/4/29 13:03
8	A0001	A00010120160429000061	6922824001251	1000549	李锦记 味极鲜蚝油 680g	3	6.9	-20.7	现金	124.1	2016/4/29 13:05
9	A0001	A00010120160429000056	2113022	1300075	李锦记 味极鲜蚝油 680g（用券价）	3	4.9	14.7	现金	124.1	2016/4/29 13:35
10	A0001	A00010120160429000117	2113113	1100222	新希望天香 禧封送风味酸奶 195g（赠品领取）	9	0.01	-0.09	现金	0.1	2016/4/29 17:22
11	A0001	A00010120160429000133	2111022	1100030	鲜鸡蛋（加价购）	1.5	7.2	10.8	现金	10.8	2016/4/29 19:33
12	A0001	A00010120160429000134	6925843403266	1000142	欣和 味达美味极鲜酱油 500ml	1	9.9	9.9	现金	9.9	2016/4/29 19:34
13	A0001	A00010120160429000004	2113022	1300075	李锦记 味极鲜蚝油 680g（用券价）	2	4.9	9.8	现金	3	2016/4/30 10:40
14	A0001	A00010120160430000037	6947174310013	1000537	珍极 味极鲜特级酱油瓶装 1L	1	12.7	12.7	现金	0.4	2016/4/30 11:35

图 2-123

STEP 01 按照实例 1 中的步骤 1 到步骤 4 进行操作，将数据导入 Microsoft Query 中。

STEP 02 单击"视图"选项卡下的"条件"命令，如图 2-124 所示，在"条件字段"中选择"商品名称"，在"值"文本框中输入：like '%' & [?] &'%'。同理，增加条件 2 字段"支付方式"，在"值"文本框中输入：like '%' & [?] &'%'，如图 2-125 所示。

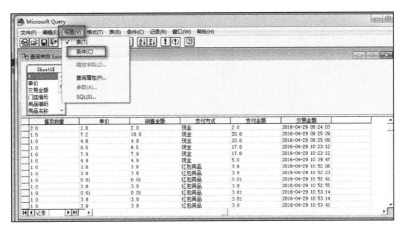

图 2-124

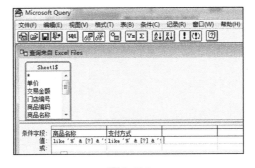

图 2-125

提示 like 在这里是包含的意思，"%"为通配符，二者组合相当于模糊查询。"?"是一个变量，把单元格中的值传给"?"，每个"?"对应绝对单元格中的值。如要实现精准查询，可将上述值直接修改为 [?]；如果实现开头是某关键字的查询，可将上述值修改为 like [?] &'%'。同理，末尾是某关键字的查询可以写成：like '%' & [?]。

STEP 03 单击"文件"选项卡下的"将数据返回 Microsoft Excel"命令，如图 2-126 所示，进入"导入数据"对话框。选择"数据的放置位置"，单击"属性"按钮，如图 2-127 所示，进入"连接属性"对话框。

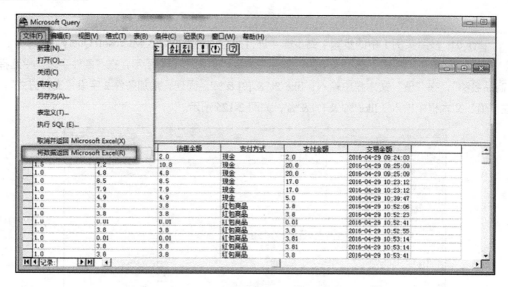

图 2-126

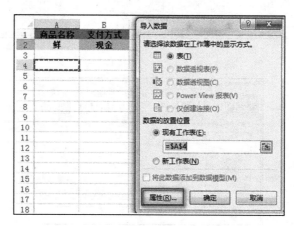

图 2-127

STEP 04 在如图 2-128 所示的“连接属性”对话框中单击“定义”选项卡下的“参数”按钮，弹出“查询参数”对话框。选择第一个“?”，在“从下列单元格中获取数值”文本框中选择 A2 单元格，勾选“单元格值更改时自动刷新”复选框。用同样的方法设置第二个“?”的参数值，如图 2-129 所示。

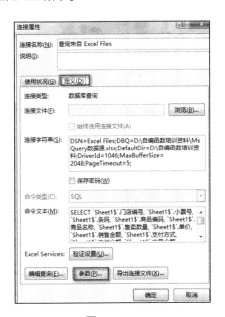

图 2-128

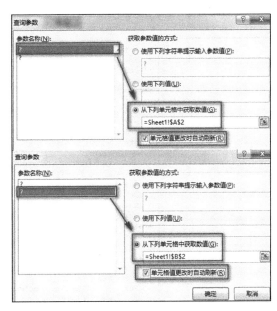

图 2-129

STEP 05 查询结果如图 2-130 所示。如果要查询其他商品名称和支付方式，可在 A2、B2 单元格中更改相关查询参数，即可实现自动刷新数据，如图 2-131 所示。

	A	B	C	D	E	F	G	H	I	J	K
1	商品名称	支付方式									
2	喜之郎	微信									
3											
4	门店编	小票号	条码	商品编	商品名称	售卖数	单价	销售金额	支付方式	支付金额	交易金额
5	A0001	A00010120160502000066	6926475204467	1000467	喜之郎cici果粒爽橙汁饮料2	1	2.9	2.9	微信支付	15.2	2016/5/2 18:43
6	A0001	A00010120160502000066	6926475204474	1000466	喜之郎cici果粒爽水蜜桃饮料	1	2.9	2.9	微信支付	15.2	2016/5/2 18:43
7	A0001	A00010120160514000090	6926475202357	1000462	喜之郎 美好时光原味海苔 7	1	5.9	5.9	微信支付	34.4	2016/5/14 20:15
8	A0004	A00040120160503000032	6902934987171	1000471	喜之郎150mlVC荔枝企鹅包	1	2.2	2.2	微信支付	4.4	2016/5/3 17:13
9	A0004	A00040120160503000032	6926475201329	1000469	喜之郎 果汁果冻爽芒果味 1	1	2.2	2.2	微信支付	4.4	2016/5/3 17:13
10	A0006	A00060220160513000105	6902934987171	1000471	喜之郎150mlVC荔枝企鹅包	1	2.2	2.2	微信支付	4.4	2016/5/13 19:05
11	A0006	A00060220160513000105	6926475201329	1000469	喜之郎 果汁果冻爽芒果味 1	1	2.2	2.2	微信支付	4.4	2016/5/13 19:05
12	A0006	A00060220160517000086	6902934987171	1000471	喜之郎150mlVC荔枝企鹅包	1	2.2	2.2	微信支付	4.4	2016/5/17 19:40
13	A0006	A00060220160517000086	6926475201329	1000469	喜之郎 果汁果冻爽芒果味 1	1	2.2	2.2	微信支付	4.4	2016/5/17 19:40
14	A0006	A00060220160519000091	6926475201398	1000473	喜之郎 草莓味果冻 90g	1	1	1	微信支付	3.9	2016/5/19 19:39
15	A0006	A00060220160519000091	6926475204474	1000466	喜之郎cici果粒爽水蜜桃饮料	1	2.9	2.9	微信支付	3.9	2016/5/19 19:39
16	A0008	A00080120160528000026	6926475204474	1000466	喜之郎cici果粒爽水蜜桃饮料	2	2.9	5.8	微信支付	7.8	2016/5/28 19:54

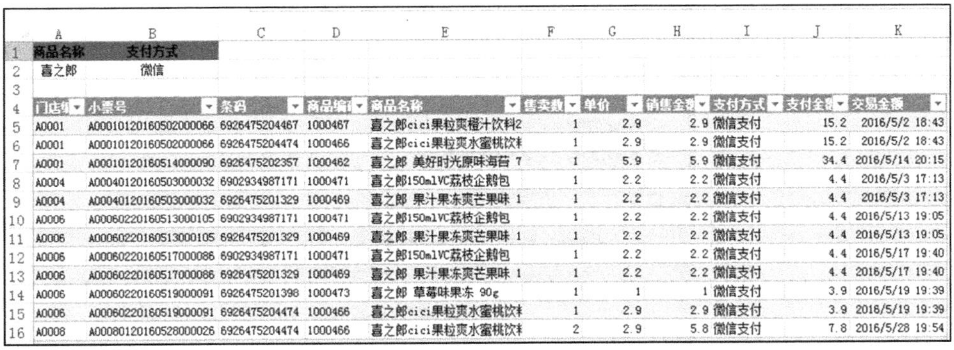

图 2-130

如要修改参数，可将光标放置在查询数据区的任意一个单元格，单击鼠标右键，然后依次选择"表格"→"外部数据属性",如图 2-131 所示。之后在打开的"外部数据属性"对话框中单击 图标,如图 2-132 所示,进入"连接属性"对话框中进行修改。

图 2-131

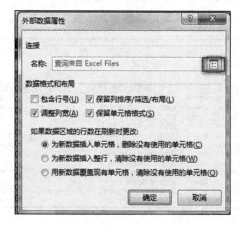

图 2-132

2.7.5　联合查询、子查询

1. 联合查询

面对数据量庞大的众多工作簿时，我们常常需要进行合并后再汇总，这时用 SQL 的联合查询功能可以实现数据合并和汇总。所谓联合查询，就是合并多个查询的结果集，这些查询具有相同的字段数目且包含相同或可以兼容的数据类型。

联合查询的特点是，使用联合查询需要保证查询的字段数相同，且包含相同或兼容的数据类型。在联合查询中，最终返回的记录的字段名称以第一个查询的字段名称为准；其余进行联合查询，使用的字段别名将被忽略。具体的语法形式如下：

```
select 字段名 from [表 1$] union (all)
select 字段名 from [表 2$] union (all)
……
select 字段名 from [表 n$]
```

union 和 union all 的区别在于，union 会将所有进行联合查询的表记录进行汇总，并返回不重复记录（即重复记录只返回其中一条记录），同时对记录进行升序排序；而 union all 则只将所有进行联合查询的表的记录进行汇总，不论记录是否重复，均不对记录进行排序。

如图 2-133 所示，显示某集团 4 个分厂的销售数据工作簿及工作表的表结构。现需要对 4 个工作簿中的数据进行合并与汇总，并按厂区列示数据。

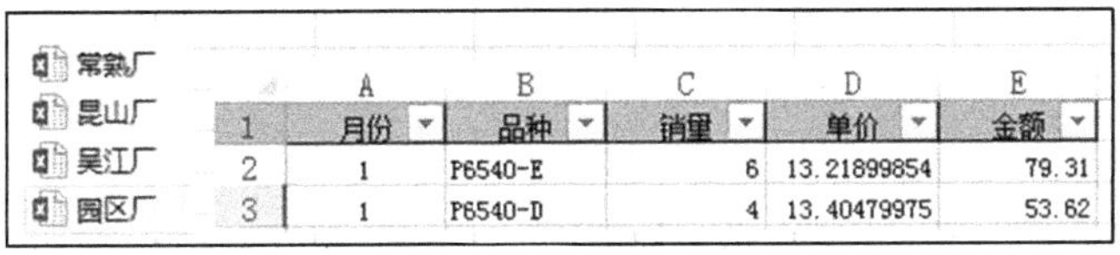

	A	B	C	D	E
1	月份	品种	销量	单价	金额
2	1	P6540-E	6	13.21899854	79.31
3	1	P6540-D	4	13.40479975	53.62

图 2-133

操作步骤同 2.7.3 节中的实例 1，在命令文本中输入的 SQL 语句如下：

```
select "常熟厂" as 分厂,月份,品种,sum(销量) as 数量,单价,sum(金额) as 收入 from [D:\专业文档\Excel 数据处理\SQL 基础及数据透视表\SQL 合并计算工作簿\常熟厂.xlsx].[常熟厂$] group by 月份,品种,单价 union all
select "昆山厂" as 分厂,月份,品种,sum(销量) as 数量,单价,sum(金额) as 收入 from [D:\专业文档\Excel 数据处理\SQL 基础及数据透视表\SQL 合并计算工作簿\昆山厂.xlsx].[昆山厂$] group by 月份,品种,单价 union all
select "吴江厂" as 分厂,月份,品种,sum(销量) as 数量,单价,sum(金额) as 收入 from [D:\专业文档\Excel 数据处理\SQL 基础及数据透视表\SQL 合并计算工作簿\吴江厂.xlsx].[吴江厂$] group by 月份,品种,单价 union all
select "园区厂" as 分厂,月份,品种,sum(销量) as 数量,单价,sum(金额) as 收入 from [D:\专业文档\Excel 数据处理\SQL 基础及数据透视表\SQL 合并计算工作簿\园区厂.xlsx].[园区厂$] group by 月份,品种,单价
```

查询结果的部分结果如图 2-134 所示，图中隐藏了一些数据。

	A	B	C	D	E	F
1	分厂	月份	品种	数量	单价	收入
2	常熟厂	1	P6540-C	21	13.4589745	282.64
3	常熟厂	1	P6540-D	128	13.1252323	1,680.02
4	常熟厂	1	P6540-E	147	12.71057552	1,868.47
17	昆山厂	2	P6540-E	74	13.00291875	962.21
18	昆山厂	3	P6540-C	4	13.59356425	54.37
19	昆山厂	3	P6540-D	68	13.19873361	897.51
20	昆山厂	3	P6540-E	70	13.00291875	910.19
21	吴江厂	1	P6540-C	19	13.86274374	263.39
22	吴江厂	1	P6540-D	134	13.40479975	1,796.24
33	园区厂	2	P6540-D	71	13.40479975	951.74
34	园区厂	2	P6540-E	86	13.21899854	1,136.84
35	园区厂	3	P6540-C	5	13.86274374	69.31
36	园区厂	3	P6540-D	101	13.40479975	1,353.89
37	园区厂	3	P6540-E	104	13.21899854	1,374.78
38	园区厂	3	P6590-H	16	16.94188036	271.07

图 2-134

提示 输入此 SQL 语句时，通过"现有连接"等操作后只需选择一张表格即可，无须选择所有的表格。

通过 as 别名的方式在合并工作表中新增了一个"分厂"的字段，通过聚合函数 SUM 和 as 别名方式对一些数值的字段进行分类汇总。

需要注意的是，from 后面的工作表名的表达方式为"[工作簿所在的路径].[工作表名$]"。由于有多个工作簿需要合并，因此指定数据源时要指明路径，否则无法导入数据。

2. 子查询

常用的子查询语句有以下 3 种，其语法如下。

★ select（子查询）{as 字段} from [表名$]

★ select 字段 from [表名$] where 字段运算符 {谓词}（子查询）

★ select 字段 from [表名$] where {not} exists（子查询）

📖 实例 1：取不重复编码的数据记录

在如图 2-135 所示的数据表中，商品编码有大量的重复，表中共有 18 003 条记录，但只选取月份最大的数据记录，保证查询数据后的每个商品编码只有一条记录。

在命令文本中输入如下 SQL 语句。

```
select a.月份,a.商品编码,a.数量 from [Sheet1$]a,(select 商品编码,max(月份) as 月 from [Sheet1$] group by 商品编码)b where a.商品编码=b.商品编码 and a.月份=b.月
```

该 SQL 语句首先从 a 表（即数据源表格）按商品编码和最大月份生成一个 b 表（b 表就是子查询所形成的表格），然后将 b 表的"商品编码"和"月"与 a 表中的"商品编码"和"月份"进行比较，得出满足条件的记录。

查询结果界面如图 2-136 所示，通过上述子查询得到不重复的商品编码记录共有 16 781 条。

	A	B	C
1	月份	商品编码	数量
2	1	PVGMN1419	3587
18002	3	PVG0Z3757	314
18003	3	PVG0Z3540	314
18004	3	PVGGF4591	681

图 2-135

	A	B	C
1	月份	商品编码	数量
2	1	PVGMN1419	3587
3	1	PVG332678	324
16780	3	PVG0Z3757	314
16781	3	PVG0Z3540	314
16782	3	PVGGF4591	681

图 2-136

实例 2：按指定品牌统计销售量前 8 位的货号

如图 2-137 所示的表格是一些品牌按销售区域、货号等情况统计的销售日报，现要统计出品牌为 AD 的销售量前 8 位的货号。

在命令文本中输入如下 SQL 语句。

```
select top 8 * from (select 销售区域,货号,sum(销量) as 销售数量 from [Sheet1$] where 品牌=AD, group by 销售区域,货号)A order by 销售数量 desc
```

该 SQL 语句首先形成一个从数据源表格中按销售区域和货号统计品牌为“AD”的子表（即 A 表），然后从 A 表统计出前 8 位，并按销量降序排列。

查询结果界面如图 2-138 所示。

	A	B	C	D	E	F	G
1	销售日期	销售区域	货号	品牌	货季	性别	销量
2	2016/1/1	苏州	G68108	AD	15Q4	男	1
3	2016/1/1	苏州	G70357	AD	16Q1	男	8
4	2016/1/1	苏州	G71183	AD	15Q3	女	8
5	2016/1/1	苏州	G83346	AD	16Q1	男	5
6	2016/1/1	苏州	G85411	AD	15Q4	女	7
7	2016/1/1	苏州	P92261	AD	15Q4	男	8
8	2016/1/1	苏州	X12195	AD	15Q4	男	1
9	2016/1/1	苏州	X20551	AD	15Q3	男	4
10	2016/1/1	苏州	X23567	AD	16Q1	男	9
11	2016/1/1	无锡	G68095	AD	15Q4	男	2
12	2016/1/1	无锡	G68104	AD	15Q4	男	1
13	2016/1/1	无锡	G68188	AD	15Q4	男	1
14	2016/1/1	无锡	G69924	AD	15Q4	男	9
15	2016/1/1	无锡	G70260	AD	15Q4	男	4

图 2-137

	A	B	C
1	销售区域	货号	销售数量
2	昆山	G83346	87
3	昆山	X12934	76
4	无锡	G83346	72
5	无锡	X21108	67
6	昆山	X21105	67
7	苏州	F76716	65
8	无锡	D86984	64
9	无锡	G80825	60

图 2-138

实例 3：按平均分高低对班级成绩排名

如图 2-139 所示的表格是按班级、姓名统计的学生的语文、数学、英语三科成绩表的一部分，现要列出各班级平均分，并按照平均分高低对各班级进行排名。

在命令文本中输入如下 SQL 语句。

```
select *, (select count(班级) from (select 班级, avg(语文+数学+英语) as 平均分 from [Sheet1$] group by 班级)A where A.平均分>B.平均分)+1 as 排名 from (select 班级, avg(语文+数学+英语) as 平均分 from [Sheet1$] group by 班级)B order by 平均分 desc
```

上述查询语句首先对各班级查询出平均分，并分别形成两个子表 A 和 B，然后利用 A 表与 B 表的平均分逐一比较形成排名。

查询结果界面如图 2-140 所示。

	A	B	C	D	E
1	班级	姓名	语文	数学	英语
2	二（1）	甲8	68	95	62
3	二（1）	甲1	24	14	56
4	二（1）	甲2	73	12	49
5	二（2）	甲1	94	73	62
6	二（2）	甲9	74	64	19
7	二（3）	甲1	39	55	14
8	二（3）	甲2	76	81	73
9	二（3）	甲14	27	17	15
10	三（1）	甲5	66	28	28
11	三（1）	甲1	82	33	36
12	三（1）	甲9	69	39	77
13	三（1）	甲10	47	31	10
14	三（1）	甲12	45	26	84
15	三（1）	甲2	72	32	66

图 2-139

	A	B	C
1	排名	班级	平均分
2	1	四（2）	203.25
3	2	一（2）	197.5
4	3	二（2）	193
5	4	一（1）	177
6	5	三（3）	174.3846154
7	6	四（1）	173.75
8	7	三（1）	158.3636364
9	8	三（2）	154.625
10	9	二（1）	151
11	10	四（3）	139.8333333
12	11	一（3）	133.75
13	12	二（3）	132.3333333

图 2-140

📖 实例 4：统计客户来 4S 店维修保养车辆的次数

图 2-141 中的表格是客户来某 4S 店消费记录的一部分信息，现需要按底盘号对 WIP（施工单号）进行不重复统计，即统计其来店次数。

在命令文本中输入如下 SQL 语句：

```
select 底盘号, count(WIP) as 来店次数 from (select distinct WIP,底盘号 from [消费记录$]) group by 底盘号
```

上述语句首先通过 select distinct WIP,底盘号 from [消费记录$]这个子查询查询出底盘号对应的 WIP，然后对这个子查询中相同底盘号对应的 WIP 进行去重处理，以得到其来店保养的次数。

查询结果如图 2-142 所示。

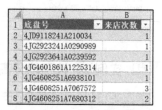

	A	B	C	D	E	F
1	WIP	上次编辑日期	底盘号	出厂日期	车型VIN6位	车型VIN9位
2	17264	2017/1/31	4JD9118241A210034	2017/02/01	4JD911	4JD911824
3	XQ484	2016/9/29	4JG2923241A0290989	2016/09/29	4JG292	4JG292324
4	XQ484	2016/9/29	4JG2923241A0290989	2016/09/29	4JG292	4JG292324
5	XQ484	2016/9/29	4JG2923241A0290989	2016/09/29	4JG292	4JG292324
6	XQ484	2016/9/29	4JG2923241A0290989	2016/09/29	4JG292	4JG292324
7	XQ484	2016/9/29	4JG2923241A0290989	2016/09/29	4JG292	4JG292324
8	XQ484	2016/9/29	4JG2923241A0290989	2016/09/29	4JG292	4JG292324

图 2-141

	A	B
1	底盘号	来店次数
2	4JD9118241A210034	1
3	4JG2923241A0290989	1
4	4JG2923641A0239592	1
5	4JG4601861A1225314	1
6	4JG4608251A6938101	1
7	4JG4608251A7067572	3
8	4JG4608251A7680312	2

图 2-142

2.7.6 SQL 与数据透视表

通过对前面 SQL 查询语句的学习，我们已经注意到在“导入数据”界面的“请选择该数据在

第 2 章 数据专项处理技巧

工作簿中的显示方式"中存在"数据透视表"按钮选项，这说明了数据透视表与 SQL 之间是密不可分的。由于数据透视表是一种快速分类汇总及建立交叉列表的交互式动态表格，而 SQL 在读取数据方面能与其他外部数据源实现无缝对接；因此，如果能将数据透视表与 SQL 完美融合，则可以让数据透视表如虎添翼。

实例 1：利用 SQL 语句创建动态数据透视表

由于一般数据透视表的创建均在数据源中选择数据范围，当数据记录随着时间流逝而增加时，需要多次重新选择数据源的范围，而 SQL 语句读取数据只需设定一次即可，而且不受数据源的数据范围大小变动的限制。

现仍以 2.7.3 节使用 OLE DB 导入外部数据中实例 2 的销售表为例，说明利用 SQL 语句实现动态数据透视表的创建，步骤如下。

STEP 01 新建一个空白表格，选择表格中的 A1 单元格，单击"数据"选项卡下的"现有连接"命令，进入"现有连接"对话框，单击"浏览更多"按钮，找到"销售表"所在的工作簿，并选择该工作簿，之后单击"打开"按钮，进入"选择表格"对话框，如图 2-143 所示。

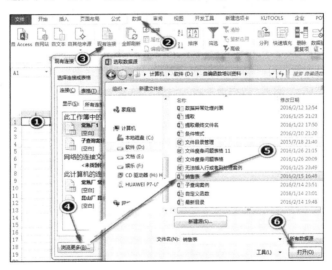

图 2-143

STEP 02 在如图 2-144 所示的"选择表格"对话框中，选择数据源所在的工作表"销售表$"，勾选"数据首行包含列标题"复选框，单击"确定"按钮，关闭"选择表格"对话框，进入"导入数据"对话框。

STEP 03 在如图 2-145 所示的"导入数据"对话框中，在"请选择该数据在工作簿中的显示方式"下选择"数据透视表"，单击"属性"按钮，进入"连接属性"对话框。

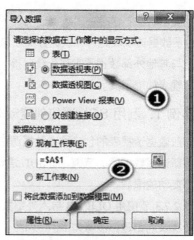

图 2-144　　　　　　　　　　图 2-145

STEP 04　在如图 2-146 所示的"连接属性"对话框中，勾选"使用状况"选项卡下的"打开文件时刷新数据""允许后台刷新""全部刷新时刷新此连接"复选框。对于"刷新频率"，用户可根据需要进行设置，如图 2-146 所示。

STEP 05　在"连接属性"对话框中，选择"定义"选项卡，在"命令文本"文本框中输入 SQL 语句：select * from [销售表$]，单击"确定"按钮，关闭"连接属性"对话框，如图 2-147 所示。一直单击"确定"按钮，出现"数据透视表"设置界面。

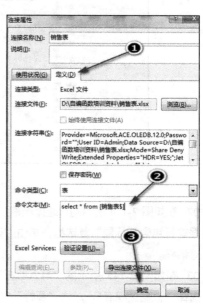

图 2-146　　　　　　　　　　图 2-147

第 2 章 数据专项处理技巧

STEP 06 在"数据透视表"设置界面按如图 2-148 所示拖放各字段名到对应位置,完成数据透视表的设置。

图 2-148

STEP 07 如果"销售表"增加了新记录或者新字段,选择数据透视表中的任意一个单元格,单击鼠标右键,选择"刷新",可得到动态数据透视表。

实例 2:利用 SQL 语句创建当期数和累计数的数据透视表

如图 2-149 所示是某公司销售情况表的一部分截图。下面介绍如何在数据透视表中实现统计当月销量、当月收入、当月毛利、累计销量、累计收入、累计毛利,并且是动态的数据透视表。

图 2-149

设置步骤与本节实例 1 相同,所不同的是在"命令文本"文本框中输入如下 SQL 语句:
```
select "当月销量" as 类型,* from (select 月份 as 月,商品名称,销售数量 from [销售表$]) where 月=(select max(月份) from [销售表$]) union all
    select "累计销量" as 类型,* from (select 月份 as 月,商品名称,销售数量 from [销售表$]) where 月<=(select max(月份) from [销售表$]) union all
    select "当月收入" as 类型,* from (select 月份 as 月,商品名称,销售收入 from [销
```

117

```
售表$]) where 月=(select max(月份) from [销售表$]) union all
    select "累计收入" as 类型,* from (select 月份 as 月,商品名称,销售收入 from [销
售表$]) where 月<=(select max(月份) from [销售表$]) union all
    select "当月毛利" as 类型,* from (select 月份 as 月,商品名称,销售毛利 from [销
售表$]) where 月=(select max(月份) from [销售表$]) union all
    select "累计毛利" as 类型,* from (select 月份 as 月,商品名称,销售毛利 from [销
售表$]) where 月<=(select max(月份) from [销售表$])
```

如图 2-150 所示，在“数据透视表字段”列表框中将相应的字段拖放到对应区域，“销售数量”的值字段设置为“求和”。

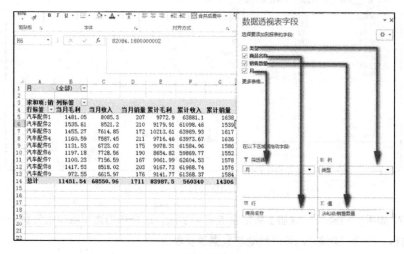

图 2-150

图 2-150 的列标签排序杂乱，这里将列标签进行移动调整后的效果如图 2-151 所示。

	A	B	C	D	E	F	G
1	月	（全部）					
2							
3	求和项:销售数量	列标签					
4	行标签	当月销量	累计销量	当月收入	累计收入	当月毛利	累计毛利
5	汽车配件1	207	1638	8085.3	63881.1	1481.05	9772.9
6	汽车配件2	210	1539	8521.2	61098.46	1535.61	9179.91
7	汽车配件3	172	1617	7614.85	63989.93	1455.27	10213.61
8	汽车配件4	211	1636	7587.45	63973.67	1160.59	9716.46
9	汽车配件5	175	1586	6723.02	61584.96	1131.53	9078.31
10	汽车配件6	190	1552	7728.56	59869.77	1197.18	8654.82
11	汽车配件7	167	1578	7156.59	62604.53	1100.23	9061.99
12	汽车配件8	203	1576	8518.02	61968.74	1417.53	9167.73
13	汽车配件9	176	1584	6615.97	61368.37	972.55	9141.77
14	总计	1711	14306	68550.96	560339.53	11451.54	83987.5

图 2-151

现对以上 SQL 语句分三部分进行解析。

第一部分：读取当月销售数量数据的 SQL 语句

```
    select "当月销量" as 类型,* from (select 月份 as 月,商品名称,销售数量 from [销
```

第 2 章　数据专项处理技巧

售表$]) where 月=(select max(月份) from [销售表$])

这个语句的理解如图 2-152 所示。

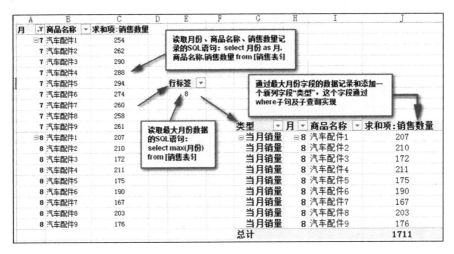

图 2-152

第二部分：读取累计销售数量数据的 SQL 语句

select "累计销量" as 类型,* from (select 月份 as 月,商品名称,销售数量 from [销售表$]) where 月<=(select max(月份) from [销售表$])

该语句通过 where 子句中的 "<=" 读取数据源中的所有记录。最后通过 union all 将当月销售数量和累计销售数量连接起来，形成一个过渡的数据表，再通过该过渡表创建数据透视表。

同理，收入、毛利数据的当月数和累计数的 SQL 语句与销售数量 SQL 语句的设置相同。

第三部分："……as 类型" 语句

"……as 类型" 在语句中的作用就是在过渡表中产生一个 "类型" 的新字段，并将 "当月销量"、"累计销量"、"当月收入"、"累计收入"、"当月毛利" 和 "累计毛利" 作为这个新字段中的值，这些字段对应数据源中的值在过渡表中作为 "销售数量" 字段中的值。在过渡表中 "销售数量" 字段对应的值不仅是销售数量，还包括收入和毛利。过渡表的部分数据如图 2-153 所示。

	类型	月	商品名称	销售数量
31	当月销量	8	汽车配件3	1
55089	当月收入	8	汽车配件3	92.23
97607	累计收入	8	汽车配件7	14.18
102804	当月毛利	8	汽车配件2	-6.19
147756	累计毛利	8	汽车配件2	-0.2

图 2-153

该数据透视表与 SQL 语句的完美融合就在于 SQL 语句将最大月份作为当月来处理，将所有小于或等于最大月份的数据作为累计数据处理。

实例 3：利用 SQL 语句比对新旧车型配置差异

在 Excel 数据关联关系中，我们经常会遇到两张结构相同工作表之间的差异项的比对问题，这种数据关系被称为”独立”关系。这种关系只需提取出两表数据之间有差异的部分，不考虑相同的数据部分。这种关系大多应用在一些整体数据变化的前后对比上，提出两表差异数据记录，比如新旧车型成本变化体现在哪些关键配置的变更上、银行对账调节表差异项目的列示。

如图 2-154 所示是新车型与旧车型配置的两张表，现要利用“独立”关系提取出两表数据之间有差异的部分，从而可以分析车型配置的变更情况。

	A	B	C
1	物料代码	物料名称	数量
2	67C7B-04110-F1	乘客椅(普方右双可调无横)	10
3	67C7B-04120-F1	乘客椅(普方左双可调无横)	10
4	53UN1-01000-A	前围骨架总成	1
5	55UN1-01000-C	左侧围骨架总成	1
6	54UN1-01000-C	右侧围骨架总成	1
7	67NA1-10013	座椅面料(97174浅黄褐色纬	88

旧车型 | 新车型 | 结果表

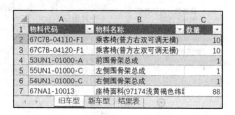

图 2-154

通过前面对 SQL 语句的了解，我们知道 where 后面带条件可以用于筛选出符合条件的数据。观察两表可以看出由于需要比对两表的物料对应的数量，而这些物料代码均以文本的形式来体现，因此旧车型的物料代码在新车型中不存在的话就可以用 where 来实现。由于判断文本是否在某个集合中可以用 in，因此我们可以写出：select * from [旧车型$] where 物料代码 not in (select 物料代码 from [新车型$])这个语句来提取满足上述条件的物料代码、名称、数量信息。

同理，我们需要查询出新车型有而旧车型没有的物料代码，这时可以写出：

```
select * from [新车型$] where 物料代码 not in (select 物料代码 from [旧车型$] )
```

然后我们将上述两个语句用 union all 拼接在一起，即语句为 select * from [旧车型$] where 物料代码 not in (select 物料代码 from [新车型$]) union all select * from [新车型$] where 物料代码 not in (select 物料代码 from [旧车型$])。这样我们会得到如下数据透视表，数量被放在了一列中，如图 2-155 所示。由于新旧车型的差异项目不能并排显示，因此这样就不能区分出哪些物料代码是新车型的，哪些物料代码是旧车型的，达不到比对新旧配置变化的目的，不够直观明了。

	A	B	C
1	物料代码	物料名称	求和项:数量
2	10FDJ-0010A	GW4G15东风康明斯发动机	1
3	10FDJ-0010N	中航锂电池1500C	5
4	10FDJ-0011N	中航驱动电机500WQ	2
5	10FDJ-0012	电机系统插接器	2
6	38J03-04001	开关(机油压力)	1
7	38J03-0400K	方向开关	1
8	总计		12

图 2-155

第 2 章 数据专项处理技巧

我们可在上述语句中再加一个新车型、旧车型的标识,这时可以用到 as 重命名,"旧车型" as 车型 、"新车型" as 车型。重新编辑的 SQL 语句如下:

```
select "旧车型" as 车型,* from [旧车型$] where 物料代码 not in (select 物
料代码 from [新车型$] ) union all select "新车型" as 车型,* from [新车型$] where
物料代码 not in (select 物料代码 from [旧车型$] )
```

注意在使用 SQL 语句之前的"导入数据"对话框中必须选择数据透视表,而不能选择表。

在做数据透视表时我们可以看到数据透视表字段中出现了"车型"这个新字段,这正是通过 as 重命名创造出来的新字段。这个新字段有"旧车型"和"新车型"两个字段值,这两种车型的数量求和字段就分成了旧车型与新车型两列来表示。这样能很清晰地看出两个车型配置变化的情况,结果表如图 2-156 所示。

图 2-156

这种批量提取差异数据的方式是一种动态提取数据的方式,只要有相同模式的数据就可以覆盖原来的数据,然后刷新得出数据变化的最新结果。

2.7.7 导入文本格式的数据

在一些 ERP 系统里导出的数据通常是 TXT 格式的文本内容,就像图 2-157 中的示例这样。这样的数据在记事本程序中修改或更新时会非常麻烦。此时可以借助 Excel 的导入外部数据功能,把记事本程序文件转换成 Excel 中的数据。

图 2-157

STEP 01 新建一个 Excel 文档,按如图 2-158 所示的序号进行操作。

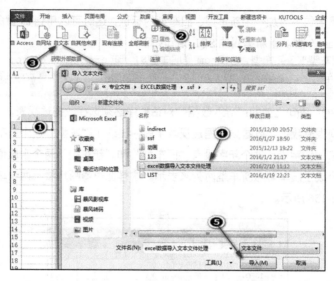

图 2-158

STEP 02 在弹出的"文本导入向导"中,单击"下一步"按钮,在第 2 步中,按如图 2-159 所示进行设置,勾选"其他"复选框,在其后的文本框中输入"|"。之后单击"下一步"按钮,进入"文本导入向导"对话框的第 3 步。

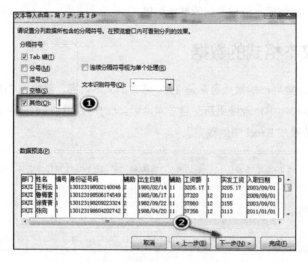

图 2-159

STEP 03 在"文本导入向导"对话框的第 3 步中,单击"身份证号码"所在列的列标,单击"文本"单选按钮,如图 2-160 所示。同样,如果有银行卡卡号这类超过 15 位的数字,也必须设置成文本格式,否则 15 位之后的数字会变成 0。

第 2 章 数据专项处理技巧

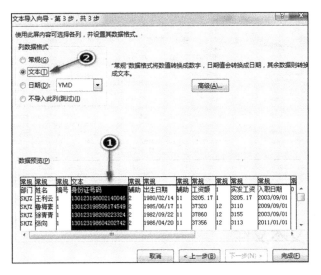

图 2-160

STEP 04 单击"完成"按钮,在"导入数据"对话框中单击"属性"按钮,勾选"打开文件时刷新数据"复选框,如图 2-161 所示。这样如果记事本程序中的数据有变化,在 Excel 表格中也会更新到最新的结果。

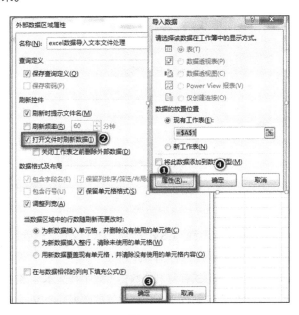

图 2-161

单击"确定"按钮后,最终效果如图 2-162 所示。

	A	B	C	D	E	F	G	H	I	J	K	O	P
1	部门	姓名	编号	身份证号码	辅助	出生日期	辅助	工资额	1	实发工资	入职日期	卡号	年工资
2	SHJZ	王利云	1	130123198002140046	2	1980/2/14	11	3205.17	1	3205.17	2003/9/1	2130123000008951O813	49,164.00
3	SHJZ	鲁梅素	1	130123198506174549	2	1985/6/17	11	37320	12	3110	2009/9/1	21301230000089510534	46,776.00
4	SHJZ	徐青青	1	130123198209223324	2	1982/9/22	11	37860	12	3155	2003/9/1	21301230000089509781	47,964.00
5	SHJZ	张向	1	130123198604202742	2	1986/4/20	11	37356	12	3113	2011/1/1	21301230000089509240	46,812.00
6	SHJZ	赵科普	1	130123198710057550	1	1987/10/5	11	36600	12	3050	2010/9/1	21301230000089509239	45,360.00
7	SHJZ	张迎迎	1	130123198508092723	2	1985/8/9	11	37620	12	3135	2006/9/1	21301230000089509238	47,364.00
8	SHJZ	栗士平	1	130123198209045468	2	1982/9/4	11	37920	12	3160	2002/9/1	21301230000089509237	47,964.00
9	SHJZ	康青青	1	13012319810913544X	2	1981/9/13	11	43884	12	3657	2001/8/1	21301230000089509236	54,732.00
10	SHJZ	郝丽娜	1	130123198106234522	2	1981/6/23	11	43572	12	3631	2001/8/1	21301230000089509235	54,132.00
11	SHJZ	胡连奎	1	130123195102241510	1	1951/2/24	20	46009.2	12	3834.1	1971/11/1	21301230000089507760	46,009.20
12	SHJZ	吴成金	1	130123194509101830	1	1945/9/10	20	39700.8	12	3308.4	1964/12/1	21301230000089507705	39,700.80
13	SHJZ	张记保	1	130123194808141816	1	1948/8/14	20	44293.2	12	3691.1	1969/4/10	21301230000089507704	44,293.20
14	SHJZ	赵贞国	1	130123195001231815	1	1950/1/23	20	45367.2	12	3780.6	1970/5/1	21301230000089507703	45,367.20
15	SHJZ	付爱杰	1	130123194312160618	1	1943/12/16	20	40068	12	3339	1961/7/1	21301230000089507636	40,068.00
16	SHJZ	梁荣义	1	130123194001250640	2	1940/1/25	20	34896	12	2908	1960/7/1	21301230000089507633	34,896.00
17	SHJZ	王凤书	1	130123194108250683	2	1941/8/25	20	35988	12	2999	1960/7/1	21301230000089507632	35,988.00

图 2-162

2.7.8 导出到文本文件

Excel 导出数据的功能指的是如何将 Excel 表格中的数据导出到非标准的 Excel 文件中。Excel 并没有直接导出数据的功能，而是通过“文件”选项卡下的“另存为”命令，在“另存为”对话框中可选择各种格式的文件，如图 2-163 所示。

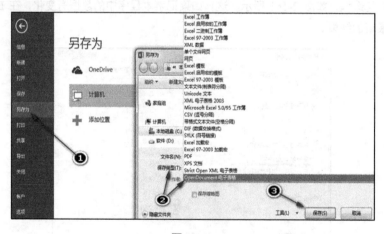

图 2-163

常见的可导出的文本文件类型有两种：CSV 文件和 TXT 文件。也就是说，将 Excel 文件另存为 CSV 文件和 TXT 文件，即可实现导出到文本文件中。

★ CSV 文件：其文件以纯文本形式存储表格数据（数字和文本）。纯文本意味着该文件是一个字符序列，不含必须像二进制数字那样被解读的数据。CSV 文件由任意数目的记录组成，记录间以某种换行符分隔；每条记录由字段组成，字段间的分隔符是其他字符或字符串，将 Excel 文件导出为 CSV 文件是以逗号分隔单元格的。

★ TXT 文件：TXT 是微软在操作系统上附带的一种文本格式，也是最常见的一种文件格式。TXT 文件早在 DOS 时代应用得就很多，其主要存储文本信息（即文字信息）。现在的操作系统大多使用记事本等程序保存该文件。大多数软件可以查看，如记事本程序、浏览器等。将 Excel 文件导出为 TXT 文件由制表符分隔单元格。

2.8 数据专项处理技巧综合案例

2.8.1 巧用批量插入行

如图 2-164 所示是某些制造商对应的车型系列，现需要将左边的数据格式转换成右边比较规范的 Excel 数据格式，步骤如下。

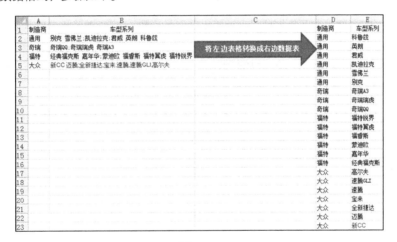

图 2-164

STEP 01 选中 B 列数据进行分列处理，按分列步骤进入"文本分列向导"的第 2 步，勾选"分号""逗号""空格"复选框，然后单击"下一步"按钮，如图 2-165 所示。在"文本分列向导"的第 3 步中单击"完成"按钮。

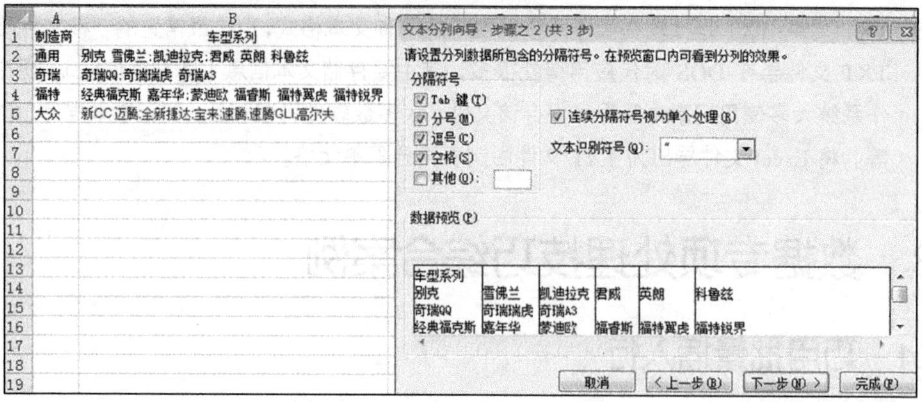

图 2-165

STEP 02 在如图 2-166 所示的 I1 单元格中输入标题“计数”，在 I2 单元格中输入公式：=COUNTA(B2:H2)，然后向下复制公式，计算出车型系列数，在 J2 单元格中输入公式：=J1+I2-1（注意不要在 J1 单元格中输入任何内容），向下复制公式到 J5 单元格，在 J6、J7 单元格中分别输入“0”和“1”，之后选中这两个单元格向下填充，直到出现比 J5 单元格的数据小 1 的数，最后选择 I2:J5 连续的单元格区域，在原位置处将其粘贴成数值。

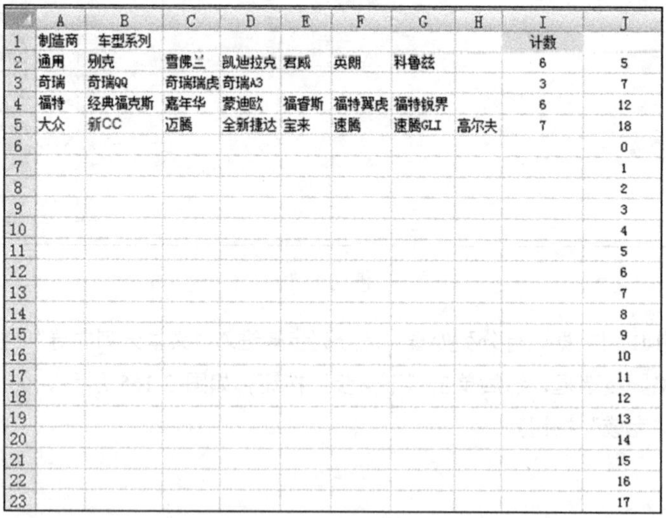

	A	B	C	D	E	F	G	H	I	J
1	制造商	车型系列							计数	
2	通用	别克	雪佛兰	凯迪拉克	君威	英朗	科鲁兹		6	5
3	奇瑞	奇瑞QQ	奇瑞瑞虎	奇瑞A3					3	7
4	福特	经典福克斯	嘉年华	蒙迪欧	福睿斯	福特翼虎	福特锐界		6	12
5	大众	新CC	迈腾	全新捷达	宝来	速腾	速腾GLI	高尔夫	7	18
6										0
7										1
8										2
9										3
10										4
11										5
12										6
13										7
14										8
15										9
16										10
17										11
18										12
19										13
20										14
21										15
22										16
23										17

图 2-166

STEP 03 选中整张表格，选择“排序”，之后在“排序”对话框中勾选“数据包含标题”，“主要关键字”项选择“(列 J)”，次序项选择“升序”，单击“确定”按钮，关闭“排序”对话框，如图 2-167 所示。完成排序后的结果如图 2-168 所示。

第 2 章　数据专项处理技巧

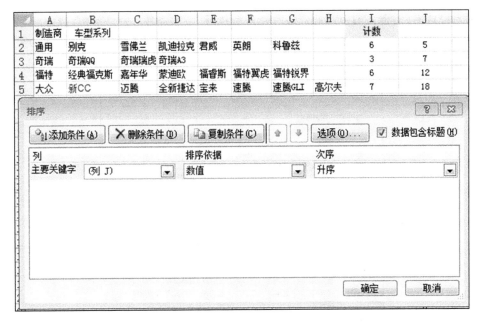

图 2-167

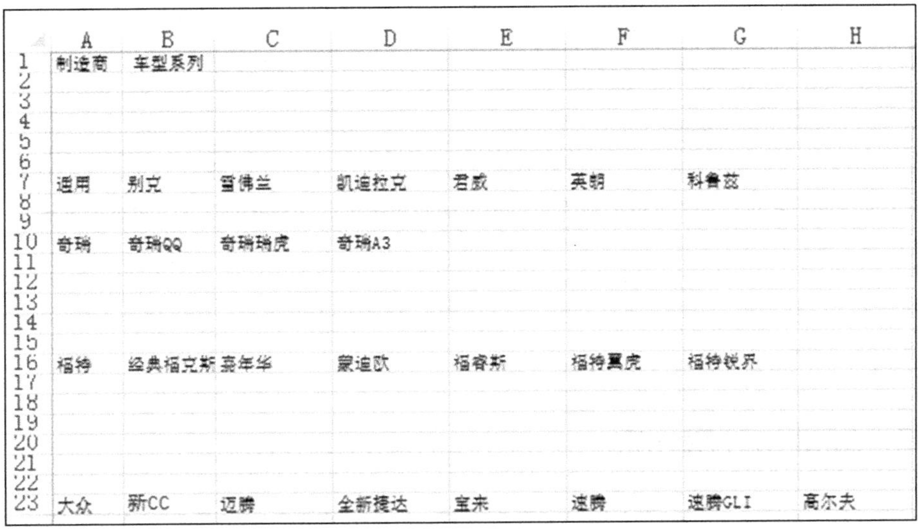

图 2-168

STEP 04　删除 I 列和 J 列数据，选中 B2:H23 连续的单元格区域，随后执行"定位条件"→"空值"操作，空白单元格区域被选定后，在 B2 单元格中输入：=C3，按住 Ctrl 键不放，然后按下 Enter 键，完成对 B 列空白单元格从右下至左上的阶梯状批量填充，如图 2-169 所示。之后将 B

127

列数据粘贴成值，删除 C:H 列数据。最后对 A 列执行"定位条件"→"空值"操作，实现对 A 列空白单元格从下向上的批量填充，最后将 A 列数据选择性粘贴为数值，最终效果如图 2-164 所示。

	A	B	C	D	E	F	G	H
	制造商	车型系列						
1								
2		科鲁兹	0	0	0	0	0	0
3		英朗	科鲁兹	0	0	0	0	0
4		君威	英朗	科鲁兹	0	0	0	0
5		凯迪拉克	君威	英朗	科鲁兹	0	0	0
6		雪佛兰	凯迪拉克	君威	英朗	科鲁兹	0	0
7	通用	别克	雪佛兰	凯迪拉克	君威	英朗	科鲁兹	0
8		奇瑞A3	0	0	0	0	0	0
9		奇瑞瑞虎	奇瑞A3	0	0	0	0	0
10	奇瑞	奇瑞QQ	奇瑞瑞虎	奇瑞A3	0	0	0	0
11		福特锐界	0	0	0	0	0	0
12		福特翼虎	福特锐界	0	0	0	0	0
13		福睿斯	福特翼虎	福特锐界	0	0	0	0
14		蒙迪欧	福睿斯	福特翼虎	福特锐界	0	0	0
15		嘉年华	蒙迪欧	福睿斯	福特翼虎	福特锐界	0	0
16	福特	经典福克斯	嘉年华	蒙迪欧	福睿斯	福特翼虎	福特锐界	0
17		高尔夫	0	0	0	0	0	0
18		速腾GLI	高尔夫	0	0	0	0	0
19		速腾	速腾GLI	高尔夫	0	0	0	0
20		宝来	速腾	速腾GLI	高尔夫	0	0	0
21		全新捷达	宝来	速腾	速腾GLI	高尔夫	0	0
22		迈腾	全新捷达	宝来	速腾	速腾GLI	高尔夫	0
23	大众	新CC	迈腾	全新捷达	宝来	速腾	速腾GLI	高尔夫

图 2-169

小结 本例需要插入空白行数量（18）=计数列中的车型系列数之和（22 条）−原有记录条数（4）。对数据输入不规则的表格改造的关键之处在于，确定插入不等数量空白行的位置，需要着重关注的是 J 列的数据输入规则。

凡是需要按照数量分解成一对一记录形式的表格都可以按照这个方法批量插入行，然后结合"定位条件"→"空值"实现批量填充。

2.8.2 批量合并单元格

虽然合并单元格在数据运算方面存在种种弊端，但其在表格格式布局美化方面却比较流行。如图 2-170 所示，左边表格的每个区域大小并不一致，如果表格中存在多个这样的单元格区域，应如何批量实现右边具有合并单元格形式的表格呢？步骤如下。

第 2 章　数据专项处理技巧

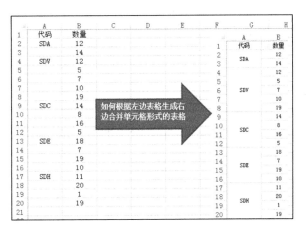

图 2-170

STEP 01 利用"定位条件"→"空值"操作由上向下批量填充 A3:A20 单元格区域的空白单元格，如图 2-171 所示。

STEP 02 选取 A1:B20 单元格区域，之后选择"数据"选项卡下"分级显示"分组中的"分类汇总"，在打开的"分类汇总"对话框中，"分类字段"选择"代码"，"选定汇总项"勾选"数量"，单击"确定"按钮，关闭该对话框，完成分类汇总，如图 2-172 所示。

图 2-171　　　　　　　　　　　　　图 2-172

STEP 03 选取 B1:B26 单元格区域进行复制，然后将其粘贴到 C1:C26 单元格区域，随后选择 C2:C26 单元格区域，按 Ctrl+G 组合键调出"定位条件"对话框，单击"常量"单选按钮，之后单击"确定"按钮，关闭"定位条件"对话框，如图 2-173 所示。然后单击 Delete 键清除内容，

129

最后单击"合并单元格"按钮，完成合并单元格的设置，如图 2-174 所示。

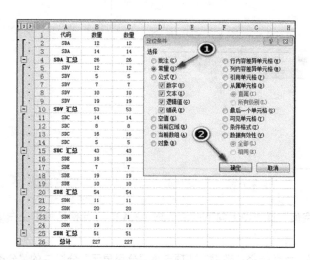

图 2-173　　　　　　　　　　　　　　图 2-174

STEP 04 选中 A:C 列，选择"数据"选项卡下"分级显示"分组中的"分类汇总"，在打开的"分类汇总"对话框中单击"全部删除"按钮，关闭该对话框，取消分类汇总，如图 2-175 所示。

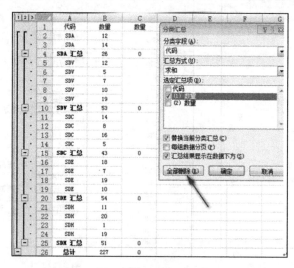

图 2-175

STEP 05 选中 C2:C24 单元格区域，然后复制该区域，选择性粘贴格式到 A3:A20 单元格区域，删除 C 列，完成设置，效果如图 2-170 所示的右侧表格。

第 3 章 数据透视表基础

3.1 认识数据透视表

1. 数据透视表简介

数据透视表（Pivot Table）是一种快速汇总、分析大量数据的交互式的数据处理工具。数据透视表综合了数据排序、筛选、分类汇总等数据处理工具的优点，可以方便地调整分类汇总的方式，灵活地以多种不同的方式展示数据，允许用户自由移动字段位置、"无中生有"地创建新字段、嵌套字段。这体现了数据透视表 Pivot（Pivot 有"旋转""转动"的意思）的特点；不仅如此，数据透视表还可以根据数据源中数据的变化快速更新汇总数据。

数据透视表在本质上是一个从数据库生成的动态汇总报表，数据透视表的数据源主要有 Excel 数据表、数据库、Access、SQL 创建的文件或表格。创建数据透视表所要求的数据源格式必须是比较规则的数据。

常见的创建数据透视表的错误有以下情形。

★ 数据源表格的列标题中无列字段名，有空白单元格。

★ 数据源表格的列标题不能有合并单元格。

★ 数据记录中不能有合并单元格或最好不要有空白单元格。统计对象所在列或者数值所在列中的单元格有合并单元格时会出现数据统计错误。

★ 统计对象格式不统一，如统计对象前后有空格或不可见字符，会造成同一统计对象出现多次，无法汇总在一起。
★ 每条记录中必须有唯一的统计对象，不能有多个统计对象。
★ 字段中的数据类型不一致，如日期字段既有日期型数据，又有文本型数据。
★ 数据源中间不能有空列，否则可能会造数据源区域无法正确选择。
★ 数据源中间不能有空行，否则可能会造数据源区域无法全部选定所有的数据记录。
★ 数据源表格中的列标题在数据源中出现多次的，会导致数据透视表在统计对象中将列标题也作为统计对象进行统计。也就是说列标题字段作为列标题只能出现一次，且必须放在数据源区域的首行，不能在数据源中出现多次。

如图 3-1 所示，是常见的无法创建数据透视表的提示。

图 3-1

2. 数据透视表结构解析、有关数据透视表的专业术语

如图 3-2 所示是字段列表和数据透视表对应关系图，现详细解析如下。

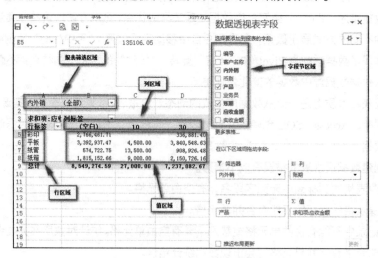

图 3-2

★ 行标签：指在数据透视表中具有行方向的字段，即统计对象。行字段可以有多层，例如，图 3-2 中的业务员可以被拖放到产品行字段之下。
★ 列标签：指在数据透视表中具有列方向的字段。此字段每个项占用一列，例如，图 3-2 中的"应收金额"表示一个字段，列字段也可以有多层。
★ 项：指字段中的元素。其在数据透视表中作为行或者列的标题显示。在图 3-2 中行标签"产品"包含"彩印""平板""纸管""纸箱"4 个项，列标签"应收金额"则包含"账期"中的值"(空白)""10""30"等多个项。
★ 值区域：指数据透视表中包含汇总数据的单元格区域。常见的数据透视表的数据汇总方式有"求和""计数""平均值"等。
★ 报表筛选区域：指在数据透视表中具有分页方向的字段。可以一次在页面字段显示一个项、多个项或者所有项，图 3-2 的"(全部)"表示显示所有项的字段。
★ 总计：指用于显示数据透视表中一行或者一列中所有单元格总和的行或者列。图 3-2 中显示了各产品的总计值。在某些情况下，行或者列的总计值并不具备实际意义时可以删除。
★ 数据源：指用于创建数据透视表的数据，该数据可以位于数据透视表所在的工作表或者工作簿中，也可以位于外部数据库中。
★ 刷新：更改数据源后，使用此按钮可以重新计算数据透视表。
★ 分类汇总：指用于显示数据透视表中一行或一列的单元格区域分类汇总的行或者列。根据实际需要，可以决定是否显示该行或者该列的分类汇总。
★ 组：指一组被视为单个项的项。在数据透视表中可以手工分组和自动分组。例如，日期可以按月度、季度进行分组；按年龄可以分为"20 岁及以下""21—30 岁""31—40 岁"等年龄区间分组。

3.2　制作数据透视表的一般步骤

将光标放在数据源的任意位置，在"插入"选项卡下单击"数据透视表"按钮，弹出"创建数据透视表"对话框，如图 3-3 所示。如果数据源就是光标所在的数据区域，"表/区域"会自动选择数据范围，根据需要选择放置数据透视表的位置。这里选择"新工作表"（如果选择"现有工作表"，则需要指定起始位置单元格），单击"确定"按钮，关闭"创建数据透视表"对话框，弹出如图 3-4 所示的页面。

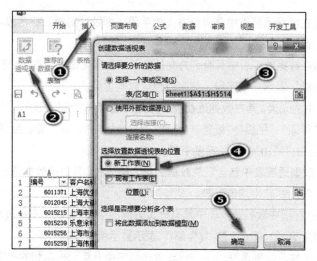

图 3-3

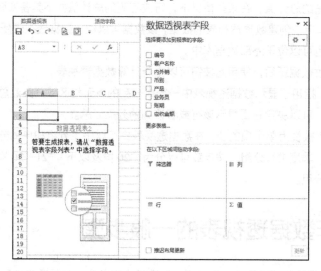

图 3-4

> **提示** "数据透视表字段"位于 Excel 窗口的右侧,可以拖动其标题栏,将其移动到你希望放置的任何位置;也可以拖动边框调整该窗口大小,以便清楚地查看数据透视表字段的相关数据信息。如果单击数据透视表的外部单元格,该窗口将临时隐藏。

如果不是在"选择一个表或区域"下,也可选择"使用外部数据源",然后单击"选择连接"按钮,进入"现有连接"对话框,单击"浏览更多"按钮,进入"选取数据源"对话框,找到外部数据源文件,单击"打开"按钮,如图 3-5 所示,进入"选择表格"对话框。

第 3 章　数据透视表基础

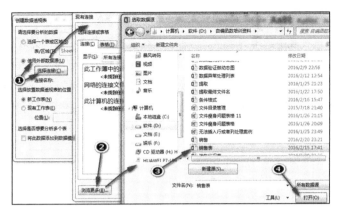

图 3-5

在"选择表格"对话框中，选择相应的表格，默认勾选"数据首行包含列标题"，单击"确定"按钮，关闭相关对话框，如图 3-6 所示。进入"导入数据"对话框，选择"数据透视表"单选按钮，选择"数据的放置位置"为"现有工作表"或者"新工作表"，如图 3-7 所示。这里选择"现有工作表"，并设置 A1 单元格为数据透视表的起始单元格。单击"确定"按钮，关闭"导入数据"对话框，弹出如图 3-4 所示的设置数据透视表字段的页面。

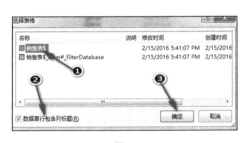

图 3-6

图 3-7

3.3　数据透视表的修改及其布局调整

1. 数据透视表的修改

创建数据透视表后，可以根据需要对数据透视表进行修改，主要的修改操作如下。

★ 移除数据透视表字段：可从"数据透视表字段"底部的区域选择需要移除的字段，然后拖走即可；也可在"数据透视表字段"中取消勾选"选择要添加到报表的字段"列表框中的复选框，完成移除数据透视表字段。

★ 如果某个区域有多个字段,可以拖动所希望移动的字段到该区域中的目标位置,实现更改字段在数据透视表中的排列顺序。这种操作可改变数据透视表的外观形式。

★ 如果某个字段拖放后的位置发生错误,可以将其直接拖放到所希望放置的区域,如图 3-8 中"内外销"字段应放置在"数据透视表字段"的"筛选器"区域中。由于拖放错误,将该字段放置在了"数据透视表字段"窗口的"列标签"区域中,这时就可以直接将其拖放到"筛选器"区域中。

图 3-8

★ 如果数据源的范围发生变化,需要修改数据透视表时,可以将光标悬停在数据透视表上的任意一个单元格,然后在"数据透视表工具"的"分析"选项卡中,单击"数据"分组中的"更改数据源"按钮,之后修改"表/区域"文本框中的数据范围,如图 3-9 所示。

图 3-9

第 3 章 数据透视表基础

> **提示** 数据透视表中的数据一般只能复制/粘贴成静态数据,复制/粘贴后的静态数据不能根据数据源中数据的变化实现自动更新。

2. 数据透视表布局调整

将光标停放在数据透视表数据区域中的任意位置,选项卡上可显示出"数据透视表工具",选择"设计"选项卡下"布局"分组中的相应命令,可以根据需要进行布局调整,如图 3-10 所示。

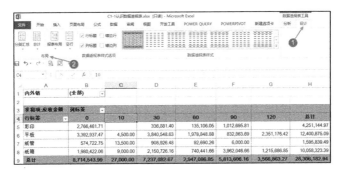

图 3-10

★ 分类汇总:如图 3-11 所示,可以决定是否显示分类汇总及分类汇总数据的显示位置。

★ 总计的显示与隐藏:如图 3-12 所示,有 4 种情形可供选择。

图 3-11

图 3-12

> **提示** 也可将光标放置在数据透视表中的任意单元格,然后单击鼠标右键,选择"数据透视表选项"命令,弹出"数据透视表选项"对话框,可在"汇总和筛选"选项卡下决定是否勾选行或列总计前的复选框,如图 3-13 所示。

★ 报表布局:有"压缩""大纲""表格"3 种形式的布局,也可选择是否重复项目标签,如

137

图 3-14 所示。

图 3-13

图 3-14

★ 空行：在各项目之间添加空行可使报表布局更加美观，可读性更强，也可删除每个项目后的空行，如图 3-15 所示。

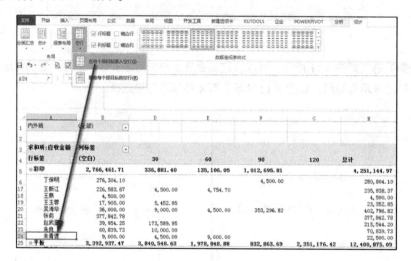
图 3-15

3．移动列标签或行标签中的项

在数据透视表中，列标签中的项有时不是按照正确的顺序排列的，这就需要移动列标签中的项到合适位置。如图 3-16 所示，应收账款数据透视表"账期"中为"(空白)"的项实际上是账期为"0"的应收账款，需要将这个项移动到最开头。操作方法如下：选择"(空白)"项，然后单击鼠标右键，之后选中"移动"，选择"将'(空白)'移至开头"，即可将账期为"0"的数据移动至开头。同理，如要移动行标签"产品"中的某项，只需选择该项，然后单击鼠标右键，选择移动方式（上移、下移）即可。

第 3 章　数据透视表基础

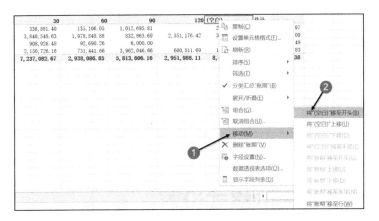

图 3-16

提示　在 Excel 2013 之前的版本中，列标签左右移动被称为左移、右移；在 Excel 2013 及其之后的版本开始修改为上移、下移。

4．数据透视表布局格式的调整

将光标放置在数据透视表中的任意一个位置，然后单击鼠标右键，选择"数据透视表选项"，在打开的"数据透视表选项"对话框"布局和格式"选项卡下的"在报表筛选区域显示字段"下拉列表框中选择"水平并排"，在"格式"中取消勾选"更新时自动调整列宽"复选框，可保证数据透视表在数据透视表刷新后列宽不会发生变化，如图 3-17 所示。实现效果如图 3-18 所示。

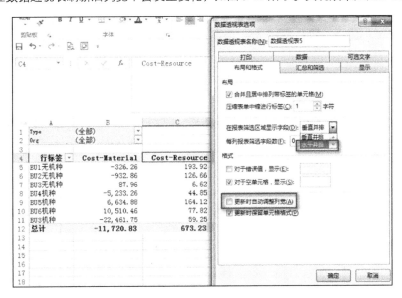

图 3-17

	A	B	C	D	E
1	Type	(全部)		Org	(全部)
2					
3	行标签	Cost-Material	Cost-Resource	Cost-Overhead	
4	BU1无机种	-326.26	193.92	186.01	
5	BU2无机种	-932.86	126.66	133.89	
6	BU3无机种	87.96	6.62	8.05	
7	BU4机种	-5,233.26	44.85	42.12	
8	BU5机种	6,634.88	164.12	181.57	
9	BU6机种	10,510.46	77.82	80.63	
10	BU3机种	-22,461.75	59.25	52.08	
11	总计	-11,720.83	673.23	684.36	

图 3-18

3.4 数据透视表的格式设置

1. 删除"求和项:"

创建数据透视表后,数据汇总方式为求和时就会出现"求和项:"字符,用户往往希望将"求和项:"字符去掉,这样报表会显得更加美观,也更加紧凑。但是直接替换掉"求和项:"字符会出现如图 3-19 所示的"已有相同数据透视表字段名存在"的错误提示,导致无法成功替换。

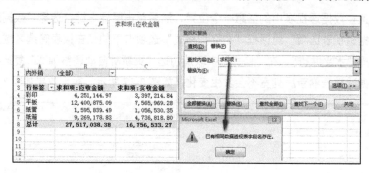

图 3-19

解决方法:按 **Ctrl+F** 组合键调出"查找和替换"对话框,在"查找内容"文本框中输入"求和项:",在"替换为"文本框输入一个空格,然后单击"全部替换"按钮即可,如图 3-20 所示。

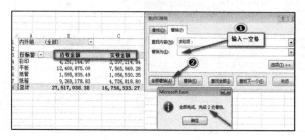

图 3-20

第 3 章 数据透视表基础

> **提示** 这种变通处理方式的实质是对原字段进行重命名。

2．数据透视表样式设置

如果用户不喜欢数据透视表创建后的外观，则可以选择不同的样式，并进行各种设置和美化。

（1）自动套用数据透视表样式

在"数据透视表工具"中，在"设计"选项卡下的"数据透视表样式"分组中提供了浅色、中等深浅和深色三大类，这三大类分别有 29 种、28 种和 28 种类型，用户可以根据需要快速调用自己喜欢的样式。将光标悬停在数据透视表上的任意一个单元格，在"设计"选项卡的"数据透视表样式"分组中单击下拉列表框按钮，如图 3-21 所示，在展开的数据透视表样式中选择任意一种样式应用于数据透视表中（如浅绿，数据透视表样式浅色 14），如图 3-22 所示。

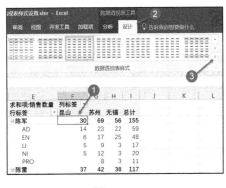

图 3-21

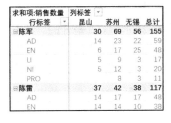

图 3-22

"数据透视表样式选项"分组中提供了"行标题"、"列标题"、"镶边行"和"镶边列" 4 种复选框美化图表样式。如图 3-23 所示展示了勾选"镶边行"和"镶边列"复选框后的数据透视表样式，显然这种数据透视表样式比没有勾选这两种选项的数据透视表更具有可读性。"行标题"和"列标题"在默认情况下是勾选的，读者可以尝试一下取消勾选后的数据透视表样式。

此外，也可以在"开始"选项卡的"样式"分组中单击"套用表格格式"的下拉按钮，在展开的表格样式中选择任意一种样式应用于数据透视表中。这些样式不仅仅可以用于数据透视表，也可以用于普通数据表。

（2）利用文本主题美化数据透视表样式

Excel "页面布局"的"主题"分组中为用户提供了多种文本主题样式，数据透视表可以应用这些样式，每个主题又可以通过设置"颜色"、"字体"和"效果"进行进一步的美化，如图 3-24 所示。

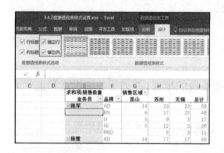

图 3-23

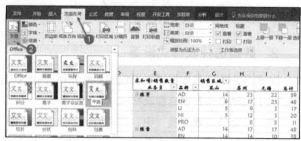

图 3-24

（3）自定义数据透视表样式

尽管 Excel 提供了多种数据透视表样式以供套用，但是当用户希望保持自己一贯风格的报表样式时，也可以进行自定义设置。自定义设置完毕，可以保存在自定义数据透视表样式中供自己随时套用，步骤如下。

STEP 01 单击数据透视表中的任意一个单元格，在"数据透视表工具"的"设计"选项卡下，在"数据透视表样式"分组中仍然选择前面的数据透视表样式，然后单击鼠标右键，选择"复制"按钮，如图 3-25 所示。在打开的"修改数据透视表样式"对话框的"表元素"区域中选择希望设置的选项。这里对"总计列"设置格式。单击"格式"按钮，弹出"设置单元格格式"对话框。可以在此对话框中选择对"字体"、"边框"和"填充"选项进行设置。这里选择对"总计列"填充一种颜色，如图 3-26 所示，单击"确定"按钮回到"修改数据透视表样式"对话框。在此可以看到"总计列"的填充效果。勾选"设置为此文档的默认数据透视表样式"，可在对话框中修改原默认的数据透视表样式名称，如图 3-27 所示，单击"确定"按钮。

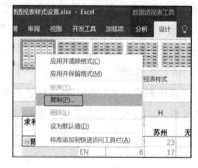

图 3-25

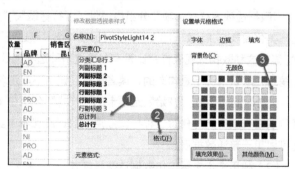

图 3-26

第 3 章 数据透视表基础

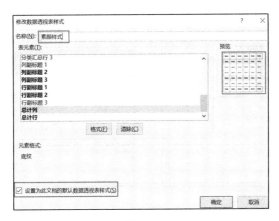

图 3-27

STEP 02 单击"数据透视表样式"下拉按钮,在展开的"数据透视表样式"中可以看到自定义的数据透视表样式。单击此样式,数据透视表就会应用这个自定义的样式,如图 3-28 所示。

图 3-28

3．数据透视表刷新

当用户创建数据透视表后,数据源经常会发生修改、增加、删除等情况。然而数据透视表并不能自动同步刷新。下面介绍数据透视表的几种刷新方式。

（1）手动刷新数据

手动刷新数据有两种方式:一种是右键刷新数据,另一种是单击"刷新"按钮。

右键刷新:将光标悬停在数据透视表中的任意一个单元格,单击鼠标右键,在弹出的快捷菜单中选择"刷新"命令,如图 3-29 所示。

"刷新"按钮:将光标悬停在数据透视表中的任意一个单元格,在"数据透视表工具"的"分析"选项卡中,单击"数据"分组的"刷新"按钮,如图 3-30 所示。如果存在多个数据透视表,也可以单击"全部刷新"按钮进行刷新。

143

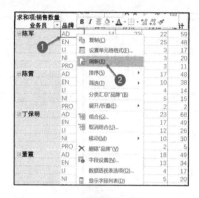
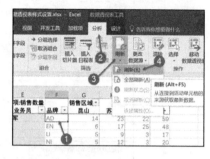

图 3-29　　　　　　　　　　图 3-30

（2）打开文件时自动刷新

用户根据需要还可以设置成打开文件时让数据透视表自动刷新，设置步骤如下。

将光标悬停在数据透视表中的任意一个单元格，然后单击鼠标右键，在弹出的快捷菜单中选择"数据透视表选项"命令，在弹出的"数据透视表选项"对话框中单击"数据"选项卡，勾选"打开文件时刷新数据"复选框，单击"确定"按钮完成设置，如图 3-31 所示。

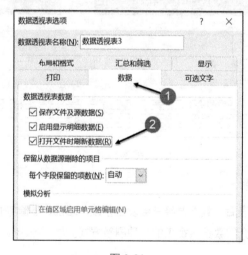

图 3-31

（3）刷新引用外部数据源的数据透视表

这种引用外部数据源创建数据透视表的刷新有两种方式：第一种：在"数据"选项卡下刷新，第二种：在"数据透视表工具"的"分析"选项卡下利用"连接属性"刷新，分别介绍如下。

第一种刷新方式：在"数据"选项卡下刷新。将光标悬停在数据透视表中的任意一个单元格，在"数据"选项卡的"查询和连接"分组中单击"属性"按钮，弹出"连接属性"对话框。在"连

第 3 章 数据透视表基础

接属性"对话框的"使用状况"选项卡中的"刷新控件"区域,勾选"允许后台刷新"复选框,单击"确定"按钮。关闭"连接属性"对话框,完成设置,如图 3-32 所示。在这个对话框中还可以勾选"刷新频率",然后设置刷新间隔时间。也可以勾选"打开文件时刷新数据"复选框来刷新数据。

第二种刷新方式:在"数据透视表工具"的"分析"选项卡下单击"刷新"下拉列表框中的"连接属性"命令,弹出"连接属性"对话框,如图 3-33 所示。在此对话框中的设置和第一种方式基本一致。

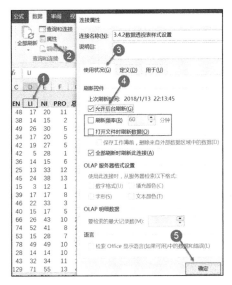

图 3-32

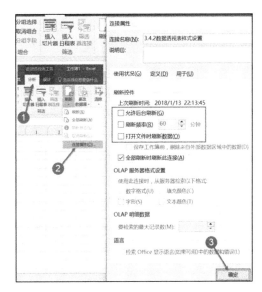

图 3-33

在数据透视表中刷新有时会出现种种异常状况,常见的有如下三种。第一种:单击"刷新"按钮,数据透视表的数据没有发生变化。这时需要等待数秒,然后再进行刷新。第二种:刷新数据的速度过于缓慢。这种情况往往是由于数据量巨大和计算机性能限制所致,刷新数据时工作表的状态栏会显示数据透视表的刷新状态:"正在读取数据"→"更新字段"→"正在计算数据透视表"。第三种:数据刷新后发生数据丢失。出现这种异常的原因主要是,数据源中应用到数据透视表中的字段名称发生了更改。这时只需将发生更改的字段重新拖放到对应的数据透视表区域中,就能恢复数据刷新。

4.明细数据的显示与关闭

当创建数据透视表后,用户如果需要查看汇总数据的数据明细记录,可选择数据透视表中汇总数据的单元格,然后双击该单元格。这时,数据透视表可以自动创建一张工作表→显示出该汇总数据的数据明细记录。例如，双击如图 3-34 所示的数据透视表中 E3 单元格的汇总数据，可以显示出陈军销售 NI 品牌的明细数据记录。

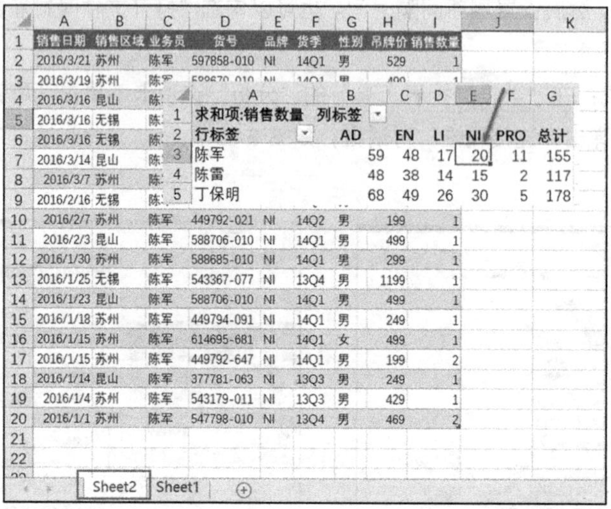

图 3-34

上述操作之所以能查看明细数据，是因为在"数据透视表选项"的"数据"选项卡下勾选了"启用显示明细数据"复选框。如果取消勾选此复选框，然后双击汇总数据的某个单元格，这时会弹出"无法更改数据透视表的这一部分"的警告提示，如图 3-35 所示。这样就关闭了明细数据的显示功能。

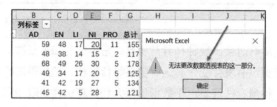

图 3-35

出于安全管理的需要，在数据管理中往往只需要发送汇总数据而无须发送明细数据，以此避免商业数据信息的泄露。如果用户认为只要删除了数据源，在数据透视表中取消勾选"启用显示明细数据"复选框就达到了不泄露明细数据信息的目的，那么这种做法无异于自欺欺人。即使删除了数据源，如果其他用户在数据透视表选项中勾选"启用显示明细数据"复选框，然后双击数据透视表右下角的"总计"仍可以将全部明细数据显示出来。很显然在数据透视表中取消勾选"启用显示明细数据"复选框发送汇总数据的方式并不安全。

解决商业明细数据记录泄露最直接的方法就是，将数据透视表选择性粘贴为数值、删除数据透视表及数据源，然后将粘贴为数值的表格发送给无权限查看明细数据的用户。

5．在数据透视表中自定义单元格格式

如图 3-36 所示的表格是 10 家公司对某类物料投标经评比后的得分。出于对独家中标后物料质量难以保证、供货及时性等多种因素的考虑，选取得分大于或等于 85 分的公司为中标。如何在数据透视表中体现出各投标公司的得分、中标与否，以及中标分数的颜色自动变成绿色，未中标的分数为红色呢？实现方法如下。

按照一般步骤创建数据透视表，将“得分”字段拖放两次到“数值”区域，单击鼠标右键，选择“删除总计”，效果如图 3-37 所示。

	A	B
1	投标公司	得分
2	甲公司	47
3	乙公司	98
4	丙公司	66
5	丁公司	38
6	戊公司	60
7	己公司	39
8	庚公司	85
9	辛公司	50
10	壬公司	46
11	癸公司	90

图 3-36

行标签	求和项:得分	求和项:得分2
丙公司	66	66
丁公司	38	38
庚公司	85	85
癸公司	90	90
己公司	39	39
甲公司	47	47
壬公司	46	46
戊公司	60	60
辛公司	50	50
乙公司	98	98

图 3-37

将光标放置在数据透视表中“求和项：得分”所在列的任意一个单元格，单击鼠标右键，选择“值字段设置”，弹出“值字段设置”对话框。单击“数字格式”按钮，之后弹出“设置单元格格式”对话框。在“分类”列表框下选择“自定义”，在“类型”文本框中定义自定义格式“[>=85][绿色];[红色]”。自定义格式的过程如图 3-38 所示，效果如图 3-39 所示。

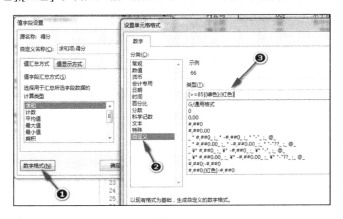

图 3-38

行标签	求和项:得分	求和项:得分2
丙公司	66	66
丁公司	38	38
庚公司	85	85
癸公司	90	90
己公司	39	39
甲公司	47	47
壬公司	46	46
戊公司	60	60
辛公司	50	50
乙公司	98	98

图 3-39

在数据透视表中的“求和项：得分 2”所在列的任意一个单元格单击鼠标右键，选择“值字

段设置”，弹出“值字段设置”对话框。单击“数字格式”按钮，弹出“设置单元格格式”对话框。在“分类”列表框下选择“自定义”，在“类型”文本框中定义自定义格式“[>=85][绿色]中标; [红色]未中标”。自定义格式的过程如图 3-40 所示，效果如图 3-41 所示。

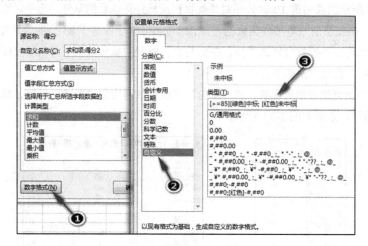

图 3-40

最后，按照前述方法将“求和项：得分”去掉“求和项:”，“求和项：得分 2”改为“结果”，并按“得分”进行降序排序，最终结果如图 3-42 所示。

行标签	求和项:得分	求和项:得分2
丙公司	66	未中标
丁公司	38	未中标
庚公司	85	中标
癸公司	90	中标
己公司	39	未中标
甲公司	47	未中标
壬公司	46	未中标
戊公司	60	未中标
辛公司	50	未中标
乙公司	98	中标

图 3-41

行标签	得分	结果
乙公司	98	中标
癸公司	90	中标
庚公司	85	中标
丙公司	66	未中标
戊公司	60	未中标
辛公司	50	未中标
甲公司	47	未中标
壬公司	46	未中标
己公司	39	未中标
丁公司	38	未中标

图 3-42

3.5 数据透视表值字段的设置

1．同一字段使用多种汇总方式

如图 3-43 所示为质量成本各项目发生额明细记录的一部分，现需要同时汇总出各质量成本项目发生额及其占比，实现方法如下。

按照一般步骤创建如图 3-44 所示的数据透视表，将“金额”字段拖放两次到“数值”区域。

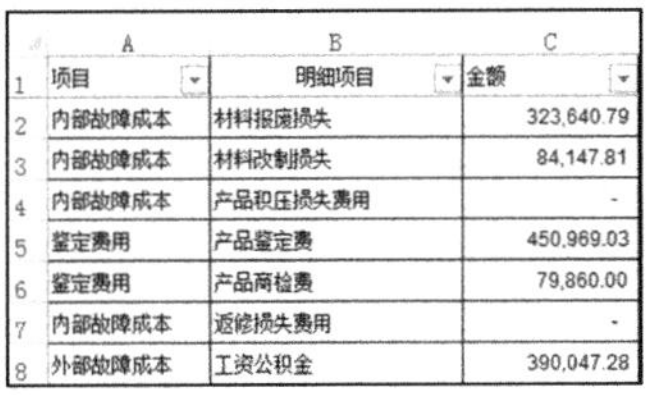

	A	B	C
1	项目	明细项目	金额
2	内部故障成本	材料报废损失	323,640.79
3	内部故障成本	材料改制损失	84,147.81
4	内部故障成本	产品积压损失费用	-
5	鉴定费用	产品鉴定费	450,969.03
6	鉴定费用	产品商检费	79,860.00
7	内部故障成本	返修损失费用	-
8	外部故障成本	工资公积金	390,047.28

图 3-43

	A	B	C
3	行标签	求和项:金额	求和项:金额2
4	鉴定费用	954511.86	954511.86
5	内部故障成本	704796.04	704796.04
6	外部故障成本	1175742.67	1175742.67
7	预防费用	2631738.97	2631738.97
8	总计	5466789.54	5466789.54

图 3-44

将光标放置在数据透视表“求和项：金额 2”列的任意一个单元格，单击鼠标右键，选择“值字段设置”，弹出“值字段设置”对话框。在“值显示方式”选项卡的“值显示方式”下拉列表中选择“父行汇总的百分比”，如图 3-45 所示。

将数据透视表中的“求和项：金额”与“求和项：金额 2”分别修改为“金额”和“占比”。其中在“金额”前要输入一个空格。按照质量成本项目的固有排列顺序移动质量成本各项目，最终效果如图 3-46 所示。

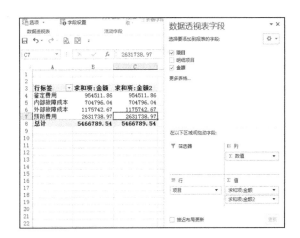

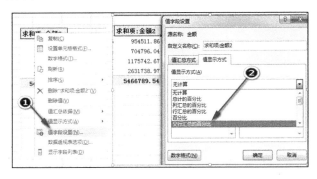

图 3-45

行标签	金额	占比
预防费用	2,631,738.97	48.14%
鉴定费用	954,511.86	17.46%
内部故障成本	704,796.04	12.89%
外部故障成本	1,175,742.67	21.51%
总计	5,466,789.54	100.00%

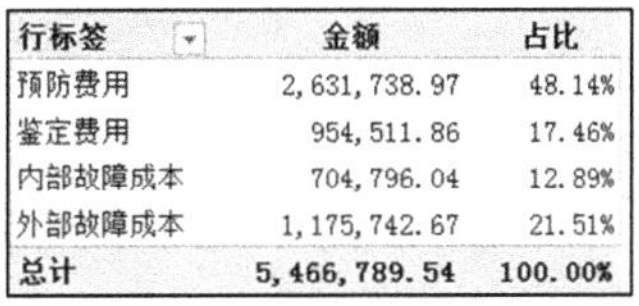

图 3-46

2. 银行流水账按日期自动计算余额

如图 3-47 所示是某公司银行收入/支出流水账的一部分，现需要通过数据透视表按日期生成银行余额明细表。

按一般步骤创建按日期对收支流水账汇总的数据透视表，创建完毕，将光标放置在数据透视表中“求和项：金额”列的任意一个单元格。然后单击鼠标右键，依次选择“值显示方式”→“按某一字段汇总",弹出"值显示方式"对话框。这里的"基本字段"选择"日期",单击"确定"按钮,关闭"值显示方式"对话框,如图 3-48 所示。

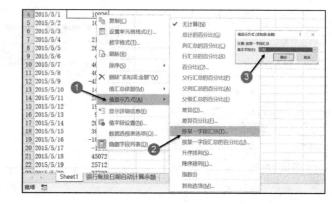

图 3-47　　　　　　　　　　　　　　　图 3-48

将光标放置在数据透视表中"求和项:金额"所在列的任意一个单元格,单击鼠标右键,选择"值字段设置",弹出"值字段设置"对话框。如图 3-49 所示,在"自定义名称"文本框中将"求和项:金额"修改为"余额",实现按日期生成的银行余额明细表,如图 3-50 所示。

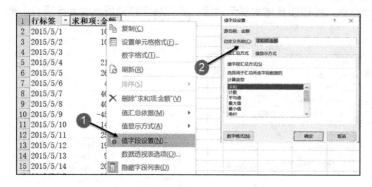

图 3-49　　　　　　　　　　　　　　　图 3-50

3. 值汇总百分比显示

右击数据透视表中的任意一个数据单元格,在"值显示方式"选项中我们可以看到全部的可选计算方式,如图 3-51 所示。其中的常用功能便是计算分类汇总百分比,这些功能极大地方便了百分比的计算。其中,总计的百分比、列汇总的百分比和行汇总的百分比相对容易理解,但父行汇总的百分比、父列汇总的百分比、父级汇总的百分比比较难以理解。下面结合实例介绍百分比的值显示方式。

图 3-52 中的表格是有关质量成本 6—7 月的大类及明细数据表的一部分,现要反映质量成本

各大类及明细项目的构成情况。我们可以采用值显示方式为百分比的情况。

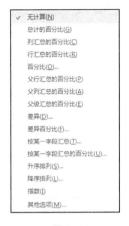

图 3-51

	A	B	C	D
1	项目	明细项目	月份	金额
2	内部故障成本	材料报废损失	6月	323,640.79
3	内部故障成本	材料改制损失	6月	84,147.81
4	内部故障成本	产品积压损失费用	6月	-
5	鉴定费用	产品鉴定费	6月	450,969.03
6	鉴定费用	产品商检费	6月	79,860.00
7	内部故障成本	返修损失费用	6月	-
8	外部故障成本	工资公积金	6月	390,047.28

图 3-52

我们将项目的“明细项目”拖放至行标签区域，将“月份”拖放至列标签区域，将“金额”拖放至值区域，在“值显示方式”中选择“列汇总的百分比”，如图 3-53 所示（截图中隐藏了部分明细数据）。观察 6 月、7 月及总计的百分比数据。我们可以看出，项目所显示的百分比是各大项占质量成本总和的百分比，质量成本各明细项目的百分比显示的是各明细项目占质量成本总和的百分比。无论是大项还是各明细项目，都是以其各自的金额占质量成本总金额的百分比来反映的。

如果将其设置为“行汇总的百分比”，结果如图 3-54 所示。从中可以看出，报表以 6—7 月各项目之和作为分母，以 6—7 月各大项及各明细项的金额作为分子，然后计算出对应项目所占的百分比。每一个大项或者明细项在同一行上的百分比相加都是 100%。这种数据关系反映的是各大项目或者各明细项目的各月金额占对应项目各月累计金额的构成。

A	B	C	D
求和项:金额	列标签		
行标签	6月	7月	总计
预防费用	**26.94%**	**29.22%**	**28.02%**
品质改进措施(提高)费	0.35%	1.51%	0.90%
品质工作费	7.65%	4.93%	6.36%
品质计划费用运营费用	1.83%	5.50%	3.57%
新产品开发费	10.82%	4.36%	7.75%
预防风险损失费	1.83%	0.18%	1.05%
鉴定费用	**24.60%**	**31.57%**	**27.92%**
产品鉴定费	11.62%	9.31%	10.52%
检测试验费用	1.31%	0.36%	0.86%
进货检验费	4.38%	2.34%	3.41%
内部故障成本	**18.16%**	**5.56%**	**12.17%**
材料报废损失	8.34%	0.00%	4.37%
运费	0.93%	1.52%	1.21%
外部故障成本	**30.30%**	**33.65%**	**31.89%**
工资公积金	10.05%	12.94%	11.43%
售后保修费用	15.32%	3.12%	9.52%
售后服务费	3.79%	0.55%	2.25%
退货损失	1.14%	17.05%	8.70%
总计	**100.00%**	**100.00%**	**100.00%**

图 3-53

求和项:金额	列标签		
行标签	6月	7月	总计
预防费用	**50.43%**	**49.57%**	**100.00%**
品质改进措施(提高)费	20.37%	79.63%	100.00%
品质工作费	63.13%	36.87%	100.00%
品质计划费用运营费用	26.90%	73.10%	100.00%
新产品开发费	73.24%	26.76%	100.00%
预防风险损失费	91.98%	8.02%	100.00%
鉴定费用	**46.22%**	**53.78%**	**100.00%**
产品鉴定费	57.94%	42.06%	100.00%
检测试验费用	80.06%	19.94%	100.00%
进货检验费	67.39%	32.61%	100.00%
内部故障成本	**78.29%**	**21.71%**	**100.00%**
材料报废损失	100.00%	0.00%	100.00%
运费	40.32%	59.68%	100.00%
外部故障成本	**49.83%**	**50.17%**	**100.00%**
工资公积金	46.15%	53.85%	100.00%
售后保修费用	84.43%	15.57%	100.00%
售后服务费	88.41%	11.59%	100.00%
退货损失	6.85%	93.15%	100.00%
总计	**52.45%**	**47.55%**	**100.00%**

图 3-54

接下来设置"父行汇总的百分比",结果如图 3-55 所示(其中隐藏了部分明细数据)。从中可以看出,每一个行字段分类下的"金额"总和与它上一级行字段分类下的"金额"总和相比,得出该字段的汇总百分比,即显示的是该项的值除以其父项分类汇总得出的百分比值,也就是"明细项目"/"项目"和"项目"/"总计"。在这里 6 月"品质改进措施(提高)费"对应的百分比就是该明细项目金额除以 6 月"预防费用"金额所得的百分比,6 月"预防费用"对应的百分比就是 6 月该项目金额除以质量成本总计的百分比。在这里我们可以看出预防费用各明细项目的百分比累计起来就是 100%。4 大项目的百分比累计也是 100%,只不过这 4 大项是以质量成本总计为基准的。

求和项:金额	列标签		
行标签	6月	7月	总计
⊟预防费用	26.94%	29.22%	28.02%
品质改进措施(提高)费	1.30%	5.16%	3.21%
品质工作费	28.41%	16.88%	22.70%
品质计划费用运营费用	6.80%	18.81%	12.76%
品质奖励费	1.27%	2.09%	1.68%
品质培训费	4.21%	29.14%	16.57%
品质评审费	1.30%	7.34%	4.29%
品质人员工资,福利	9.73%	5.05%	7.41%
新产品开发费	40.17%	14.93%	27.66%
预防风险损失费	6.80%	0.60%	3.73%
⊞鉴定费用	24.60%	31.57%	27.92%
⊞内部故障成本	18.16%	5.56%	12.17%
⊞外部故障成本	30.30%	33.65%	31.89%
总计	100.00%	100.00%	100.00%

图 3-55

上述"父行"的含义简单地讲就是"上一级行字段"。这里的"明细项目"就被称为"项目"的子项,"项目"就被称为"明细项目"的"父项",各"项目"又是质量成本这个最大项的"子项"。由此可见,父项和子项之间所存在的是包含和被包含的关系。子项的存在依赖于父项的存在,子项是父项的一部分。一旦父项消失,就会连带子项的消失。

有关"父列汇总的百分比"和"父级汇总的百分比"在此不再赘述。

第4章

数据透视表与 Power 系列

第 3 章对数据透视表做了一些基本的介绍,并通过一些实例展示了数据透视表的基本操作技巧。

本章将继续通过一些实例来讨论更多有用的数据透视表功能及与数据透视表相关的 Power 系列方面的应用,建议读者根据类似的实例进行模拟练习。下面分别介绍这些功能的使用方法。

4.1 在数据透视表中定义公式

1. 在数据透视表中定义计算字段

在数据透视表中最令人难以理解的概念就是计算字段和计算项。我们先通过一个实例来了解计算字段在数据透视表中的特点及其运行机制。如图 4-1 所示是一张数据透视表,我们的目标是在数据透视表中计算出每种商品的毛利率。毛利率的计算公式如下:

```
销售毛利=销售收入-销售成本
毛利率=销售毛利/销售收入=(销售收入-销售成本)/ 销售收入
```

	A	B	C	D
1	行标签	求和项:销售数量	求和项:销售收入	求和项:销售成本
2	汽车配件1	1639	63,894.09	54,121.60
3	汽车配件2	1539	61,098.46	51,918.55
4	汽车配件3	1618	64,037.11	53,817.76
5	汽车配件4	1636	63,973.67	54,257.21
6	汽车配件5	1587	61,605.39	52,524.26
7	汽车配件6	1552	59,869.77	51,214.95
8	汽车配件7	1579	62,619.32	53,556.60
9	汽车配件8	1577	62,015.92	52,839.45
10	汽车配件9	1584	61,368.37	52,226.60
11	总计	14311	560,482.10	476,476.98

图 4-1

有关毛利率计算字段在数据透视表中的定义方法如下。

将光标放置在数据透视表中的任意一个单元格，数据透视表会在如图 4-2 所示的界面中弹出原隐藏的"数据透视表工具"，选择"数据透视表工具"中"分析"选项卡下的"字段、项目和集"下拉菜单的"计算字段"，弹出"插入计算字段"对话框。在"名称"文本框中输入计算字段名称"毛利率"，去掉在"公式"文本框中原已存在的"0"，用鼠标选取如图 4-2 所示字段列表中的"销售收入"字段，并单击"插入字段"，"销售成本"字段也依此方法插入字段，其余公式中的运算符按常规方法输入。公式输入完毕后依次单击"添加""确定"按钮，完成计算字段的定义，如图 4-2 所示。

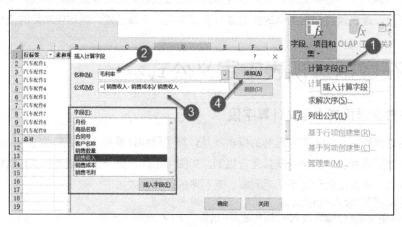

图 4-2

提示 如果发现定义的计算字段有误，可以按照前述方法进入"插入计算字段"对话框，在"名称"下拉列表框中选择"毛利率"，原"添加"按钮变成"修改"按钮，直接修改公式即可。如果不希望添加计算字段，可直接单击"删除"按钮。

第 4 章　数据透视表与 Power 系列

为了避免计算毛利率出现#DIV/0!错误，可在"插入计算字段"对话框的公式中加上一个屏蔽错误值函数 IFERROR，完整的计算字段的"毛利率"公式如下：

=IFERROR((销售收入-销售成本)/ 销售收入,0)

计算字段名称应尽量通俗易懂，避免使用生僻的名称。

最终效果如图 4-3 所示，"毛利率"计算字段的定义就这样完成了。

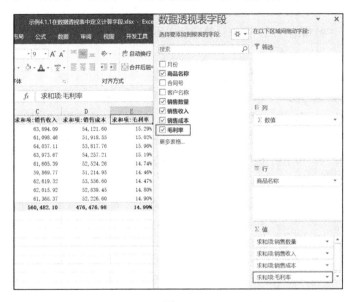

图 4-3

通过上述定义"毛利率"计算字段的过程，我们可大致了解计算字段的基本概念。所谓计算字段，就是利用数据透视表中其他字段创建出的一种新字段。关于这一点，可从图 4-3 中看出，数据透视表字段列表框中相比未定义计算字段之前增加了一个新定义的计算字段"毛利率"。

提示　如果数据源是 Excel 表格，则计算字段的功能相当于在数据源中新增一列，并在该列单元格中定义所需的计算公式。其实质就是替代在数据源中新增字段的一种方法。

在定义公式时，可通过手工键入方式或者双击"字段"列表中相应的项进行，双击一个项可将其移动到公式中。如果字段名前后有空格，双击将其移动到公式中后，字段名前后会自动出现单引号。

计算字段添加完毕，该字段会出现在数据透视表的"数值"区域中。如果移动该字段到"筛选器"区域中，会出现如图 4-4 所示的禁止移动提示。由此可见，不能在数据透视表"行标签"、"列标签"或者"筛

图 4-4

选器"区域中使用计算字段,它只能在"数值"区域中使用。已定义的计算字段也可以像其他正常字段一样进行相应的处理。

2. 在数据透视表中定义计算项

前面已经讲述了如何创建计算字段,Excel数据透视表还允许用户添加计算项。计算项就是在数据透视表中使用其他项的内容创建出来的,它相当于在数据源表格中插入若干行,并在这些行中定义利用其他行中数值的公式,所以计算项的实质是替代在数据源中新增行的一种方法(该行的公式将引用其他行进行运算)。

现以前述质量成本数据透视表为例用计算项来实现各项目占比的计算。计算项的定义方法如下。

将光标放置在数据透视表中"行标签"及4个项中的任意一个单元格,数据透视表会在如图4-5所示的界面中弹出原隐藏的"数据透视表工具",选择"数据透视表工具"中"分析"选项卡下的"字段、项目和集"下拉菜单的"计算项",弹出"在'项目'中插入计算字段"对话框。在"名称"文本框中输入"预防费用占比",去掉在"公式"文本框中原已存在的"0",用鼠标依次选取图4-5中"项"列表中的项并单击"插入项",公式如下:= 预防费用 /(预防费用+鉴定费用+内部故障成本+外部故障成本)。输入完毕,依次单击"添加""确定"按钮,完成计算项的定义,如图4-5所示。

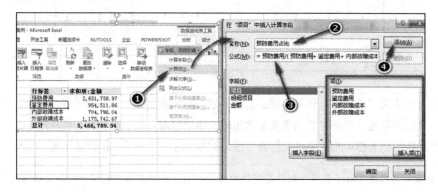

图 4-5

> **提示** 开始定义计算项时,光标不能放置在"行标签"及4个项之外的单元格中,否则无法激活"计算项"。

其余各质量成本项目的百分比按照同样的方法进行定义,结果如图4-6所示。

第 4 章　数据透视表与 Power 系列

行标签	求和项：金额
预防费用	2,631,738.97
鉴定费用	954,511.86
内部故障成本	704,796.04
外部故障成本	1,175,742.67
预防费用占比	48.14%
鉴定费用占比	17.46%
内部故障成本占比	12.89%
外部故障成本占比	21.51%
总计	5,466,790.54

图 4-6

显然，图 4-6 中数据透视表的这种格式是不符合要求的。总计的数据将百分比也计算在内，故需要进行调整，选中"总计"，然后单击鼠标右键，选择"删除总计"。按照前述定义计算项的方法依次定义质量成本金额"合计""占比合计"，并移动各项至合适的位置，如图 4-7 所示。

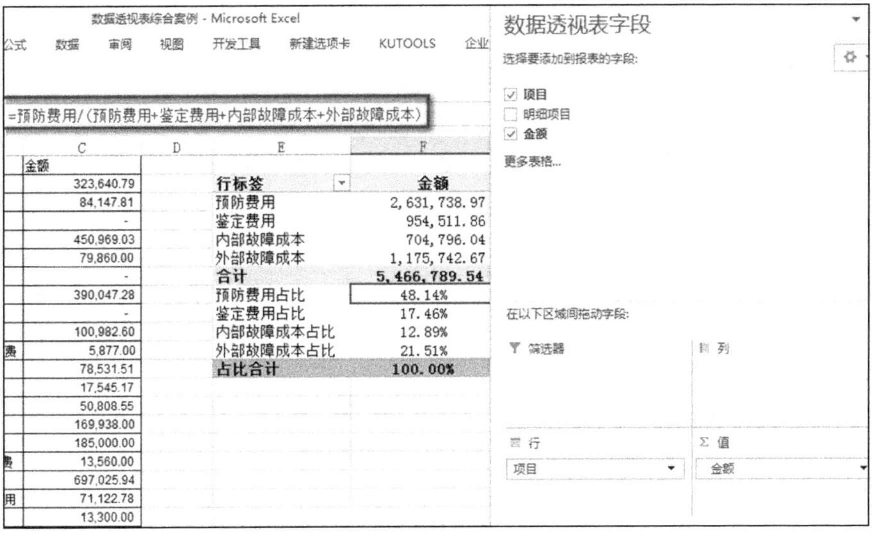

图 4-7

从图 4-7 中可以看出，计算项与计算字段的不同之处是，它不会出现在"数据透视表字段"的字段列表中。计算项必须位于"行标签"、"列标签"或者"筛选器"区域中，不能在数据透视表的"数值"区域中使用。将光标放置在计算出的结果单元格中，在编辑栏处可显示出计算项的公式，而在计算字段中计算出结果的单元格只能显示数值，无法直接看到计算公式。

计算项指的是在同一字段中不同项之间的运算。一个计算项是现有字段中的一个新项，该计算项来自对字段中已有的其他项进行的计算。从图 4-8 中可看出这一点。

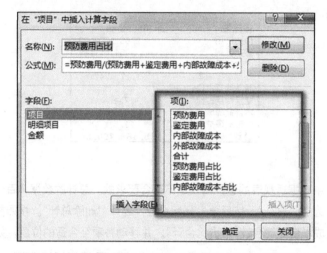

图 4-8

通过上述案例的展示，相信读者对计算字段与计算项已经有了初步的了解。以下是二者的联系与区别。

联系：字段是由项组成的，字段是项的集合，项是字段的子集。

计算字段和计算项中的公式都是在数据透视表工具的对话框中定义的公式，它是与数据透视表存储在一起的。不同于单元格中定义的公式，计算字段和计算项中的公式可以用 Excel 工作表中的函数与公式，但这些函数与公式中不能使用单元格或者定义的名称。并不是单元格中定义的公式都能应用于计算字段或者计算项，在数据透视表中定义的公式相对于工作表单元格中的公式要简单得多。

区别：一个计算字段是一个新的字段，其来自对表格中现有字段进行的计算。一个计算项是现有字段中的一个新项，其来自对字段中已有的其他项进行的计算。自定义的字段和项可以对数据透视表缓存中已经存在字段的任何数据应用算术运算，但它们不能引用在数据透视表之外的工作表数据。简单地讲，计算字段会在数据区域字段中对数据区域已经存在的字段进行计算，而计算项会对行字段里的数据进行计算。

4.2　对数据透视表中的项进行组合

数据透视表比较常见的一个功能是对数据透视表中行或者列中的项目按照一定的规则进行组合。数据透视表可以创建任意多个组，甚至可以在组的基础上再创建组合，数据透视表中的组合与分类汇总下分级显示中的创建组有些类似。

数据透视表中的组合提供了两种分组方式。

第 4 章　数据透视表与 Power 系列

- ★ 手动组合：创建数据透视表后，选择需要组合的项，然后在 "数据透视表工具" → "分析" 选项卡下的 "组合" 选项中单击 "分组选择" 按钮，或者直接在鼠标右键菜单中选择 "组合"。
- ★ 自动组合：如果项是数值，则使用 "组合" 对话框指定项的组合方式。选定任意项，然后在 "数据透视表工具" → "分析" 选项卡下的 "组合" 选项中单击 "分组选择" 按钮，或者直接在鼠标右键菜单中选择 "组合"（在 Excel 2010 及其以下版本中也称为 "创建组"）。

在实际工作中，用户经常遇到字段组合失败的情况，主要原因及解决方法如下。

- ★ 组合字段的数据类型不一致。例如，组合字段中同时存在日期型与文本型日期并存的数据。
  解决方法：通过 TYPE 函数对数据字段的类型进行测试，返回结果为 2 的就是文本型数据，将其改正为日期型的数据。尤其是在外部数据库导出数据的时候，要重点关注这一点。
- ★ 数据透视表引用数据源时采取了整列引用方式，整列引用会造成数据源外的大量空白区域的字段类型不一致，此时需要更改数据源区域并刷新数据透视表。
- ★ 存在伪日期值的日期。例如，很多用户喜欢输入 "2016.3.21" 或 "20160321" 这样对 Excel 来说是非法格式的日期，此时需要将其规范为正确的日期格式。
- ★ 数据引用区域失效导致组合失败。当数据透视表的数据源被删除或引用外部数据源不存在时，数据透视表引用区域会产生原来数据透视表的路径和文件，保留一个失效的数据引用区域，导致组合失败。

1. 手动组合

如图 4-9 所示，要从左边的数据源中形成右边的各大区城市每个季度的销量汇总，实现方法如下。

图 4-9

按照创建一般数据透视表的步骤生成如图 4-10 所示的数据透视表。

求和项:销量	列标签								
行标签	广州	杭州	南京	上海	深圳	苏州	武汉	长沙	总计
1			158	197			258	328	941
2	471		245		225		444		1385
3			350				420		770
4				260	194	275	115		844
5		235		136		346			717
6		246			280				526
7					186	660			846
8	532					160		113	805
9				601			359		960
10						242			242
11	348	497				110		157	1112
12	550				271			141	962
总计	1901	978	753	1194	1156	1793	1596	739	10110

图 4-10

选择图 4-10 中行标签下的“1”“2”“3”这 3 个项，然后单击鼠标右键，选择快捷菜单中的“组合”，数据透视表中出现“数据组 1”，将“数据组 1”修改为“一季度”，如图 4-11 所示。依次按照同样的方法做出剩余 3 个季度的组合。将“月份”从数据透视表行标签区域中拖出，形成如图 4-12 所示的纵向按季度组合的数据透视表。

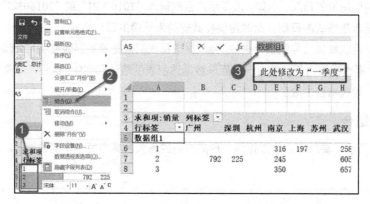

图 4-11

求和项:销量	列标签								
行标签	广州	杭州	南京	上海	深圳	苏州	武汉	长沙	总计
一季度	471		753	197	225		1122	328	3096
二季度		481		396	474	621	115		2087
三季度	532			601	186	820	359	113	2611
四季度	898	497			271	352		298	2316
总计	1901	978	753	1194	1156	1793	1596	739	10110

图 4-12

在图 4-12 的列标签区域中选择“广州”“深圳”这两个项，然后单击鼠标右键，选择快捷菜单中的“组合”命令，数据透视表中出现“数据组 1”，将“数据组 1”修改为“华南区”，如图 4-13 所示。依次按照同样的方法对剩余两个大区进行组合。将“城市”从数据透视表列标签区域中拖出，形成如图 4-14 所示的横向按大区分组的数据透视表，这样按照要求手动组合数据透视表

第 4 章 数据透视表与 Power 系列

就完成了。

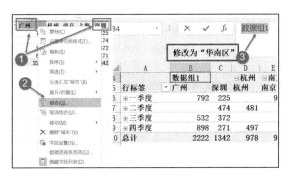

图 4-13

2．自动组合

当字段包含数值、日期或者时间时，数据透视表可以自动创建组合。下面以一个示例来说明数据透视表如何对日期进行自动组合。

如图 4-15 所示是按日期记录的银行收支流水账的一部分，只有两个简单的字段，现需要实现按月统计的银行收支信息。

图 4-14　　　　　　　　　　图 4-15

按照创建一般数据透视表的步骤生成数据透视表，将光标放置在行标签的任意一个日期，然后单击鼠标右键，选择"组合"，弹出"组合"对话框。该对话框自动出现该数据源中的起始日期和结束日期。这两个日期覆盖了整个数据区域的日期值，可根据需要修改这两个日期值。在"步长"列表框中选择"月"，单击"确定"按钮，数据透视表将按月份组合。适当修改数据透视表，最终效果如图 4-16 右侧所示的数据透视表。

行标签	求和项:金额
1月	13890
2月	81468
3月	84095
4月	45072
5月	54387
6月	44588
7月	32277
8月	36320
9月	62711
10月	-23624
11月	100507
12月	-12409
总计	519282

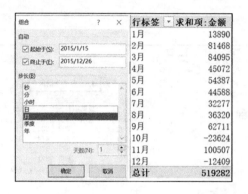

图 4-16

提示 按日期字段进行组合，此字段里的值都必须为日期值，任何一个单元格中的数据类型不正确都会导致不能创建组合，并且该字段中不能有空值，列中的任何一个单元格为空都不能创建组合；在 Excel 2016 中，如果日期字段比较规范，则在拖放日期字段到行标签区域或者列标签区域中时会自动形成一个“月”字段。

有些用户需要对日期记录的数据表格以周间隔的方式来查看数据，但数据透视表中并没有提供按周组合的方式，我们可在数据源中增加一列用 WEEKNUM 函数来计算出对应日期所在的周数，这样就可以实现对全年日期按周组合。

3．利用组合创建频率分布

Excel 有多种方式进行频率计算，但这些方式远不如利用数据透视表组合创建频率分布简单、方便。

如图 4-17 所示是某国大选按性别、年龄统计的某地区对某位总统候选人投票支持数据的一部分。本示例的目标是按如下年龄段组合对投票数汇总来观察投票频率分布，年龄组合依次如下：18~24、25~29、30~39、40~49、50~64、65 岁及以上。

	A	B	C
1	性别	年龄	票数
2	男	18	237
3	男	18	123
4	男	18	287
5	男	18	236
6	男	18	237
7	男	18	150
8	女	18	273
9	男	18	177
10	女	18	232

图 4-17

第 4 章 数据透视表与 Power 系列

首先对数据源按照"年龄"升序排序,按照创建一般数据透视表的步骤生成如图 4-18 所示的数据透视表。注意:"性别"字段拖放至"筛选器"区域中。

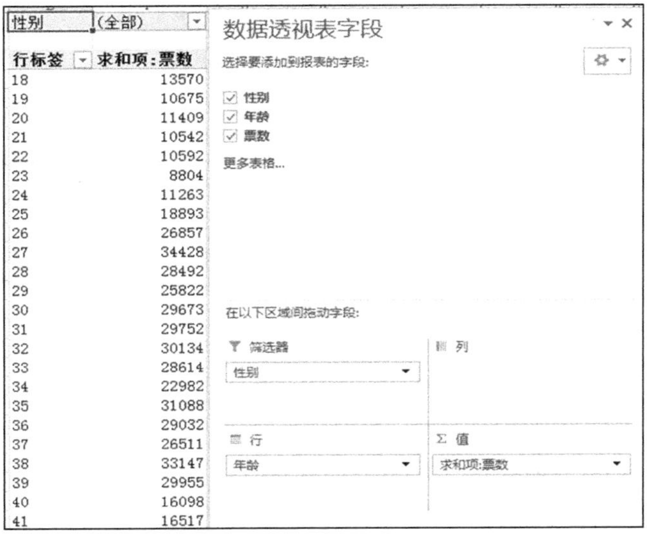

图 4-18

选择行标签中年龄在 18~24 岁的项,然后单击鼠标右键,选择快捷菜单中的"组合"命令,数据透视表中出现"数据组 1",将"数据组 1"修改为"18~24",如图 4-19 所示。依次按照同样的方法做出剩余 6 个年龄段的组合。将光标放置在年龄组合单元格中,在"数据透视表工具"→"设计"选项卡下"布局"分组的"分类汇总"中单击"在组的顶部显示所有分类汇总"按钮,如图 4-20 所示。

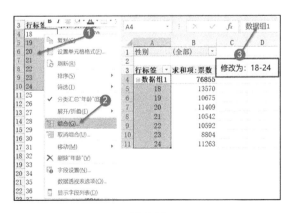

图 4-19

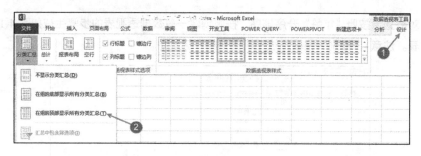

图 4-20

将光标放置在数据透视表的任意一个单元格,选择"插入"选项卡下"图表"分组中的"数据透视图",如图 4-21 所示,制作出数据透视图。

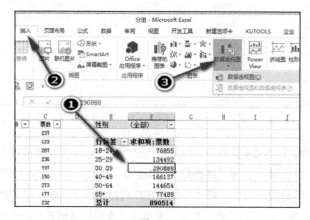

图 4-21

最后,美化数据透视图,如图 4-22 所示,可根据性别筛选器筛选查看男女各年龄段进行投票的频率分布。

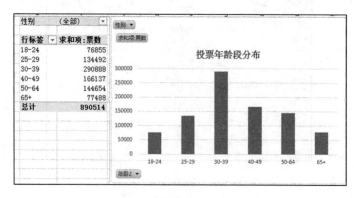

图 4-22

4．同一数据源多个组合

如果用户希望使用同一个数据源创建多个数据透视表，原来已经创建组合的数据透视表会影响后续的数据透视表，即所有后续的数据透视表将使用相同的组合，后续透视表的新增组合会影响先创建的数据透视表。当出现这种情况时，有时并不是用户所需要的。出现上述问题的原因是，当使用同一数据源创建多个数据透视表时，都使用相同数据透视表的缓存。

如图 4-23 所示是某公司一年商品销售金额的部分数据，现以此为例说明多个数据透视表创建组合后，后续的数据透视表将使用相同的组合，并且新增组合时会改变原有的数据透视表组合。其中，商品代码首个数字“1”、“2”、“3”和“4”分别代表“纸箱”、“平板”、“纸管”和“彩印”4 个产品大类。现要求按月组合创建数据透视表和按照月份、产品大类组合创建数据透视表。

	A	B	C
1	日期	商品代码	金额
2	2015/1/1	1FS-1	135,332.00
3	2015/1/2	3FS-5	30,838.00
4	2015/1/2	2FS-4	106,675.00
5	2015/1/9	4FS-2	22,637.00
6	2015/1/11	3FS-2	42,261.00
7	2015/1/11	4FS-3	93,026.00
8	2015/1/11	3FS-2	75,331.00
9	2015/1/14	3FS-5	131,930.00
10	2015/1/14	2FS-6	16,510.00

图 4-23

当按照月份创建如图 4-24 左侧所示的数据透视表后，接着创建如图 4-24 右侧按月份、按产品大类组合时，出现“数据透视表不能覆盖另一个数据透视表”的错误提示，单击“确定”按钮后，左侧先创建的数据透视表也发生了改变，如图 4-25 所示。这种改变不是用户所需要的，如何避免出现此类错误呢？可以用定义名称的方法来解决这个问题，实现方法如下。

图 4-24

	A	B	C	D	E	F	G
1	日期	商品代码	商品代码	日期	商品代码2	商品代码	求和项:金额
2	1月	数据组1	1FS-1	1月	数据组2	2FS-1	37071
3	1月	数据组1	1FS-2	1月	数据组2	2FS-2	106360
4	1月	数据组2	2FS-1	1月	数据组2	2FS-4	106675
5	1月	数据组2	2FS-2	1月	数据组2	2FS-5	61191
6	1月	数据组2	2FS-4	1月	数据组2	2FS-6	16510
7	1月	数据组2	2FS-5	2月	数据组2	2FS-2	35831
8	1月	数据组2	2FS-6	2月	数据组2	2FS-3	55914
9	1月	3FS-2	3FS-2	2月	数据组2	2FS-4	299649
10	1月	3FS-5	3FS-5	2月	数据组2	2FS-6	267485
11	1月	4FS-2	4FS-2	3月	数据组2	2FS-1	10487
12	1月	4FS-3	4FS-3	3月	数据组2	2FS-2	46727
13	1月	4FS-4	4FS-4	3月	数据组2	2FS-3	72936
14	2月	数据组1	1FS-2	3月	数据组2	2FS-4	132390

图 4-25

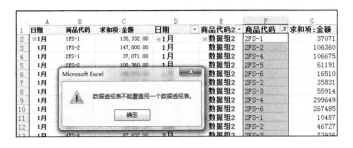

选择如图 4-26 所示的数据源区域，在公式栏左侧的"名称"框中输入名称"data1"，然后按 Enter 键确认。同样，选择如图 4-26 所示的数据源区域，创建名称"data2"。

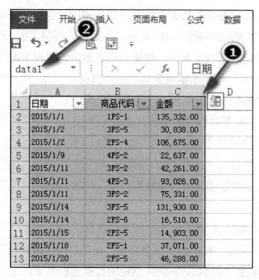

图 4-26

使用"data1"创建按月组合的数据透视表，如图 4-27 和图 4-28 所示，使用"data2"创建按月、按产品大类组合的数据透视表，两者组合后的数据源与效果对比如图 4-29 所示。

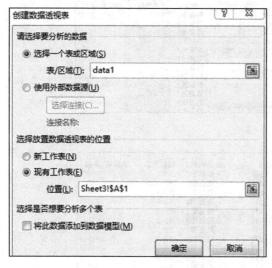

图 4-27　　　　　　　　　　　　　图 4-28

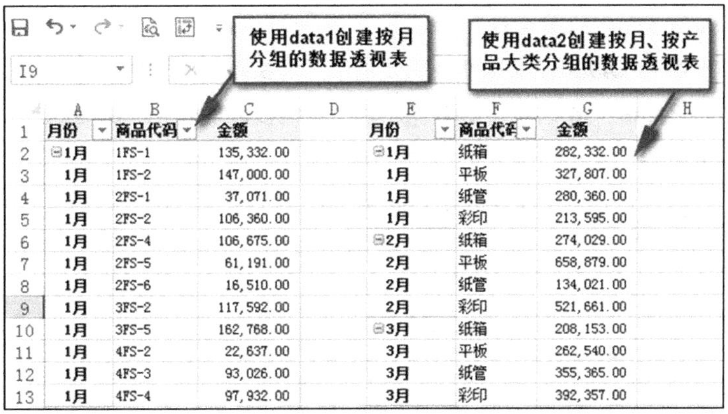

	A	B	C	D	E	F	G	H
1	月份	商品代码	金额		月份	商品代码	金额	
2	⊟1月	1FS-1	135,332.00		⊟1月	纸箱	282,332.00	
3	1月	1FS-2	147,000.00		1月	平板	327,807.00	
4	1月	2FS-1	37,071.00		1月	纸管	280,360.00	
5	1月	2FS-2	106,360.00		1月	彩印	213,595.00	
6	1月	2FS-4	106,675.00		⊟2月	纸箱	274,029.00	
7	1月	2FS-5	61,191.00		2月	平板	658,879.00	
8	1月	2FS-6	16,510.00		2月	纸管	134,021.00	
9	1月	3FS-2	117,592.00		2月	彩印	521,661.00	
10	1月	3FS-5	162,768.00		⊟3月	纸箱	208,153.00	
11	1月	4FS-2	22,637.00		3月	平板	262,540.00	
12	1月	4FS-3	93,026.00		3月	纸管	355,365.00	
13	1月	4FS-4	97,932.00		3月	彩印	392,357.00	

图 4-29

提示 对同一数据源定义不同的名称，这样每个数据透视表可以使用独立的数据缓存，并且可在数据透视表中创建独立于其他数据透视表中的组合。

同一数据源创建数据透视表中的多个组合时，还可以先后依次使用 Alt、D、P 键创建独立的数据缓存。在“数据透视表和数据透视图向导”步骤 3 的对话框中完成操作后，弹出如图 4-30 所示的提示，单击“否”按钮即可。

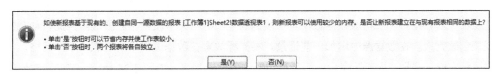

图 4-30

4.3　利用名称创建动态数据透视表

在创建数据透视表时，首先必须选择数据源，数据源的范围是一个连续单元格的固定区域，当后续的数据源范围有变动时（如增加记录数，即行数增加；或数据源字段增加，即列数增加），就必须修改数据源的范围。但我们通过定义名称可实现数据透视表数据源范围的动态扩展，利用名称创建的数据透视表只需刷新数据即可，每次数据变动时不必更改数据源。

如图 4-31 所示是一张销售记录表，如果使用这张表作为数据源创建动态的数据透视表，利用名称创建动态数据透视表的步骤如下。

创建动态数据源：单击“公式”选项卡下的“定义名称”按钮，弹出“新建名称”对话框，在“名称”文本框中输入 DATA，在“引用位置”文本框中输入公式：=OFFSET ($A$1,0,0,COUNTA

($A:$A),COUNTA($1:$1)),如图4-32所示。

该公式的解析如下：OFFSET函数是以给定的引用为参照系，通过给定偏移量返回新的引用。第1个参数是基点单元格；第2、3个参数表示行、列偏移量，这里为0，就表示不偏移；第4个参数表示引用数据源的高度；第5个参数表示引用数据源的宽度。COUNTA($A:$A)和COUNTA($1:$1)分别统计A列非空单元格的数量和第1行非空单元格的数量，当数据源中的行数或者列数发生变化时，所引用数据源的高度和宽度会自动变化，这样动态数据源就创建成功了。

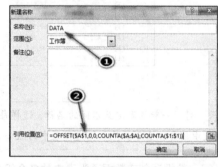

图4-31　　　　　　　　　　　　　　图4-32

单击"插入"选项卡下的"数据透视表"按钮，弹出"创建数据透视表"对话框。在"表/区域"文本框中输入所定义的名称"DATA"，如图4-33所示，单击"确定"按钮，关闭"创建数据透视表"对话框。然后拖放数据透视表字段列表框中的相关字段到相应区域。至此，动态数据透视表创建完成。在数据源中增加一些记录，将光标放置在数据透视表的任意一个单元格，然后单击鼠标右键，选择"刷新"命令，即可得到新的数据透视表，如图4-34所示。在此可对比新增记录前后数据透视表的变化。

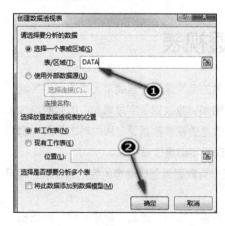
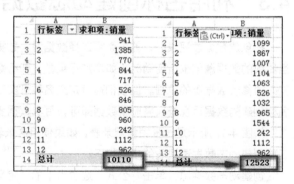

图4-33　　　　　　　　　　　　　　图4-34

第 4 章　数据透视表与 Power 系列

> **提示**　定义名称得到动态的数据源范围。这里要求图 4-34 的示例中 A 列和第 1 行中间不能含有空白单元格，否则无法取得正确的动态数据源范围。

4.4　切片器在数据透视表中的应用

切片器是筛选用的一种组件，它包含一组按钮，使用它能够快速筛选出数据透视表中的数据，而无须打开下拉列表以查找要筛选的项目。因此，它在功能上相当于数据透视表中的报表筛选器，只不过在功能上比数据透视表中的报表筛选器更加方便、快捷。切片器是 Excel 2010 中引入的新功能。在 Excel 2013 中，切片器不仅限于数据透视表，也可应用于表（通过"插入"选项卡下"表格"分组中的"表格"创建）。

当用户使用数据透视表的筛选器来筛选多个项目时，筛选器仅指示筛选了多个项目，必须打开一个下拉列表才能找到有关筛选的详细信息。但是切片器不仅可以用来筛选数据，还可以清晰地标记已应用的筛选器，并提供详细信息，以便用户能够轻松地了解显示在已筛选的数据透视表中的数据。

1．利用"切片器"查看透视表中的明细数据

如图 4-35 所示是某公司品质管理中物料报废分析数据信息的一部分，创建的数据透视表如图 4-35 右侧所示。

选中数据透视表的任意一个单元格，切换到"数据透视表工具"→"选项"选项卡中，单击"排序和筛选"分组中的"插入切片器"按钮，打开"插入切片器"对话框，如图 4-36 所示。

选中作为切片器的字段名称（如"部门""故障模式"等）选项，单击"确定"按钮，相应的切片器被添加到数据透视表中，如图 4-37 所示。

图 4-35　　　　　　　　　　　　　图 4-36

在相应的切片器标签中，利用 Shift 键或 Ctrl 键，选中多个连续的或不连续的筛选项目（例如，在"部门"切片器中选中"技术部"选项，在"故障模式"切片器中选中"拆除"、"设计错误"

和"试验"选项），数据透视表的汇总数据即可发生相应的变化，如图 4-38 所示。

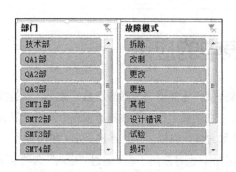

图 4-37　　　　　　　　　　　　　　　图 4-38

2. 共享切片器实现多个数据透视表联动

连接到多个数据透视表，并且在这些数据透视表中使用的切片器被称为"共享切片器"。仅用于一个数据透视表的切片器被称为"本地切片器"。如图 4-39 所示，是根据产品销售表创建的两张数据透视表。我们希望按业务员、产品类别表分别做两张数据透视表：一张从产品类别角度汇总，另一张从业务员角度汇总，报表筛选字段都是账期。在这种情况下，我们可以利用切片器同时查看两张数据透视表的销售情况，这就是共享切片器。插入切片器如图 4-39 所示。

图 4-39

单击"切片器工具"下的"报表连接"，弹出"数据透视表连接（账期）"对话框，勾选图 4-40 中需要联动的数据透视表，单击"确定"按钮，关闭"数据透视表连接（账期）"对话框。

第 4 章 数据透视表与 Power 系列

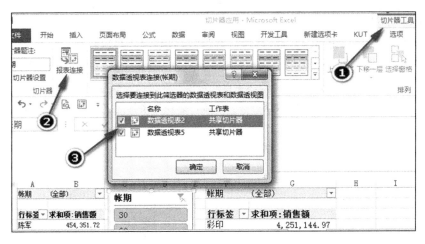

图 4-40

在相应的切片器标签中，单击切片器上的任意一个账期或选择多个账期，两张数据透视表可同时变化，如图 4-41 所示。

图 4-41

3．运用切片器工具快速切换图表

数据透视表的切片器不仅仅可以灵活地筛选所需数据，也可以通过切片器这种功能灵活地操控 Excel 图表。图 4-42 中的表格是 2016 年 1—6 月和 2017 年 1—6 月的质量成本故障损失情况资料。

数据类型	2016年1月	2016年2月	2016年3月	2016年4月	2016年5月	2016年6月	2017年1月	2017年2月	2017年3月	2017年4月	2017年5月	2017年6月
故障频次	2751	1516	2813	2469	1881	1916	2815	1656	2235	2831	3318	3055
损失数量	8253	6096	10065	9876	5643	3832	14075	4968	12175	14155	16272	18330
损失金额	77,266.81	12,326.88	134,209.40	149,113.05	83,107.86	66,716.16	86,914.77	45,379.68	64,868.17	80,762.55	191,457.81	180,084.46
单次损失额	28.09	8.13	47.71	60.39	44.18	34.82	30.88	27.40	29.02	28.53	57.70	58.95
平均损失额	9.36	2.02	13.33	15.10	14.73	17.41	6.18	9.13	5.33	5.71	11.77	9.82

图 4-42

STEP 01 创建数据透视表。

将"数据类型"字段拖放至列标签区域,将2016—2017年各月数值拖放到值区域中,再把列标签区域中的"数值"拖放至行标签区域,如图4-43所示。删除无意义的行总计,单击"列标签"右侧的下拉列表框,筛选"列标签"。在这里首先勾选"单次损失额",如图4-44所示。注意:这里不能首先将"数据类型"字段拖放至行标签区域,必须先将其拖放至列标签区域,然后将列标签区域中的"数值"拖放至行标签区域。

图 4-43

图 4-44

STEP 02 创建图表。

单击"插入"选项卡下"图表"分组中的"折线图"按钮,然后将光标悬停在空白图形框中,之后右击"选择数据"选项,弹出"选择数据源"对话框。单击"添加",手动添加 2016,之后选择数据源范围 B3:B8,如图 4-45 所示。按照同样的方式添加 2017 年的数据系列。

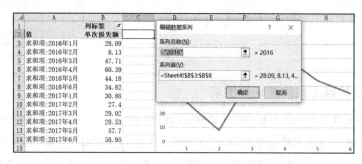

图 4-45

由于图表的 X 轴是 1、2……6,而我们需要的是 1—6 月,因此,在 C3 中添加一个辅助列,在 C3:C8 单元格区域中输入"1月"、"2月"……"6月"。然后在"选择数据源"对话框中单击水平(分类)轴标签下面的"编辑"按钮,弹出"轴标签"对话框,在轴标签区域的文本框中选择 C3:C8 这个数据源范围,如图 4-46 所示。

第 4 章　数据透视表与 Power 系列

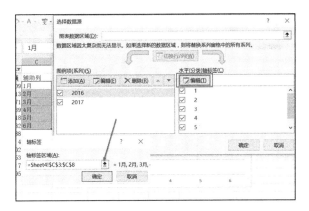

图 4-46

设置图表标题：为了保证图表标题和切片器筛选的一致性，直接单击图表右边的"图表元素"符号 ，选择"图表标题"在"图表上方"，如图 4-47 所示。双击弹出的"图表标题"，在编辑栏处输入"=Sheet4!$B$2"，如图 4-48 所示，这样完成后图表会随着选择的标题变化而变化。注意此处一定要输入图表所在单元格的工作表标签名，否则无法添加动态的图表标题。

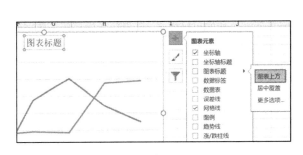

图 4-47

图 4-48

STEP 03 插入切片器。

光标悬停在数据透视表中的任意一个单元格，单击"数据透视表工具"→"分析"选项卡下"筛选"分组中的"插入切片器"按钮，勾选"数据类型"，单击"确定"按钮，生成所需的切片器，如图 4-49 所示。

适当美化所生成的图表，然后在生成的切片器中，随意单击所希望查看的数据标签。我们可以看到随着所选择切片器的变化，图表中的折线图、图表标题也会相应地发生变化，效果如图 4-50 所示。

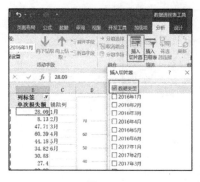
图 4-49

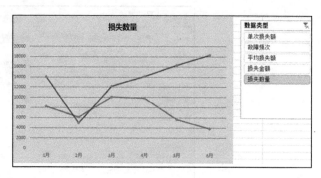
图 4-50

4.5 日程表在数据透视表中的应用

日程表是 Excel 2013 开始引入的功能,它在功能上类似于切片器,但该工具可以简化数据透视表中基于日期的筛选功能。日程表是专门针对日期字段进行筛选的控件,所以只有当数据源中包含日期格式的字段时日程表的功能才可以使用。如果数据源中没有包含日期格式的字段,Excel 将显示一个错误。

以如图 4-51 所示的数据透视表为例说明如何创建和使用日程表。首先将光标悬停在数据透视表中的任意一个单元格,然后单击"数据透视表工具"→"分析"选项卡下"筛选"分组中的"插入日程表"按钮,弹出"插入日程表"对话框。勾选"销售日期",单击"确定"按钮,如图 4-52 所示,插入日程表。

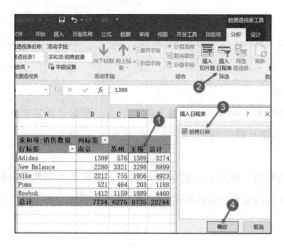

图 4-51

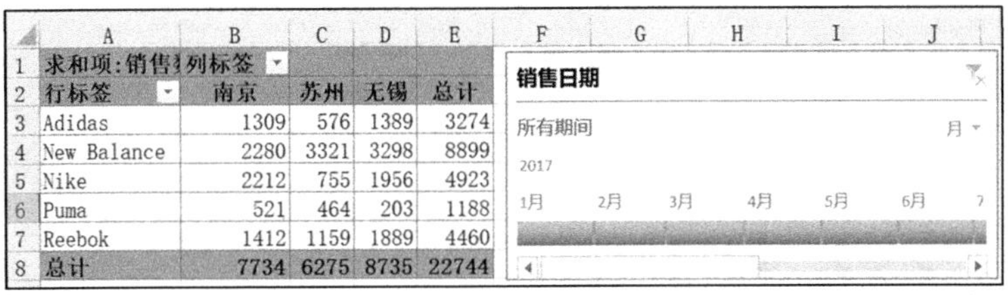

求和项:销售数量	列标签			
行标签	南京	苏州	无锡	总计
Adidas	1309	576	1389	3274
New Balance	2280	3321	3298	8899
Nike	2212	755	1956	4923
Puma	521	464	203	1188
Reebok	1412	1159	1889	4460
总计	7734	6275	8735	22744

图 4-52

拖动日程表下方的滑动条，单击“4 月”即可查看 4 月的销售数量，如图 4-53 所示。这时数据透视表呈现的数据为 4 月的销售数据。根据需要也可以连续选择或者按住 Ctrl 键选择不连续的月份查看数据透视表数据。

求和项:销售数量	列标签			
行标签	南京	苏州	无锡	总计
Adidas	85		241	326
New Balance	74	625	471	1170
Nike	66		231	297
Reebok	154	80	209	443
总计	379	705	1152	2236

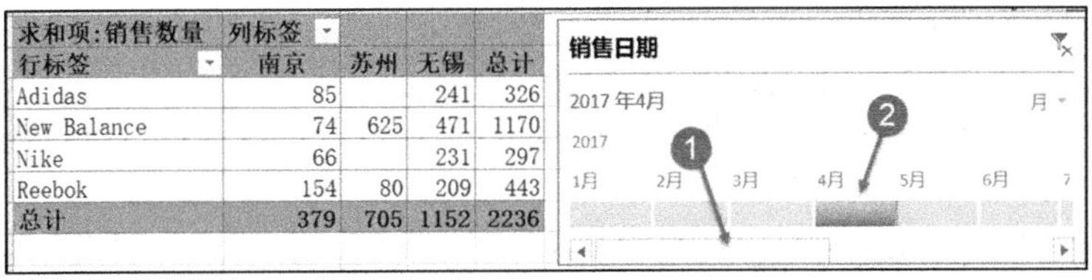

图 4-53

在默认情况下，插入日程表所显示的数据的时间级别为月。我们也可以通过调整“日程表”的时间级别来筛选数据，时间级别可以分为年、季度、月和日。如图 4-54 所示，按季度显示的是 2 季度的销售数据，可按如图 4-54 所示的方法，将时间级别为月的日程表调整为按季度显示数据的日程表。

求和项:销售数量	列标签			
行标签	南京	苏州	无锡	总计
Adidas	447	283	452	1182
New Balance	382	1400	852	2634
Nike	751	152	590	1493
Puma	67	88		155
Reebok	354	400	522	1276
总计	2001	2323	2416	6740

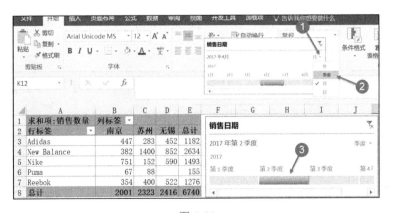

图 4-54

如果使用日程表结合数据透视图来查看数据的变化，动态数据筛选的效果会更加明显，图 4-55 中筛选了 1—2 季度各品牌运动鞋的销售数据。

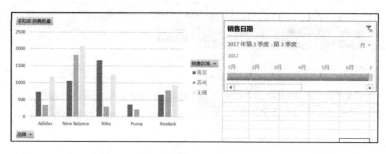

图 4-55

当然，用户可以同时对数据透视表使用切片器和日程表，这使得用户可以创建富有吸引力的互动仪表板，以大大简化数据透视表的筛选。

4.6 单页字段数据透视表

在没有全年完工入库数据或者在取得完工入库数据很困难的情况下，确定全年完工入库商品代码及数量是一件非常困难的事情。已知有年初库存商品、年末库存商品、全年库存商品累计销售和公司自用累计等数量数据信息，现要确定全年完工入库的商品代码及数量，如图 4-56 所示。这可通过数据透视表"数据透视表和数据透视图向导"中的"多重合并计算数据区域"来实现。在创建数据透视表前，需要先设置"数据透视表和数据透视图向导"命令。

"数据透视表和数据透视图向导"命令无法在功能区中找到，我们可以按如下步骤将其添加到"自定义快速访问工具栏"中。

首先，在功能区上单击鼠标右键，选择"自定义快速访问工具栏"，如图 4-57 所示。

图 4-56

图 4-57

如图 4-58 所示，在"不在功能区中的命令"列表中找到"数据透视表和数据透视图向导"，

第 4 章 数据透视表与 Power 系列

选中后单击"添加"按钮,单击"确定"按钮,关闭"Excel 选项"对话框。

这样操作后就能在快速访问工具栏中看到该功能按钮了,如图 4-59 所示。

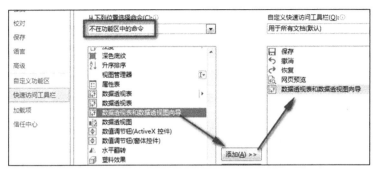

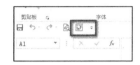

图 4-58　　　　　　　　　　　　　　　　图 4-59

提示　如不添加该按钮,则依次按下 Alt 键后松开,再按下 D 键松开,最后按 P 键,也能快速调出"数据透视表和数据透视图向导"命令。

创建单页字段数据透视表的操作步骤如下。

单击"数据透视表和数据透视图向导"按钮,弹出如图 4-60 所示的"数据透视表和数据透视图向导"对话框的第 1 步,选择"多重合并计算数据区域"和"数据透视表"选项,单击"下一步"按钮,进入"数据透视表和数据透视图向导"对话框的第 2 步。

在"数据透视表和数据透视图向导"对话框的第 2a 步中选择"自定义页字段",单击"下一步"按钮,进入"数据透视表和数据透视图向导"对话框的第 2b 步,如图 4-61 所示。

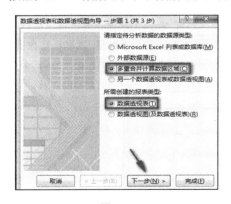
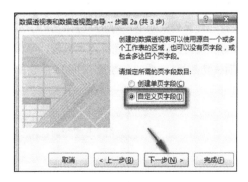

图 4-60　　　　　　　　　　　　　　　　图 4-61

提示　所谓创建"自定义"页字段,就是事先为待合并的多重数据源命名,在将来创建好的数据透视表中,页字段的下拉列表中将会出现用户已经命名的项。

在"数据透视表和数据透视图向导"对话框的第 2b 步中,在"选定区域"中选择年初库存表格的 A1:B635 区域,单击"添加"按钮,选择页字段数目下的 ◉1,在"字段 1"处输入项目标签名称"年初库存",如图 4-62 所示。

接着依次添加年末库存、全年销售、自用表格中的相应数据区域,并命名相应的项目标签名称。添加完毕后单击"完成"按钮,关闭"数据透视表和数据透视图向导"对话框,如图 4-63 所示,多重数据源数据透视表初现雏形。

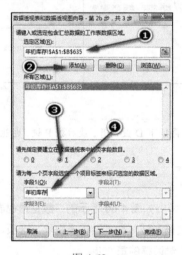

图 4-62 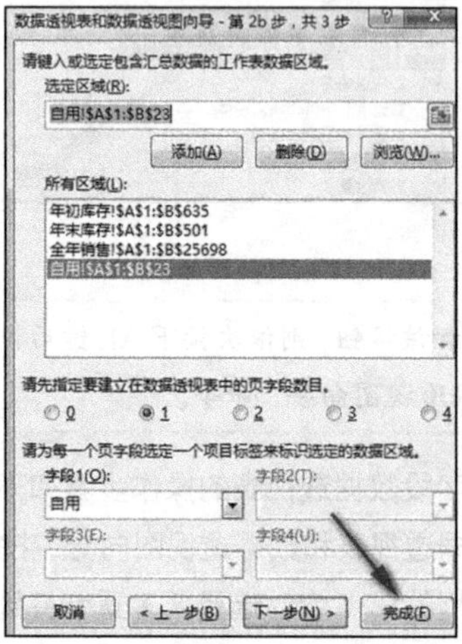　　　　　　　　　　　　　图 4-63

> 提示　在图 4-63 的字段 1 处输入的项目标签名称不能与其他的相同,否则无法生成数据透视表。

在如图 4-64 所示的多重数据源数据透视表中删除"总计"。我们知道,库存管理系统中期末库存数量的计算公式如下:期末库存数量=期初库存数量+本期完工入库数量-本期销售数量-本期自用数量。现需要确定本期完工入库数量,可将上述公式转换为,本期完工入库数量=期末库存数量+本期销售数量+本期自用数量-期初库存数量。

图 4-64

第 4 章　数据透视表与 Power 系列

将光标放在数据透视表中 B4:E4 单元格的任意一个单元格，在"数据透视表工具"中选择"字段、项目和集"下的计算项，弹出"在'列'中插入计算字段"对话框。在"名称"处输入计算项名称"本年完工数量"，在"公式"中按照上述确定的计算全年完工数量公式依次插入"项"列表框中的各个项目，依次单击"添加"和"确定"按钮，关闭"在'列'中插入计算字段"对话框，如图 4-65 所示。

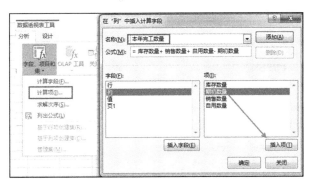

图 4-65

提示　光标必须放在数据透视表中 B4:E4 单元格的任意一个单元格，不能放在数据透视表中数据区域的任意一个单元格，否则无法激活定义计算项。

经过上述步骤后，可确定全年完工的商品代码及数量。从图 4-66 中可以看出，F 列单元格数据透视表数据区域中的任意一个单元格都会显示出"=库存数量+销售数量+自用数量-期初数量"这个计算公式（截图隐藏了部分数据）。该案例通过"多重合并计算数据区域"来定义计算项，如果不定义计算项，改用定义计算字段是无法处理的。

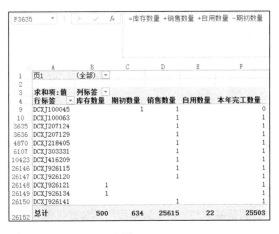

图 4-66

179

4.7 利用数据透视表拆分表格

在日常工作中，常常需要将总表中的某一字段拆分为多表。常规的做法是按照该字段中的各值逐一进行筛选，然后复制/粘贴到表格中。下面介绍利用数据透视表拆分工作表的一种方法。如图 4-67 所示是一些品牌在各区域的销售情况，现在要求按品牌字段拆分出各品牌的销售明细表。

	A	B	C	D	E	F	G	H
1	销售日期	区域	货号	品牌	性别	单价	销量	销售额
2	2014/1/1	苏州	205654-519	EN	女	169	2	338
3	2014/1/1	苏州	449792-010	NI	男	199	1	199
4	2014/1/1	苏州	547798-010	NI	男	469	2	938
5	2014/1/1	苏州	AKLH558-2	LI	女	239	1	239
6	2014/1/1	苏州	AKLH641-1	LI	男	239	2	478
7	2014/1/1	苏州	AKLJ034-3	LI	女	239	1	239
8	2014/1/1	苏州	AUBJ002-1	LI	女	159	1	159
9	2014/1/1	苏州	AYMH063-2	LI	男	699	1	699
10	2014/1/1	苏州	FT001-N10	EN	男	699	1	699
11	2014/1/1	苏州	G68108	AD	男	699	1	699
12	2014/1/1	苏州	G70357	AD	男	429	1	429
13	2014/1/1	苏州	G71183	AD	女	369	1	369

图 4-67

STEP 01 在总表中建立数据透视表，如图 4-68 所示。

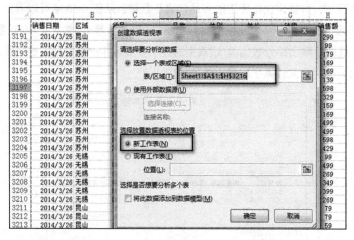

图 4-68

STEP 02 将除拆分字段以外的所有字段放在行标签中，是为了不让相同的项进行求和计算，将拆分字段放在筛选器中，列标签区域、值区域字段中不放置任何字段，如图 4-69 所示。单击数据透视表工具中"设计"选项卡下的"分类汇总"命令，选择"不显示分类汇总"命令，将行标

第 4 章　数据透视表与 Power 系列

签区域中的汇总项去掉，删除数据透视表中的"列总计"；数据透视表布局设置为"以表格形式显示"，并且选择"重复所有项目标签"。

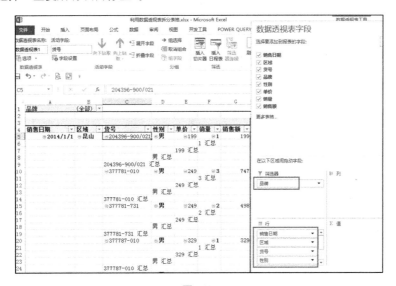

图 4-69

STEP 03　将光标放置在数据透视表的任意一个位置，单击数据透视表工具中"分析"选项卡下"选项"左边的小三角，选择"显示报表筛选页"，在打开的对话框中单击"确定"按钮即可，如图 4-70 所示。

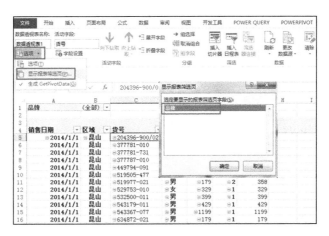

图 4-70

以上所有的操作完成后，按品牌拆分数据透视表即可成功。图 4-71 显示了按要求拆分出来的 5 个品牌销售明细表的数据透视表，但这样的表格还不是我们所希望得到的明细数据表格。

181

Excel 数据处理与分析实战宝典（第2版）

图 4-71

STEP 04 用鼠标选择 M1 单元格，接着选择 AD 工作表标签，然后按住 Shift 键不放，选择最后一张分表（即 PRO 工作表标签），这样就选择了所有拆分的工作表。此时在工作簿上方就显示为"工作组"状态，如图 4-72 所示。接下来就可以对工作组中的每个明细表进行批量操作了。

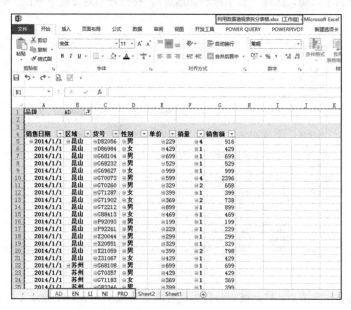

图 4-72

STEP 05 选择从 M1 单元格到 A1 单元格，之后向下选择到尽可能大的行数处（可以选择到与数据源最大行数相等的行号处），然后进行复制，在 N1 单元格中将其选择性粘贴成数值，选择 A 列至 M 列后单击鼠标右键，在弹出的快捷菜单中选择“清除内容”，如图 4-73 所示。随后删除 A 列至 M 列，将 A 列显示为数据的日期格式设置成“2012/3/14”样式的规范日期格式，删除第 1 行至第 3 行，这样即可将各分表整理成标准的数据清单形式的表格。最终结果如图 4-74 所示。

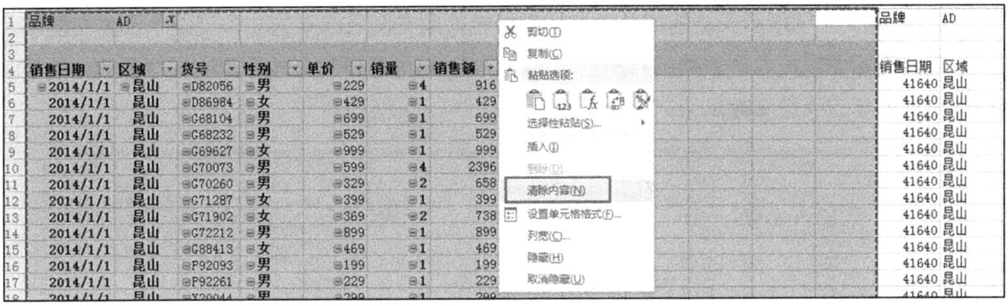

图 4-73

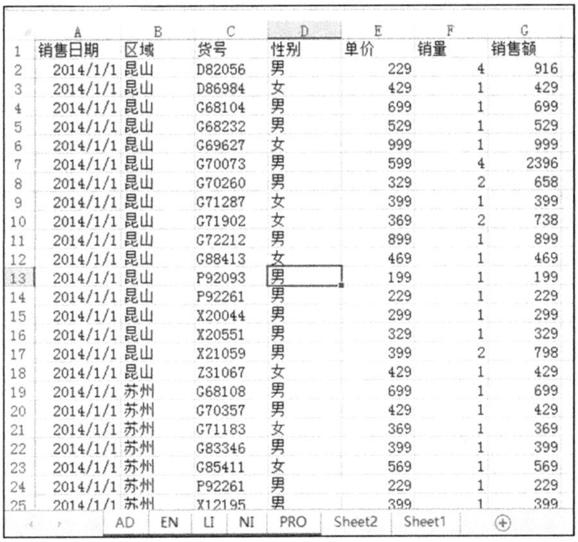

	A	B	C	D	E	F	G
1	销售日期	区域	货号	性别	单价	销量	销售额
2	2014/1/1	昆山	D82056	男	229	4	916
3	2014/1/1	昆山	D86984	女	429	1	429
4	2014/1/1	昆山	G68104	男	699	1	699
5	2014/1/1	昆山	G68232	男	529	1	529
6	2014/1/1	昆山	G69627	女	999	1	999
7	2014/1/1	昆山	G70073	男	599	4	2396
8	2014/1/1	昆山	G70260	男	329	2	658
9	2014/1/1	昆山	G71287	女	399	1	399
10	2014/1/1	昆山	G71902	女	369	2	738
11	2014/1/1	昆山	G72212	男	899	1	899
12	2014/1/1	昆山	G88413	女	469	1	469
13	2014/1/1	昆山	P92093	男	199	1	199
14	2014/1/1	昆山	P92261	男	229	1	229
15	2014/1/1	昆山	X20044	男	299	1	299
16	2014/1/1	昆山	X20551	男	329	1	329
17	2014/1/1	昆山	X21059	男	399	2	798
18	2014/1/1	昆山	Z31067	女	429	1	429
19	2014/1/1	苏州	G68108	男	699	1	699
20	2014/1/1	苏州	G70357	男	429	1	429
21	2014/1/1	苏州	G71183	女	369	1	369
22	2014/1/1	苏州	G83346	男	399	1	399
23	2014/1/1	苏州	G85411	女	569	1	569
24	2014/1/1	苏州	P92261	男	229	1	229
25	2014/1/1	苏州	X12195	男	399	1	399

AD　EN　LI　NI　PRO　Sheet2　Sheet1

图 4-74

提示 之所以从 M1 单元格到 A1 单元格选择数据区域（即从右向左选择数据区域），是因为在数据透视表区域中如果从 A1 到 M1 选择数据区域，就无法正确地选中数据区域。这里向下选择最大行数为数据源最大行数处，是为了保证批量操作时不会遗漏需要处理各个分表的数据。

4.8　利用数据透视表转换表结构

在流水账式结构的表格（通常称为数据表）中进行排序、筛选等处理比较方便，也容易生成不同的数据透视表。我们知道，可由如图 4-53 右侧所示的数据表做成左侧的数据透视表结构式汇总表，但如果用户想要执行相反的操作，该怎么处理呢？我们将这种相反的操作称为逆透视。

在如图 4-75 左侧所示表格的每一条记录需要转换成右侧表格中的 3 条记录（因为左侧 1 月、2 月、3 月的数据要变成右边表格的月份列中的 3 个值，相应月份对应的数量变成数量列中的值），故整张表格转换后的记录数是原记录的 3 倍。

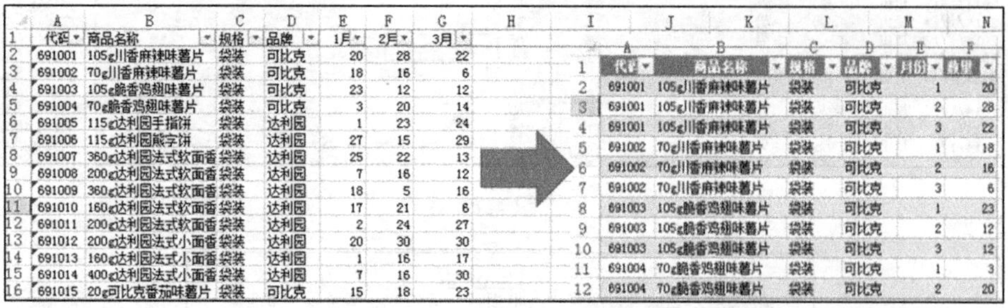

	A	B	C	D	E	F	G
1	代码	商品名称	规格	品牌	1月	2月	3月
2	691001	105g川香麻辣味薯片	袋装	可比克	20	28	22
3	691002	70g川香麻辣味薯片	袋装	可比克	18	16	6
4	691003	105g脆香鸡翅味薯片	袋装	可比克	23	12	12
5	691004	70g脆香鸡翅味薯片	袋装	可比克	3	20	14
6	691005	115g达利园手指饼	袋装	达利园	1	23	24
7	691006	115g达利园熊字饼	袋装	达利园	27	15	29
8	691007	360g达利园法式软面香	袋装	达利园	25	22	13
9	691008	200g达利园法式软面香	袋装	达利园	7	16	12
10	691009	360g达利园法式软面香	袋装	达利园	18	5	16
11	691010	160g达利园法式软面香	袋装	达利园	17	21	6
12	691011	200g达利园法式软面香	袋装	达利园	2	24	27
13	691012	200g达利园法式小面香	袋装	达利园	20	30	30
14	691013	160g达利园法式小面香	袋装	达利园	1	16	17
15	691014	400g达利园法式小面香	袋装	达利园	7	16	30
16	691015	20g可比克番茄味薯片	袋装	可比克	15	18	23

	A	B	C	D	E	F
1	代码	商品名称	规格	品牌	月份	数量
2	691001	105g川香麻辣味薯片	袋装	可比克	1	20
3	691001	105g川香麻辣味薯片	袋装	可比克	2	28
4	691001	105g川香麻辣味薯片	袋装	可比克	3	22
5	691002	70g川香麻辣味薯片	袋装	可比克	1	18
6	691002	70g川香麻辣味薯片	袋装	可比克	2	16
7	691002	70g川香麻辣味薯片	袋装	可比克	3	6
8	691003	105g脆香鸡翅味薯片	袋装	可比克	1	23
9	691003	105g脆香鸡翅味薯片	袋装	可比克	2	12
10	691003	105g脆香鸡翅味薯片	袋装	可比克	3	12
11	691004	70g脆香鸡翅味薯片	袋装	可比克	1	3
12	691004	70g脆香鸡翅味薯片	袋装	可比克	2	20

图 4-75

首先在左侧表格的 D 列和 E 列之间插入一列，将其命名为“辅助”，在 E2 单元格定义公式：=A2&"/"&B2&"/"&C2&"/"&D2，然后将此公式应用到 E 列的其他单元格中，如图 4-76 所示。

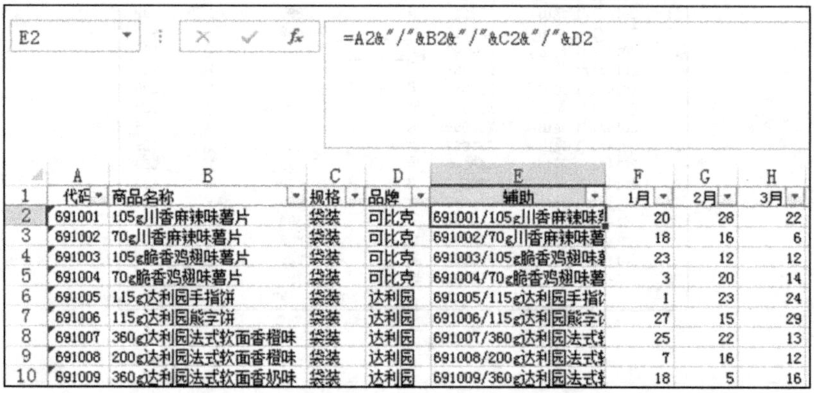

E2　=A2&"/"&B2&"/"&C2&"/"&D2

	A	B	C	D	E	F	G	H
1	代码	商品名称	规格	品牌	辅助	1月	2月	3月
2	691001	105g川香麻辣味薯片	袋装	可比克	691001/105g川香麻辣味	20	28	22
3	691002	70g川香麻辣味薯片	袋装	可比克	691002/70g川香麻辣味薯	18	16	6
4	691003	105g脆香鸡翅味薯片	袋装	可比克	691003/105g脆香鸡翅味	23	12	12
5	691004	70g脆香鸡翅味薯片	袋装	可比克	691004/70g脆香鸡翅味薯	3	20	14
6	691005	115g达利园手指饼	袋装	达利园	691005/115g达利园手指	1	23	24
7	691006	115g达利园熊字饼	袋装	达利园	691006/115g达利园熊字	27	15	29
8	691007	360g达利园法式软面香橙味	袋装	达利园	691007/360g达利园法式	25	22	13
9	691008	200g达利园法式软面香橙味	袋装	达利园	691008/200g达利园法式	7	16	12
10	691009	360g达利园法式软面香奶味	袋装	达利园	691009/360g达利园法式	18	5	16

图 4-76

单击自定义工具栏中的“数据透视表和数据透视图向导”按钮，在步骤 1 对话框中选择“多重合并计算数据区域”，单击“下一步”按钮，如图 4-77 所示。在步骤 2a 中单击“下一步”按钮，进入“数据透视表和数据透视图向导”步骤 2b 对话框，如图 4-78 所示。

第 4 章　数据透视表与 Power 系列

图 4-77

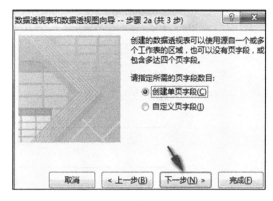

图 4-78

在如图 4-79 所示的步骤 2b 对话框中选择 E1:H172 数据区域，然后单击"添加"按钮，接着单击"下一步"按钮，进入"数据透视表和数据透视图向导"步骤 3 对话框。

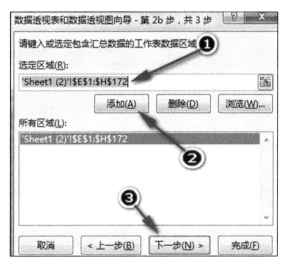

图 4-79

在"数据透视表和数据透视图向导"步骤 3 对话框中选择"新工作表"，单击"完成"按钮，如图 4-80 所示，形成如图 4-81 所示的数据透视表（数据透视表隐藏了部分数据记录）。

185

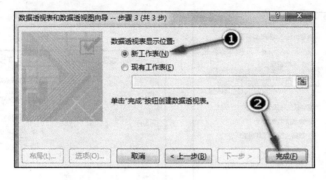

图 4-80

	A	B	C	D	E
1	页1	(全部)			
2					
3	求和项:值	列标签			
4	行标签	1	2	3	总计
5	691001/105g川香麻辣味薯片/袋装/i	20	28	22	70
171	691167/57克可比克土豆泡农家番茄	11	12	20	43
172	691168/90克可比克土豆泡湘香烤鸡,	29	19	30	78
173	691169/57克可比克土豆泡湘香烤鸡	12	11	9	32
174	691170/达利蛋黄派650g/袋装/达利	30	19	23	72
175	691171/110克*24罐可比克薯片孜然	30	12	13	55
176	总计	2694	2561	2544	7799

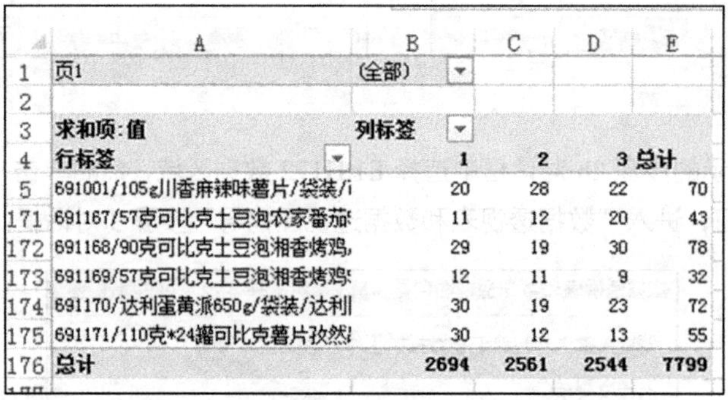

图 4-81

双击图 4-81 中数据透视表的“总计”列的最后一个数字“7799”，出现如图 4-82 所示的数据表格。

	A	B	C	D
1	行	列	值	页1
2	691001/105g川香麻辣味薯片/袋装/可比克	1	20	项1
3	691001/105g川香麻辣味薯片/袋装/可比克	2	28	项1
4	691001/105g川香麻辣味薯片/袋装/可比克	3	22	项1
5	691002/70g川香麻辣味薯片/袋装/可比克	1	18	项1
6	691002/70g川香麻辣味薯片/袋装/可比克	2	16	项1
7	691002/70g川香麻辣味薯片/袋装/可比克	3	6	项1
8	691003/105g脆香鸡翅味薯片/袋装/可比克	1	23	项1
9	691003/105g脆香鸡翅味薯片/袋装/可比克	2	12	项1
10	691003/105g脆香鸡翅味薯片/袋装/可比克	3	12	项1
11	691004/70g脆香鸡翅味薯片/袋装/可比克	1	3	项1
12	691004/70g脆香鸡翅味薯片/袋装/可比克	2	20	项1

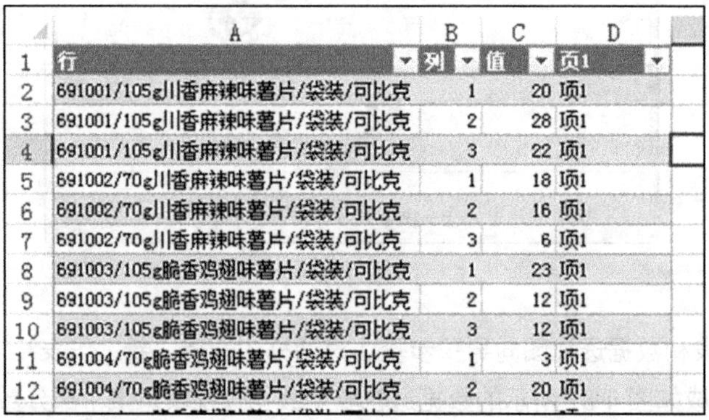

图 4-82

在图 4-82 中的 A 列后面插入 3 列，然后选中 A 列对其进行分列，进入“文本分列向导”对话框。按默认设置后单击“下一步”按钮，进入“文本分列向导”对话框的第 2 步，在分隔符号

第 4 章　数据透视表与 Power 系列

"其他"后面的文本框中输入"/",如图 4-83 所示。单击"下一步"按钮,进入"文本分列向导"对话框的第 3 步,单击"完成"按钮,分列后的结果如图 4-84 所示。

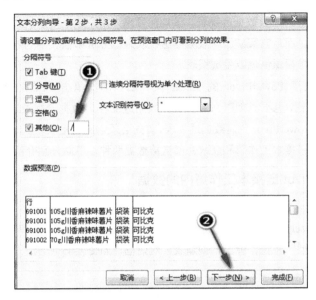

图 4-83

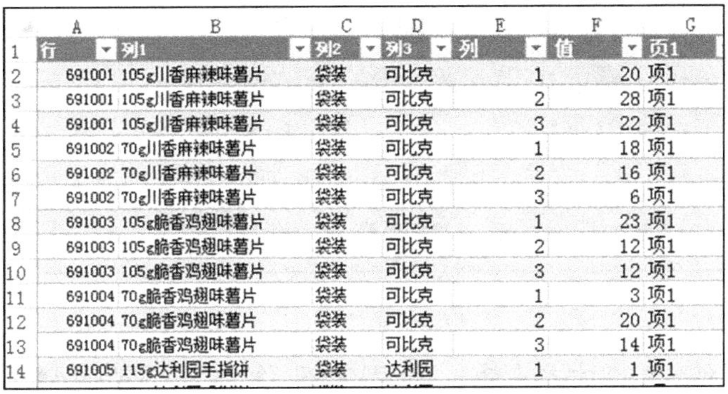

图 4-84

复制最初表格中 A1:D1 单元格的内容并粘贴到图 4-75 所示表格的 A1:D1 单元格中,将 E1 单元格和 F1 单元格中的内容分别修改为"月份"和"数量",删除 G 列。至此,表格结构转换完成,效果如图 4-75 所示。

提示　最初,图 4-75 中左侧 E1:G1 单元格显示为带"月"的字样,这里采取了自定义单元格形式,便于读者理解表格含义。

4.9 PowerPivot 和数据透视表

PowerPivot 也被称为超级数据透视表，该功能可允许用户建立复杂的数据结构并使用数据透视表的方式进行分析，而且它突破了一般数据透视表只能分析单张表格的限制，可同时查询多张表格和轻松整合不同数据源信息以生成报表。

当我们打开加载了 PowerPivot 的 Excel 文件后，即使单击"POWERPIVOT"选项卡或"PowerPivot 窗口"按钮，也不能创建 PowerPivot 数据透视表，"数据透视表"按钮呈现灰色状态，无法使用。要想利用 PowerPivot 创建数据透视表，首先必须创建链接表，为 PowerPivot 准备数据。

创建链接表分为链接本工作簿和获取外部链接数据两种，下面分别介绍。

1. 为 PowerPivot 链接本工作簿内的数据

具体步骤如下。

STEP 01 打开 Excel 工作簿，单击数据源表中的任意单元格，在"POWERPIVOT"选项卡中单击"添加到数据模型"按钮，弹出"创建表"对话框，如图 4-85 所示。

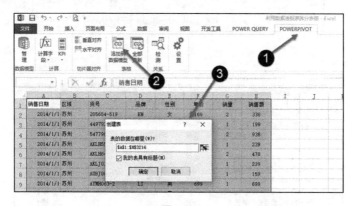

图 4-85

STEP 02 在"创建表"对话框中单击"确定"按钮。经过几秒的链接配置后，"PowerPivot for Excel"窗口会自动弹出数据表"表 1"。此时，"数据透视表"按钮呈可用状态，如图 4-86 所示。单击此界面下的"数据透视表"按钮，即可开始超级数据透视表的创建。

2. PowerPivot 获取外部链接数据

具体步骤如下。

STEP 01 新建一个 Excel 工作簿并打开，在"POWERPIVOT"选项卡中单击"数据模型"分组中的"管理"按钮，弹出"PowerPivot for Excel"窗口，如图 4-87 所示。

第 4 章　数据透视表与 Power 系列

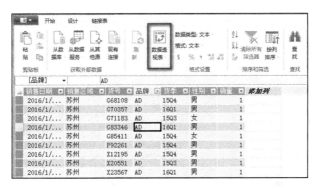

图 4-86

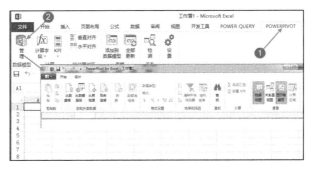

图 4-87

STEP 02　在"PowerPivot for Excel"窗口中单击"从其他源"按钮，弹出"表导入向导"对话框，拖动对话框右侧的滚动条，选择"Excel 文件"，单击"下一步"按钮，如图 4-88 所示，进入"表导入向导"对话框。

图 4-88

STEP 03 在"表导入向导"对话框中,单击"浏览"按钮,在"打开"对话框中找到要导入的数据源文件,选择该文件,单击"打开"按钮后关闭"打开"对话框。在"表导入向导"对话框中勾选"使用第一行作为列标题"复选框,单击"下一步"按钮,如图 4-89 所示。

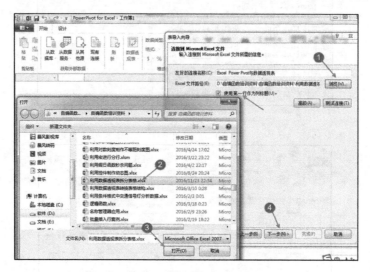

图 4-89

STEP 04 在"表和视图"选择框中勾选"源表"中"Sheet1$"的复选框,单击"完成"按钮。连接成功后单击"关闭"按钮,如图 4-90 所示。

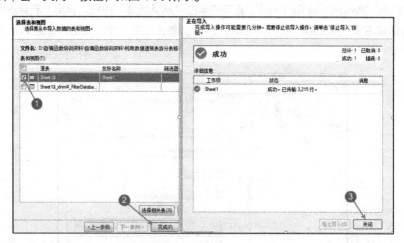

图 4-90

STEP 05 "PowerPivot for Excel"窗口自动弹出并出现已经配置好的数据表"Sheet1"。此时,"数据透视表"按钮呈可用状态,如图 4-91 所示。

第 4 章　数据透视表与 Power 系列

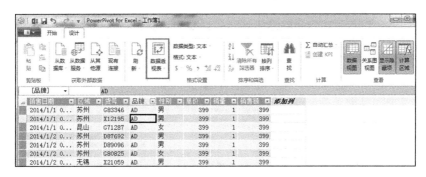

图 4-91

4.10　使用数据模型

前面重点讲述了在单一工作表中创建数据透视表的方法，Excel 2013 新增了一项"数据模型"功能。"数据模型"可以在一个数据透视表中使用多个数据表，它主要是通过创建"表关系"将多个表之间关联在一起的。可见，"数据模型"极大地扩展了数据透视表的功能。下面通过一个实例来学习使用数据模型创建数据透视表的方法。

使用 PowerPivot 之前，首先必须将 Excel 数据区域转换成 Excel "智能表"，否则无法使用 PowerPivot。转换的目的是将数据源表格转换成一个类似于数据库软件中常见的标准表格，使原来的普通单元格数据区域转换成一个便于 PowerPivot 操作的整体。

转换方法如下：将光标悬停在表格的任意一个单元格中，单击"插入"选项卡下的"表格"按钮，弹出"创建表"对话框，勾选"表包含标题"，如图 4-92 所示。单击"确定"按钮，关闭"创建表"对话框，结果如图 4-93 所示。

图 4-92　　　　　　　　　　　　　　　　图 4-93

如图 4-94 所示是一个工作簿中 3 张工作表的部分内容，3 张表名分别为销售明细、客户信息表、销售大区，其中销售明细表和客户信息表通过"客户代码"关联，客户信息表和销售大区表通过"省份"关联。利用这些表与表之间的公共列可生成各表之间的关系。

通过数据模型创建数据透视表的步骤如下：

图 4-94

STEP 01 将光标放置在销售明细表的任意一个单元格中，插入数据透视表，显示出"创建数据透视表"对话框。默认为"新工作表"，勾选"将此数据添加到数据模型"复选框，单击"确定"按钮，关闭"创建数据透视表"对话框，如图 4-95 所示。

STEP 02 之后弹出数据透视表布局界面，在"数据透视表字段"任务窗格中选择"全部"。"全部"选项卡列出了 3 张工作表，单击各表前的" ▷ "按钮可显示出各表的字段名，如图 4-96 所示。

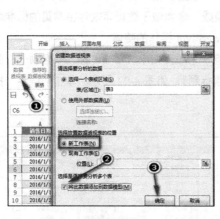

图 4-95　　　　　　　　　　　　图 4-96

STEP 03 选择"数据透视表工具"→"分析"选项卡下"计算"分组中的"关系"按钮，弹出"管理关系"对话框，之后单击"新建"按钮，弹出"创建关系"对话框，选择"表 3"，在"列（外来）"中选择"客户代码"，选择"表 4"，在"相关列（主要）"中选择"客户代码"，单击"确定"按钮，如图 4-97 所示。

第 4 章 数据透视表与 Power 系列

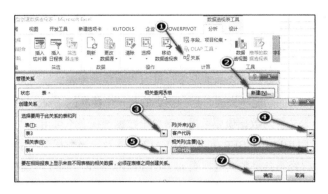

图 4-97

STEP 04 在此创建表 4 与表 5 之间的关系。选择"表 4",在"列(外来)"中选择"省份",选择"表 5",在"相关列(主要)"中选择"省份",单击"确定"按钮,如图 4-98 所示。

图 4-98

STEP 05 在建立表与表之间的关系后,将相应的字段名拖放到对应区域,数据透视表的一部分效果如图 4-99 所示。

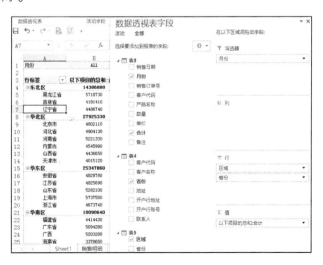

图 4-99

提示 如果没有设置关系，当将不位于开始使用的表中的字段添加到数据透视表中时，Excel 将自动提示设置关系。

在使用数据模型创建数据透视表的情况下，可以将数据透视表转换为带有公式的表格。一旦使用该功能，数据透视表的功能将失去，用户得到的是一个标准的 Excel 工作表。也就是说，使用 OLAP 工具转换为公式仅对数据模型可用，对单个数据透视表不可用。

这些公式使用了 CUBEMEMBER 和 CUBEVALUE 函数，当数据源发生更改时，该表格也会发生更新（尽管此表已经不再是数据透视表）。CUBEMEMBER 用于行标题和列标题，返回的是一张表格中一列的值；CUBEVALUE 用于表格内的单元格，返回的是数值。

转换方法如下：将光标悬停在数据透视表的任意一个单元格，单击"分析"选项卡中"OLAP 工具"下的"转换为公式"按钮，弹出"转换为公式"对话框，勾选"转换报表筛选"复选框，单击"类型转换"按钮即可，如图 4-100 所示。

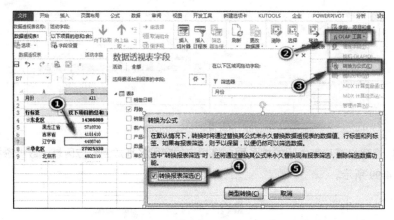

图 4-100

将数据透视表转换为带有公式的表格中的公式，如图 4-101 所示。

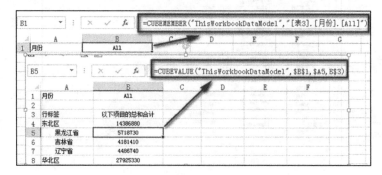

图 4-101

第 4 章 数据透视表与 Power 系列

在使用数据模型创建数据透视表的情况下，不能自定义计算字段和计算项，也不能创建组。

4.11 利用 PowerPivot 和切片器制作销售看板

前面我们已经学习了利用 PowerPivot 结合数据模型创建数据透视表的方法，下面以一个实例来展示 PowerPivot 结合数据模型和切片器制作销售分析看板动态图。

图 4-102 展示了某企业 1—5 月内的"销售数据"和"产品业务员对应表"数据列表。我们希望利用 PowerPivot 的相关功能进行关联数据，并利用切片器制作动态的销售分析看板，步骤如下。

	A	B	C	D	E	F
1	业务员	1月	2月	3月	4月	5月
2	陈军	364,746.50	1,174,957.50	710,356.00	504,514.50	531,336.50
3	陈雷	596,379.00	872,105.50	773,291.50	828,9	
4	丁保明	380,377.50	471,717.00	191,650.00	185,	
5	黄立	1,727,872.50	1,904,176.50	2,070,922.50	897,	
6	李红霞	75,753.00	285,516.00	362,030.00	780,	
7	李寿青	824,586.50	958,123.50	1,212,176.50	933,	
8	王峰	359,511.50	119,882.50	296,333.50	396,	
9	王晓东	666,969.00	739,608.00	742,843.50	308,	
10	吴红	2,987,203.50	1,689,505.00	2,361,243.50	1,727,	
11	张莉	218,099.00	601,763.00	541,933.00	468,	
12	赵益明	484,919.50	544,263.00	893,984.00	486,	
13	朱青德	507,734.00	215,885.00	608,154.50	147,	
14	何登平	179,456.00	200,210.67	168,251.67	185,	
15	赵五奎	187,208.67	182,356.67	199,003.33	182,	
16	曾磊	296,276.00	245,641.00	215,095.33	251,	
17	何海华	236,989.00	258,166.33	158,942.00	189,	

	A	B
1	产品名称	业务员
2	彩印	丁保明
3	彩印	李寿青
4	彩印	王峰
5	彩印	张莉
6	平板	王晓东
7	平板	吴红
8	平板	曾磊
9	平板	何海华
10	纸管	陈雷
11	纸管	李红霞
12	纸管	赵益明
13	纸管	赵五奎
14	纸箱	陈军
15	纸箱	黄立
16	纸箱	朱青德
17	纸箱	何登平

图 4-102

STEP 01 单击"销售数据"工作表中的任意一个单元格，在"POWERPIVOT"选项卡下单击"添加到数据模型"按钮，弹出"创建表"对话框。勾选"我的表具有标题"复选框，单击"确定"按钮，关闭"创建表"对话框。弹出"PowerPivot for Excel"窗口，显示出已经创建好的"销售数据"工作表对应的 PowerPivot 链接表"表 1"，如图 4-103 所示。

195

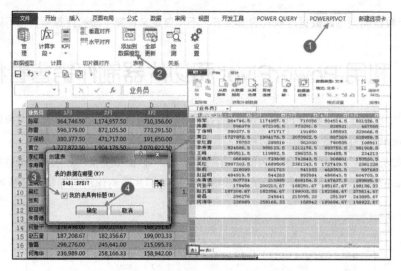

图 4-103

STEP 02 同理，按照上述步骤为"产品业务员对应表"创建对应的链接表"表 2"，如图 4-104 所示。

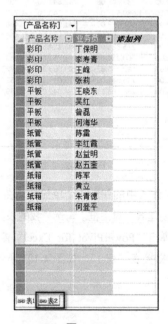

图 4-104

STEP 03 在"PowerPivot for Excel"窗口的"开始"选项卡中单击"关系图视图"按钮，调出"关系图视图"界面，将"表 1"列表框中的"业务员"字段拉至"表 2"列表框中的"业务员"

第 4 章　数据透视表与 Power 系列

字段上，完成 PowerPivot 的"表 1"和"表 2"以"业务员"为关联字段关系的创建，如图 4-105 所示。

图 4-105

STEP 04 依次单击"开始"选项卡下的"数据透视表"→"图和表垂直"按钮，弹出"插入数据透视"对话框，如图 4-106 所示。

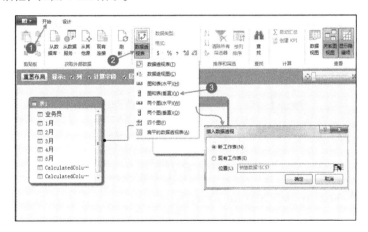

图 4-106

STEP 05 选择"新工作表"，单击"确定"按钮，关闭"插入数据透视"对话框，Excel 即可创建一张空白的"数据透视表"和"数据透视图"窗口，如图 4-107 所示。

197

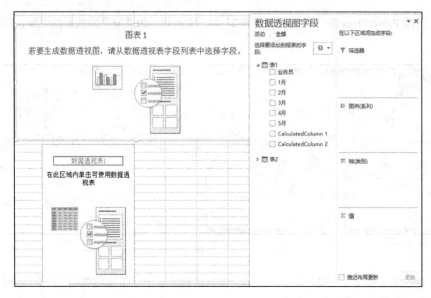

图 4-107

STEP 06 单击数据透视表，在"数据透视表字段"任务窗格中拖放数据透视表字段，创建如图 4-108 所示的数据透视表。

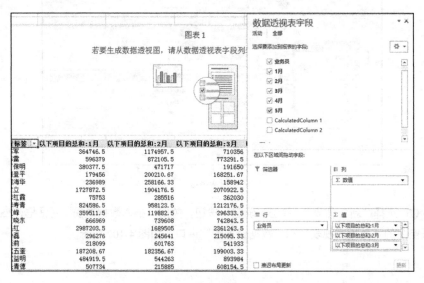

图 4-108

STEP 07 单击"图表 1"区域，勾选"数据透视图字段"列表框 1—5 月的复选框，创建默认的"簇状柱形图"，如图 4-109 所示。

第 4 章　数据透视表与 Power 系列

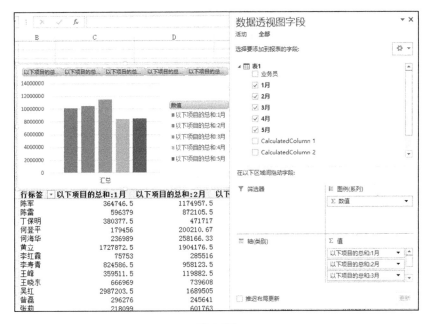

图 4-109

STEP 08 在"PowerPivot for Excel"窗口中单击"表 1"中"添加列"的任意一个单元格，输入"=([1 月]+[2 月]+[3 月]+[4 月]+[5 月])/5"，计算 5 个月的平均销售金额数据，弹出列字段名为"CalculatedColumn 1"。继续添加列，在任意一个空白单元格中输入"=0"，弹出列字段名为"CalculatedColumn 2"，如图 4-110 所示。

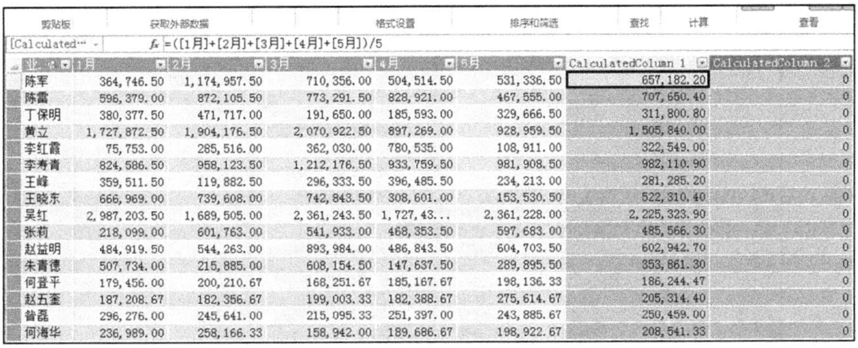

图 4-110

STEP 09 将"CalculatedColumn 1"和"CalculatedColumn 2"字段添加到数据透视表中，并将其移动到"业务员"字段后和"1 月"字段前，然后将字段名分别修改为"趋势图"和"均值"，如图 4-111 所示。

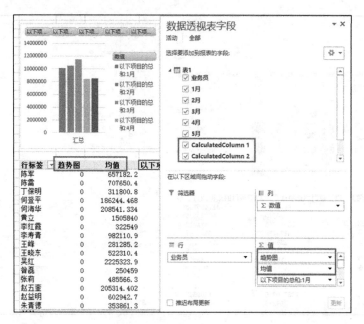

图 4-111

STEP 10 依次修改"以下项目的总和：1 月"至"以下项目的总和：5 月"为"1 月"、"2 月"、"3 月"、"4 月"和"5 月"，并将列宽调整为合适的列宽，取消"数据透视表选项"对话框中"更新时自动调整列宽"复选框的勾选；将趋势图中的 0 值设置为不显示，如图 4-112 所示。

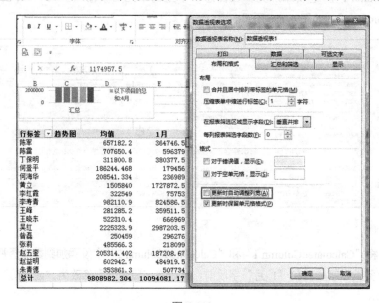

图 4-112

第 4 章 数据透视表与 Power 系列

STEP 11 将光标悬停在数据透视表"趋势图"字段下的首个空白单元格中,单击"插入"选项卡下"迷你图"分组中的"折线图"按钮,弹出"创建迷你图"对话框,"数据范围"选择包括"均值"在内的 D19:I35 单元格区域,迷你图存放位置为 C19:C35 单元格区域。单击迷你图工具下的迷你图颜色、标记颜色按钮,分别设置线条颜色为深蓝色,高点为红色,低点为绿色,首点(均值)为紫色,创建迷你图的过程如图 4-113 所示。

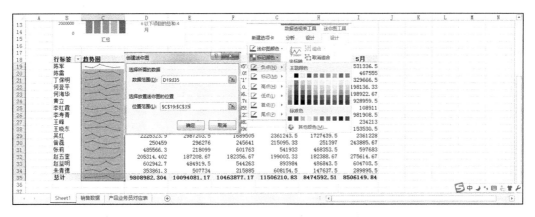

图 4-113

STEP 12 单击数据透视表的任意一个单元格,在"数据透视表工具"的"分析"选项卡中单击"插入切片器"按钮,弹出"插入切片器"对话框,勾选"表 2"中的"产品名称"复选框,创建"产品名称"切片器,如图 4-114 所示。

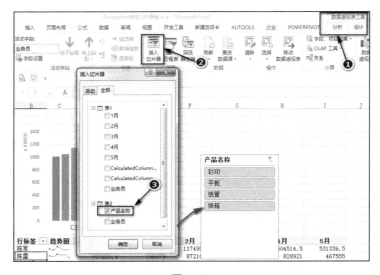

图 4-114

STEP 13 单击"产品名称"切片器,在"切片器工具"的"选项"选项卡中单击"报表连接"按钮,在弹出的"数据透视表连接(产品名称)"对话框中勾选"图表1"复选框,单击"确定"按钮,关闭该对话框,如图4-115所示。

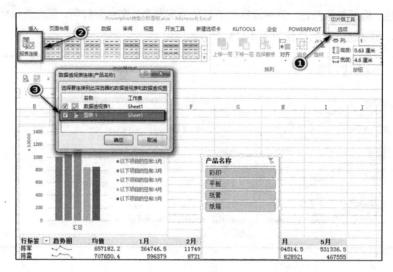

图 4-115

STEP 14 设置数据透视图坐标轴的纵坐标刻度,将默认的"簇状柱形图"的数据进行行列切换,更改图表类型为"带数据标记的折线图",如图4-116所示;单击数据透视图字段列表中的"值字段设置",依次将"以下项目的总和:1月"至"以下项目的总和:5月"修改为"1月"、"2月"、"3月"、"4月"和"5月",如图4-117所示,并适当美化折线图。

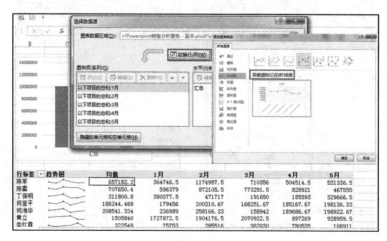

图 4-116

第 4 章 数据透视表与 Power 系列

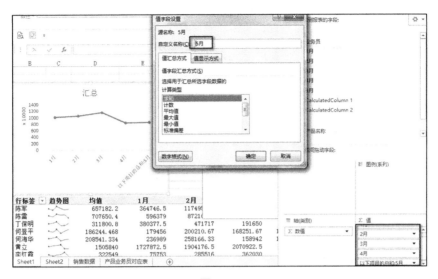

图 4-117

STEP 15 复制并粘贴数据透视图,将其修改为"饼图",然后对饼图进行美化,如图 4-118 所示。

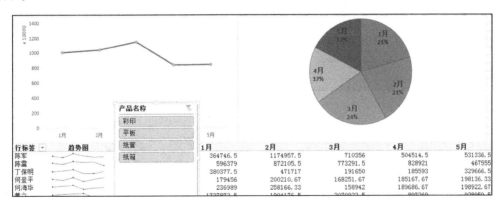

图 4-118

STEP 16 拖放"产品名称"切片器右下角边界到数据透视图上方,单击"切片器工具"→"选项"选项卡下"按钮"分组中的"列",将其由 1 调整为 4(因产品名称有 4 项),如图 4-119 所示。这一步的实质是将切片器中的各个项由纵向分布修改为横向并排放置。

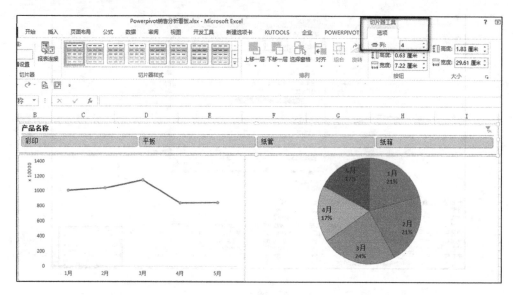

图 4-119

STEP 17 适当调整销售分析看板的布局及背景,单击"产品名称"切片器的各个产品类别,相应的迷你图、折线图、饼图都实现了同步联动,能清晰地反映出在不同维度下的销售情况,如图 4-120 所示。

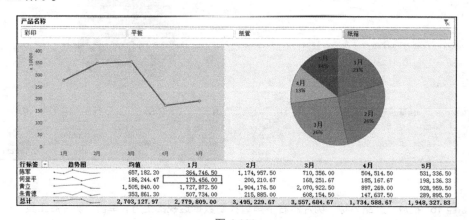

图 4-120

4.12　Power Query 逆操作二维表

数据透视表能把很多行的一维表格变成二维汇总表格,但有时候,我们需要把二维汇总表转

第 4 章　数据透视表与 Power 系列

换成一维列表。采用一般的方法进行转换较为复杂，现在有了 Power Query 这个工具就可以很轻松地解决这个问题。

假设有如图 4-121 左侧所示格式的表格，现需要把它转换成右侧的表格（右侧的列表更适合进行后续的数据处理），该怎么办呢？

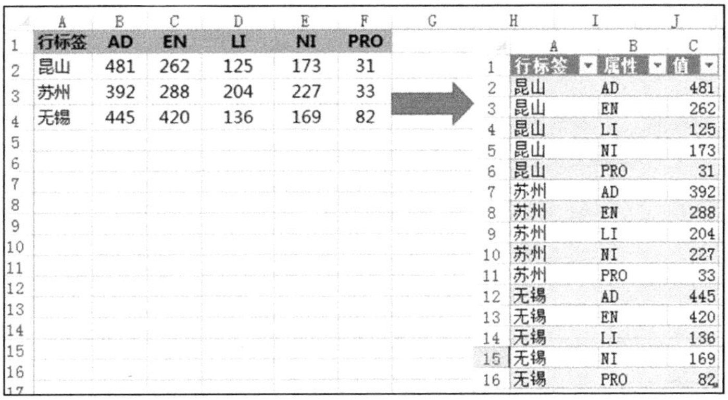

图 4-121

STEP 01 选择如图 4-122 所示的 A1:F4 数据区域，单击"POWER QUERY"选项卡下的"从表"按钮，弹出"从表"对话框。默认勾选"我的表包含标题"，单击"确定"按钮，关闭"从表"对话框。

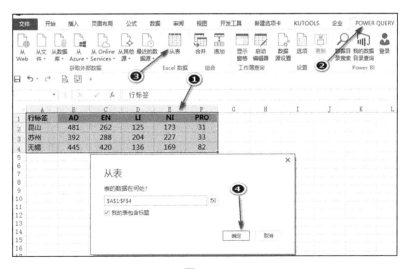

图 4-122

> **提示**　如果表没有列标题，则不必勾选"我的表包含标题"复选框。

STEP 02 进入如图 4-123 所示的 Power Query 编辑界面。在 Power Query 编辑界面中，我们看到了汇总表中的数据。

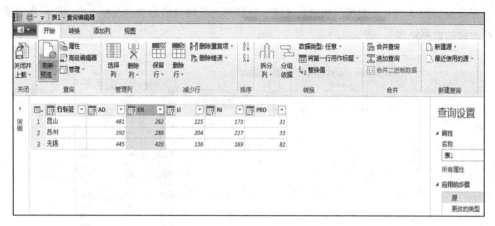

图 4-123

STEP 03 按住 Ctrl 键依次点选如图 4-124 所示需要逆操作的所有列，然后单击"转换"选项卡下"任意列"分组中的"逆透视列"按钮，弹出"插入步骤"对话框。单击此对话框中的"插入"按钮，关闭"插入步骤"对话框。

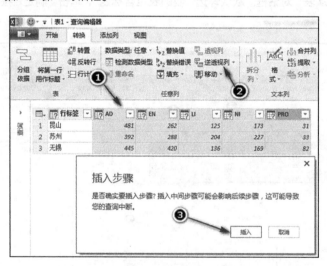

图 4-124

原来的汇总表即可被转换成一维列表（这里作为实例，转换后的列表行数并不算多），效果如图 4-125 所示。

第 4 章 数据透视表与 Power 系列

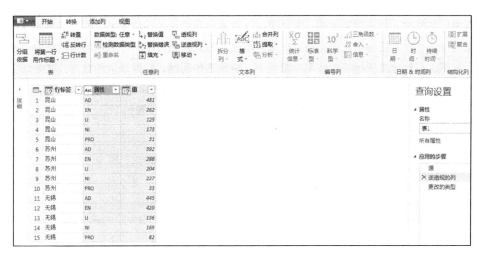

图 4-125

STEP 04 单击"开始"选项卡下"关闭并上载"下拉列表框中的"关闭并上载"按钮,如图 4-126 所示,汇总数据逆透视的结果已经被加载到了 Excel 工作表中,效果如图 4-127 所示。

图 4-126

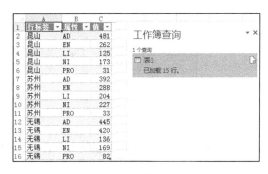

图 4-127

4.13 利用 Power Query 实现发货标签数据整理

很多公司通常需要在发运货品的外包装上打印出如图 4-128 所示的发货标签,箱数 4/4 表示

207

该物料为总共发货 4 箱中的第 4 箱。如图 4-129 所示的表格是公司所发多个物料的具体表格，需要根据这张表格批量打印出发货标签。如果采取手工方式，每打印一个发货标签就需要改动一次箱数，显然这样处理发货标签的效率非常低下。对于这种问题，如果采取函数与公式处理会非常复杂。在这里我们可以采用 Power Query 方法实现发货标签数据清单生成箱数 1/4、2/4、3/4、4/4，然后利用 Word 的邮件合并功能实现发货标签的批量打印，处理步骤如下。

	A	B
1	订单号：	001
2	料号：	a001
3	每箱数量：	30
4	装箱数量：	22
5	是否尾数箱：	是
6	箱数：	4/4

图 4-128

	A	B	C	D	E	F
1	订单号	料号	发货数量	每箱数量		尾数
2	001	a001	112	30		22
3	002	a002	690	230		0
4	003	a003	159	24		15
5	004	a004	101	12		5

图 4-129

STEP 01 将光标悬停在如图 4-130 所示数据区域的任意一个单元格，然后单击“数据”选项卡下“获取转换数据”分组中的“自表格/区域”按钮，在弹出的“创建表”对话框中会自动选择数据源区域。默认勾选“表包含标题”，单击“确定”按钮，进入 Power Query 查询编辑器界面。

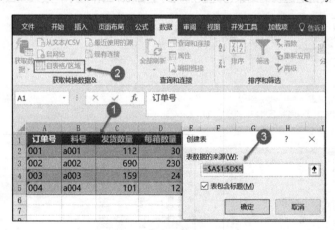

图 4-130

STEP 02 根据发货数量和每箱数量确定所需的总箱数。单击“添加列”选项卡下的“自定义列”按钮，在“自定义列”对话框中定义“总箱数”列，“自定义列公式”：= Number.RoundUp([发货数量]/[每箱数量],0)，如图 4-131 所示。单击“确定”按钮，生成每个物料总箱数，如图 4-132 所示。该函数的意思是，将发货数量除以每箱数量的结果向上舍入为整数箱，即存在不满一箱的情况时向上舍入为一整箱。

第 4 章 数据透视表与 Power 系列

图 4-131

	ABC 订..	ABC 料..	123 发货数...	123 每箱数量	ABC 123 总箱数
1	001	a001	112	30	4
2	002	a002	690	230	3
3	003	a003	159	24	7
4	004	a004	101	12	9

图 4-132

STEP 03 将上述总箱数展开为箱序号，即物料 a001 的箱序号应为 1、2、3、4，其余依次类推。这时我们可以继续使用"自定义列"添加"箱序号"这一自定义列，公式如下：=List.Numbers(1,[总箱数])，如图 4-133 所示。单击"确定"按钮，生成 List，如图 4-134 所示。单击"箱序号"右侧的展开按钮，可以看到每个物料所装的箱序号，图 4-135 是展开的部分截图。

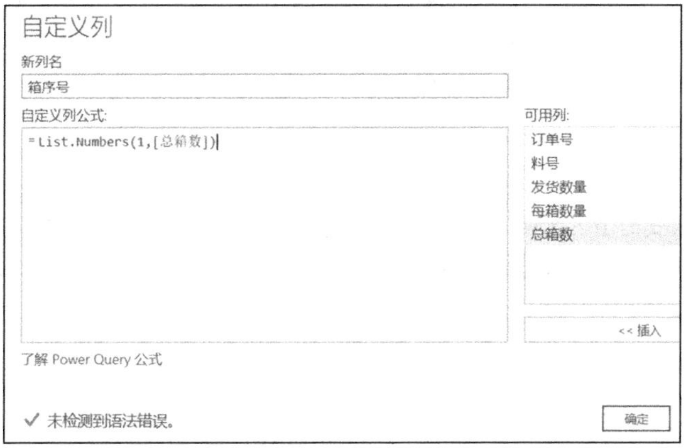

图 4-133

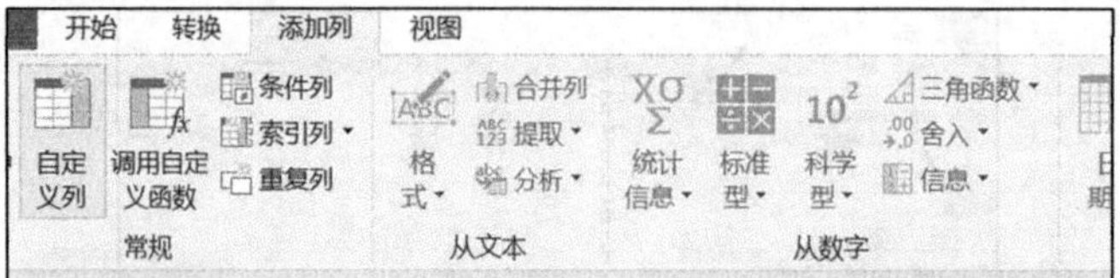

图 4-134

图 4-135

STEP 04 计算装箱数量。因为所发货数量按照每箱所装标准数量（即图 4-129 中 D 列的每箱数量）计算，可能会存在尾数箱（即不满一箱的情况）的情况，所以需要列出发货标签中每箱的数量以及尾数箱中的数量。继续使用自定义列，定义"装箱数量" = if [箱序号]=[总箱数] then [发货数量]-([总箱数]-1)*[每箱数量] else [每箱数量]，如图 4-136 所示。该公式含义如下：如果该物料的箱序号与总箱数相等，则使用"[发货数量]-([总箱数]-1)*[每箱数量]"计算尾数箱中的装箱数量，否则就为标准的每箱数量。

注意：定义该公式时 if 不能写成首字母为大写的 If，否则无法生成公式。在这里 if 不是函数，而是关键字，这一点与其他 Power Query 公式中应用函数需要首字母大写有所不同。

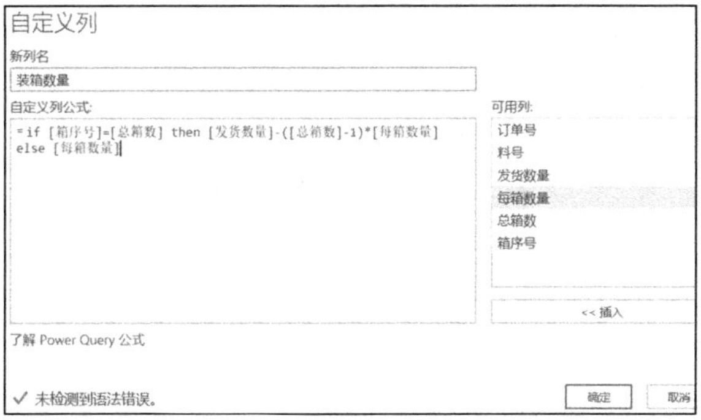

第 4 章 数据透视表与 Power 系列

图 4-136

STEP 05 合并列生成发货标签中的"箱数"。依次选择"箱序号"和"总箱数"列,单击"转换"选项卡下的"合并列"按钮,在"分隔符"中选择"自定义",输入"/",在"新列名(可选)"中输入"箱数",如图 4-137 所示。然后单击"确定"按钮,生成发货标签中的"箱数"。注意:此处应先选择"箱序号"列,再选择"总箱数"列,而不能先选择"总箱数"列,然后选择"箱序号"列;否则,会生成"4/1、4/2、4/3、4/4"这样不符合阅读习惯的"箱数"。

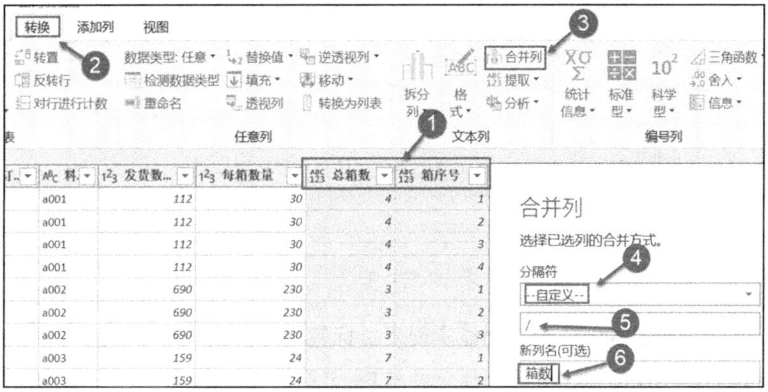

图 4-137

STEP 06 判断是否为尾数箱。使用自定义列生成"是否尾数箱"新列,公式如下:=if [装箱数量]<[每箱数量] then "是" else "否",如图 4-138 所示。删除发货标签中不需要的列"发货数量",单击"文件"选项卡下的"关闭并上载"按钮,生成的发货标签数据明细表的部分截图如图 4-139 所示。

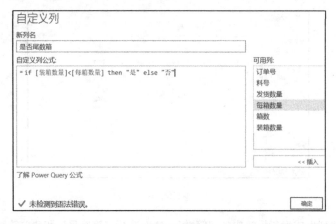

图 4-138

	A	B	C	D	E	F
1	订单号	料号	每箱数量	箱数	装箱数量	是否尾数箱
2	001	a001	30	1/4	30	否
3	001	a001	30	2/4	30	否
4	001	a001	30	3/4	30	否
5	001	a001	30	4/4	22	是
6	002	a002	230	1/3	230	否
7	002	a002	230	2/3	230	否
8	002	a002	230	3/3	230	否
9	003	a003	24	1/7	24	否
10	003	a003	24	2/7	24	否
11	003	a003	24	3/7	24	否
12	003	a003	24	4/7	24	否
13	003	a003	24	5/7	24	否
14	003	a003	24	6/7	24	否
15	003	a003	24	7/7	15	是

图 4-139

关于如何使用 Word 的邮件合并功能实现发货标签批量生成打印，在此不再赘述，感兴趣的读者可以参考本书附赠视频"A3Word邮件合并与Excel联手批量生成工资单"中的方法进行处理。

4.14 多表数据关联关系的基本概念

我们经常使用 VLOOKUP 函数对多张具有关联关系的表格进行数据关联，以实现一对一的查找，达到比对数据的目的。具有关联关系的多张表格之间通常存在如下 7 种类型的数据关联关系，如图 4-140 所示。左边的圆圈代表表 1，右边的圆圈代表表 2，下面逐一介绍两表之间的 7 种数据关联关系。

第 4 章 数据透视表与 Power 系列

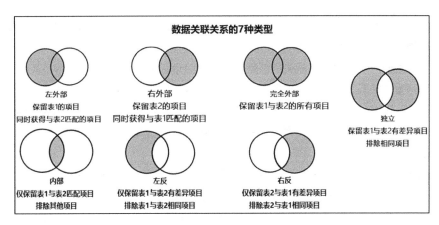

图 4-140

"左外部"关系：指的是以表 1 为查询基准，到表 2 中去查找数据，找出其中能匹配出来的数据。这里的表 2 就相当于一个查询数据库。对于在表 2 中查找不到的数据，往往需要用户另行完善补充。这种"以表 1 为基准，到表 2 中去查找数据，找出其中能匹配出来的数据，同时保留不能匹配的数据"所体现出来的关系就是"左外部"关系。例如，我们在 6 月考勤表的人员名单中可以使用 VLOOKUP 函数去 5 月考勤表中查找出 6 月依然在职的人员名单，在 5 月考勤表中找不到的人员名单就是 6 月新入职的人员。这种数据关系的数据就是具有"左外部"关系的数据。

"右外部"关系与"左外部"关系基本相同，只不过查找对象是以表 2 为基准来查找的，与表 1 中的数据进行匹配，同时需要保留表 2 中与表 1 中不能匹配的数据。

"完全外部"关系：指的是将两表完全合并，差异数据也包含在内。这就相当于数学中两个不同的集合的并集关系。其实质是合并多张工作表，这种关系都是多个结构相同的工作表进行合并，多张表格之间必须具有同质性。例如：多个部门的员工信息合并、同一集团多个公司库存物料数据的合并。

"内部"关系：指的是取两表完全相同的部分数据，不考虑具有差异的数据。这就相当于数学中两个不同集合的交集关系。

"左反"关系：指的是以表 1 为基准，取表 1 与表 2 之间不匹配的数据，即只考虑与表 2 有差异的数据，不考虑两表相同的数据。例如某一款新车型是由旧车型变化而来的，以新车型的物料清单为基准到旧车型物料清单中进行匹配，找出新车型所独有的物料配置就是"左反"关系。以 VLOOKUP 函数来说，就是新车型物料清单中按物料代码去旧车型表格中查找匹配物料时返回结果为#N/A 的数据。

"右反"关系与"左反"关系基本相同，只不过是以表 2 为基准来查找不匹配的数据。

最后一种两表数据关联关系是"独立"关系。"独立"关系体现的是两表之间彼此不匹配的数据，即只提取有差异的数据，不考虑能匹配的数据，而且不匹配的数据需要同时呈现出来。以新旧车型配置差异对比为例，也就是需要同时反映两种车型配置的差异项。我们可以使用 VLOOKUP 函数来实现独立数据关系数据的呈现。

上述两表之间的 7 种数据关联关系都是用 VLOOKUP 函数来介绍的，但是 VLOOKUP 函数存在一个较为严重的缺陷，即不能实现多个查询对象数据信息的批量查询提取，只能实现一对一数据关系的查询。事实上利用合并计算也可以展现上述各种数据关系，关于这方面的内容可参考 2.3.4 节。但利用合并计算也只能对单一字段中的合并对象进行关联，不能实现"一对多"数据关联关系的处理。

Power Query 可以轻松实现上述 7 种数据关联关系的批量查询和"一对多"数据关联关系的处理，而且可以做到数据的及时更新。单击 Power Query 两表合并查询界面中如图 4-141 所示的下拉列表框，可以看到两表之间的 6 种数据关联关系，第 7 种关系即"独立"关系可以通过"左反"和"右反"关系合并得到。所以 Power Query 不仅仅可以实现两表之间的数据关联，还可以实现多表之间的数据关联。以下两节内容就是介绍 Power Query 在处理多表之间数据关联关系中的具体应用。

图 4-141

4.15 利用 Power Query 展开 BOM 计算产品材料成本

很多公司的产成品都有自己的 BOM（Bill of Materials，物料清单），特别是标配产品的 BOM 比较稳定。利用 Power Query 展开产品 BOM 可以很方便地实现每个零部件的需求量计算，再利用 Power Query 将构成 BOM 的最明细的物料与库存系统中出库物料的单位成本进行关联，从而能实现各种产品材料成本的计算。

图 4-142 是一些客户订购公司生产的 3 种汽车灯类产品 A001、A002 和 A003 的订单数据，3 种产品的 BOM，以及构成产品的最明细的物料单位出库成本。现根据 3 张表格中的数据来预测这些订单的材料成本，实现步骤如下。

第 4 章 数据透视表与 Power 系列

图 4-142

STEP 01 新建一张空白工作表。单击 "POWER QUERY" 选项卡下 "获取外部数据" 分组中的 "从文件" 按钮,之后单击 "从 Excel" 按钮,弹出 "浏览" 对话框。找到存储上述 3 张表格的工作簿,并选择该工作簿,单击 "确定" 按钮,关闭 "浏览" 对话框,如图 4-143 所示。

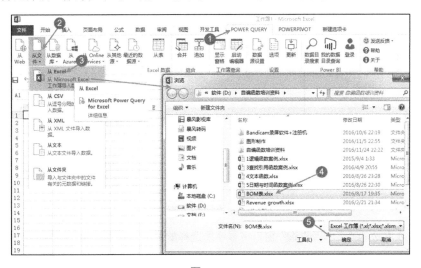

图 4-143

STEP 02 弹出 "导航器" 对话框,勾选界面中的 "选择多项" "BOM" "客户订单数据" 复选框,单击 "加载" 下拉列表框中的 "加载到" 按钮,如图 4-144 所示,弹出 "加载到" 对话框。

215

图 4-144

STEP 03 在"加载到"对话框中,选择"仅创建连接"的查看数据方式(如果数据量较小,可以选择"表"),取消"将此数据添加到数据模型"复选框的勾选,单击"加载"按钮,如图 4-145 所示。

图 4-145

在工作表右边的"工作簿查询"窗口中显示所选择的两张工作表已经加载进来了,如图 4-146 所示。

STEP 04 单击"组合"分组中的"合并"按钮,弹出"合并"对话框,在"选择表和匹配列以创建合并表"下边的下拉列表框中选择"客户订单数据",在第二个下拉列表框中选择"BOM"。因为"客户订单数据"和"BOM"之间通过"产品代码"和"产品名称"进行关联,所以分别在

第 4 章 数据透视表与 Power 系列

"客户订单数据"和"BOM"中选择"产品代码"和"产品名称"。在"联接[1]种类"中选择"左外部（第一个中的所有行），第二个中的匹配行"，单击"确定"按钮，如图 4-146 所示，关闭"合并"对话框。

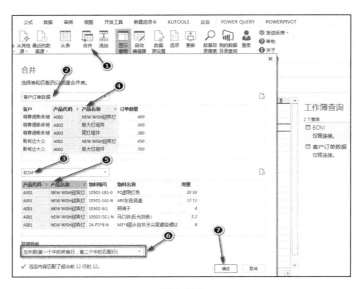

图 4-146

STEP 05 弹出查询编辑器界面，界面中右侧显示已经创建了一个"Merge1"查询，在客户订单信息表后已经产生了一个新列"NewColumn"，如图 4-147 所示。

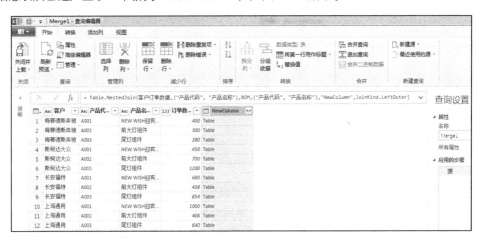

图 4-147

---

1 这里的"联接"应为"连接"，但为保持与图中一致，故保留"联接"。——编者注

STEP 06 单击"NewColumn"单元格标题右侧的双向小箭头，在弹出的对话框中默认选择"扩展"。在这里我们需要根据产品匹配出该产品的物料清单明细，而不需要实现求和或者计数的"聚合"方式，故选择"扩展"。取消"使用原始列名作为前缀"复选框的勾选，单击"确定"按钮，如图4-148所示，这样就会展开这些产品所关联产品的BOM清单。如图4-149右侧浅色灰底部分所示是订单所关联的BOM清单的一部分。

图 4-148

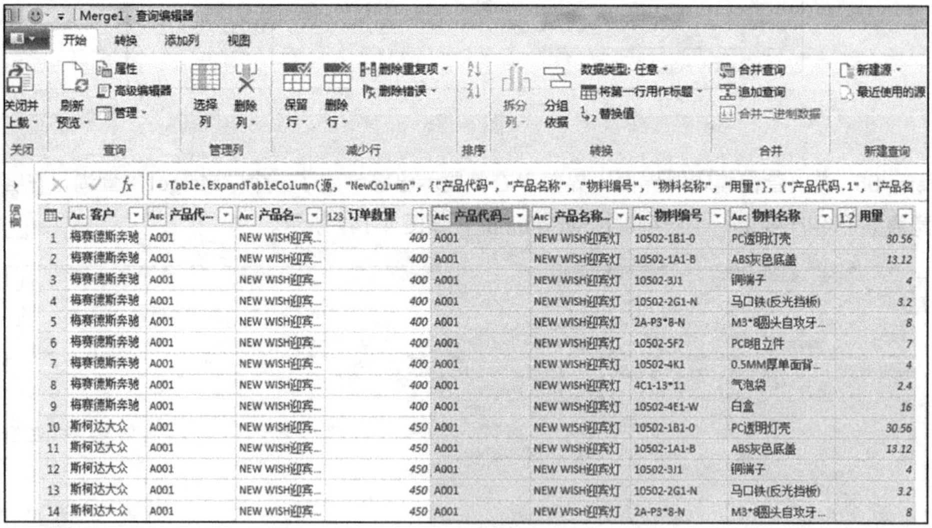

图 4-149

STEP 07 因左侧客户订单信息中已经存在"产品代码"和"产品名称"列标题，故可选择右侧重复的列标题"产品代码"和"产品名称"，然后单击鼠标右键，选择"删除列"，在查询编辑器界面中单击"添加列"选项卡下的"添加自定义列"按钮，在打开的"添加自定义列"对话框中，将"新列名"命名为"实际数量"，在"自定义列公式"文本框中的"="后输入公式，在右侧"可用列"中选择"订单数量"，并单击"插入"按钮，接着输入乘号"*"，之后选择并插入"用量”，单击“确定”按钮，关闭“添加自定义列”对话框，如图 4-150 所示。

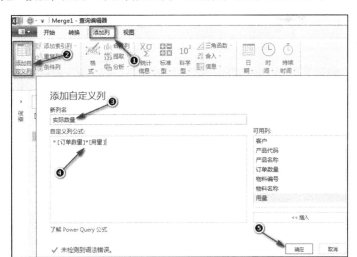

图 4-150

提示　*在这里我们可以看出 Power Query 中的公式与一般工作表单元格中的公式是不一样的：Power Query 中的公式引用的是列名称而不像工作表公式引用单元格。每一列通过“[]”进行引用，“[]”内的内容即列名。*

STEP 08　在查询编辑器界面中单击“开始”选项卡下的“关闭并上载”按钮，保存了一个为“Merge1”的查询。如图 4-151 所示是订单数据中各产品与 BOM 关联出来的一部分数据。

	客户	产品代码	产品名称	订单数量	物料编号	物料名称	用量	实际数量
2	得赛德斯奔驰	A001	NEW WISH迎宾灯	400	10502-1B1-0	PC透明灯壳	30.56	12224
3	得赛德斯奔驰	A001	NEW WISH迎宾灯	400	10502-1A1-B	ABS灰色底盖	13.12	5248
4	得赛德斯奔驰	A001	NEW WISH迎宾灯	400	10502-3J1	铜端子	4	1600
5	得赛德斯奔驰	A001	NEW WISH迎宾灯	400	10502-2G1-N	马口铁(反光挡板)	3.2	1280
6	得赛德斯奔驰	A001	NEW WISH迎宾灯	400	2A-P3*8-N	M3*8圆头自攻牙尖尾镀铬螺丝	8	3200
7	得赛德斯奔驰	A001	NEW WISH迎宾灯	400	10502-5F2	PCB组立件	7	2800
8	得赛德斯奔驰	A001	NEW WISH迎宾灯	400	10502-4K1	0.5MM厚单面背胶快巴纸垫片	4	1600
9	得赛德斯奔驰	A001	NEW WISH迎宾灯	400	4C1-13*11	气泡袋	2.4	960
10	得赛德斯奔驰	A001	NEW WISH迎宾灯	400	10502-4E1-W	白盒	16	6400
11	斯柯达大众	A001	NEW WISH迎宾灯	450	10502-1B1-0	PC透明灯壳	30.56	13752
12	斯柯达大众	A001	NEW WISH迎宾灯	450	10502-1A1-B	ABS灰色底盖	13.12	5904
13	斯柯达大众	A001	NEW WISH迎宾灯	450	10502-3J1	铜端子	4	1800
14	斯柯达大众	A001	NEW WISH迎宾灯	450	10502-2G1-N	马口铁(反光挡板)	3.2	1440
15	斯柯达大众	A001	NEW WISH迎宾灯	450	2A-P3*8-N	M3*8圆头自攻牙尖尾镀铬螺丝	8	3600
16	斯柯达大众	A001	NEW WISH迎宾灯	450	10502-5F2	PCB组立件	7	3150

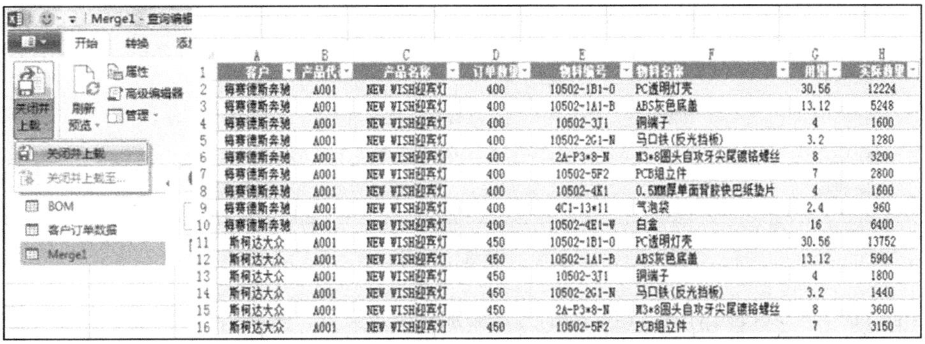

图 4-151

STEP 09　使用同样的方法将“物料单位成本表”加载到工作簿中，再次使用“合并”按钮通过“物料编号”与“物料名称”两个字段将“Merge1”与“物料单位成本表”关联起来，如图 4-152 所示。

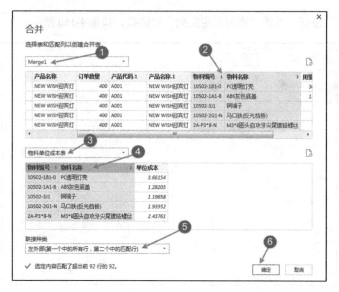

图 4-152

STEP 10 再一次按照前述方法展开 Merge1 与"物料单位成本表"所关联而产生的新列"NewColumn"中的信息,如图 4-153 所示。

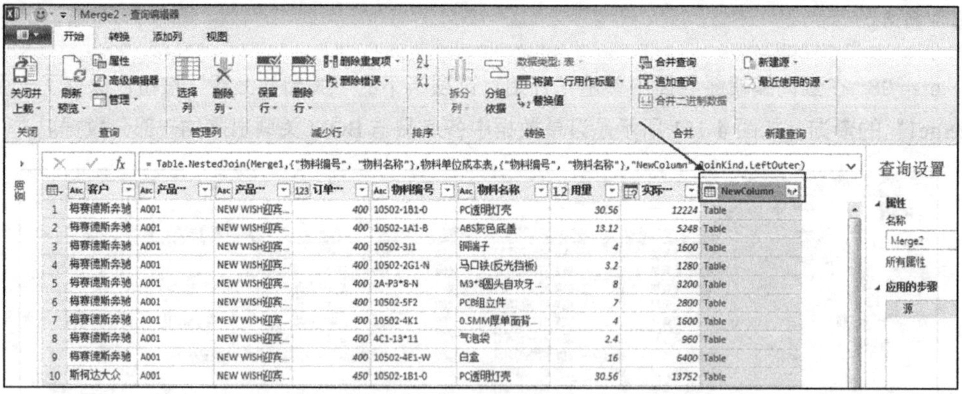

图 4-153

STEP 11 再一次按照前述自定义列的方法添加新自定义列"金额",设置成本金额取数公式: =[实际数量]*[单位成本],如图 4-154 所示。

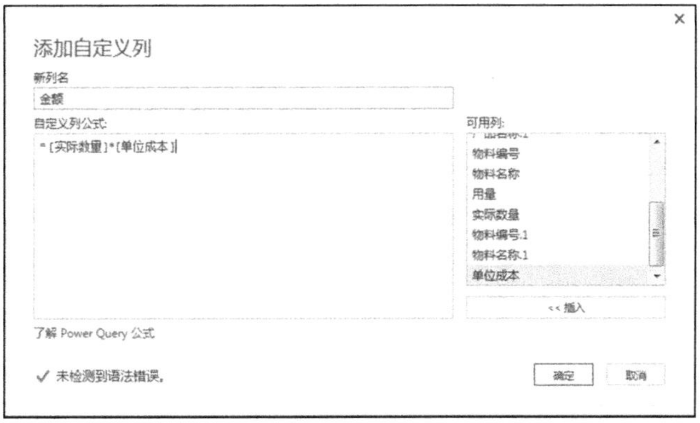

第 4 章　数据透视表与 Power 系列

图 4-154

STEP 12 在查询编辑器界面中单击"开始"选项卡下的"关闭并上载"按钮，保存了一个为"Merge2"的查询。如图 4-155 所示是订单中各产品与 BOM、BOM 与物料单位成本关联出来的数据，"金额"列中每个单元格中的数据即每种产品消耗明细物料的成本。

	A	B	C	D	E	F	G	H	I	J
1	客户	产品代码	产品名称	订单数量	物料编号	物料名称	用量	实际数量	单位成本	金额
2	长安福特	A001	NEW WISH迎宾灯	680	10502-1B1-0	PC透明灯壳	30.56	20780.8	3.66154	76,089.73
3	长安福特	A001	NEW WISH迎宾灯	680	10502-1A1-B	ABS灰色底盖	13.12	8921.6	1.28205	11,437.94
4	长安福特	A001	NEW WISH迎宾灯	680	10502-3J1	铜端子	4	2720	1.19658	3,254.70
5	长安福特	A001	NEW WISH迎宾灯	680	10502-2G1-N	马口铁(反光指板)	3.2	2176	1.93932	4,219.96
6	长安福特	A001	NEW WISH迎宾灯	680	2A-P3*8-N	M3*8圆头自攻牙尖尾镀铬螺丝	8	5440	2.43761	13,260.60
7	长安福特	A001	NEW WISH迎宾灯	680	10502-5F2	PCB组立件	7	4760	32.765	155,961.40
8	长安福特	A001	NEW WISH迎宾灯	680	10502-4K1	0.5MM厚单面背胶快巴纸垫片	4	2720	1.345	3,658.40
9	长安福特	A001	NEW WISH迎宾灯	680	4C1-13*11	气泡袋	2	1632	0.6903	1,126.57
10	长安福特	A001	NEW WISH迎宾灯	680	10502-4E1-W	白盒	16	10880	0.2765	3,008.32
11	长安福特	A002	前大灯组件	438	19A16-91020-J	PMMA透明-外罩	2	876	4.07	3,565.32
12	长安福特	A002	前大灯组件	438	10XV1-81075-B	pp-t40黑-灯座	2	876	4.39	3,845.64
13	长安福特	A002	前大灯组件	438	10XV1-81076-A	pp-t40黑-盖板	6	2628	4.99	13,113.72
14	长安福特	A002	前大灯组件	438	11A13-79033-H	PA66电镀-圆形反光碗	4	1752	5.54	9,706.08
15	长安福特	A002	前大灯组件	438	11BUK-05510	PA66电镀-方形反光碗	6	2628	3.16	8,304.48
16	长安福特	A002	前大灯组件	438	11DQ7-18013-A	PA66电镀-反光罩	4	1752	4.52	7,919.04
17	长安福特	A002	前大灯组件	438	98DQ9-01101	ABS白-调节齿轮	2	876	5.28	4,625.28
18	长安福特	A002	前大灯组件	438	98DQ9-01102	EPDM黑-防水属	2	876	4.84	4,239.84
19	长安福特	A003	尾灯组件	654	98DQ9-01201	PMMA透明-外罩	2	1308	3.83	5,009.64
20	长安福特	A003	尾灯组件	654	9UA23-43002	PP-T20黑-挡板	2	1308	4.21	5,506.68
21	长安福特	A003	尾灯组件	654	9UME1-02252	ABS灰-支座	2	1308	3.29	4,303.32
22	长安福特	A003	尾灯组件	654	9UP01-01253	PMMA透明-内灯罩	2	1308	4.53	5,925.24
23	长安福特	A003	尾灯组件	654	9UT12-02119	PA66桔黄-灯盏	2	1308	4.66	6,095.28
24	长安福特	A003	尾灯组件	654	9UT12-02252	ABS-内反光碗	2	1308	3.6	4,708.80

图 4-155

提示 在如图 4-155 所示的表格中不能直接对各产品订单数量进行求和。读者可以尝试一下在此表中直接对各产品订单数量进行求和，计算结果是错误的。

STEP 13 汇总成本金额：在查询编辑器界面中单击"转换"选项卡下"表"分组中的"分组依据"按钮，弹出"分组依据"对话框，"分组依据"选择"产品代码"和"产品名称"（单击"+"号可增加分组依据），将"新列名"命名为"总成本"，操作方式选择"求和"，列选择 Merge2 中的"金额"，单击"确定"按钮，如图 4-156 所示。求出各产品的成本汇总金额，如图 4-157 所示，单击"开始"选项卡下的"关闭并上载"按钮，"Merge2"的查询得到了修改。

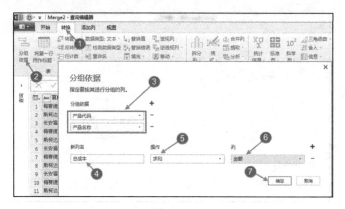

图 4-156

图 4-157

STEP 14 汇总各产品订单数量：单击"POWER QUERY"选项卡下"工作簿查询"分组中的"启动编辑器"按钮，弹出查询编辑器界面，在界面左侧的"查询"窗口中选择"客户订单数据"，单击鼠标右键，选择"复制"，然后单击鼠标右键，选择"粘贴"，出现"客户订单数据（2）"，如图 4-158 所示。切换到"转换"选项卡，单击"分组依据"，按如图 4-159 所示的方式对客户订单的各产品数量求和，得到各产品数量之和，单击"开始"选项卡下的"关闭并上载"按钮，"客户订单数据（2）"查询汇总如图 4-160 所示。

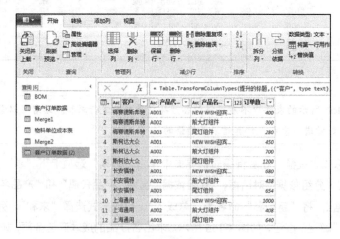

图 4-158

第 4 章 数据透视表与 Power 系列

图 4-159　　　　　　　　　　　　　　图 4-160

提示　如果不对"客户订单数据"进行复制/粘贴，就对各产品汇总求和，会导致 Merge1 和 Merge2 中出现关联错误。

STEP 15　按如图 4-161 所示的方式关联 Merge2 与"客户订单数据（2）"查询（关联数据与前述步骤相同，此处省略），形成合并查询表 Merge3。

图 4-161

STEP 16　计算单位成本：按如图 4-162 上半部分所示添加自定义计算列，单击"开始"选项卡下的"关闭并上载"按钮，得到最终结果，如图 4-162 下半部分所示的 Merge3。查询表 Merge3 为已计算完毕的各产品材料成本数据表。

223

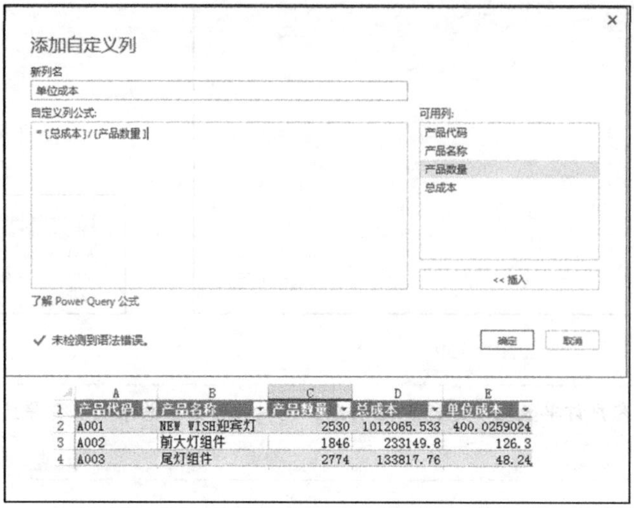

Excel 数据处理与分析实战宝典（第 2 版）

图 4-162

提示 Power Query 更新数据的两种方式如下。

★ 数据源路径不变时，将光标悬停在"Merge3"查询表格的任意一个单元格中，单击鼠标右键，选择"刷新"命令，可以得到有关成本的最新数据信息。

★ 如果数据源路径发生改变，在"查询设置"窗口的"应用的步骤"文本框中选择"源"，将新的路径复制/粘贴到如图 4-163 所示的长条框中，然后单击鼠标右键，选择"刷新"命令，即可得到所需各产品的最新成本数据。

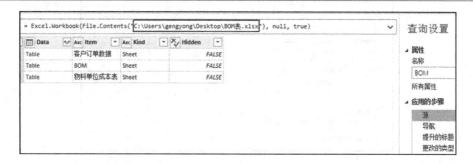

图 4-163

补充说明：上述实例中出于简化考虑，有关产品 BOM 只列出了单一层级的 BOM 表。实际上，很多产品构成产品物料是有多个层级的，这时只需明确 BOM 表的尾阶物料（即构成产品的最明细级物料），取出最明细级物料成本，即可计算出各产品的材料成本。

第 4 章 数据透视表与 Power 系列

4.16 利用 Power Query 拆分连续号码查找差异

如图 4-164 所示,其中左边表格是连续的车号补贴收入确认表,右边表格是单台车号收到的补贴明细表。现需要根据补贴收入确认表中的连续号码,从收到的补贴明细表中找出没有收到补贴款项的明细车号及金额。很显然,需要将左表的连续车号分解成单一车号并将补贴金额按连续车号的台数分解成单台车号的补贴金额,实现步骤如下。

图 4-164

STEP 01 将两表加载到查询编辑器,拆分连续车号。选择"车号"列,然后单击鼠标右键,选择"重复列",复制连续车号列,如图 4-165 所示。之后对复制列进行拆分,按分隔符"-"拆分,如图 4-166 所示。取最小车号:打开"转换"选项卡下的"提取"下拉列表框,选择"结尾字符",在打开的"提取结尾字符"窗口的"计数"文本框中输入"4",如图 4-167 所示。单击"确定"按钮,完成最小车号的取值。

图 4-165

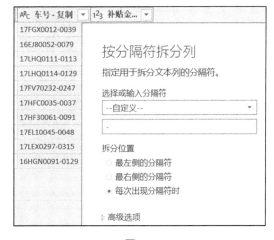

图 4-166

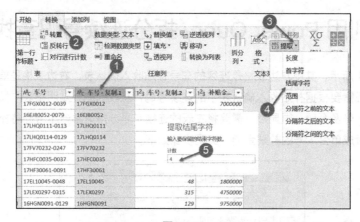

图 4-167

STEP 02 拆分连续号码成明细号码并展开明细车号。选择最小车号列并将其重命名为"最小车号",将步骤1中按"-"分列出来的列重命名为"最大车号"。选择"最小车号"列,然后单击鼠标右键,选择"更改类型"中的"整数",将最小车号的文本值转换为数值,如图 4-168 所示。

单击"添加列"选项卡下的"自定义列"按钮,在弹出的"自定义列"对话框中输入如下公式:={[最小车号]..[最大车号]},单击"确定"按钮,如图 4-169 所示。其中"最小车号"和"最大车号"是通过选择右侧"可用列"文本框中的字段,然后单击"插入"按钮添加到公式中的。注意:自定义列公式={[最小车号]..[最大车号]},表示生成从一个初始值到一个结束值的清单列表。

在"自定义列"处单击图标,选择"扩展到新行",如图 4-170 所示,完成连续车号的展开,将其重命名为"明细车号"。

图 4-168

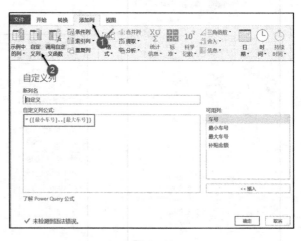

图 4-169

第 4 章 数据透视表与 Power 系列

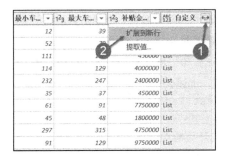

图 4-170

STEP 03 提取车号的前 5 位字符，进行单台补贴计算。再次复制"车号"列，选择复制的"车号"列，打开"添加列"选项卡下的"提取"下拉列表，选择"范围"，在弹出的"插入文本范围"对话框的"起始索引"文本框中输入"0"，在"字符数"文本框中输入"5"，单击"确定"按钮，完成车号前 5 位字符的截取，如图 4-171 所示。采用同样的方式自定义"单台补贴"列，如图 4-172 所示，完成单台车号补贴金额的计算。

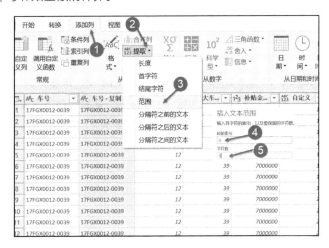

图 4-171

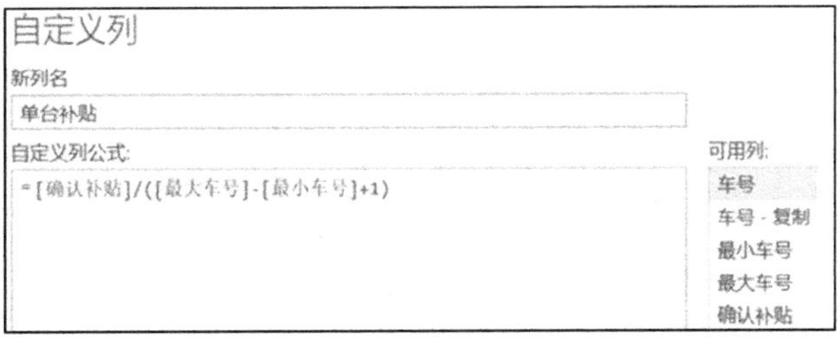

图 4-172

STEP 04 连续车号的明细车号为 4 位数字，但是拆分后有的 "0" 会丢失，需要在明细号码的左边补齐 "0"，不足 4 位的需要补足 4 位，因此添加自定义列：=Text.PadStart([明细车号],4,"0")，如图 4-173 所示。注意：补齐的 "0" 是文本，要用半角双引号，在补齐 "0" 之前的明细车号是整数，需要转换为文本；否则，上述公式会报错。

```
Power Query 函数：=Text.PadStart
语法：=Text.PadStart(text,count,character)
```

说明：通过文本值 text 的开头插入空格；返回的字符长度为 count 的值；可选字符 character 可用于指定要插入的字符，不指定时默认为空格。

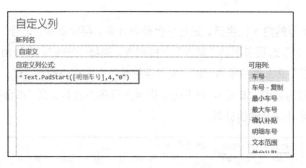

图 4-173

STEP 05 合并列。选择 "文本范围" 列，然后按住 **Ctrl** 键选择及补齐 "0" 的文本后自定义列，之后单击鼠标右键，选择 "合并列"，如图 4-174 所示。删除其他不需要的列，并将合并列重命名为 "具体车号"。最终分解的明细车号列如图 4-175 所示。

图 4-174   图 4-175

第 4 章 数据透视表与 Power 系列

STEP 06 依次选择"数据"→"获取转换数据"→"获取数据"→"合并查询"→"将查询合并为新查询",以分解拆分后的表为基准进行匹配数据,注意选择对应的匹配字段,连接种类选择"左反(仅限第一个中的行)",即找出没有收到补贴款项的车号,如图 4-176 所示。

单击"关闭并上载至"按钮,将合并的查询结果上传到表格中,部分结果如图 4-177 所示。如有数据更新,将光标悬停在表格中的任意一个单元格,直接刷新该表即可得到最新结果。

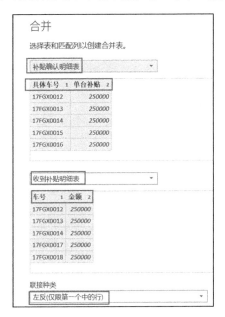

图 4-176

图 4-177

第 5 章

Excel 函数与公式

5.1 函数与公式基础

1. 函数与公式简介

Excel 公式是以等号"="开头，通过使用运算符将数据、函数等元素按一定顺序连接在一起，从而实现对工作表中的数据执行计算的等式。公式写在单元格中，它能自动完成所设定的计算，并在定义公式所在单元格返回计算的结果。

Excel 中的公式分为普通公式、数组公式和命名公式（即定义为名称的公式），有关这些公式的介绍可参见本章及下一章的相关内容。

函数是一些预定义的公式，其通过使用一些被称为参数的特定数据来按照特定的顺序或结构执行计算。函数由函数名称、左括号、半角逗号分隔的参数、右括号组成，并且可以嵌套，即一个函数的结果可以作为另一个函数的参数。Excel 有如下几大类函数。

★ 财务函数：进行有关资金方面的财务计算。
★ 日期与时间函数：用来计算与日期和时间有关的数据。
★ 数学与三角函数：进行数学和三角函数方面的计算。
★ 统计函数：对表格中的数据进行统计分析。
★ 查找和引用函数：在数据清单和表格中查找或者引用特定内容。

第 5 章　Excel 函数与公式

★ 数据库函数：用于分析数据清单中的数据是否符合特定条件。
★ 文本函数：用于处理数据中的文本字符串。
★ 逻辑函数：进行真假值的判断。
★ 信息函数：确定单元格中的数据类型。
★ 工程函数：用于工程分析。

除上述几大函数类型外，Excel 还为用户提供了利用 VBA 来创建自定义函数的功能。有时使用 Excel 内置的函数往往因为数据的复杂性导致公式冗长、可读性差，这时利用自定义函数可以简化用户的工作，还可以满足用户个性化的需求，使公式具有更强大和灵活的功能。

每一大类函数均包括许多具体的函数，完全熟悉并掌握这些函数的用法不仅会花费很多时间，而且确实没必要，Excel 本身已经为我们准备了详细的帮助文件，查看帮助（也可使用功能键 F1）来了解所需函数的相关用法即可。

2．公式的组成与结构

由上述公式的定义可知，公式的组成要素有等号"="、运算符和常量、单元格引用、函数等。以下参照图 5-1 所示的公式结构图对公式分部分进行简单介绍。

图 5-1

（1）参数

所有的函数都使用了括号，括号里的就是参数。参数可以是数字、文本、逻辑值（TRUE、FALSE）、数组，以及形如#N/A、#VALUE!等错误值或单元格的引用，参数也可以是常量、公式或函数。

如果文本作为参数，输入的文本必须用英文状态的半角双引号引起来。

给定的参数必须能产生有效的值。根据参数用途的不同，其可以被分为

★ 无参数，如 TODAY()、NOW()等括号中没有参数，属于易失性函数；
★ 一个参数，如 SQRT、TRIM、CLEAN、IS 类函数只有一个参数；
★ 固定数量的参数，如 DATEDIF 则有 3 个参数；
★ 不确定数量的参数，典型的如 SUMIFS 函数。
★ 可选参数，如 FIND 函数的第 3 个参数、SUBSTITUTE 函数的第 4 个参数。可选参数的两侧包含一对方括号[]，表示这个参数在实际使用时可以省略。

> **提示** 由于函数的参数均具有固定位置，因此省略函数某个位置的参数时，该参数连同其后面的参数均一起省略。例如 OFFSET 函数的第 4 个、第 5 个参数被一起省略，而无法只省略第 4 个参数而保留第 5 个参数。

如果函数使用多个参数，则必须使用逗号来分隔开这些参数。

（2）嵌套函数

嵌套函数是指，在某些情况下，用户可以将某函数作为另一个函数的参数来使用。

（3）运算符

★ 运算符的作用：是对公式中的各元素进行运算操作，分为算术运算符、比较运算符、文本运算符、引用运算符。

★ 公式中运算符的顺序从高到低依次为冒号（:）、逗号（,）、空格（ ）、负号（−）、百分比（%）、乘幂（^）、乘（*）、除（/）、加和减（+、−）、连接符（&）、比较运算符（=、<>、>、<、>=、<=）。

★ 在 Excel 数据类型中，数值最小，文本其次（文本按照首字符的拼音排序，排列顺序规则和《新华字典》中的规则一致，小写字母小于大写字母），最大的是逻辑值 TRUE。大小顺序如图 5-2 所示。

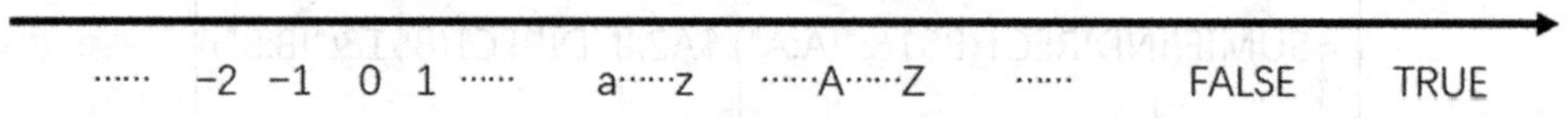

```
…… -2 -1 0 1 …… a……z ……A……Z ……  FALSE   TRUE
```

图 5-2

在 Excel 数值中，数值型数字的最大正数可达 9.9×10^{307}（通常用 9E307 来代替），最小负数可达 -9.9×10^{307}（通常用 −9E307 来代替）。

★ 引用运算符：当在公式中引用单元格区域的时候，可能会用到引用运算符。公式中用到的引用运算符主要有冒号（:）、逗号（,）、空格（ ）。

3. Excel 公式的确认方式及计算方式

（1）公式确认的 3 种方式

★ 单一单元格的普通公式：在公式输入完毕可以使用 Enter 键确认公式，也可以单击公式等号（"="）前面的 Fx 处的绿色对钩（√）确认公式；单击叉号（×）则为放弃确认输入的公式。

★ 多个单元格的普通公式：在选中多个单元格后定义完公式，可以同时按下 Ctrl 键和 Enter 键（Ctrl+Enter 组合键）确认公式，这样实现的是多个单元格同时确认公式，这是属于公式的批量确认方式。具体实例可参见 7.2.3 节中的第 5 小节"合并单元格求和"。

★ 数组公式确认方式：在输入数组公式后需要同时按下 Ctrl 键、Shift 键和 Enter 键（Ctrl+Shift+Enter 组合键）来确认公式，公式确认完毕，在公式前面的等号（"="）前和公式末尾会出现一对大括号。

（2）Excel 公式的计算方式

Excel 提供了公式的 3 种计算方式，用户可以根据工作表的具体情况选择合适的计算方式。

可以在"公式"选项卡下单击"计算"分组中的"计算选项"按钮，在弹出菜单中可选择"自动"、"除模拟运算外，自动重算"和"手动"3 种计算方式，如图 5-3 所示。

图 5-3

默认情况下，Excel 会自动计算工作表中的公式。如果不希望工作表数据一发生变化 Excel 就自动重算，可将计算方式改为手动计算；如果工作表中包含一个或多个可能导致降低重新计算速度的数据表，则选择"除模拟运算表外，自动重算"命令，这样 Excel 在自动重新计算公式时，将绕开模拟运算表中的所有公式。

5.2 公式中的引用

在输入公式时，经常用到相对引用、绝对引用、混合引用、跨工作表引用、跨工作簿引用，有时也会利用名称来代替引用。下面分别介绍有关 Excel 公式中引用的相关知识。

1. 单元格引用

引用单元格，就是表示单元格的地址，单元格地址有 A1 和 R1C1 两种样式。

A1 样式就是将单元格引用写成类似于"A1"的样式，如 F2、D1200、P23 等，"A1"样式的单元格地址由列标（字母）和行号（数字）两部分组成，表示列标的字母在前，表示行号的数字在后。

R1C1 引用样式就是将单元格地址写成类似于"R1C1"的样式，其表示的单元格地址也由行号和列标所组成：R1 和 C1。其中 R1 表示第 1 行（R1 即 Row1 的缩写），C1 表示第 1 列（C1 即 Column1 的缩写）。故 R1C1 表示第 1 行和第 1 列交叉处的单元格，即 A1 单元格。

默认情况下，Excel 均使用 A1 引用样式。如果想切换成 R1C1 引用样式，则可在"Excel 选项"对话框的"公式"选项卡中勾选"R1C1引用样式"（见图5-4）。切换成此模式后，如果使用原来默认的A1引用样式输入单元格地址，则会出现"#NAME?"错误。

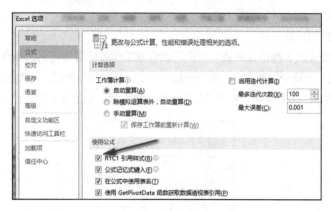

图 5-4

引用的作用在于标识出工作表上的单元格或者单元格区域，并指明公式中所用的数据位置。通过引用，可以在公式中使用工作表不同部分的数据，或者在多个公式中使用同一单元格或同一单元格区域的数据，还可以引用同一工作簿中不同工作表上的单元格和其他工作簿中的数据。如表5-1所示是单元格引用的若干实例。

表 5-1

引 用	引用样式
B列与行5交叉处的单元格	B5
在C列和行5到行30之间的单元格区域	C5:C30
在行5和列B到列F之间的单元格区域	B5:F5
行1中的全部单元格	1:1
行1到行5中的全部单元格	1:5
列B的全部单元格	B:B
列B到列G的全部单元格	B:G
在C列第5行到G列第30行之间的单元格区域	C5:G30
在Sheet1中C列第5行到G列第30行之间的单元格区域	Sheet1!$C$5:$G$30

2. 相对引用、绝对引用和混合引用

公式中相对引用所引用的位置为基于包含公式和单元格引用的相对位置。如果公式所在单元格的位置发生了变化，引用也随之改变。如果多行或多列地复制定义的公式，引用也会随之调整。如图5-5所示是相对引用的两个实例，如图中那样向下复制公式的单元格则依次显示B1:B3单元格中的内容，而向右复制公式的单元格则依次显示E2:G2单元格中的内容。

公式中的绝对引用总是在指定位置引用单元格。如果公式所在单元格的位置发生了变化，引用也不会随之改变。如果多行或多列地复制定义的公式，引用也不会随之调整。如图 5-6 所示是绝对引用的两个实例，如图中那样向下复制公式的单元格则只显示 B1 单元格中的内容，而向右复制公式的单元格则依次显示 E2 单元格中的内容。

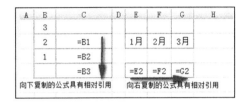

图 5-5

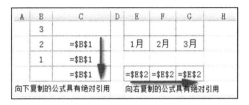

图 5-6

混合引用分为“绝对列和相对行”与“绝对行和相对列”两种。“绝对列和相对行”采取$B1 这样的样式，“绝对行和相对列”采取 A$1 这样的样式。对于前者，如果公式所在单元格的位置发生改变，则相对引用的行发生改变，而列不会变化；对于后者，如果公式所在单元格的位置发生改变，则相对引用的列发生改变，而行不会变化。如果多行或多列地复制公式，相对引用会自动发生调整，而绝对引用不做调整。如图 5-7 所示是混合引用的两个实例。

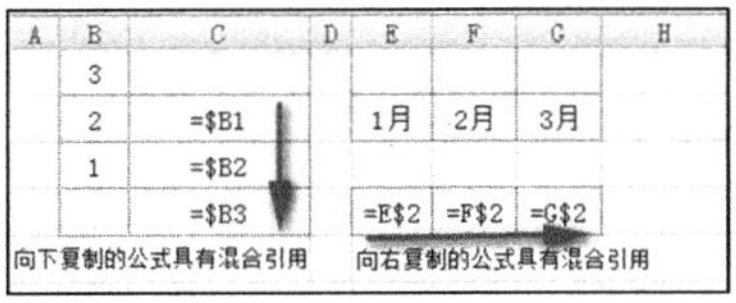

图 5-7

图 5-8 是九九乘法表，这是混合应用的一个经典实例，从 C2 单元格中的公式可以体会出混合引用的特点。

	A	B	C	D	E	F	G	H	I	J	K
1			1	2	3	4	5	6	7	8	9
2		1	1×1=1								
3		2	1×2=2	2×2=4							
4		3	1×3=3	2×3=6	3×3=9						
5		4	1×4=4	2×4=8	3×4=12	4×4=16					
6		5	1×5=5	2×5=10	3×5=15	4×5=20	5×5=25				
7		6	1×6=6	2×6=12	3×6=18	4×6=24	5×6=30	6×6=36			
8		7	1×7=7	2×7=14	3×7=21	4×7=28	5×7=35	6×7=42	7×7=49		
9		8	1×8=8	2×8=16	3×8=24	4×8=32	5×8=40	6×8=48	7×8=56	8×8=64	
10		9	1×9=9	2×9=18	3×9=27	4×9=36	5×9=45	6×9=54	7×9=63	8×9=72	9×9=81

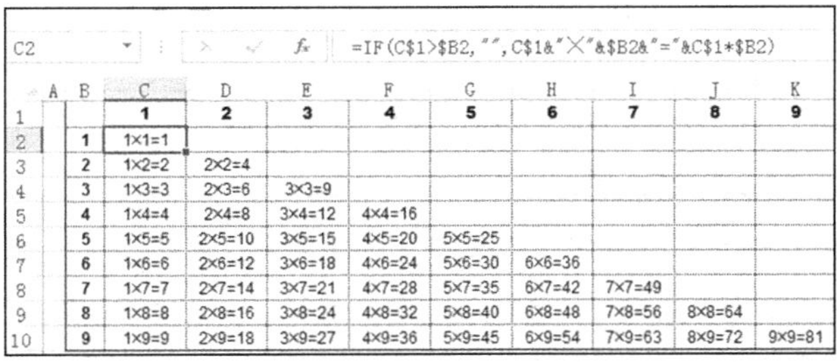

图 5-8

在输入公式时，经常需要根据情况来确定是相对引用、绝对引用还是混合引用。当需要切换引用类型时，可在“编辑栏”中选中该单元格地址，然后按 F4 键进行切换。相对引用切换成绝对引用时直接按 F4 键，绝对引用切换成"绝对行和相对列"引用时再按一次 F4 键，第 3 次按 F4 键切换成"绝对列和相对行"引用，第 4 次按 F4 键切换回相对引用，如图 5-9 所示。

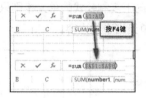

图 5-9

3．其他引用

要引用同一工作簿中其他工作表的单元格，可以使用如表 5-2 所示的样式。

表 5-2

引用样式	示例	结果	说明
工作表名称!单元格地址	=数据源!A2	15635498	工作表名称无空格
工作表名称!单元格地址	='2016 承兑明细'!B2	深圳大方公司	当工作表名称有空格或者括号时，则必须用单引号将工作表名引起来。通过光标直接选取工作表的相应单元格时会自动出现单引号

要引用其他工作簿中的单元格（假设其他工作簿名为"2 求和函数案例"，此工作簿中的"不重复排名"为工作表名，A1 单元格中的内容为"类别季节"）时，可以使用如表 5-3 所示的格式。

表 5-3

引用样式	示例	结果	说明
[工作簿名称]工作表名称!单元格地址	=[2 求和函数案例.xlsx]不重复排名!$A$1	类别季节	工作簿名称无空格
[工作簿名称]工作表名称!单元格地址	='[2 求和函数案例.xlsx]不重复排名'!$A$1	类别季节	此时被引用的工作簿处于打开状态
[工作簿名称]工作表名称!单元格地址	='D:\自编函数培训资料\[2 求和函数案例.xlsx]不重复排名'!$A$1	类别季节	此时被引用的工作簿处于关闭状态

当工作簿名称有空格时，则必须用单引号将工作簿名和工作表名引起来。通过鼠标直接选取其他工作簿中工作表的相应单元格时，会自动出现单引号。当其他工作簿处于关闭状态时，则必须在单引号中加上完整的路径，以便公式所在的表格能找到它（这种路径也是公式所在的表格自动形成的），这时这种引用可被称为链接。

链接的文件也可以驻留在公司网络可访问到的其他系统上。例如，下面的公式引用了一个名为 Datacenter 的计算机上财务部目录下某个工作簿中的一个单元格：

第 5 章　Excel 函数与公式

```
="\\Datacenter\财务部\[成本报表.xlsx]"!$F$7
```

如果工作表中使用了名称的单元格或区域，则公式中可以使用名称来代替输入引用地址。有关名称的使用可参见 2.4 节的有关知识。

4．在表格中使用公式

表格是专门指定的单元格区域，它具有列标，如图 5-10 所示。

	A	B	C	D
1	商品名称	销量	收入	成本
2	汽车配件4	1	34.87	34.58
3	汽车配件1	1	11.76	11.29
4	汽车配件6	1	32.48	30.21
5	汽车配件9	1	57.35	40.17
6	汽车配件5	1	102.11	93.58
7	汽车配件1	1	55.64	37.2
8	汽车配件9	1	37.14	33.97
9	汽车配件3	1	57.35	40.17
10	汽车配件1	1	57.35	40.17
11	汽车配件3	1	5.13	5.13

图 5-10

如需要在表格中加一行数据进行汇总，则可将光标放置在表格中的任意一个单元格，在"表格工具"的"设计"选项卡下勾选"表格样式"分组中的"表格样式"复选框，选择"汇总行"中的任意一个单元格，选择下拉列表框中的汇总方式"求和"，Excel 表格将创建如下公式：=SUBTOTAL(109,[成本])，如图 5-11 所示。

在图 5-11 所示的表格中，如果需要增加一列来计算"毛利"，则可以在 E1 单元格中输入列标题"毛利"，在 E2 中输入"="，然后选择 C2 单元格，接着输入"-"，再选择 D2 单元格，按 Enter 键确认公式。这时公式会应用到此列所有的单元格，而且公式显示如下：=[@收入]-[@成本]，这里的"@"表示"此行"，如图 5-12 所示。

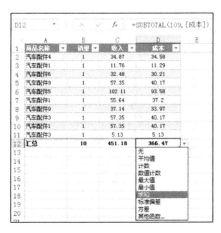

图 5-11

图 5-12

5.3 公式的查错与监视

1. 公式中出现错误的提示

如图 5-13 所示，B8:D8 单元格区域左上角出现绿色的小三角，这是 Excel 提示用户这个区域的公式可能有错误。单击任何一个带绿色小三角的单元格，单元格左边出现感叹号，单击感叹号后会弹出如图 5-13 所示的一个错误提示："公式省略了相邻单元格。"这种错误提示可能不是公式本身造成的，本实例中 B1:D1 单元格中的数据实际为年份。

图 5-13

如果公式输入中存在错误导致 Excel 无法计算时，它会给出错误提示。因此，需要认识这些错误提示的含义，这些提示可以帮助用户理解公式中存在的问题，并能有针对性地解决公式中的问题。表 5-4 是错误信息对用户的提示。

表 5-4

错误提示	错误原因	解决方法
#####	当列宽不够或者使用了负日期、负时间时	增加列宽或缩小字体填充；应用不同的数字格式
#VALUE!	使用的参数或操作数据类型错误。①当公式需要输入数字或者逻辑值时却输入了文本；②输入了数组公式并按了 Enter 键，却没有按 Ctrl+Shift+Enter 组合键；③将单元格引用、公式或函数作为数组常量输入；④为需要单个值（而不是区域）的运算符或函数提供了区域；⑤在某个矩阵工作表函数中使用了无效的矩阵	①确认公式或函数所需运算符或参数正确，并且公式引用的单元格中包含有效的数值；②选定包含数组公式的单元格或者单元格区域，进入编辑模式，然后按 Ctrl+Shift+Enter 组合键；③确认数组常量不是单元格引用、公式或者函数；④将区域更改为单个值，更改数值区域，使其包含公式所在的数据行或列；⑤确认矩阵的维数对矩阵参数是正确的
#DIV/0!	数字被 0 除。①输入的公式包含被 0 除；②使用对空白单元格或者包含 0 的单元格引用做除数	①将除数更改为非 0 值；②确认公式或函数中的除数是否为 0 值，使用排错函数如 IFERROR、ISERROR 等函数屏蔽 0 值带来的错误

第 5 章 Excel 函数与公式

续表

错误提示	错误原因	解决方法
#NAME?	Excel 未识别公式中的文本。①使用"分析工具库"加载宏部分的函数，而没有加载宏；②使用不存在的名称或者拼写错误的名称；③在公式中使用了禁止使用的标志；④函数名拼写错误；⑤在公式中输入文本时没有输入英文状态下的双引号；⑥遗漏了区域引用中的冒号；⑦引用了其他未包含在单引号中的工作表	①安装和加载"分析工具库"加载宏；②确保使用的名称存在；③在公式中使用标志；④更正拼写；⑤在公式中输入的文本用半角双引号括起来；⑥确保公式中的区域引用使用了冒号；⑦如果引用了其他工作表或者工作簿中的值或者单元格，且那些工作簿或工作表的名字中包含非字母字符或者空格，则必须使用单引号（'）将这个字符括起来
#N/A	数值对函数或公式不可用。①遗漏数据，出现的是#N/A 或 NA()；②在 VLOOKUP、HLOOKUP、LOOKUP、MATCH 函数中查找值参数赋予了不当的值；③在未排序的数据中，使用 VLOOKUP、HLOOKUP、LOOKUP、MATCH 函数来定位值；④数组公式中参数的行数或列数与数组公式区域的行数或列数不一致；⑤内部函数或自定义工作表函数缺少一个或多个必要参数；⑥使用的自定义工作表函数不可用	①用新数据取代#N/A；②确保 VLOOKUP、HLOOKUP、LOOKUP、MATCH 函数中查找值类型正确；③正确使用 VLOOKUP、HLOOKUP、LOOKUP 的最后一个参数；正确使用 MATCH 函数的第 3 个参数；④保证数组公式中参数的行数或列数与数组公式区域的行数或列数一致；⑤在函数中输入全部参数；⑥确保包含此工作表函数的工作簿已经打开并且函数工作正常
#REF!	单元格引用无效。①删除其他公式所引用的单元格或将已移动的单元格粘贴到其他公式所引用的公式上；②使用的链接所指向的程序未处于运行状态	①更改公式，或者在删除或粘贴单元格之后立即单击"撤销"以恢复工作表中的单元格；②启动该程序
#NUM!	公式或函数中使用了无效的值或公式。①在需要参数的函数中输入了无法接受的参数，如 DATEDIF 函数中的第 1 个参数大于第 2 个参数时；②使用了迭代计算的工作表函数如 IRR 或 RATE，并且函数无法得到有效的效果；③由公式产生的数字太大或太小，Excel 不能表示	①确保函数中使用的值或公式满足函数参数要求的条件；②为工作表函数使用不同的初始值。更改迭代公式的次数
#NULL!	指定并不相交的两个区域的交点。用空格表示两个引用单元格之间的相交运算符。①使用了不正确的区域运算符；②区域不相交	①若引用连续单元格区域，则请使用冒号（:）分隔第一个单元格和最后一个单元格。如果要引用不相交的若干区域，则请使用联合运算符逗号（,）；②更改引用区域使其相交

2．公式的审核与追踪

对于学习中遇到的各种公式，用户可能对其中的引用关系还不甚明了，那有没有提醒我们理解公式引用的方法呢？另外，在输入公式后显示为错误，又如何追踪错误以帮助用户更正错误呢？用户可在"公式"选项卡下的"公式审核"分组中使用相关命令对公式进行审核与追踪（见图 5-14）。

★ 追踪引用单元格：可以查看公式所引用的单元格，从而判断公式引用的单元格有无错误。

★ 追踪从属单元格（即从属单元格中的公式引用了其他单元格）：查看公式所引用的从属单元格，从而判断公式引用的单元格有无错误。

★ 移去箭头：可将追踪引用单元格或者追踪从属单元格的箭头移除，使表格保持原来的状态。

★ 显示公式：方便用户检查同列或同行中的公式是否一致，便于快速确定需要修正公式的单元格。

★ 错误检查：该命令可帮助用户检查公式是否有错误。可在选中有公式的单元格后单击"错误检查"对话框中的相应按钮进行处理。如图 5-15 所示，B8 单元格左上角出现绿色的小三角并不是错误的，可单击"忽略错误"按钮去掉绿色小三角的错误提示。

图 5-14

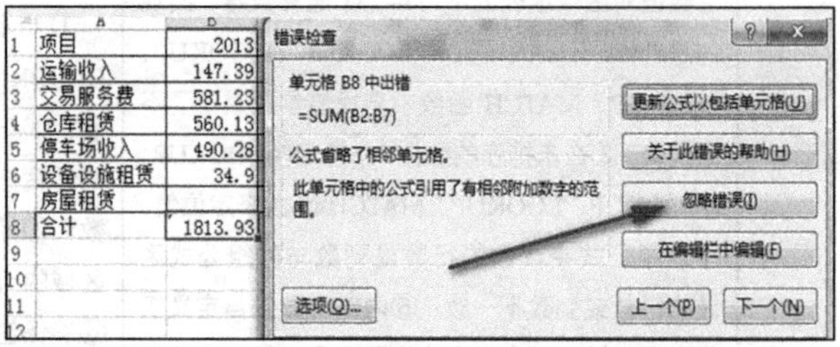

图 5-15

★ 公式求值：在学习复杂公式的过程中，用户往往觉得运行步骤很复杂，故希望能跟踪公式的运行过程，看到它每一步的运行结果，以便更好地理解公式的运算逻辑。单击"公式求值"对话框中的"步入"、"步出"和"求值"，可以查看每一步的计算过程及相关结果，如图 5-16 所示。

图 5-16

提示　对复杂公式中的相关嵌套函数进行解读还可以使用 F9 键进行处理：将需要解读的部分用光标抹黑，然后按 F9 键，即可得出相应的结果。

第 5 章　Excel 函数与公式

在单元格定义公式时，必须保证该单元格为非文本格式状态。当单元格为文本状态时，在单元格中定义的公式默认为文本，只显示公式，计算不出结果。出现这种错误时需要先清除单元格中输入的公式，然后设置单元格格式为"常规"。关于这一点，请注意与上述"显示公式"命令是完全不同的。

有时用户输入公式后会遇到如图 5-17 所示的警告信息，说明输入的公式中存在循环引用。当公式直接或者间接引用自身数值时，就会发生循环引用。例如，在 A5 单元格中输入公式"=SUM(A1:A5)"，因为 A5 单元格求和引用了 A5 单元格本身，所以就产生了循环引用。每次 A5 单元格中的公式计算时，都会重新计算此公式，因为 A5 的值发生了改变，这样 A5 单元格中的计算公式将一直执行下去。Excel 表格左侧状态栏中会有循环引用的提示。

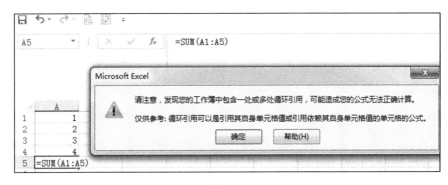

图 5-17

一般情况下,循环引用很容易被发现和改正。但是当循环引用是较为复杂的间接引用方式时，则需要深入分析才能发现问题所在。

提示　在某些情况下需要利用循环引用，这时需要在"Excel 选项"对话框中勾选"启用迭代计算"设置。在一般情况下，此项设置应关闭，以便 Excel 提出循环引用的警告。

第6章

逻辑函数

6.1 逻辑函数概述

1. 逻辑函数基础

逻辑值有 TRUE（真值）和 FALSE（假值），相当于我们日常所说的"是"或"不是"，就是判断一个条件是否成立的结果值。如果该条件是成立的，则是真值，即结果为 TRUE；如果该条件是不成立的，则是假值，即结果为 FALSE。逻辑函数就是进行真假值判断的函数。

逻辑函数是函数的基础，学习 Excel 函数的表达方式时，必须对逻辑函数有清晰的认知和正确的理解。那么 Excel 在什么时候应用逻辑函数呢？又有哪些逻辑函数可以返回逻辑值呢？

当公式在执行比较运算时会返回逻辑值。有关比较运算的符号可参见 5.1 节中的相关知识。图 6-1 是执行比较运算的实例。

	A	B	C	D
1	数据1	数据2	结果	公式
2	2016/3/17	2016/1/31	TRUE	=A2>B2
3	0	1	FALSE	=A3>B3
4	60	80	FALSE	=A4<75<B4

图 6-1

第 6 章 逻辑函数

> **提示** 日期的本质也是一种数值，故可以比较大小。

D 列中 D4 单元格的逻辑表达式和数学运算上的比较是不同的：在数学逻辑上，"60<75<80" 是成立的；在 Excel 中，"A4<75" 返回逻辑值 "TRUE"，而在 Excel 数据类型中，逻辑值 "TRUE" 是大于任何数的，故 "A4<75" 返回逻辑值 "TRUE"，大于 B4 单元格中的值 "80"。因此上述逻辑表达式是不成立的，故返回逻辑值 "FALSE"。

2. 认识 IF 函数和它的 3 个助手

IF 函数可以说是最常用的逻辑函数。在处理数据时，用户经常遇到各种各样的条件，用 IF 函数可对数值和公式进行条件检测。IF 函数可以多层嵌套，它可以从多个结果中选择一个。如图 6-2 所示是 IF 函数的若干实例。

	A	B	C	D	E
1	规则	检测数据	结果	公式	用途
2	某地工资水平划分规则：月薪<3000元，低；[3000,6000)，中；>=6000,高。	4500	中	=IF(B2<3000,"低",IF(B2<6000,"中","高"))	划分等级
3					
4	项目	收入	工时	单位工时收入（结果）	公式
5	项目1	13000	130	100	=IF(C5=0,0,B5/C5)
6	项目2	1258	0	0	=IF(C6=0,0,B6/C6)
7	项目3	8000	100	80	=IF(C7=0,0,B7/C7)
8	项目4	9600	120	80	=IF(C8=0,0,B8/C8)
9	项目5	1900	0	0	=IF(ISERROR(B9/C9),0,B9/C9)
10	项目6	600	0	0	=IFERROR(B10/C10,0)

图 6-2

图 6-2 中对 B2 单元格中的工资水平进行等级划分，IF 函数用了两层嵌套。在使用嵌套 IF 时，括号一定要匹配（经常因漏掉括号、多括号或者括号位置不对应而导致错误）。

图 6-2 中对单位工时收入的计算主要是应用 IF 函数屏蔽错误值。注意对比前 4 行的公式与后面两行的公式能达到同样的效果，其中最后一个公式更方便、简洁。

AND 函数判断是否同时满足多个条件，只有当所有的条件均满足时才返回 TRUE；只要其中一个条件不成立（为假），该函数就返回 FALSE。

OR 函数判断只要多个条件中的一个条件为真时就返回 TRUE；只有全部条件均不成立（为假），该函数才返回 FALSE。

NOT 函数的功能是对参数值求反。当要确保一个值不等于某一特定值时，可以使用 NOT 函数。

IF 函数经常与 AND 函数、OR 函数、NOT 函数配合使用进行逻辑判断，返回相关结果。图 6-3 是 IF 多层嵌套函数与 AND 函数结合的实例。

根据各场地号的现时日期、开始日期、结束日期这 3 个日期对场地的 4 种状态做出自动判断。

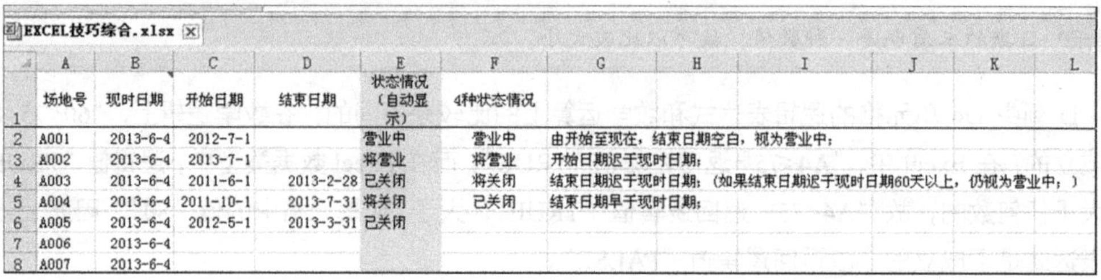

EXCEL技巧综合.xlsx

	A	B	C	D	E	F	G
1	场地号	现时日期	开始日期	结束日期	状态情况（自动显示）	4种状态情况	
2	A001	2013-6-4	2012-7-1		营业中	营业中	由开始至现在，结束日期空白，视为营业中；
3	A002	2013-6-4	2013-7-1		将营业	将营业	开始日期迟于现时日期；
4	A003	2013-6-4	2011-6-1	2013-2-28	已关闭	将关闭	结束日期迟于现时日期；（如果结束日期迟于现时日期60天以上，仍视为营业中；）
5	A004	2013-6-4	2011-10-1	2013-7-31	将关闭	已关闭	结束日期早于现时日期；
6	A005	2013-6-4	2012-5-1	2013-3-31	已关闭		
7	A006	2013-6-4					
8	A007	2013-6-4					

图 6-3

根据图 6-3 中 4 种状态的描述可以看出：场地是否处于哪一种状态是以 D 列单元格中的日期进行判断的。如果开始日期和结束日期都为空白，则无任何状态提示。其中对 D 列单元格中的日期进行判断又是此实例的函数构建的关键所在，故对 D2 单元格是否为空并结合 3 个日期的大小关系进行分解，分解逻辑如表 6-1 所示。

表 6-1

（1）D2<>"",B2<D2 时	间隔天数>60	营业中	不满足 B2<D2 时	已关闭
	间隔天数≤60	将关闭		
（2）D2=""	B2>C2 时	营业中	不满足 B2>C2 时	将营业
（3）B2<>""	C2=D2=""	空白		

根据表 6-1 中分解的逻辑层次，在如图 6-3 所示的 E2 单元格中定义公式：

```
=IF(AND(B2<>"",C2="",D2=""),"",IF(D2="",IF(B2>C2,"营业中","将营业"),
IF(B2<D2,IF(DATEDIF(B2,D2,"d")>60,"营业中","将关闭"),"已关闭")))
```

IF 函数多层嵌套实际是执行具有分支结构进行的计算，IF 函数多层嵌套可以分为三类：第一类是具有并行结构多层嵌套，第二类是串行结构多层嵌套，第三类是并行结构与串行结构混合形式的多层嵌套。此处实例为第三类形式多层嵌套函数的实例，以下个人所得税计算实例是一个典型的 IF 函数串行结构的实例。

提示 分支结构适合于带有逻辑或关系比较等条件判断的计算，设计 IF 函数多层嵌套时往往都要先规划其程序流程图，关键在于构造合适的分支条件和分析程序流程，根据不同的程序流程构造适当的逻辑条件，使得问题简单化，易于理解。

6.2 逻辑函数案例：个人所得税计算

个人所得税计算中的个人应纳税所得额公式如下：=应发工资–个人承担的社保–个人公积金–专项扣除项目–5000（元），应纳税所得额按表 6-2 所示的税率表计算个人所得税（其中 5000 元被

第 6 章 逻辑函数

称为起征点。表 6-2 是个人所得税税率和速算扣除表。

表 6-2

纳税基数范围	税　率	速算扣除数
(0,3 000]	3%	
(3 000,12 000]	10%	210.00
(12 000,25 000]	20%	1 410.00
(25 000,35 000]	25%	2 600.00
(35 000,55 000]	30%	4 410.00
(55 000,80 000]	35%	7 160.00
(80 000,+∞]	45%	15 160.00

图 6-4 是工资表中个人所得税的计算，E2 单元格中的公式如下：

=ROUND(IF(C2-D2-5000>80000,(C2-D2-5000)*0.45-15160,IF(C2-D2-5000>55000, (C2-D2-5000)*0.35-7160,IF(C2-D2-5000>35000,(C2-D2-5000)*0.3-4410,IF(C2-D2-5000>25000,(C2-D2-5000)*0.25-2660,IF(C2-D2-5000>12000,(C2-D2-5000)*0.2-1410, IF(C2-D2-5000>3000,(C2-D2-5000)*0.1-210,IF(C2-D2-5000>0,(C2-D2-5000)*0.03, 0)))))))),2)

	A	B	C	D	E	F
1	工号	姓名	应发工资	社保公积金	个人所得税	实发工资
2	00101	胡静春	14,785.47	1178.55	650.69	12,956.23
3	00102	钱家富	3,521.37	152.14	0	3,369.23
4	00103	胡永跃	8,723.13	872.31	85.52	7,765.30
5	00104	狄文倩	4,743.59	274.36		4,469.23
6	00977	马永乐	5,785.47	378.55	12.21	5,394.71
7	00978	王明	6,418.80	341.88	32.31	6,044.61
8	00979	许红军	6,145.30	614.53	15.92	5,514.85
9	03268	徐征	7,654.98	765.5	56.68	6,832.80

图 6-4

从个人所得税税率和速算扣除表可以看出有 7 种情形需要计算个人所得税；同时应考虑到有些员工的工资较低，这时可能会出现个人应纳税所得额小于或等于 0 的情况，故需区分 8 种情况定义公式。用 IF 函数定义个人所得税计算公式，则有 7 层 IF 嵌套。上述实例中忽略了专项扣除项目的情况。

提示　个人所得税使用 IF 函数进行计算并不是一种最优的选择方案。常见的个人所得税计算公式如下：ROUND(MAX((应发工资-个人社保公积金-专项扣除项目-5000)*{0.03,0.1,0.2,0.25,0.3,0.35,0.45}-{0,210,1410,2660,4410,7160,15160},0),2)。

6.3 逻辑函数综合应用 1：业务员星级评定

在某公司月度业务员评选时，销售金额超过 150 000 元，且销售总监或者销售经理评分中有超过 90 分的评为五星级业务员；销售金额超过 100 000 元，且销售总监或者销售经理评分中有超过 85 分的评为四星级业务员；其他为三星级业务员。业务员业绩及评分情况如图 6-5 所示。

	A	B	C	D	E
1	业务员	销售金额	销售总监评分	销售经理评分	星级
2	丁保明	101,000.00	89	88	★★★★
3	李寿青	119,000.00	92	89	★★★★
4	刘瑞文	45,000.00	86	80	★★★
5	钮玉如	28,320.00	90	85	★★★
6	王峰	174,157.20	92	95	★★★★★
7	王晓东	66,554.00	88	86	★★★
8	吴红	364,719.74	91	82	★★★★★

图 6-5

在单元格中定义公式：=IF(AND(B2>150000,OR(C2>90,D2>90)),REPT("★",5),IF(AND (B2>100000,OR(C2>85,D2>85)),REPT("★",4),REPT("★",3)))，将公式应用到此列的其他单元格中。

提示 这个实例综合应用了 IF 的多层嵌套函数且与 AND 函数、OR 函数配合使用；其中使用了 REPT 函数重复显示文本值。

6.4 逻辑函数综合应用 2：应收账款账龄分析模型

如图 6-6 所示的表格左侧 A 列至 G 列是应收账款清单情况，账龄计算的是未收款的欠款时间长短。计算规则：到期日是在开票日期的基础上加上收款期，以到期日与今天的日期进行比较来计算未收款的账龄。

	A	B	C	D	E	F	G	H	I	J	K	L	M	N
1		应收账款清单						今天日期	2015/12/31			逾期天数		
2	开票日期	发票号码	公司名称	应收金额	已收款金额	未收款金额	收款期	到期日期	是否到期	未到期	0~30	30~60	60~90	90天以上
3	2015/1/2	0011456	A公司	50,000.00	20,000.00	30,000.00	30	2015/2/1	是	-	-	-	-	30,000.00
4	2015/3/5	0022451	B公司	25,000.00	5,000.00	20,000.00	20	2015/3/25	是	-	-	-	-	20,000.00
5	2015/6/9	0012345	C公司	3,000.00	-	3,000.00	30	2015/7/9	是	-	-	-	-	3,000.00
6	2015/5/4	0065423	D公司	12,500.00	10,500.00	2,000.00	60	2015/7/3	是	-	-	-	-	2,000.00
7	2015/7/11	0045216	E公司	45,452.00	5,452.00	40,000.00	40	2015/8/20	是	-	-	-	-	40,000.00
8	2015/11/2	0012655	F公司	32,000.00	16,000.00	16,000.00	20	2015/11/22	是	-	-	16,000.00	-	-
9	2015/9/3	0045456	G公司	2,450.00	-	2,450.00	30	2015/10/3	是	-	-	-	2,450.00	-
10	2015/10/10	0045123	H公司	12,350.00	12,000.00	350.00	50	2015/11/29	是	-	-	350.00	-	-
11	合计									-	-	16,350.00	2,450.00	95,000.00

图 6-6

第 6 章　逻辑函数

从 H 列到 N 列单元格中分别定义如下公式：
H3 单元格中的公式：=A3+G3
I3 单元格中的公式：=IF(H3>$I$1,"否","是")
J3 单元格中的公式：=IF($I$1-$H3<0,$D3-$E3,0)
K3 单元格中的公式：=IF(AND($I$1-$H3>0,$I$1-$H3<=30),$D3-$E3,0)
L3 单元格中的公式：=IF(AND($I$1-$H3>30,$I$1-$H3<=60),$D3-$E3,0)
M3 单元格中的公式：=IF(AND($I$1-$H3>60,$I$1-$H3<=90),$D3-$E3,0)
N3 单元格中的公式：=IF($I$1-$H3>90,$D3-$E3,0)

将上述公式向下复制到对应列的其他单元格中。

这种应收账款账龄的计算方式只适合于按发票号码核销应收账款的模式，但在采用收款时先核销应收账款账龄最长的核销方式（即应收账款从前往后冲账，实质是计算客户应收账款余额的账龄）下，这种计算方法并不适用。同理，该案例的账龄计算模式也可用于应付账款账龄的计算。

有关客户的应收账款余额账龄的计算相对复杂得多，有关案例可参见第 12 章数组公式中 SUM 多条件求和计算应收账款账龄。

6.5　利用 IF 函数实现数据的批量填充

📖 实例 1：数据的批量填充

如图 6-7 所示的表格数据有 9 万多行，需要对 A 列到 C 列的空白单元格由上向下批量填充。当使用定位条件空值填充时，往往会出现如图所示的"选定区域太大"或者单元格区域选择非常困难等问题，导致无法实现批量填充。这时我们可以考虑使用 IF 函数来解决此类问题。

	A	B	C	D	E
1	合医证号	村代码	组代码	姓名	与户主关系
2	0301010001	0301	01	赖超持	户主
3	0301010002	0301	01	帅对芳	户主
4	0301010002	0301			
5	0301010003	0301			
6				扫封浪	配偶
7				祝果好	孙女
8	0301010004	0301	01	祁党叮	户主

图 6-7

在 F 列后插入 3 列空白列，在 G2、H2、I2 单元格中分别定义公式：=IF(A2="",G1,A2)、=IF(A2="",H1,B2)、=IF(A2="",I1,C2)，并将公式向下复制填充到最后一行。然后选择 G2:I94712 单元格区域内容进行复制，将其选择性粘贴到 A2 开始的单元格区域中。之后删除 G 列到 I 列这 3 列，这样就解决了上述定位条件空值中出现的问题。

如果选择表格中"备注"列后面的空白列定义公式，那么，因为公式所在列的前一列有很多空白单元格，所以公式无法轻松地批量填充到最后一行，故此在这里选择在没有空白单元格的 F 列后插入 3 列定义公式，然后将公式进行批量填充。

提示 在上述公式中巧妙地借用了 G1、H1、I1 单元格的相对引用形式，随着公式的向下扩充，当满足条件出现时，公式所在的单元格会自动引用其同一列上一行的单元格，从而也就达到了批量填充的目的。这种批量填充数据的模式具有一种向下自动传递的作用。

📖 实例 2：序号的自动填充

如图 6-8 所示的表格，我们需要按照图中所示的规则实现序号的自动填充。在这里我们依然可以利用 IF 函数来生成序号。

	A	B
1	序号	项目
2	1	悲情城市
3	1	
4	1	
5	1	
6	2	天空之城
7	2	
8	2	
9	3	花儿红
10	3	
11	3	
12	3	
13	3	
14	4	加州旅馆

图 6-8

在 A2 单元格中我们可以定义公式：=IF(B2="",N(A1),N(A1)+1)，然后将此公式应用到最后一个单元格。

解析：N 函数可以将文本转换为 0。利用这一特点，就可以在 A2 单元格中用 N(A1)+1 来返回序号 1。当遇到项目下的空白单元格时，始终保持让它等于上一个单元格的值，所以在这里用 A1 的相对引用；当遇到项目的非空单元格时，始终保持让它等于上一个单元格的值+1。随着公式往下拖动变化，公式中的 A1 变化成 A2，A2 变成 A3……这样始终就是将上一个单元格中的值传递到下一个单元格，这个公式所得的数据结果与轻推多米诺骨牌并致使其倒下的场景极其相似。

注意：N 函数是 Excel 中的信息函数，它的作用是将非数值形式的值转化为数字，将数值转换成数字，日期转换成序列值，TRUE 转换成 1，其他对象转换成 0。

第 7 章

求和、统计函数

7.1 求和、统计函数概述

我们日常工作中的很多表格都涉及求和（或计数）问题，大多数用户都以定义公式的方式来对数据进行求和（或计数）操作。本章将介绍使用频率较高的几种求和、统计函数，表 7-1 描述了常见的求和（或统计）函数。

表 7-1

函　　数	说　　明
SUM	计算单元格区域中所有数值的和
SUMIF	对满足条件的单元格求和
SUMIFS	对一组给定条件指定的单元格求和
SUMPRODUCT	将两个或两个以上的多个区域中的相应单元格相乘，并返回乘积的总和。可用于多条件求和
SUBTOTAL	当第 1 个参数为 9 或者 109 时，返回分类汇总单元格的总和；当第 1 个参数为 2、3、102 或者 103 时，返回含有分类汇总单元格的个数
AGGREGATE	当第 1 个参数为 9 时，返回列表或数据库中的总和
COUNTIF	计算某个单元格区域中满足条件的单元格数目
COUNTIFS	计算某个单元格区域中符合多个条件的单元格数目

续表

函　数	说　明
COUNT	计算单元格区域中包含数值的单元格数目
COUNTA	计算单元格区域中非空单元格的数目
FREQUENCY	计算值在区域中出现的频率，并返回一个垂直数组。只用于多单元格数组公式中

7.2 求和、统计函数应用案例

7.2.1 多条件求和公式

如图 7-1 所示，左边 A:E 列区域是数据源区域，现需要创建按月份和指定科目发生额的动态查询。

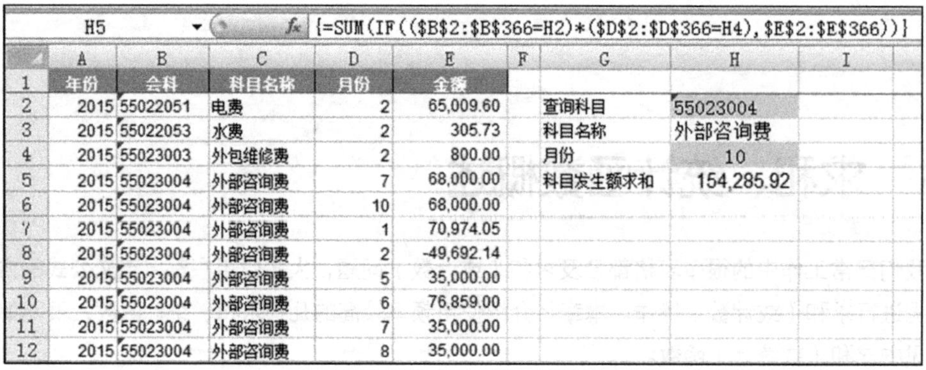
H5 {=SUM(IF(($B$2:$B$366=H2)*($D$2:$D$366=H4),$E$2:$E$366))}

	A	B	C	D	E	F	G	H	I
1	年份	会科	科目名称	月份	金额				
2	2015	55022051	电费	2	65,009.60		查询科目	55023004	
3	2015	55022053	水费	2	305.73		科目名称	外部咨询费	
4	2015	55023003	外包维修费	2	800.00		月份	10	
5	2015	55023004	外部咨询费	7	68,000.00		科目发生额求和	154,285.92	
6	2015	55023004	外部咨询费	10	68,000.00				
7	2015	55023004	外部咨询费	1	70,974.05				
8	2015	55023004	外部咨询费	2	-49,692.14				
9	2015	55023004	外部咨询费	5	35,000.00				
10	2015	55023004	外部咨询费	6	76,859.00				
11	2015	55023004	外部咨询费	7	35,000.00				
12	2015	55023004	外部咨询费	8	35,000.00				

图 7-1

在如图 7-1 所示的表格 H2、H4 单元格按科目、月份分别设置数据验证，在科目名称 H3 单元格中定义公式：=VLOOKUP(H2,B:C,2,0)。由于 H2、H4 是动态单元格，因此根据这两个条件在 H5 单元格定义的公式是多条件求和的动态查询公式。

H5 单元格定义公式多条件求和的多种解决方法如下。

方法 1：SUM 多条件求和数组公式

在 H5 单元格中输入=SUM(IF(($B$2:$B$366=H2)*($D$2:$D$366=H4),$E$2:$E$366))，同时按 Ctrl+Shift+Enter 组合键，在整个公式的外围出现数组公式的标志“{}”。

以下是此数组公式的解析：

（1）($B$2:$B$366=H2) 和($D$2:$D$366=H4)通过“*”连接，表示这两个条件需要同时具备，从逻辑函数相关基础知识可知，($B$2:$B$366=H2)、($D$2:$D$366=H4)这两个逻辑条件等式返回的结果是逻辑值，而逻辑值 TRUE 或 FALSE 在公式运算中通过"*"连接会转换成 1 或 0。

（2）此公式中利用了当数据源区域中的科目和月份同时等于所查询的科目和月份的条件时，就返回 E 列区域中对应单元格区域中的数值，当只要其中有一个条件不满足时，就返回 0（即在数组区域中将对应 E 列单元格的数据替换成 0），然后将所有的返回数据结果进行累加。

方法 2：SUMIFS 多条件求和公式

SUMIFS 多条件求和语法：

=SUMIFS（求和区域,条件区域1,条件1,条件区域2,条件2,……,条件区域 n,条件 n）

作用：对同时满足条件 1、条件 2 一直到条件 n 的记录指定区域进行求和。其中求和区域总是位于第 1 个参数上，后面的参数均依次输入条件区域和条件，条件区域和条件都是成对出现的。其实质是多个条件同时具备时求和，相当于 AND 条件。

在 H5 单元格中输入：

=SUMIFS($E$2:$E$366,$B$2:$B$366,H2,$D$2:$D$366,H4)

提示 对于单一条件求和，我们大多使用 SUMIF 函数。事实上，SUMIFS 也能实现单一条件求和，读者不妨试一试。

上面 SUMIFS 函数中的求和区域、条件区域都是通过鼠标选取的，当数据记录增加时需要重新手工选择数据区域范围，在处理方式上不够灵活。下面我们以定义名称的方法让所选择的数据源能实时更新，实现方法如下。

在数据源中对"会科"按首行标题定义名称，在定义名称对话框的引用位置文本框中输入公式：=OFFSET($B$2,,,COUNTA($B:$B))，接着按照同样的方法依次定义"月份"和"金额"这两个名称。在 H5 单元格中定义这个实例的多条件求和公式为=SUMIFS(金额,会科,H2,月份,H4)。

从结构上讲，使用名称可以使公式所引用的数据区域随着数据源增减而自动扩展或伸缩，极具灵活性。这种公式更加简洁，也更清晰易懂，可读性更强。

方法 3：SUMPRODUCT 多条件求和公式

SUMPRODUCT 多条件求和语法：

=SUMPRODUCT((条件 1)*(条件 2)* (条件 3) *……(条件 n)*某区域)

作用：对同时满足条件 1、条件 2 一直到条件 n 的记录指定区域进行求和。

现需要查询出 5 月的电费，在定义名称方式的情况下，SUMPRODUCT 多条件求和公式如下：=SUMPRODUCT((会科=H2)*(月份=H4)*金额)，如图 7-2 所示。

```
              ┌──────────────────────────────────────────────┐
 H5    ▼  :  × ✓ fx  =SUMPRODUCT((会科=H2)*(月份=H4)*金额)
              └──────────────────────────────────────────────┘
```

	A	B	C	D	E	F	G	H
1	年份	会科	科目名称	月份	金额			
2	2015	55022051	电费	2	65,009.60		查询科目	55022051
3	2015	55022053	水费	2	305.73		科目名称	电费
4	2015	55023003	外包维修费	2	800.00		月份	5
5	2015	55023004	外部咨询费	7	68,000.00		科目发生额求和	75,009.65
6	2015	55023004	外部咨询费	10	68,000.00			
7	2015	55023004	外部咨询费	1	70,974.05			
8	2015	55023004	外部咨询费	2	-49,692.14			
9	2015	55023004	外部咨询费	5	35,000.00			
10	2015	55022051	电费	5	75,009.65			
11	2015	55023004	外部咨询费	6	76,859.00			
12	2015	55023004	外部咨询费	7	35,000.00			

图 7-2

在此有必要对 SUMPRODUCT 多条件求和的运算机制进行探讨，图 7-3 到图 7-5 这 3 个图形可以清晰地反映出该函数多条件求和是如何运行的。

图 7-3 反映所查询的会计科目 "55022051" 与数据源区域 "会科" 列中每个单元格的值进行比较，以及所查询的 "5" 月与数据源区域 "月份" 列中每个单元格中的值进行比较。

	A	B	C	D	E
1	条件1		条件2		金额
2	=数据源!B2="55022051"	*	=数据源!D2=5	*	65,009.60
3	=数据源!B3="55022051"	*	=数据源!D3=5	*	305.73
4	=数据源!B4="55022051"	*	=数据源!D4=5	*	800.00
5	=数据源!B5="55022051"	*	=数据源!D5=5	*	68,000.00
6	=数据源!B6="55022051"	*	=数据源!D6=5	*	68,000.00
7	=数据源!B7="55022051"	*	=数据源!D7=5	*	70,974.05
8	=数据源!B8="55022051"	*	=数据源!D8=5	*	-49,692.14
9	=数据源!B9="55022051"	*	=数据源!D9=5	*	35,000.00
10	=数据源!B10="55022051"	*	=数据源!D10=5	*	75,009.65
11	……	*	……	*	……
12	=数据源!B12="55022051"	*	=数据源!D12=5	*	1,680.00

图 7-3

上述两个逻辑条件等式经比较后返回如图 7-4 所示的逻辑值，经过逻辑值运算后返回如图 7-5 所示的计算图形中的结果。

	A	B	C	D	E
1	条件1		条件2		金额
2	TRUE	*	FALSE	*	65,009.60
3	FALSE	*	FALSE	*	305.73
4	FALSE	*	FALSE	*	800.00
5	FALSE	*	FALSE	*	68,000.00
6	FALSE	*	FALSE	*	68,000.00
7	FALSE	*	FALSE	*	70,974.05
8	FALSE	*	FALSE	*	-49,692.14
9	FALSE	*	TRUE	*	35,000.00
10	TRUE	*	TRUE	*	75,009.65
11	……	*	……	*	……
12	FALSE	*	FALSE	*	1,680.00

图 7-4

F2　=A2*C2*E2

	A	B	C	D	E	F
1	条件1		条件2		金额	运算后金额
2	1	*	0	*	65,009.60	-
3	0	*	0	*	305.73	-
4	0	*	0	*	800.00	-
5	0	*	0	*	68,000.00	-
6	0	*	0	*	68,000.00	-
7	0	*	0	*	70,974.05	-
8	0	*	0	*	-49,692.14	-
9	0	*	1	*	35,000.00	-
10	1	*	1	*	75,009.65	75,009.65
11	……	*	……	*	……	-
12	0	*	0	*	1,680.00	-

图 7-5

我们知道，逻辑值 TRUE、FALSE 分别对应于 1 和 0，经过 SUMPRODCT 函数中两个“*”的连接就实现了对 E 列单元格中的数据进行连乘计算。只有当两个条件均满足时才返回 1，并且与 E 列对应单元格中的值相乘，而不满足条件的则返回 0，0 与 E 列中对应单元格中的值相乘后得出结果为 0，如图 7-5 所示。之后对所有连乘后的结果进行求和即可。

提示　*本实例中的 SUMPRODUCT 多条件求和运算机制与前面所述 SUM 多条件求和数组公式的运算逻辑有些相似。*

如果上述定义名称的 OFFSET 函数中第 1 个参数选择首行的单元格，则

```
“会科” = OFFSET($B$1,,,COUNTA($B:$B)-1)
“月份” = OFFSET($D$1,,,COUNTA($D:$D)-1)
“金额” = OFFSET($E$1,,,COUNTA($E:$E)-1)
```

此时公式“=SUMPRODUCT((会科=H2)*(月份=H4)*金额)”计算出现了错误值#VALUE!，但公式“=SUMPRODUCT((会科=H2)*(月份=H4),金额)”却仍可以计算出正确的结果。前一个出现错误的原因是求和区域包含“金额”这个文本值。

注意事项：

★ SUMPRODUCT 函数多条件求和时使用“,”和“*”的区别——当拟求和的区域中无文本时，两者无区别。当有文本时，使用“*”时会出错，返回错误值 #VALUE!；而使用“,”时，SUMPRODUCT 函数会将非数值型的数组元素作为 0 处理，故不会报错。

★ 数组参数必须具有相同的维数，否则函数 SUMPRODUCT 将返回错误值 #VALUE!。

★ SUMPRODUCT 函数将非数值型的数组元素作为 0 处理。

★ SUMPRODUCT 函数不能像 SUMIF、SUMIFS、COUNTIF 等函数一样支持“*”和“?”等通配符。要实现此功能，可以用变通的方法，如使用 LEFT、RIGHT、ISNUMBER(FIND())

或 ISNUMBER(SEARCH())等函数来实现通配符的功能。

条件求和的例外情形

（1）条件求和中的陷阱

对于如图 7-6 所示的表格，我们需要按照 F2 与 G2 单元格中的两个条件汇总出金额。

用 SUMIFS 函数定义的公式如下：

=SUMIFS($D$2:$D$5,$A$2:$A$5,G2,$C$2:$C$5,F2)

用 SUMPRODUCT 函数定义的公式如下：

=SUMPRODUCT(($A$2:$A$5=G2)*($C$2:$C$5=F2)*$D$2:$D$5)

	A	B	C	D	E	F	G	H
1	会计期	产品	地区	金额		地区	会计期	SUMIFS函数
2	2017.1	F1	武汉	414.00		上海	2017.10	950
3	2017.10	F1	武汉	965.00				
4	2017.1	F1	上海	629.00				SUMPRODUCT函数
5	2017.10	F1	上海	321.00				321

图 7-6

其中 SUMIFS 函数得出的结果是错误的。虽然从字面意思上看，"2017.1"与"2017.10"分别表示 2017 年的 1 月和 2017 年的 10 月，但两者是不同的，它们作为 SUMIFS 函数的条件参数，无论是文本型数字还是数值型数字，二者都是等效的，所以无法得到正确的结果。同样地，如果此类条件作为 SUMIF、COUNTIF、COUNTIFS 中的条件参数，也会导致结果出现错误。如果用 SUMPRODUCT 函数进行条件求和，则不会出现这种错误。

（2）忽略错误值求和

在图 7-7 所示表格的 C 列中存在一些错误值，在条件求和的相关函数中都可以做到忽略错误值进行求和。根据 E2 单元格中的条件进行求和，在 F2 单元格中定义公式：=SUMIFS(C$2:C$11,C$2:C$11,"<9E307",B$2:B$11,E2)。

9E307 是 Excel 工作表中的最大数值，错误值大于最大的数值，被排除在外；对余下的数据求和，可以得出正确的结果。

	A	B	C	D	E	F
1	产品	地区	金额		地区	金额
2	F1	武汉	414.00		上海	5473
3	F1	武汉	#DIV/0!			
4	F1	上海	629.00			
5	F1	上海	321.00			
6	F2	武汉	#N/A			
7	F3	武汉	1,230.00			
8	F4	上海	4,523.00			
9	F5	上海	#VALUE!			
10	F6	苏州	#REF!			
11	F7	苏州	298.00			

图 7-7

7.2.2　模糊条件求和

如图 7-8 所示是有关电脑（又称“计算机”）及电脑耗材销售明细表，A:D 列数据区域都按照列标题名定义了相应的名称，现有如下项目需要统计。

★ 电脑销量：观察表格中的数据，商品名称中都包含“电脑”这个关键字，而商品名称“电脑耗材”不应统计在内。

在 G2 单元格中定义公式：

```
=SUMIF(商品名称,"<>*耗材*",销量)
```

公式中“<>*耗材*”的含义为“不包含”，“*”为通配符。有关通配符的概念可参考第 1 章中的相关知识。

另一种计算方法：

```
=SUMIF(商品名称,"*电脑*",销量)-SUMIF(商品名称,"电脑耗材",销量)
```

	A	B	C	D	E	F	G	H
1	客	商品名	月	销量		统计项目		200
2	C	台式电脑	1	322		电脑销量	3834	
3	C	笔记本电脑	1	417		D客户电脑销量	1053	
4	A	电脑耗材	1	198		D客户电脑大于200的销量	872	
5	D	台式电脑	2	211		台式电脑销量在[200,500)之间销量总和	1899	
6	A	台式电脑	2	436				
7	D	笔记本电脑	2	360				
8	C	电脑耗材	2	221				
9	D	台式电脑	3	301				
10	A	台式电脑	3	315				
11	A	笔记本电脑	3	144				
12	A	笔记本电脑	3	420				
13	A	电脑耗材	3	295				
14	B	电脑耗材	3	446				
15	A	台式电脑	4	314				
16	D	台式电脑	4	181				
17	C	笔记本电脑	4	413				
18	D	电脑耗材	4	251				
19	A	电脑耗材	4	206				
20	C	电脑耗材	4	281				

图 7-8

★ D 客户的电脑销量：

```
=SUMIFS(销量,客户,"D",商品名称,"<>*耗材*")
```

★ D 客户电脑大于 200 的销量的公式有如下 3 种可供选择：

```
=SUMIFS(销量,客户,"D",商品名称,"<>*耗材*",销量,">"&200)
=SUMIFS(销量,客户,"D",商品名称,"<>*耗材*",销量,">200")
=SUMIFS(销量,客户,"D",商品名称,"<>*耗材*",销量,">"&H1)
```

其中第 3 个公式的计算方式比前两个公式要灵活得多。

★ 台式电脑在[200，500）之间的销量：

```
=SUMIFS(销量,商品名称,"台式电脑",销量,">=200",销量,"<500")
```

注意　在多条件统计数值区间中的数据时，数值区间的写法和数学表达式中有关区间的写法不同。

7.2.3 几种特殊方式求和

1．忽略错误值求和

在 Excel 2010 中开始引入了 AGGREGATE 函数，该函数可以在求和时忽略求和区域中的错误值，例如对名称为 data 区域中的值求和，可以使用如下函数：

=AGGREGATE(9,6,data)

在上述函数公式中，第 1 个参数 9 为求和，第 2 个参数 6 为忽略错误值，data 为待求和区域。

2．只对负数求和

在某些情况下，我们仅需要对负数进行求和。例如，在填报资产负债表"应收账款"资产类项目时只能填报应收账款为正数的客户余额；对于为负数的客户余额，则需要填报到"预收账款"负债类项目中。

如图 7-9 所示是某公司 2016 年 3 月 31 日的客户余额表，填报"预收账款"负债类项目时，我们可以定义如下公式：

=-SUMIF($E$2:$E$15,"<0")

因为 SUMIF 忽略了第 3 个参数，所以第 2 个参数（"<0"）将应用于 E2:E15 区域中的值。虽然在应收账款科目中为负数但在"预收账款"负债类项目中应填报正数，故在函数前加负号（-）将其转换为正数。

	A	B	C	D	E
1	客户代码	客户名称	市场部	应收日期	余额
2	10000003	湖北天地人和销售有限公司	湖北	2016/1/16	2,811.00
3	10000005	安徽快捷汽车销售有限责任公司	安徽	2016/2/15	20,264.00
4	10000008	浙江湖州汽车配件有限责任公司	浙江	2016/2/4	-16,790.00
5	10000009	江苏省徐州市汽车运输总公司	江苏	2016/1/19	18,422.00
6	10000015	山西省交通物资供应公司	山西	2016/2/15	14,829.00
7	10000016	深圳东晨熙汽车销售有限公司	深圳	2016/1/16	12,150.00
8	10000018	江西飞亚达汽运实业公司	江西	2016/1/27	-8,163.00
9	10000033	北京豪爵世纪商贸有限公司	北京	2016/2/16	14,125.00
10	10000034	北京盘古开天有限公司	北京	2016/1/9	4,992.00
11	10000036	北京亚运村莫泰连锁店	北京	2016/2/1	-9,959.00
12	10000038	内蒙古海拉尔车辆交易中心	内蒙古	2016/1/20	13,133.00
13	10000039	山东德州机电设备有限责任公司	山东	2016/1/20	1,840.00
14	10000045	四川振亚汽车贸易有限责任公司	四川	2016/1/18	-12,533.00
15	10000048	哈尔滨红日贸易有限公司	黑龙江	2016/2/25	12,063.00
16	合计				67,184.00

图 7-9

如填报"应收账款"资产类项目时，则公式如下：=SUMIF($E$2:$E$15，">0")。

3．根据文本或日期比较求和

下面的公式可以计算如图 7-10 所示的表格中"江西"市场部以外的市场部应收金额总和：
=SUMIF($C$2:$C$15,"<>江西",$E$2:$E$15)

下面的公式可以计算出如图 7-10 所示的表格中 2016 年 2 月 1 日后过期的应收账款金额：
=SUMIF($D$2:$D$15,">="&DATE(2016,2,1),$E$2:$E$15)

第 7 章　求和、统计函数

	A	B	C	D	E
1	客户代码	客户名称	市场部	应收日期	余额
2	10000003	湖北天地人和销售有限公司	湖北	2016/1/16	2,811.00
3	10000005	安徽快捷汽车销售有限责任公司	安徽	2016/2/15	20,264.00
4	10000008	浙江湖州汽车配件有限责任公司	浙江	2016/2/4	16,790.00
5	10000009	江苏省徐州市汽车运输总公司	江苏	2016/1/19	18,422.00
6	10000015	山西省交通物资供应公司	山西	2016/2/10	14,829.00
7	10000016	深圳东晨熙汽车销售有限公司	深圳	2016/1/16	12,150.00
8	10000018	江西飞亚达汽运实业公司	江西	2016/1/27	8,163.00
9	10000033	北京豪爵世纪商贸有限公司	北京	2016/1/16	14,125.00
10	10000034	北京盘古开天有限公司	北京	2016/1/9	4,992.00
11	10000036	北京亚运村莫泰连锁店	北京	2016/2/1	9,959.00
12	10000038	内蒙古海拉尔车辆交易中心	内蒙古	2016/2/20	13,133.00
13	10000039	山东德州机电设备有限公司	山东	2016/2/20	1,840.00
14	10000045	四川振亚汽车贸易有限公司	四川	2016/1/18	12,533.00
15	10000048	哈尔滨红日贸易有限公司	黑龙江	2016/2/25	12,063.00
16	合计				162,074.00

图 7-10

提示　上述 SUMIF 函数的第 2 个参数通过连接符 "&" 将比较运算符 ">=" 与 DATE 函数返回的一个日期连接在了一起。

下面这个公式可以求出到今天为止已经到期的应收账款金额：
=SUMIF($D$2:$D$15,"<="&TODAY(),$E$2:$E$15)

4．使用"或者"条件求和

假设需要对图 7-10 中市场部为北京或者山东且到期日在 2016 年 2 月 1 日之后的金额进行求和。

用 SUMIFS 定义的公式如下：
=SUMIFS($E$2:$E$15,$C$2:$C$15,"北京",$D$2:$D$15,">="&DATE(2016,2,1))+SUMIFS($E$2:$E$15,$C$2:$C$15,"山东",$D$2:$D$15,">="&DATE(2016,2,1))

用 SUMPRODUCT 定义的公式如下：
=SUMPRODUCT((($C$2:$C$15="北京")+($C$2:$C$15="山东"))*($D$2:$D$15>=DATE(2016,2,1))*$E$2:$E$15)

提示　SUMIFS 函数中各条件之间是并且的关系，如果涉及使用 OR（或者）条件求和，则必须使用如上述实例中的两个 SUMIFS 函数进行相加，而不能在一个函数条件中直接相加，如第一组条件不能写成 "$C$2:$C$15,"北京"+"山东""。而在 SUMPRODUCT 函数中却可以通过 "+" 连接"北京"和"山东"，用这个表示"或者"条件。

5．合并单元格求和

如图 7-11 所示的表格中序号、部门、部门小计列都有合并单元格，并且同列中合并单元格的大小并不一致，如何在 A 列添加序号、在 E 列对应的单元格求出对应部门的小计呢？

257

Excel 数据处理与分析实战宝典（第 2 版）

	A	B	C	D	E
1	序号	部门	费用项目	发生额	部门小计
2	1	工艺部	折旧	61,074.83	4,506,305.17
3			工资	3,973,781.20	
4			差旅费	1,827.00	
5			加工费	127,266.97	
6			设备修理费	342,355.17	
7	2	品质管理部	折旧	233,388.38	3,139,459.09
8			检测费	427,741.74	
9			低值易耗品	35,100.27	
10			工资	2,443,228.70	
11	3	底盘部	折旧	977,031.45	1,629,923.42
12			工资	652,891.97	
13	4	制造部	工资	3,730,395.88	7,148,687.42
14			折旧	511,607.06	
15			安全特种设备检测费	410,608.54	
16			动力及燃料	1,595,241.18	
17			劳务工资	900,834.76	
18	5	焊装部	工资	2,135,610.23	2,479,550.64
19			动力及燃料	256,711.01	
20			折旧	87,229.40	
21	6	总装部	低值易耗品	9,721.74	1,391,482.31
22			工资	1,376,802.69	
23			设备修理费	4,216.28	
24			低值易耗品	741.60	
25					

图 7-11

选择 A2:A24 单元格，在编辑栏中输入公式：=MAX(A$1:A1)+1，然后按下 Ctrl+Enter 组合键确认公式。

选择 E2:E24 单元格，在编辑栏中输入如下公式：=SUM(D2:D$24)-SUM(E3:E$25)，然后按下 Ctrl+Enter 组合键确认公式。

公式解析：MAX(A$1:A1) 计算从 A$1 单元格至公式所在行上一行的最大值，再用计算结果加 1，从而实现自动添加连续序号的效果。

SUM(D2:D$24) 计算总和，SUM(E3:E$25) 计算当前单元格的下一行单元格至 E25 单元格的和，即先计算总和，再扣除多余部分，从而得到各部门的金额小计。

在这里巧妙地利用了合并单元格中的数据只确认合并区域中的第一单元格而其他单元格为空的特点，再结合相对引用、混合引用实现了合并单元格求和。

注意：E25 为空，目的是为了防止最后一个需要计算小计的单元格不是合并单元格时出现循环引用的情况。

7.2.4 条件计数

1. 标记重复身份证号码

我们知道的计数函数有 COUNTIF、COUNTIFS、COUNTA、COUNT 等，对字符数长度超过 15 位的直接使用 COUNTIF 进行重复号码检测不会得到正确的结果。在如图 7-12 所示的表格中 A

第 7 章　求和、统计函数

列身份证号码存在重复的情况(有填充色的即重复身份证号码),次数超过一次的即重复身份证号码。

	A	B	C	D	E	F
1	身份证号码	COUNTIF错误计数	COUNTIF正确计数	SUMPRODUCT错误计数	SUMPRODUCT计数方法1	SUMPRODUCT计数方法2
2	310230198906040032	1	1	0	1	1
3	310230198906040075	2	1	0	1	1
4	310230198906040112	3	1	0	1	1
5	310230198906040155	4	1	0	1	1
6	310230198906040198	5	1	0	1	1
7	310230198906040235	6	1	0	1	1
8	310230198906040075	7	2	0	2	2
9	310230198906040315	8	1	0	1	1
10	310230198906040358	9	1	0	1	1
11	310230198906040390	10	1	0	1	1
12	310230198906040155	11	2	0	2	2

图 7-12

在如图 7-12 所示的表格中是使用 COUNTIF 函数和 SUMPRODUCT 函数进行身份证号码重复检测的结果,现分别说明如下:

B2 单元格中的公式如下:=COUNTIF(A$2:A2,A2),这个结果明显是错误的。对于纯文本数字组成的字符,因为 Excel 的数值精度只有 15 位,用 COUNTIF 函数计数时,当文本长度超过 15 位时都被视为相同的字符。

C2 单元格中的公式如下:=COUNTIF(A$2:A2,A2&"*"),这个计算结果是正确的。因为 Excel 的数值精度只有 15 位,超过 15 位的就按前 15 位字符统计,加通配符*则以文本方式统计。

D2 单元格中的公式如下:=SUMPRODUCT((A$2:A$12=A2)),返回结果都是 0,这个计算是错误的。如果公式改为=SUMPRODUCT((A$2:A2=A2)),该公式的第一个结果为错误值#VALUE!,复制该公式后其余的结果为 0。

公式解析:尽管 A2 与 A2 比较得出真值 TRUE,但是其后的 A3:A12 与 A2 ——比较后会返回 FALSE,经过 SUMPRODUCT 运算后转化成 1 与 0 相乘,故最后结果仍然为 0。

E2 单元格中的公式为=SUMPRODUCT(--(A$2:A2=A2))。

公式解析:公式中的"--"在 Excel 里叫作减负运算,其目的是将字符串格式的数字转变成真正意义上的数字,从而参加计算(即将逻辑值转换成数字 1 和 0);也可以将它理解为两个减号,结果是负负得正,没有改变原数据的正负,但将其变成了数字。如果不输入"-"号,计算结果为错误值#VALUE!,而输入一个"-"得出的结果为–1,–1 显然不是计数的结果。

F2 单元格中的公式为=SUMPRODUCT(N(A$2:A2=A2))。

公式解析:公式中通过 N 函数转换其中的逻辑等式返回的逻辑值为 1 或者 0,然后累加。

提示 在上述公式中，通过 A$2:A2 这种混合引用，可以随着公式的下拉引用区域范围自动进行调整，从而可将出现第 2 次及以上次数的计数对象标记出来，而不会标记出第 1 次出现的计数对象。

2．SUMPRODUCT 多条件计数

如图 7-13 所示是某公司的项目研发情况数据的一部分截图，现需要按开发科室和项目类型统计开始和结束时间都在 9 月范围内的“内销”和“出口”项目的个数。如图 7-14 所示是需要统计的项目表格及统计结果。

	A	B	C	D	E	F	G	H	I	J
1	项目号	项目名称	产品名称	项目类型	项目状态	开发科室	来源	类别	项目开始日期	实际完成日期
2	ZG1	项目1	LSBL1	内销	正常进行	控制器二室	衍生	临时	2015/9/9	2015/9/28
3	ZG2	项目2	LSBL2	内销	超期完成	设计一室	衍生	规划	2015/9/3	2015/9/15
4	ZG3	项目3	LSBL3	通用	正常进行	控制器二室	衍生	临时	2015/9/3	2015/9/17
5	ZG4	项目4	LSBL4	内销	正常进行	设计八室	衍生	规划	2015/9/5	2015/9/30
6	ZG5	项目5	LSBL5	内销	正常进行	设计八室	衍生	规划	2015/9/5	2015/9/30
7	ZG6	项目6	LSBL6	内销	正常进行	设计八室	衍生	规划	2015/9/5	2015/9/30
8	ZG7	项目7	LSBL7	内销	正常进行	设计八室	衍生	规划	2015/9/5	2015/9/30
9	ZG8	项目8	LSBL8	内销	正常进行	设计八室	衍生	规划	2015/9/5	2015/9/30
10	ZG9	项目9	LSBL9	内销	超期完成	设计一室	衍生	规划	2015/8/31	2015/9/15
11	ZG10	项目10	LSBL10	出口	正常进行	设计二室	衍生	临时	2015/8/30	2015/9/30
12	ZG11	项目11	LSBL11	出口	正常进行	设计二室	衍生	临时	2015/9/21	2015/9/30

图 7-13

	A	B	C	D	E	F
1	开发科室	内销	出口		开始时间	2015/9/1
2	设计一室	1			结束时间	2015/9/30
3	设计二室		1			
4	设计三室					
5	设计四室		1			
6	设计五室					
7	设计六室					
8	设计八室	5				
9	出口室					
10	控制器二室	1	1			
11	控制器三室					
12	控制器四室					

图 7-14

在 B2 中定义公式如下：

```
=SUMPRODUCT((项目统计!$F$2:$F$200=$A2)*(项目统计!$D$2:$D$200=B$1)*(项目统计!$I$2:$I$200>=$F$1)*(项目统计!$J$2:$J$200<=$F$2))
```

在 C2 中定义公式如下：

```
=SUMPRODUCT((项目统计!$F$2:$F$200=$A2)*(项目统计!$D$2:$D$200=C$1)*(项目统计!$I$2:$I$200>=$F$1)*(项目统计!$J$2:$J$200<=$F$2))
```

说明 在这个实例中涉及的 4 个条件分别是开发科室、项目类型、项目开始日期、实际完成日期。由于所限定的日期条件为在 9 月范围内，因此如果直接使用数据透视表相对较为复杂，则需要在数据源中添加辅助列来完成。而使用多条件来限定日期作为条件，则可以方便地统计出所需的数据。

事实上，也可以使用 COUNT 多条件计数的通用数组公式，通用数组公式为=COUNT(0/(条件 1*条件 2*……*条件 *n*))。当多个条件均成立时，COUNT 函数中（条件 1*条件 2*……*条件 *n*）会返回 1，不成立时会返回 0，而 0 除以 1 为 0，0 除以 0 会返回错误值#DIV/0!。COUNT 函数只会对数值进行计数，而对错误值不会计数。

7.2.5 筛选状态下的 SUBTOTAL 函数

SUBTOTAL 函数会返回一个列表或数据库中的分类汇总情况。SUBTOTAL 函数非常全能，可以对数据进行求平均值、求和，以及进行计数、最大/最小、相乘、标准差、方差等计算。

第 7 章　求和、统计函数

SUBTOTAL 函数的语法：

```
SUBTOTAL(function_num, ref1, ref2, …)
```

第一个参数：function_num 为 1 到 11（包含隐藏值）或 101 到 111（忽略隐藏值）之间的数字，用于指定使用何种函数在列表中进行分类汇总计算。其余的参数：ref1、ref2 为要进行分类汇总计算的 1 到 254 个区域或引用。

SUBTOTAL 函数的使用关键就在于第一个参数的选用。SUBTOTAL 的第一个参数代码对应的功能表如图 7-15 所示。

Function_num（包含隐藏值）	Function_num（忽略隐藏值）	函数
1	101	AVERAGE
2	102	COUNT
3	103	COUNTA
4	104	MAX
5	105	MIN
6	106	PRODUCT
7	107	STDEV
8	108	STDEVP
9	109	SUM
10	110	VAR
11	111	VARP

图 7-15

SUBTOTAL 函数适用于数据列或垂直区域，不适用于数据行或水平区域。例如，当 function_num 大于或等于 101 时需要分类汇总某个水平区域，例如 SUBTOTAL(109,B2:G2)，则隐藏某一列不影响分类汇总。但是，隐藏分类汇总的垂直区域中的某一行就会对其产生影响。

SUBTOTAL 函数是将筛选出来的可见部分求和，SUM 是全部求和。

SUBTOTAL 函数的优点在于可以忽略隐藏的单元格。

实例 1：隐藏行数据求和

如图 7-16 所示，在隐藏 295～301 行数据时，该函数的第一个参数使用 9 和 109 计算的结果不同：使用 9 时求和包括隐藏行的数据，使用 109 求和时就忽略了隐藏 295～301 行的数据。

	A	B	C	D	E	F	G
1	销售日期	销售区域	品牌	吊牌价	销售数量		
294	2017/10/20	苏州	New Balance	499	78		
295	2017/10/21	苏州	Nike	699	88		
296	2017/10/22	苏州	New Balance	699	84		
302	2017/10/28	苏州	New Balance	469	72		
303	2017/10/29	苏州	New Balance	429	69		
304	2017/10/30	南京	Nike	199	73		
305	2017/10/31	南京	Adidas	329	82		
306					22347	=SUBTOTAL(109,E2:E305)	
307					22744	=SUBTOTAL(9,E2:E305)	

图 7-16

🕮 实例 2：让序号在筛选状态下从 1 开始并保持连续

对于如图 7-17 所示的表格，用户希望筛选某一品牌时筛选数据后的序号仍然保持 1、2、3、4……这种连续的状态。这时用户可以将 SUBTOTAL 函数的第一个参数设置为 3（非空单元格计数），第二个参数设置成 C$2:C2 的单元格区域引用模式，在 A2 单元格中定义公式：=SUBTOTAL(3,C$2:C2)。

当用户筛选“Nike”品牌时，可以看到序号依旧保持连续的状态。该公式的关键是我们使用了 C$2:C2 的单元格区域引用模式。随着公式的下拉会依次变为 C$2:C3、C$2:C13、C$2:C21……这可以使得 SUBTOTAL 的第一个参数 3 能够统计出不同的计数值，从而返回 1、2、3、4……

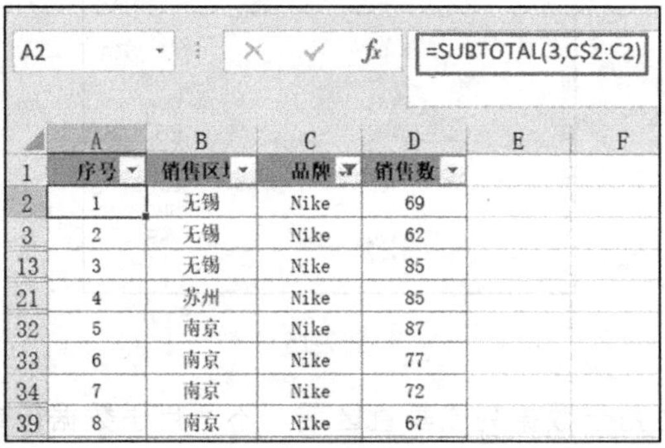

	A	B	C	D	E	F
1	序号	销售区域	品牌	销售数		
2	1	无锡	Nike	69		
3	2	无锡	Nike	62		
13	3	无锡	Nike	85		
21	4	苏州	Nike	85		
32	5	南京	Nike	87		
33	6	南京	Nike	77		
34	7	南京	Nike	72		
39	8	南京	Nike	67		

图 7-17

7.2.6 不重复数据统计

重复数据个数统计是我们经常遇到的一个问题，如果某一数据重复出现多次，则只计算一次。下面以如图 7-18 所示表格中的数据介绍多种不重复数据统计的方法。

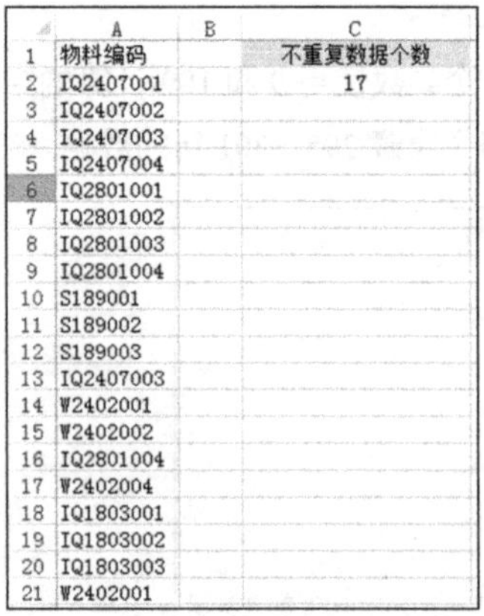

	A	B	C
1	物料编码		不重复数据个数
2	IQ2407001		17
3	IQ2407002		
4	IQ2407003		
5	IQ2407004		
6	IQ2801001		
7	IQ2801002		
8	IQ2801003		
9	IQ2801004		
10	S189001		
11	S189002		
12	S189003		
13	IQ2407003		
14	W2402001		
15	W2402002		
16	IQ2801004		
17	W2402004		
18	IQ1803001		
19	IQ1803002		
20	IQ1803003		
21	W2402001		

图 7-18

方法 1：SUMPRODUCT 与 COUNTIF 函数嵌套公式

```
=SUMPRODUCT(1/COUNTIF(A2:A21,A2:A21))
```

公式解析：上述公式使用 COUNTIF 进行条件统计，会返回单元格区域每个数据出现的次数的如下数组：

```
={1;1;2;1;1;1;1;2;1;1;1;2;2;1;2;1;1;1;1;2}
```

上述数组中的 1 除以这些元素后变成

```
{1;1;1/2;1;1;1;1;1/2;1;1;1;1/2;1/2;1;1/2;1;1;1;1;1/2}
```

重复数据出现 *N* 次的就变成了 *N* 个 1/*N*，这样重复的数据只会计算一次。

第 7 章 求和、统计函数

方法 2：SUM 与 COUNTIF 函数的数组公式

如果上述数据区域中存在空值，COUNTIF 函数计算得出 0，公式就会出现错误值#DIV/0!。这时可利用如下数组公式来避免该问题，公式如下：

```
=SUM(IF(A2:A21<>"",1/COUNTIF(A2:A21,A2:A21)))
```

上述两种数据统计区域不仅限于单行或单列的数据区域，也可以应用于多行多列的单元格区域；COUNTIF 函数统计对任何数据类型均适用。

方法 3：MATCH、ROW 函数与 SUMPRODUCT 函数嵌套

```
=SUMPRODUCT(--(MATCH(A2:A21,A2:A21,)=ROW(2:21)-1))
```

公式解析：上述公式使用 MATCH 函数返回单元格区域每个数据第一次出现的位置的数组：={1;2;3;4;5;6;7;8;9;10;11;3;13;14;8;16;17;18;19;13}。

上述数组与其对应的行号进行对比，其中只有第一次出现的数据行号位置才相等，故返回的结果为逻辑值 TRUE 或者 FALSE，经过 "--" 减负运算后得出 1 和 0，从而能统计出不重复数据的个数。

> **提示** MATCH、ROW 函数的数据类型可以是文本、数值、逻辑值，但不可以是错误值；数据可以是内存数组或者单行（或单列）的单元格区域引用，但不可以是多行多列数据区域。

方法 4：MMULT 函数与 SUM 嵌套函数

在 C2 单元格中定义如下数组公式：

```
=SUM(1/MMULT(--EXACT(A2:A21,TRANSPOSE(A2:A21)),ROW(2:21)^0))
```

公式解析：将数据区域利用 TRANSPOSE 转置后与原数据区域中的数值进行比较，得到一个 20 行 20 列的逻辑值数组，再通过 "--" 减负运算将其转换为数值；ROW(2:21)^0 会形成一个每个元素都为 1 的 1 列 20 行的数组，这样就构成了 MMULT 函数的两个参数；1/MMULT 函数与前述 1/COUNTIF 函数计算不重复值个数类似。

> **提示** 在上述公式中应用 EXACT 能区分大小写统计不重复值个数。

7.2.7 频率分布

如图 7-19 所示，A2:D11 是某公司质量检测中用于分析废品产出重量的一组数据（名称为 DATA），其中重量数据区间分为如图 7-19 所示 F 列的 5 个组别，每个区间的左右端点均包含在内，现需要统计各组重量出现的频率分布。

	A	B	C	D	E	F	G	H	I
1						区间	分段	次数	百分比
2	30	27	33	32		10-30	30	14	35.00%
3	26	25	43	46		31-35	35	10	25.00%
4	42	25	38	33		36-40	40	7	17.50%
5	41	29	28	39		41-45	45	6	15.00%
6	36	43	32	32		45-50	50	3	7.50%
7	44	31	25	40					
8	40	36	30	48					
9	37	29	26	34					
10	43	34	29	27					
11	35	47	34	28					

图 7-19

在 H2 单元格中用 COUNTIFS 统计出现次数的公式如下：
=COUNTIFS(DATA,">="&VALUE(LEFT(F2,2)),DATA,"<="&VALUE(RIGHT(F2,2)))

在 I2:I6 单元格中定义如下各组别所占百分比的数组公式：
= H2/SUM($H$2:$H$6)

图 7-20 是各组别占比的柱形图。

提示 有关频率分布最简便的计算方式请参考 4.2 节的相关内容。

单击"数据"选项卡下"分析"分组中的"数据分析"按钮，在打开的"数据分析"对话框中选择"直方图"，弹出"直方图"对话框，依次选择"输入区域""接收区域""输出区域"，勾选"图表输出"复选框，如图 7-21 所示。频率分布及分布直方图如图 7-22 所示。

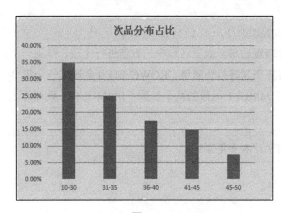

图 7-20

图 7-21

接收	频率
30	14
35	10
40	7
45	6
50	3
其他	0

图 7-22

第 7 章 求和、统计函数

7.2.8 不重复排名与中国式排名

在 Excel 函数中有一个计算排名的 RANK 函数，但其排名的特点并不符合人们的习惯。在如图 7-23 所示的 H 列对销售量排名中，存在两个相同的第 4 名，在此之后没有第 5 名，而是直接出现第 6 名；但此实例中有两个第 6 名之后没有出现第 7 名，而是直接出现第 8 名。这就是 RANK 函数的特点，相同的数值具有相同的名次，并且会占据名次在总个数中的数字位置。

	A	B	C	D	E	F	G	H
1	类别季节	款型	SKU	季节	销售量	排名	中国式排名	RANK函数排名
2	鞋子-应季	休闲鞋	RE52977E伦巴红/裙蓝	夏	110	9	7	9
3	鞋子-应季	跑鞋	E52967H黑色/荧光黄	夏	176	3	3	3
4	鞋子-应季	跑鞋	E52077H冰川灰	夏	152	6	5	6
5	鞋子-应季	跑鞋	E52517H帕洛玛灰/荧光黄	夏	152	7	5	6
6	鞋子-应季	篮球鞋	E52061A黑色/藤绿	夏	188	1	1	1
7	鞋子-应季	篮球鞋	E52141A大白/荧光黄	夏	118	8	6	8
8	鞋子-应季	休闲鞋	E52377E黑色/大红	夏	159	4	4	4
9	鞋子-应季	休闲鞋	E52711E帕洛玛灰/大红	夏	159	5	4	4
10	鞋子-应季	跑鞋	E52107H黑色/冰川灰	夏	177	2	2	2

图 7-23

在不重复式排名中，即使出现了数值相等的情况，也不会出现相同的名次，如图 7-23 所示的 F 列，在 F2 单元格中定义的公式如下：

=COUNTIFS(A:A,A2,E:E,">"&E2)+COUNTIFS($E$2:E2,E2,$A$2:A2,A2)

在中国式排名中，无论出现几个并列的名次，之后的排名仍然是并列排名数字加上 1，即并列排名不占用名次。在 G2 单元格中定义的数组公式如下：

=SUM(IF($E$2:$E$10>=E2,1/COUNTIF($E$2:$E$10,$E$2:$E$10)))

中国式排名的实质：取大于或等于当前数值的不重复数值的个数。

7.2.9 线性插值法的应用

📖 实例 1：投资回收期计算

投资回收期就是指通过资金回流量来回收投资的年限。如果项目建成投产后各年的净收益（即净现金流量）均相同，则静态投资回收期的公式如下：投资金额/年净现金流量；如果项目建成投产后各年的净收益不相同，则静态投资回收期可根据累计净现金流量求得，也就是在累计净现金流量由负值转向正值之间的年份，其计算公式如下：累计净现金流量开始出现正值的年份数–1+上一年累计净现金流量的绝对值/出现正值年份的净现金流量。

如图 7-24 所示是某个投资项目在 12 年内的现金流入、流出情况，其中第 1 年为投资年度，该年度只有投资成本，现需要求出该项目的投资回收期。

	A	B	C	D	E	F
1	年限	净收益	净收益累计值		净收益累计值	0
2	1	-2,110.00	-2,110.00		投资回收期	9.705582
3	2	218.50	-1,891.50			
4	3	221.50	-1,670.00			
5	4	227.10	-1,442.90			
6	5	234.70	-1,208.20			
7	6	239.40	-968.80			
8	7	249.70	-719.10			
9	8	258.80	-460.30			
10	9	266.90	-193.40			
11	10	274.10	80.70			
12	11	280.60	361.30			
13	12	286.70	648.00			
14	13	292.40	940.40			

图 7-24

由于完全收回投资时净收益累计值为 0，在该表中没有直接的对应值，因此可采用 TREND 函数插值法进行计算。更多的 TREND 函数知识可参见 12.3.3 节的相关内容。

在 C2 单元格中定义净收益累计值的公式如下：**=SUM($B$2:B2)**，并将该公式应用到该列中的其余单元格。

在 F2 单元格中定义如下公式：

```
=TREND(SMALL(A2:A14,MATCH(F1,C2:C14)+{0,1}),SMALL(C2:C14,MATCH(F1,C2:C14)+{0,1}),F1,)
```

公式解析：TREND 函数原本用于返回线性趋势值。TREND 函数的这一特性可以用于线性插值法的计算。

SMALL(A2:A14,MATCH(F1,C2:C14)+{0,1})这部分使用 MATCH、SMALL 等函数，根据净收益累计值为 0，在该表中模糊查出该值所对应的年限临界区间为（9,10）。

SMALL(C2:C14,MATCH(F1,C2:C14)+{0,1})这部分根据净收益累计值为 0，在表中查出净收益累计值的临界区间值为（-193.4,80.7）。

最后使用 TREND 函数返回线性趋势值的特点，计算出投资回收期为 9.705582 年。

> 提示　该实例为一维线性插值的应用，针对此类问题还可以用如下公式解决此类插值法计算：
>
> ```
> =TREND(OFFSET($A$1,MATCH(F1,C$2:C$14,1),,2,),OFFSET($C$1,MATCH(F1,C$2:C$14,1),,2,),F1)
> ```

📖 实例 2：根据两个变量进行定价

如图 7-25 所示是某种物料在标准重量和标准长度数据下的定价表。但是由于物料的重量和长度具有可变性，即都不是固定的值，当重量、长度数据可变时需要根据标准数据实现线性定价，那么如何确定价格呢？

第 7 章 求和、统计函数

	A	B	C	D	E	F	G	H	I	J
1	长度\重量	10	20	30	40	50		长度	重量	价格
2	1	23	34	46	53	61		42	105	259.96
3	21	65	75	84	93	99				
4	51	118	121	133	138	142				
5	100	213	229	234	246	250				
6	300	278	290	308	315	320				
7	500	412	420	450	486	500				
8	1000	534	560	582	630	680				

图 7-25

在表中分别定义名称"长度"和"重量",公式分别如下:
=OFFSET(Sheet1!$A$1,,COUNTA(Sheet1!$1:$1))
=OFFSET(Sheet1!$A$1,COUNTA(Sheet1!$A:$A),)

在表中分别定义名称可变的"长度值"和"重量值",公式分别如下:
=MATCH(Sheet1!$A$1,Sheet1!$A$1:长度)
=MATCH(Sheet1!$A$1,Sheet1!$A$1:重量)

在 J2 单元格中定义如下公式:
=TREND(IF(I2=重量,OFFSET(A1,重量值,长度值-(H2=长度),,2),CHOOSE({1,2},TREND(OFFSET(A1,重量值,长度值,2),OFFSET(A1,重量值,,2),I2),TREND((OFFSET(A1,重量值,长度值+(H2<>长度),2),OFFSET(A1,重量值,,2),I2))),OFFSET(A1,,长度值-(H2=长度),,2),H2)

提示 该实例由两个变量确定价格,是一个二维线性插值的应用实例。其基本原理是,利用长度的模糊值确定横向的价格区间,再利用重量的模糊值确定纵向的价格区间,这两个区间交叉就会得到一个新价格,如图 7-26 所示。

	A	B	C	D	E	F	G	H	I	J
1	长度\重量	10	20	30	40	50		长度	重量	价格
2	1	23	34	46	53	61		42	105	259.96
3	21	65	75	84	93	99				
4	51	118	121	133	138	142				
5	100	213	229	234	246	250				
6	300	278	290	308	315	320				
7	500	412	420	450	486	500				
8	1000	534	560	582	630	680				

图 7-26

7.2.10 舍入函数的应用

在现实生活中进行的计算,经常需要对一些数值进行舍入。Excel 函数提供了多个与舍入有关的函数,可以在不同的计算环境中使用。如图 7-27 所示的表格是常见的各种舍入函数。

舍入函数	含义	说明
FIXED(number, [decimals], [no_commas])	按指定位数四舍五入取整返回文本	返回的数据格式为文本格式
ROUND(number, num_digits)	按指定位数四舍五入取整返回数字	
INT(number)	截去小数取整	将数字向下舍入到最接近的整数
TRUNC(number, [num_digits])	靠近0，按指定位数向下舍入数字	一律按指定位数截断
ROUNDDOWN(number, num_digits)	靠近0，按指定位数向下舍入数字	
ROUNDUP(number, num_digits)	远离0，按指定位数向上舍入数字	
FLOOR(number, significance)	靠近0，按照倍数向下取整	如果 number 为正值，significance 为负值，则 FLOOR 返回 错误值 #NUM!。如果 number 的符号为正，则数值向下舍入，并朝0调整。如果 number 的符号为负，则数值沿绝对值减小的方向向下舍入。如果 number 正好是 significance 的倍数，则不进行舍入
CEILING(number, significance)	远离0，按照倍数向上取整	不论参数 number 的符号如何，数值都是沿绝对值增大的方向向上舍入。如果 number 正好是 significance 的倍数，则不进行舍入。如果 number 和 significance 都为负，则对值沿远离 0 的方向进行向下舍入。如果 number 为负，significance 为正，则对值按朝向 0 的方向进行向上舍入

图 7-27

如图 7-28 所示的表格是 FIXED、TRUNC 和 INT 舍入函数的用法对比。

	A	B	C	D
1	数值	结果	公式	说明
2	1023.79	1,023.79	=FIXED(A2,2,FALSE)	千分位格式，并且格式为文本格式
3	1023.79	1023.79	=FIXED(A3,2,TRUE)	不保留千分位格式，并且格式为文本格式
4	1023.79	1,020	=FIXED(A4,-1)	第二参数为负数，按舍入位数直接舍去，并且为文本格式
5	-1023.66	-1023.66	=FIXED(A5,2,TRUE)	不保留千分位格式，并且格式为文本格式
6	1023.79	1023.7	=TRUNC(A6,1)	直接按指定位数舍去
7	1023.79	1023.78	=TRUNC(A7,2)	直接按指定位数舍去
8	1023.79	1023	=TRUNC(A8,0)	直接按指定位数舍去
9	-1023.66	-1023	=TRUNC(A9)	函数处理负数时，无条件直接把小数点后面去掉，截尾取整
10	-1023.66	-1024	=INT(A10)	处理负数时，会将负数向下舍入到最接近的整数

图 7-28

如图 7-29 所示的表格是 CEILING 和 FLOOR 函数的对比。

	A	B	C	D
1	数值	结果	公式	说明
2	-2.5	-2	=CEILING(A2,2)	如果 number 为负，significance 为正，则对值按朝向 0 的方向进行向上舍入
3	-2.5	-4	=CEILING(A3,-2)	如果都为负，则对值按远离 0 的方向进行向下舍入
4	2.5	#NUM!	=CEILING(A4,-2)	返回错误值，二者符号不同
5	2.5	4	=CEILING(A5,2)	向上舍入
6	2.5	3	=CEILING(A6,1)	向上舍入
7	3.7	2	=FLOOR(A7,2)	将数字向下舍入到最接近的 2 的倍数
8	-2.5	-2	=FLOOR(A8,-2)	将数字向下舍入到最接近的 -2 的倍数
9	2.5	#NUM!	=FLOOR(A9,-2)	返回错误值，因为 2.5 和 -2 的符号不同
10	1.58	1.5	=FLOOR(A10,0.1)	将数字向下舍入到最接近的 0.1 的倍数
11	0.234	0.23	=FIXED(A11,0.01)	将 数字向下舍入到最接近的 0.01 的倍数

图 7-29

第 7 章 求和、统计函数

实例 1：发放提成

如图 7-30 所示的表格是销售员销售提成计算和现金准备发放表。其中，提成按照销售金额的 1.105% 计算，财务人员按照 100、50、10 及 1 元的币值进行现金发放准备。

	A	B	C	D	E	F	G
1	销售员	销售额	提成	准备面值			
2				100	50	10	1
3	鹿东峰	266000	2940	29	0	4	0
4	刘亦冰	175050	1935	19	0	3	5
5	李冰梅	158608.4	1753	17	1	0	3
6	齐天乐	210719	2329	23	0	2	9
7	合计			88	1	9	17

图 7-30

C3 单元格公式如下：=ROUNDUP(B3*1.105%,0)，将提成计算的结果中小数点后的数无条件向上进位到最接近的整数。

D3 单元格公式如下：=INT(C3/100)，公式按 100 面值向下取最接近的整数。

E3 单元格公式如下：=INT(MOD(C3,100)/50)。首先计算提成/100 后所得的余数，也就是 MOD(C3,100)，该余数除以 50 后再向下取最接近的整数。

F3 单元格公式如下：=INT((C3-D3*100-E3*50)/10)。首先计算出提成金额减去 100 元和 50 元的金额后得出的余数，该余数除以 10 后再向下取最接近的整数。

G3 单元格公式如下：=C3-D3*100-E3*50-F3*10。

实例 2：计算折扣额

快消品行业的很多商品实行吊牌价，这些商品往往会根据吊牌价进行打折销售。如图 7-31 所示的表格要求计算折扣额。计算折扣额的规则如下：吊牌价和折扣两数相乘所得的结果，如果所得结果的个位数满 5（大于或等于 5），折扣额保留为整数且个位数为 9；否则个位数退位为 9。也就是说尾数必须为 9。

	A	B	C	D
1	吊牌价	折扣	A*B	折扣额
2	439	0.2	87.8	89
3	869	0.3	260.7	259
4	569	0.2	113.8	109

图 7-31

为了说明个位数自动变为 9 的情况，在 C 列定义公式计算出含小数的折扣额。在 D2 单元格中定义公式如下：=ROUND(A2*B2,-1)-1。

ROUND 函数的保留位数为 –1，表示将数字四舍五入到小数点左边的 1 位数，所得结果再减去 1 即可得到尾数为 9 的折扣额。

上述公式也可以定义如下：=(INT(A2*B2/10)+(MOD(A2*B2,10)-5>=0))*10-1。

其中 MOD(A2*B2,10)-5>=0 判断，吊牌价乘以折扣比例所得数据再除以 10 后所得的余数和 5 进行比较，判断是否大于或等于 5。通过这个逻辑等式前面的 "+" 将逻辑值 TRUE、FALSE 转换为 1 或者 0，从而达到进位或退位的效果。

实例 3：上网收费计算表

如图 7-32 所示的表格是上网收费计算表。其中收费标准如下：会员卡每小时为 3 元，临时卡每小时为 4 元，超过半小时按 1 小时计费，不足半小时按半小时计费。

	A	B	C	D	E
1	姓名	类型	开始上网时间	结束上网时间	上网费用
2	吉吉国王	临时卡	2017/4/28 20:55	2017/4/29 4:38	32
3	熊大	会员卡	2017/4/28 21:05	2017/4/28 23:48	9
4	光头强	临时卡	2017/4/28 19:05	2017/4/28 21:28	10
5	熊二	会员卡	2017/4/28 21:05	2017/4/29 2:18	16.5

图 7-32

在 E2 单元格中定义如下公式：
=IF(B2="会员卡",CEILING((D2-C2)*24,0.5)*3,CEILING((D2-C2)*24,0.5)*4)

根据 Excel 时间也是一种数值的原理，将 D 列 "结束上网时间" 减去 "开始上网时间"，得出两个时间相差的天数，然后乘以 24 得出小时数。之后使用 CEILING 函数将小时数向上舍入到最接近 0.5 的倍数，随后区分是会员卡还是临时卡并计算出上网费用。

7.2.11 上下限函数的应用

在实际工作中，有时需要对数据设置一定的上限或者下限，即当计算结果处于上下限区间时，取计算结果本身；当计算结果超出上下限时，取上下限值。

实例 1：计算工龄工资

在如图 7-33 所示的表格中，按照在公司工作的年限计算工龄工资。员工每年的工龄工资为 50 元，入职不满一年的没有工龄工资，但工龄工资最高不超过 500 元。现在需要计算每位在职员工 2017 年 12 月的工龄工资。

	A	B	C	D
1	姓名	入职日期	工龄工资	工龄
2	鹿东峰	2007/1/20	500	10
3	刘亦冰	2015/12/27	50	1
4	李冰梅	2017/11/15	0	0
5	齐天乐	2012/11/20	250	5
6	李穆白	2006/11/25	500	11
7	汪国良	2009/9/21	400	8

图 7-33

第 7 章 求和、统计函数

在 C2 单元格中定义公式：=MIN(500,DATEDIF(B2,"2017/12/1","y")*50)。

首先，计算入职日期与"2017/12/1"之间间隔的年数，然后乘以 50 元，所得结果与 500 进行比较，取两者间的最小值。

D 列单元格计算出了每位员工的工龄，超过 10 年工龄的员工取了上限值 500 元。

实例 2：计算销售人员某月的销售业绩

如图 7-34 所示的表格是某公司销售人员某月销售业绩表，现在需要按照销售业绩的 1%计算提成，但提成金额最高不超过 2500 元，最低提成金额为 100 元。

	A	B	C
1	姓名	销售金额	提成
2	鹿东峰	158,990.00	1,589.90
3	刘亦冰	472,450.00	2,500.00
4	李冰梅	12,980.00	129.80
5	齐天乐	74,400.00	744.00
6	李穆白	694.00	100.00
7	汪国良	204,100.00	2,041.00

图 7-34

在 C2 单元格中定义公式：=MAX(100,MIN(2500,B2*1%))，也可以使用公式：=MIN(1000,MAX(100,B2*1%))。

因此使用最大值、最小值来设置上下限时，其套用的模式如下：

MAX(下限,公式或者数值)
MIN(上限,公式或者数值)

我们也可以使用 MEADIAN 函数来设置上下限。MEDIAN 函数，用于返回给定数据集的中值。该函数只会计算数值，其他类型的值都忽略不计。在 C2 单元格中可以使用该函数定义公式：=MEDIAN(100,2500,B2*1%)。

在此实例中需要设置上下限，所以在此函数中只需提供上下限和计算公式所得结果的 3 个值即可。因此利用该函数取中间值的特点，当计算值小于 100 时取 100，当计算值超过 2500 时取 2500，当计算值处于上下限之间时取计算公式本身所得的结果。

当然，在涉及上下限的计算时，也可以按照既定规则使用 IF 函数、TEXT 函数来达到目的，在此不再赘述。

第 8 章

查找与引用函数

8.1 查找与引用函数概述

查找与引用函数在数据处理中可以说是应用最广泛的函数,本章主要讨论在数据区域中查找和引用数据的方法。

查找公式可以通过查找表格区域中的相关值来返回其对应的值(可以是其本身,也可以是其对应的另外一个值)。常见的黄页大全就是一个很好的类比。如果需要查找某公司地址或联系方式,首先需要通过查找公司名称来定位记录,然后得到所查找公司的地址和联系方式。表 8-1 是常见的查找与引用函数的说明。

表 8-1

函 数	说 明
VLOOKUP	搜索表区域首列满足条件的元素,确定待检索单元格在查找区域中的列序号,再进一步返回选定单元格的值
HLOOKUP	搜索表区域首行满足条件的元素,确定待检索单元格在查找区域中的行序号,再进一步返回选定单元格的值
LOOKUP	从单行/单列或从数组中查找一个值,条件是向后兼容性
INDEX	在给定的单元格区域中,返回特定行列交叉处单元格的值或引用
OFFSET	以指定的参照系,通过给定偏移量返回新的引用
INDIRECT	返回文本字符串指定的引用

8.2 VLOOKUP 函数应用案例

8.2.1 按列查找

如图 8-1 所示，根据姓名查找个人所得税，定义的公式如下：
=VLOOKUP(H2,B:F,4,0)

	A	B	C	D	E	F	G	H	I
1	工号	姓名	应发工资	社保公积金	个人所得税	实发工资		姓名	个人所得税
2	00101	胡静春	4,785.47	178.55	33.21	4,606.92		徐征	233.95
3	00102	钱家富	3,521.37	152.14	-	3,369.23			
4	00103	胡永跃	8,723.13	872.31	330.08	7,850.82			
5	00104	狄文倩	4,743.59	274.36	29.08	4,469.23			
6	00977	马永乐	5,785.47	378.55	85.69	5,406.92			
7	00978	王明	6,418.80	341.88	152.69	6,076.92			
8	00979	许红军	6,145.30	614.53	98.08	5,530.77			
9	03268	徐征	7,654.98	765.50	233.95	6,889.48			
10	00980	刘正宁	8,091.28	809.13	273.22	7,282.15			
11	01403	李红贵	4,187.78	418.78	8.07	3,769.00			
12	01404	王萍	9,954.70	995.47	536.85	8,959.23			
13	01405	卞正军	3,760.69	376.07	-	3,384.62			
14	00199	叶正和	9,972.07	997.21	539.97	8,974.86			
15	00200	柯季斌	10,972.07	1,097.21	719.97	9,874.86			
16	01406	吴林	2,769.24	276.92	-	2,492.32			
17	03254	赵洪波	6,094.87	609.49	93.54	5,485.38			
18	03255	李忻	9,425.64	342.56	561.62	9,083.08			
19	03256	张昌华	5,800.85	580.09	67.08	5,220.76			
20	03257	戴玉珍	2,717.95	271.80	-	2,446.15			

图 8-1

提示 VLOOKUP 函数一般查找应用的前提条件：首先查找必须是一对一查找，而不能是一对多查找，应用的一般查找只能返回查找区域中查找对象首次出现对应的值，而无法返回第 2 次及以上次数对应的值；其次，VLOOKUP 函数的一般查找在数据区域中只能从左向右进行查找，而不能在数据区域中从右向左进行查找。

VLOOKUP 函数中的第 2 个参数必须选择以查找值在查找数据源中的所在列为首列，例如图 8-1 实例中查找姓名的第 2 个参数选择的是以 B 列"姓名"开始的，而不是从 A 列开始的。

在上述实例中，如果需要按姓名动态查找如图 8-2 所示工资表中 B1:F1 单元格区域中各项目的值，则可在 I1 单元格中设置选择数据源 B1:F1 单元格区域中的值作为序列，定义公式如下：
=VLOOKUP(H2,B:F,MATCH(I1,$B$1:$F$1,0),0)

在该公式中通过 MATCH 函数来定位查找项目在 B1:F1 单元格区域中的位置，从而返回在查找区域中的列序号。

8.2.2 逆向查找

VLOOKUP 函数的一般查找在数据区域中只能从左向右进行查找，例如上述实例中如果根据姓名来查找对应的工号,使用 VLOOKUP 函数的一般查找无法达到目的。如下公式可以实现逆向查找,如图 8-2 所示。

```
=VLOOKUP(H2,IF({1,0},$B$2:$B$20,$A$2:$A$20),2,0)
```

	A	B	C	D	E	F	G	H	I
1	工号	姓名	应发工资	社保公积金	个人所得税	实发工资		姓名	工号
2	00101	胡静春	4,785.47	178.55	33.21	4,606.92		徐征	03268
3	00102	钱家富	3,521.37	152.14	-	3,369.23			
4	00103	胡永跃	8,723.13	872.31	330.08	7,850.82			
5	00104	狄文倩	4,743.59	274.36	29.08	4,469.23			
6	00977	马永乐	5,785.47	378.55	85.69	5,406.92			
7	00978	王明	6,418.80	341.88	152.69	6,076.92			
8	00979	许红军	6,145.30	614.53	98.08	5,530.77			
9	03268	徐征	7,654.98	765.50	233.95	6,889.48			
10	00980	刘正宁	8,091.28	809.13	273.22	7,282.15			
11	01403	李红贵	4,187.78	418.78	8.07	3,769.00			
12	01404	王萍	9,954.70	995.47	536.85	8,959.23			
13	01405	卞正军	3,760.69	376.07	-	3,384.62			
14	00199	叶正和	9,972.07	997.21	539.97	8,974.86			
15	00200	柯季诚	10,972.07	1,097.21	719.97	9,874.86			
16	01406	吴林	2,769.24	276.92	-	2,492.32			
17	03254	赵洪波	6,094.87	609.49	93.54	5,485.38			
18	03255	李忻	9,425.64	342.56	561.62	9,083.08			
19	03256	张昌华	5,800.85	580.09	67.08	5,220.76			
20	03257	戴玉珍	2,717.95	271.80		2,446.15			

图 8-2

公式解析:这个公式的第 2 个参数由 "IF({1,0},$B$2:$B$20,$A$2:$A$20)" 计算出内存数组:{胡静春,00101;钱家福,00102;胡永跃,00103;……;戴玉珍,03257}。可以看到,在该内存数组中,"工号"位于"姓名"的右侧,将原数据区域中的"工号"和"姓名"调换了一下顺序。VLOOKUP 在该内存数组中查找,注意{1,0}是一行二列(横向)常量数组,后面的两个区域是多行一列(纵向)数组,即两个数组的方向不同,这样才会生成两列多行的数组。在这个内存数组中进行查找,所以该公式的第 3 个参数只能是 2,不可能是其他任何值。

8.2.3 多条件查找

在图 8-3 中,由于无工号对员工姓名进行标识,因此,如果按姓名查找则有时会出现重复。那怎么避免选择错误的值呢?例如需要查找"采购部"员工"胡永跃"的个人所得税,在 J2 单元格中定义如下数组公式:

```
=VLOOKUP(H2&I2,IF({1,0},$A$2:$A$20&$B$2:$B$20,$E$2:$E$20),2,0)
```

第 8 章　查找与引用函数

图 8-3

解析：由于只按姓名查找仅返回查找对象在查找区域中第一次出现的值，因此查找值应该用"姓名+部门"两个条件进行查找。故需要在 VLOOKUP 函数的第 2 个参数中构造出一个"姓名+部门"的虚拟列，然后通过"IF({1,0},$A$2:A 20&$B$2: $B$20,$E$2:$E$20)"形成一个内存数组。故该公式必须是数组公式，而不能是普通公式，否则返回的值为#N/A。

8.2.4　一对多查找

有时需要根据查找对象返回多个对应值，这种查找模式被称为一对多查找。如图 8-4 所示，需要动态查找 F1 单元格中的部门对应的所有姓名。其中，F1 设置了部门序列数据验证以进行动态选择（部门有天龙 1 部、天龙 2 部……天龙 8 部）。设置一对多查找方式如下。

图 8-4

275

STEP 01 在 A 列设置辅助列，在 A2 单元格中定义公式：=COUNTIF(B$2:B2,F$1)，复制此公式到最后一个单元格（即部门列中非空单元格的最大行号处）。

通过 A 列 COUNTIF(B$2:B2,F$1) 公式中的混合引用 B$2:B2 和 F1 单元格的数据验证功能，可使 A 列对所查找的部门（F1）在 B 列按顺序动态标记部门出现的序号。

STEP 02 在 E4 单元格中定义公式：=IFERROR(VLOOKUP(ROW(A1),A:C,3,0),"")，复制此公式，直到出现空白单元格为止。

公式解析：首先，VLOOKUP(ROW(A1),A:C,3,0)中的查找值是 ROW(A1)。即在公式的下拉过程中，在 A:C 的范围内，通过查找 1，2，3，4，5……来返回该数值所对应的 C 列结果。尽管 A 列中部门出现的总次数可能会出现多次，但利用 VLOOKUP 只返回查找对象第一个对应值的特性，可返回所查找部门最后一条记录中相应的值。其次，屏蔽 VLOOKUP 错误值的方式是 IFERROR 的第 2 个参数为""，这是函数里常用的屏蔽零值的技巧，以便在 VLOOKUP 公式下拉过界时，返回的零值显示为空白。

通过设置辅助列的方式来标记查找对象，这种方式往往可以突破查找单一数据的局限，实现满足条件的数据批量查找。在本例中如果"姓名"列之后存在多个字段，也可以利用这种方式查找出满足条件的其他字段的信息。

8.2.5 模糊查找

如图 8-5 所示，某公司按照员工在司（即进入公司）工作月数给予员工工龄工资，计算规则如 E 列和 G 列所示。现需要根据员工在司工作月数模糊查找引用对应的工龄工资标准。

	A	B	C	D	E	F	G
1	工号	入司月数	工龄工资		入司月数区间	分段区间	给予工龄工资
2	00101	45	240		(0,12)	0	0
3	00123	44	240		[12,36)	12	120
4	00128	63	480		[36,48)	36	240
5	00129	18	120		[48,60)	48	360
6	00130	15	120		[60,+∞)	60	480
7	00131	57	360				
8	00171	20	120				
9	00172	88	480				
10	00173	67	480				
11	00174	70	480				
12	00175	33	120				
13	00176	77	480				
14	00177	84	480				
15	00463	11	0				
16	00464	50	360				
17	00465	80	480				
18	00466	52	360				
19	00467	9	0				

图 8-5

在 F 列中根据 E 列的数学区间设置 Excel 的分段区间，每个区间取数学区间的左端点。在 C2

单元格中定义如下公式：

```
=VLOOKUP(B2,$F$1:$G$6,2,1)
```

公式解析：与前面所述的精确匹配所不同的是第 4 个参数在这里为“1”（或 TRUE），其余 3 个参数和精确匹配一致。

VLOOKUP 函数查找的值必须大于或等于查找区域中首列的最小值，否则将返回错误值 #N/A。Excel 分段区间设置规则正是基于这一点来设置的。

也可以用 VLOOKUP 函数定义如下公式实现模糊查找：

```
=VLOOKUP(B2,{0,0;12,120;36,240;48,360;60,480},2,1)
```

公式解析：这是将第 2 个参数形成一个内存数组，其中分段区间与工龄工资用“,”分隔，各组之间用“;”分隔。

提示　VLOOKUP 函数的模糊查找方式常常用于分组查找中。

比较如下 VLOOKUP 函数的区别：

```
=VLOOKUP(A2,E:F,2)
=VLOOKUP(A2,E:F,2,)
```

尽管前者只比后者少一个“,”，但其本质不同。前者为模糊查找，后者为精确查找。

8.2.6 巧用 VLOOKUP 核对银行账

从公司网上银行中下载公司月度银行对账单数据，再从公司银行日记账中导出数据，将两张表格放在同一工作簿的不同工作表中，并重新命名。有了以上基础数据后，就可以利用 VLOOKUP 函数来核对公司银行日记账与银行对账单之间的差异了。下面以图 8-6 为例简要说明对账的设置。

	A	B	D	E	F	G	H	I	J	K	L
1	2011年		凭证编号	票据号	摘要	核对	借方	核对	贷方	方向	余额
2	08	01	PZ00001	3902066	支付商贸配送采购款			√	594,126.00	借	34,847,695.95
3	08	01	PZ00001	3902069	支付商贸配送采购款			√	32,400.00	借	34,815,295.95
4	08	01	PZ00001	3902070	支付商贸配送采购款			√	162,173.25	借	34,653,122.70
5	08	01	PZ00001	3902067	支付商贸配送采购款			×	191,412.00	借	34,461,710.70
6	08	01	PZ00002	3902071	支付7月份保安费			√	243,360.00	借	34,218,350.70
7	08	04	PZ00003	3902055	支付王总7月电话费			×	179,600.82	借	34,038,749.88
8	08	04	PZ00006	5057194	收道达尔往来	√	646,542.00			借	34,685,291.88
9	08	04	PZ00006	5057163	收道达尔往来	√	87,048.00			借	34,772,339.88
10	08	04	PZ00006	5049358	收道达尔往来	√	457,750.80			借	35,230,090.68
11	08	04	PZ00010	0148620	收BP-AMOK3月及6月往来款	√	106,633.80			借	35,336,724.48
12	08	07	PZ00027	大方总部	收大方总部往来款	×	342,611.10			借	35,679,335.58
13	08	07	PZ00038	3902072	预付监控系统安装款			√	296,854.74	借	35,382,480.84
14	08	08	PZ00039	9522055	收中山EPC7月配送款	√	628,056.00			借	36,010,536.84
15	08	08	PZ00043	3902075	支付7月份员工社保费			×	373,582.49	借	35,636,954.35
16	08	09	PZ00055	3902073	支付2010年度利润税			√	5,700,000.00	借	29,936,954.35
17	08	09	PZ00056		7月公司银行手续费			×	60,495.42	借	29,876,458.93
18	08	10	PZ00060	3902076	支付炼厂阿布拉7月材料采购			√	1,047,673.30	借	28,828,785.63
19	08	10	PZ00064	3902077	支付商贸配送采购款			√	98,190.00	借	28,730,595.63
20	08	13	PZ00074	3902074	银行提取现金			√	5,000,000.00	借	23,730,595.63

图 8-6

在公司账的"借方"和"贷方"发生额所在列前均插入一列"核对"。

在 G2 单元格处输入=IF(H2=0,"",IF(ISNA(VLOOKUP(H2,'8 月银行对账单'!$D$3: $D$270,1,0)),"×","√")),"8 月银行对账单"表格内容，如图 8-7 所示。

公式解析：为了检查、核对公司银行账借方发生额 H2 单元格数据在银行对账单数据区域中（D3:D270）是否存在。如果 H2 单元格为 0 就不执行核对；如果不为 0，就在银行对账单数据表格的 D 列区域中进行查找。如果能在对账单数据区域中找到对应的数值，就在该数值前打上"√"，否则打上"×"。

同理，为了核对公司银行账贷方发生额数据，我们可在图 8-6 的 I2 单元格中定义如下公式：=IF(J2=0,"",IF(ISNA(VLOOKUP(J2,'8 月银行对账单'!$F$3: $F$279,1,0)),"×","√"))。

在公司日记账中实现的对账效果如图 8-6 所示。

同理，在对账单的数据区域同样可以定义类似公式，以检查公司银行账是否按照对账单数据来记录公司银行存款增减变化，是否存在遗漏、错误事项。其中，公式如下：=IF(D3=0,"",IF(ISNA(VLOOKUP(D3,'8 月公司银行账'!$H$2:$H$248,1,0)),"×","√")),=IF(F3=0,"",IF(ISNA(VLOOKUP(F3,'8 月公司银行账'!$J$2:$J$248,1,0)),"×","√"))。

在对账单表格实现的对账效果如图 8-7 所示。

	A	B	C	D	E	F	G	H
1	日期	票据号	核	借方	核	贷方	余额	
2	2011/7/31						36,309,234.96	
3	2011/8/1	3902069			√	32,400.00	36,276,834.96	
4	2011/8/1	3902066			√	594,126.00	35,682,708.96	
5	2011/8/3	3902070			√	162,173.25	35,520,535.71	
6	2011/8/3	3902071			√	243,360.00	35,277,175.71	
7	2011/8/3	3902057			×	12,168.00	35,265,007.71	以前月份公司已入账
8	2011/8/4	3902037			×	21,710.00	35,243,297.71	以前月份公司已入账
9	2011/8/8	3902074				5,000,000.00	30,243,297.71	
10	2011/8/8	3902072			√	296,854.74	29,946,442.97	
11	2011/8/9	3902166			×	149,259.90	29,797,183.07	以前月份公司已入账
12	2011/8/9	3902123			×	142,740.00	29,654,443.07	以前月份公司已入账
13	2011/8/9	3901938			×	320,229.00	29,334,214.07	以前月份公司已入账
14	2011/8/9	3901987			×	490,674.60	28,843,539.47	以前月份公司已入账
15	2011/8/9	3902111			×	465,156.90	28,378,382.57	公司银行账少录入9000
16	2011/8/9	3902192			×	335,673.00	28,042,709.57	以前月份公司已入账
17	2011/8/9	3901993			×	255,645.00	27,787,064.57	以前月份公司已入账
18	2011/8/9	3902134			×	385,866.00	27,401,198.57	以前月份公司已入账
19	2011/8/9	3902200			×	622,218.75	26,778,979.82	误差少录入3000
20	2011/8/9	3902121			×	239,265.00	26,539,714.82	以前月份公司已入账
21	2011/8/9	148620	√	106,633.80	×	257.40	26,646,091.22	
22	2011/8/9	5057163	√	87,048.00	×	257.40	26,732,881.82	

图 8-7

对于上述对账需要做出如下说明：这种方法适合于那种重复金额数据出现较少的情况下进行对账，相对于手工对账来说更加快捷、准确。但这种方法也不能完全解决对账问题，有可能会存在误判的情况，需要结合实际业务进行判断，以下是例外情况的说明。

★ 出现"×"号表示核对不上，可能是漏记、错误等原因导致的差异或者是上期未达账在本期处理的账务。这需要同时结合业务内容、票据号码和业务时间进行判断，是否存在漏记、错记账事项。

第 8 章　查找与引用函数

★ 有些相同金额重复出现时会导致打上"√",这就需要看公司账的相同金额的重复数据和对账单相同金额的重复数据的次数是否一致。例如,5 万元一笔的业务在公司日记账中出现两次,在对账单中出现 3 次,这说明公司银行账有可能漏记了一笔或者是上期未达账在本期入账。即使两方出现次数相同且金额相同的,也需要结合业务内容来判断是否存在误判。

8.2.7　VLOOKUP 的常见错误类型及解决方法

本章主要讨论了 VLOOKUP 函数的常见用法,但是在使用过程中该函数往往会出现种种错误。现在简要说明其错误类型及其解决办法,如图 8-8 所示是 VLOOKUP 函数的常见错误种类及其解决方法。

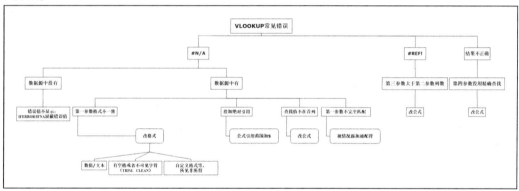

图 8-8

★ 源数据中没有被查找的对象,这时可以使用 IFERROR 或者 IFNA 屏蔽错误值。
★ 源数据中有被查找的对象,这种情况可以分为以下 4 类。
（a）第一参数格式不一致:往往采取数值和文本进行转换,使用 CLEAN 和 TRIM 函数清除空格或不可见字符,将自定义格式转换成与查找值一样的格式。例如查找姓名"张燕",但在查找区域中姓名为"张 燕",中间人为地输入空格造成了拼写不一致。
（b）第二参数没有使用绝对引用符号:在一般情况下,第二参数的引用范围必须使用绝对引用符号$锁死。
（c）查找值不在首列:VLOOKUP 函数的第二参数需要选择数据源中以查找值所在列为首列的区域,选择正确的查找区域或者调整数据源中查找值所在列的位置。
（d）第一参数不完全匹配,如身份证号码一方只有 15 位字符而另一方有 18 位字符,以及利用名称简称查找名称全称等情况,这时可考虑是否使用通配符。
★ 如果该函数的第三参数超过了查找区域的最大列数或者原 VLOOKUP 函数中第二参数所要引用的列被删除,将会出现#REF!错误;如果第三参数小于 1,将会出现#VALUE!错误。

修改公式的第三参数，直到正确为止。
* ★ 结果不正确：第四参数使用了模糊查找模式导致结果不正确，修改第四参数为 FALSE 或者 0。

8.3 LOOKUP 函数应用案例

8.3.1 LOOKUP 向量和数组查找基础

LOOKUP 函数是一个功能非常强大的查找函数，它可以支持横向和纵向两个方向的查找；既可以实现精确查找，也可以实现模糊匹配；在查找方式上包含了向量方式和数组方式两种方式，因此其在灵活性上比著名的 VLOOKUP 函数更为强大。

LOOKUP 函数有如下两种形式。

1．数组形式：LOOKUP（lookup_value,array）

LOOKUP 根据数组维度进行搜索，总是选择行或列的最后一个数值。数组区域中的数值必须按升序排序，否则不能返回正确结果。图 8-9 是其函数结构解析。

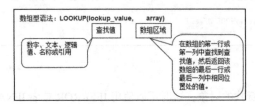

图 8-9

2．向量形式：LOOKUP（lookup_value,lookup_vector,[result_vector]）

lookup_vector 是必需的参数，只包含一行或一列的区域；result_vector 是可选的参数，只包含一行或一列的区域；result_vector 参数必须与 lookup_vector 大小相同（见图 8-10）。

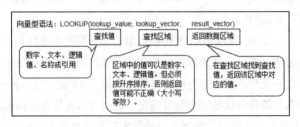

图 8-10

第 8 章 查找与引用函数

关键点 1：如果 LOOKUP 函数找不到 lookup_value，则它与 lookup_vector 中小于或等于 lookup_value 的最大值匹配。

关键点 2：如果 lookup_value 小于 lookup_vector 中的最小值，则 LOOKUP 会返回#N/A 错误值，即查找值必须在 lookup_vector 的最小数值和最大数值的范围内才不会出现#N/A 错误值。

8.3.2 数组型查找

如图 8-11 所示是某公司应聘财务经理的几位应聘人员最终的面试得分及其期望薪资，现需要动态查找各位应聘人员的相关数据。在 H2 单元格按姓名列设置数据验证，在 I1 单元格选择 C1:F1 的查找项目作为数据验证的数据来源。

	A	B	C	D	E	F	G	H	I
1	姓名	职位	面谈得分	专业成绩	期望薪资	公司年薪标准		姓名	期望薪资
2	梅子	财务经理	95	95	165000	150000		紫星	123,000.00
3	Jojo	财务经理	88	82	135000	150000			
4	紫星	财务经理	97	83	140000	150000			
5	水中花	财务经理	89	81	110000	150000			
6	大红花	财务经理	96	96	135000	150000			
7	香奈儿	财务经理	88	82	156000	150000			
8	时光情书	财务经理	94	83	123000	150000			

图 8-11

如果需要查找某位应聘人员的期望薪资，则在 I2 单元格中输入如下公式：=LOOKUP(H2,$A$2:$E$8)，结果发现查找的结果错误。其原因是，所查找的数组区域中所查找的数值必须按升序排序，正确结果如图 8-12 所示。

	A	B	C	D	E	F	G	H	I
1	姓名	职位	面谈得分	专业成绩	期望薪资	公司年薪标准		姓名	期望薪资
2	Jojo	财务经理	88	82	135000	150000		紫星	140,000.00
3	大红花	财务经理	96	96	135000	150000			
4	梅子	财务经理	95	95	165000	150000			
5	时光情书	财务经理	94	83	123000	150000			
6	水中花	财务经理	89	81	110000	150000			
7	香奈儿	财务经理	88	82	156000	150000			
8	紫星	财务经理	97	83	140000	150000			

图 8-12

如果希望查找某位应聘人员的专业成绩，则在 I1 单元格中选择 "专业成绩"。如图 8-13 所示，结果错误，原因是，LOOKUP 函数根据数组维度进行搜索，总是选择行或列的最后一个数值。上述公式的数组范围不应该包含 E 列数据，因此需要改为=LOOKUP(H2,$A$2:$D$8)。

图 8-13 所示表格：

	A	B	C	D	E	F	G	H	I
1	姓名	职位	面谈得分	专业成绩	期望薪资	公司年薪标准		姓名	专业成绩
2	Jojo	财务经理	88	82	135000	150000		香奈儿	156,000.00
3	大红花	财务经理	96	96	135000	150000			
4	梅子	财务经理	95	95	165000	150000			
5	时光情书	财务经理	94	83	123000	150000			
6	水中花	财务经理	89	81	110000	150000			
7	香奈儿	财务经理	88	82	156000	150000			
8	紫星	财务经理	97	83	140000	150000			

图 8-13

8.3.3 分组查找

如图 8-14 所示，对员工完成率考核后需要按 H:I 列中的规定对被考核人做出相应的处理。这种多个区间的判断如果使用 IF 函数也可以实现。如果需要判断的条件和区间都很多，使用 IF 函数来计算就容易发生错误，但使用 LOOKUP 函数来解决却非常容易。

	A	B	C	D	E	F	G	H	I
1	姓名	实际业绩	考核标准	完成率	状态		规定	完成率	状态
2	Jojo	13000	150000	9%	清退			[0, 30%)	清退
3	大红花	106100	150000	71%	标杆			[30%, 50%)	保留
4	梅子	15000	150000	10%	清退			[50%, 70%)	重点
5	时光情书	13000	150000	9%	清退			[70%, +∞)	标杆
6	水中花	60000	150000	40%	保留				
7	香奈儿	56000	150000	37%	保留				
8	紫星	40000	150000	27%	清退				

图 8-14

在 E2 单元格中定义如下公式：=LOOKUP(D3,{0,"清退";30%,"保留";50%,"重点";70%,"标杆"})，会弹出如图 8-15 所示的错误提示窗口。

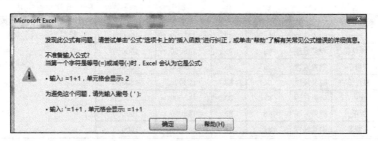

图 8-15

原因是 LOOKUP 函数不支持"%"，因此需要将相应的分界点转换成小数，或者将查找值和分界点都乘以 100 以解决图 8-14 中错误提示的问题。以下是解决这个问题的 3 个公式：

=LOOKUP(D2,{0,"清退";0.3,"保留";0.5,"重点";0.7,"标杆"})

```
=LOOKUP(D2*100,{0,"清退";30,"保留";50,"重点";70,"标杆"})
=LOOKUP(D2,{0,0.3,0.5,0.7},{"清退","保留","重点","标杆"})
```
由此案例可知，我们也可以用 LOOKUP 函数来解决个人所得税的计算。读者可根据个人所得税税率及速算扣除表模拟一些数据来设置个人所得税计算公式。

8.3.4 单一条件查找

用户经常会遇到根据简称查找全称的问题。如图 8-16 所示，D 列是客户的关键字（即简称），要求根据 D2 的关键字，在 E2、F2 单元格写出客户的代码及全称，A、B 两列已经按首行内容定义了相应的名称。

	A	B	C	D	E	F
1	代码	客户名称		关键字	返回代码	返回客户名称
2	1.10000003	安徽诚新汽车销售有限公司		东晨	1.10000086	广东省东晨销售有限公司
3	1.10000005	安徽大方汽车销售有限责任公司				
4	1.10000008	安徽省巢湖汽车配件有限责任公司				
5	1.10000009	安徽省滁州阴光公司				
6	1.10000015	安徽省广发物资供应公司				
7	1.10000016	安徽省东晨旭日销售有限公司				
8	1.10000018	安吉竹海汽运实业公司				
9	1.10000033	北京盘古世纪商贸有限公司				
10	1.10000034	北京名人大厦商贸有限公司				
11	1.10000086	广东省东晨销售有限公司				
12	1.10000038	博尔塔拉机动车辆交易中心				

图 8-16

在 E2、F2 单元格中分别定义如下公式：
```
=IFERROR(LOOKUP(1,0/FIND(D2,客户名称),代码),"")
=IFERROR(LOOKUP(1,0/FIND(D2,客户名称),客户名称),"")
```
此公式有如下 3 个关键点：

★ 在这个公式中 LOOKUP 函数的第 1 个参数为 1，是所要查找的值，在这里按小于或等于 1 的最大值匹配，即按 0 匹配。

★ 首先用 FIND 函数查询 D2 单元格"东晨"在 B 列查找区域中的起始位置（如能找到，则会返回该关键字在单元格中的位置数字；若找不到，则返回错误值#VALUE!），得到一个由错误值#VALUE!和数值组成的数组，0 除以错误值#VALUE!或数值，得到第 2 个参数为 0 和错误值#VALUE!所组成的一个数组。

★ 第 3 个参数为所求数值或文本所在的区域。

经观察，数据有两个包含"东晨"关键字的客户名称，但公式返回了最后一个对应值。LOOKUP 有一个性质：查找值（在这里是 1）大于查找区域的任意一个数值时，返回的是最后一个包含这个关键字的客户名称所对应的位置。

从这个案例我们还可以看出，从 B 列中找关键字时可以返回关键字所对应的 A 列中的代码。

这说明 LOOKUP 函数还具备逆向查找的功能，这比 VLOOKUP 函数更为简单、方便。

8.3.5 多条件查找

📖 实例 1：多条件查找最新报价

在日常工作中有些物料的价格往往是阶段性的报价，与供应商对账时，往往需要检查供应商是否执行了最新报价（即从报价单号中可以看出报价日期）来进行结算。如图 8-17 所示，左侧 A:C 列是一年来的物料报价信息，右侧 E:I 列区域是供应商开票清单数据区域，现需要返回报价单号。

	A	B	C	D	E	F	G	H	I	J
1	Part No.	单价	报价单号		Part No.	Vendor	Qty	名称	对方单价	报价单号
2	4004306276	0.5647	201010010Ver1		4038353201	P9438D	37	塑胶打印机零件	0.0363	201204009Ver1
3	4004306276	0.5296	201004011Ver1							
4	4004306276	0.504								
5	4004306276	0.5366								
6	4004306276	0.6074								
7	4030101804	1.0959	201010001Ver1							
8	4030101804	1.0959	201010001Ver1							
9	4030101804	1.0214	201004011Ver1							

图 8-17

其中，左侧 A:C 列查找区域分别定义的名称为"Part_No"、"单价"和"报价单号"，在 J2 单元格中定义公式如下：

```
=IFERROR(LOOKUP(1,0/((Part_No=E2)*(单价=I2)),报价单号),"")
```

在这里按照"Part_No"和"单价"两个条件来查找报价单号，这两个条件用"*"连接，表示两个条件需要同时具备。

📖 实例 2：多条件查找处于某范围中的值

	A	B	C	D	E	F
1	凭证字号	产品系列号码	贷方金额		某产品系列号	凭证字号
2	转-84	AFEL10045-0048	8,485.47		AFHFC0036	转-88
3	转-85	AFLHQ0111-0113	7,301.79			
4	转-86	AFLHQ0110-0119	2,515.13			
5	转-87	AFEJ80052-0052	3,135.21			
6	转-88	AFHFC0035-0037	7,561.54			
7	转-89	AFHF30061-0061	1,928.21			
8	转-90	AFFV70232-0232	2,735.04			
9	转-91	AFLEX0297-0315	35,726.50			
10	转-92	AFLHX0012-0019	26,666.41			

图 8-18

在审计工作中经常需要对产品收入进行真实性测试。如图 8-18 所示的表格是某公司产品系列号码的收入明细账，公司产品系列号码编码规则如下：B 列单元格记录中的前 5 位为产品大类，第 6~9 位的数值为该产品系列的最小号码，右边 4 位数字为该产品系列的最大号码，最小号码与最大号码之间是连续的。现需要查找 E2 单元格中某产品系列号的凭证字号。

第 8 章 查找与引用函数

在 E2 单元格中定义如下数组公式：
=IFERROR(LOOKUP(1,0/((LEFT($B$2:$B$10,5)=LEFT(E2,5))*(VALUE(MID(E2,6,4))>=VALUE(MID($B$2:$B$10,6,4)))*(VALUE(RIGHT(E2,4))<=VALUE(RIGHT($B$2:$B$10,4)))),$A$2:$A$10),"")

公式解析：由于所查找的产品号码处于 B 列的产品系列连续号码中，根据上述规则由 3 个条件来确认：由于对所查找的号码不仅要确定产品大类，还需要与最小号码、最大号码比较大小关系，故对其中截取的数字需要用 VALUE 函数转换成数值。

根据 8.3.4 节内容与本节内容中有关 LOOKUP 函数的条件查找可知：

单一条件查找公式如下：=LOOKUP(1,0/(条件),目标区域或数组)

多条件查找公式如下：=LOOKUP(1,0/((条件 1)*(条件 2)*(条件 N)),目标区域或数组)

使用要求：使用 LOOKUP 查找只需熟悉上述查找公式的标准套路，能够理解条件的特点并能根据条件构造逻辑条件表达式，就可以根据上述归纳公式来套写公式。

8.3.6 在合并单元格内查找

如图 8-19 所示，在 A:C 列区域中的产品实行分区域定价的价格策略，现 H 列单元格需要引用相应产品和区域的单价以计算出销售收入金额，其中 E2:E10 区域存在合并单元格。

	A	B	C	D	E	F	G	H	I
1	产品	区域	单价		产品	区域	销量	单价	金额
2	A	华东	35.4			华南	2676	29	77,604.00
3	A	华南	32.3		B	华东	2027	31	62,837.00
4	A	华中	30			华中	3691	27	99,657.00
5	B	华东	31			华南	2847	32.3	91,958.10
6	B	华南	29		A	华东	3194	35.4	113,067.60
7	B	华中	27			华中	1833	30	54,990.00
8	C	华东	38			华南	2575	37	95,275.00
9	C	华南	37		C	华东	1543	38	58,634.00
10	C	华中	35			华中	3220	35	112,700.00
11									

图 8-19

在 H2 单元格中分别定义如下数组公式：
=VLOOKUP(LOOKUP("座",E$2:E2)&F2,IF({1,0},$A$2:$A$10&$B$2:$B$10,$C$2:$C$10),2,0)

公式解析如下：

一般情况下，LOOKUP 函数的第 1 个参数写成 "座" 可以返回一列或一行中的最后一个文本。LOOKUP("座",E$2:E2)中的"座"也可以用"々"代替。"座"（或"々"）通常被看作一个编码较大的字符。当查找区域有合并单元格时，使用这种混合引用和"座"可以实现只取到某合并单元格区域中第一个单元格中对应的值而忽略空白单元格。

附注 LOOKUP 函数的计算原理涉及二分法。以下是二分法的相关解释。

从前向后一个一个地查找，是遍历法。二分法则是从二分位处查找，如果查找不到，再从下一个二分位处查找，直到查找到和其大小相同或比它小的数。二分法查找又被称为折半查找，它是一种效率较高的查找算法。二分法通常要求目标数组中的数据是有序排列的。二分法查找规则如下：

将查找值与目标向量中的"中位值"进行对比，当查找值等于中位值时，依次判断其右侧数值是否继续相等，直到不相等时返回最后一个中位值对应的数值。

当查找值大于中位值时，以中位值作为边界，在其右侧取新的中位值继续对比，当找到边界时，如果查找值大于中位值，则返回最后一个中位值本身对应的值。

当查找值小于中位值时，以中位值作为边界，在其左侧取新的中位值继续对比，会返回中位左侧数值。如果左侧数值不存在，则返回#N/A。

当查找值大于数组中的最大值时，则返回最大值对应的值。

> **附注** 上面提到的"中位值"指的是目标数组中位置居中的数据（数据个数为偶数时，中位等于个数除以2；数据个数为奇数时，中位等于（个数+1）除以2），这与统计学传统意义上的中位值不完全相同。

8.4 INDEX 函数

8.4.1 INDEX 函数的基本用法

INDEX 函数是一个非易失性的、非常灵活的并且用途广泛的函数。INDEX 可以返回一个值或者一组值，可以返回对某个单元格的引用或者对单元格区域的引用，还可以实现返回整行或整列、查找、与其他函数结合实现求和、创建动态区域等功能。

INDEX 函数的语法格式有如下两种。其中 INDEX 函数的数组形式应用较广泛，将在以下章节中做重点介绍。

★ 数组形式=INDEX (array,row_num,column_num)
=INDEX(数据区域,行数,列数)

★ 引用形式= INDEX(reference,row_num,column_num,area_num)
= INDEX(一个或多个单元格区域的引用,行数,列数,从第几个选择区域内引用)

其中，row_num 和 column_num 必须指向数组中的某个单元格；否则 INDEX 函数出错，返回#REF!错误值。

8.4.2 INDEX 函数的引用形式

本节用一个实例来说明 INDEX 函数引用形式的用法。

如图 8-20 所示为业务员每月实际业绩与每月考核数据查询，在 A12 与 B11 单元格中设置数据验证。在 B12 单元格中定义 INDEX 引用形式查询实际业绩公式如下：

```
=INDEX((B3:D9,G3:I9),MATCH(A12,A3:A9,0),MATCH(B11,B2:D2,0))
```

该函数的第 1 个参数有两个引用数据区域；第 2、3 个参数通过两个 MATCH 函数分别定位姓名所在的行号和月份所在的列号；第 4 个参数在这里省略，默认为第 1 个区域。

在 C12 单元格中定义 INDEX 引用形式查询考核标准公式如下：

```
=INDEX((B3:D9,G3:I9),MATCH(A12,A3:A9,0),MATCH(B11,B2:D2,0),2)
```

第 4 个参数在这里选择第 2 个区域。

累计数查询中 B14 单元格的实际业绩定义求和公式如下：

```
=SUM(INDEX((B3:D9,G3:I9),MATCH(A12,A3:A9,0),))
```

累计数查询中 C14 单元格的考核标准定义求和公式如下：

```
=SUM(INDEX((B3:D9,G3:I9),MATCH(A12,A3:A9,0),,2))
```

	A	B	C	D	E	F	G	H	I
1		实际业绩					考核标准		
2	姓名	1月	2月	3月		姓名	1月	2月	3月
3	Jojo	183,128.00	120,849.00	70,137.00		Jojo	190,326.00	124,337.00	145,160.00
4	大红花	95,276.00	74,922.00	113,753.00		大红花	181,031.00	122,374.00	147,719.00
5	梅子	99,783.00	62,338.00	106,675.00		梅子	198,081.00	124,556.00	149,501.00
6	时光情书	92,222.00	77,208.00	116,489.00		时光情书	199,331.00	122,173.00	143,377.00
7	水中花	185,178.00	82,925.00	126,537.00		水中花	197,202.00	122,799.00	141,339.00
8	香奈儿	103,857.00	101,400.00	88,214.00		香奈儿	187,837.00	123,914.00	140,880.00
9	紫星	181,656.00	69,628.00	130,396.00		紫星	196,801.00	121,816.00	145,661.00
10									
11	姓名	2月							
12	水中花	82,925.00	122,799.00						
13									
14	累计数查询	394,640.00	461,340.00						

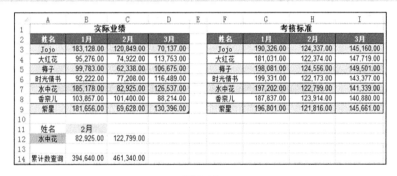

图 8-20

8.4.3　执行双向查找

INDEX 函数常常与 MATCH 函数组合使用，这能够完成类似于 VLOOKUP 函数和 HLOOKUP 函数的查找功能，并且可以实现逆向查询，即从右向左或从下向上进行查询。

如图 8-21 所示是某保险公司车辆按用途、车辆座位数及第三者责任险投保的保障额度明细表，现需要按上述 3 个条件动态查询投保人的保费金额，实现方法如下。

	A	B	C	D	E	F	G	H	I	J	K
1	车辆用途	车辆座位数	商业第三责任险保障额度	保费金额		保障额度明细表					
2	机关	10-20座	10万	1102		用途	座位数	5万	10万	20万	30万
3						家庭自用	6座以下	950	1050	1250	1450
4						家庭自用	6-10座	951	1051	1251	1451
5						家庭自用	10座以上	952	1052	1252	1452
6						机关	6座以下	1000	1100	1280	1500
7						机关	6-10座	1001	1101	1281	1501
8						机关	10-20座	1002	1102	1282	1502
9						机关	20座以上	1003	1103	1283	1503
10											

图 8-21

在 A2、B2、C2 单元格中分别设置数据验证，在 D2 单元格中定义如下数组公式：
=INDEX(H3:K9,MATCH(A2&B2,$F$2:$F$9&$G$2:$G$9,0)-1,MATCH(C2,H2:K2,))

凡是需要通过行号（或列标）或者按行号和列标同时进行查找的，都可按这种模式进行。

8.4.4 创建动态区域

我们用于创建动态区域常用的是 OFFSET、INDIRECT 函数，这两个函数都是易失性函数，这意味着每次工作表中有改变时，包含这些函数的公式都将重新计算。INDEX 也可实现动态区域的创建，它不仅仅是非易失性的，而且比 OFFSET 或 INDIRECT 更快。OFFSET 或 INDIRECT 会在函数里创建动态区域，而使用 INDEX 会在区域操作符（冒号）的一侧（有时是两侧）产生动态区域。以下实例是在连续区域中创建动态区域的实例。

如图 8-22 所示是 2013—2014 年全国 51 个城市中人口与 GDP 的相关模拟数据。这张表格中城市的记录可随时增减变化。现需要对城市和这张表格的数据区域创建动态引用区域，实现方法如下。

	A	B	C	D	E
1	城市	常住人口总数（万）	人口增长率%	GDP（亿元）	人均GDP（元/人）
2	重庆市	2884.62	0.89	7894	27367
3	上海市	2301.91	1.47	16872	73297
4	北京市	1961.24	20	13778	70251
5	成都市	1404.76	1.01	5551	39518
6	天津市	1293.82	2.6	9109	70402
7	广州市	1270.08	1.9	10604	83495
8	保定市	1119.44	0.56	2050	18315
9	哈尔滨市	1063.6	1.23	3666	34467
10	苏州市	1046.6	4.23	9000	85993
11	深圳市	1035.79	0.8	9511	91822

图 8-22

下面的公式返回列表中最后一个城市的名字：
=INDEX(数据源!$A:$A,COUNTA(数据源!$A:$A))

根据需要可用下述公式分别定义名称"城市""常住人口总数_万"创建动态区域。图 8-23 中已经定义了"常住人口总数_万"名称。
=数据源!$A$2:INDEX(数据源!$A:$A,COUNTA(数据源!$A:$A))
=数据源!$B$2:INDEX(数据源!$B:$B,COUNTA(数据源!$B:$B))

对比一下使用"=数据源!$A$2: $A$51"定义名称"城市"。显然这种公式是硬编码、静态的引用，而在当前数据范围中 INDEX(数据源!$A:$A,COUNTA(数据源!$A:$A))一样可以返回$A$51 这个单元格地址。尽管二者指向的数据在当前数据范围中是相同的区域，但当数据范围进行扩张或者收缩时 INDEX(数据源!$A:$A,COUNTA(数据源!$A:$A))会返回数据范围中 A 列最后的非空单元格地址。很显然,硬编码、静态的引用远没有上述 INDEX 函数创建的动态区域引用灵活。

图 8-23

公式解析:这个公式是非易失性的、动态的区域,随着列表中城市数量的变化而扩展或收缩。本实例定义名称中 INDEX 函数的这种写法正是 "INDEX 函数可以返回对某个单元格的引用或者单元格区域的引用" 的体现。这种用法只是返回满足某种条件的值所在单元格的地址,不是返回值本身。

注意,代替"指向"使用 INDEX 建立的动态区域的命名公式(城市)的值之前,需要使用绝对引用,否则在使用名称时会导致使用名称计算时出现循环引用错误提示。如上述引用改为"=数据源!$B$2:INDEX(数据源!B:B,COUNTA(数据源!B:B))"引用时就会出现图 8-24 中的提示,导致结算结果错误。忽略循环引用错误后,在定义名称中的计算公式时,名称中无 "$" 符号固定的列号会偏移到一个新的列位置,这是因为不带绝对引用,就是针对活动单元格的引用。

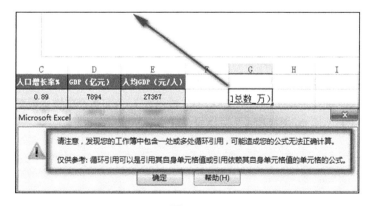

图 8-24

可以使用相同的方法对这张表创建二维动态区域。出于统计需要可能会增加其他统计指标，因此列数也是动态的。

=数据源!$A$2:INDEX(数据源!$1:$1048576,COUNTA(数据源!$A:$A),COUNTA(数据源!$1:$1))

说明：INDEX 可以很好地结合 3 个引用操作符（即冒号、空格和逗号）使用。当在 3 个引用操作符的任意一个的一侧或两侧使用函数时，在工作簿打开时总会重新计算结果公式。虽然 INDEX 是非易失性的，但是当用于动态区域时它会变成半易失性的。不过，这比易失性好，因此利用该函数可以创建动态区域。

在不连续区域中创建动态区域

当处理非连续单元格区域时，INDEX 提供了如下公式中的第 4 个参数（$m \leq n$，且 m 为自然数）来从所提供的非连续的输入区域中选择区域块。这些区域块通过整数按在输入单元格区域中出现的顺序来引用。例如：

=INDEX((区域1,区域2,区域3,……,区域n),,,m)

利用第 4 个参数 m 与控件结合，之后 m 与定义名称结合创建动态图表（和许多其他操作）是相当有用的，即 m 取 2 时返回区域 2，取 3 时返回区域 3，取 n 时返回区域 n。

注意：上述 INDEX 函数中指定区域的数量没有硬性限制，并且这些非连续的区域不需要有相同的大小。

附注 所谓"易失性函数"（volatile function），就是指使用这些函数后会引发工作表的重新计算。有时我们打开一个工作簿但不做任何更改就关闭时，Excel 却提醒我们是否要保存，这就是因为文件用到了一些"易失性函数"，在打开文件时，易失性函数引发了表格重算。判定易失性函数的标准是"打开一个工作簿但不做任何更改就关闭时，是否要保存"。

"易失性函数"又分"显性"易失性函数和"隐性"易失性函数：NOW()、RAND()、TODAY()、RANDBETWEEN()是"显性"易失性函数，OFFSET()、INDIRECT()、CELL()、INFO()则是"隐性"易失性函数。在使用 A1:INDEX()、INDEX():INDEX()这种结构时，INDEX 表现为半易失性函数（或工作簿级易失性函数），即在工作表中按 F9 键或编辑单元格时不会引起整个工作簿的重新计算，而重新打开工作簿则会重新计算。一般来说，SUMIF()因为其第 3 个参数简写时的不确定性，也被认为是半易失性函数（或工作簿级易失性函数）。大多数易失性函数都是工作表级易失性函数，即在工作表中按 F9 键或编辑单元格时，就会引发重新计算。

8.5 OFFSET 函数

8.5.1 OFFSET 函数的基本用法

OFFSET 函数的语法如下：

`OFFSET(reference,rows,cols,height,width)`

上述 OFFSET 函数语法的通俗理解：

OFFSET（起点，移动的行数，移动的列数，所要引用的高度，所要引用的宽度）

- ★ reference 作为偏移量参照系的引用区域。reference 必须为对单元格或相连单元格区域的引用；否则，函数 OFFSET 返回错误值 #VALUE!。
- ★ rows 相对于偏移量参照系的左上角单元格，上（下）偏移的行数。行数可为正数（代表在起始引用的下方）或负数（代表在起始引用的上方）。
- ★ cols 相对于偏移量参照系的左上角单元格，左（右）偏移的列数。列数可为正数（代表在起始引用的右边）或负数（代表在起始引用的左边）。
- ★ height 高度，即所要返回的引用区域的行数。height 必须为正数。
- ★ width 宽度，即所要返回的引用区域的列数。width 必须为正数。

> 说明　如果行数和列数的偏移量超出了工作表边缘，函数 OFFSET 就返回错误值 #REF!。

如果省略 height 或 width，则假设其高度或宽度与 reference 相同。

函数 OFFSET 实际上并不移动任何单元格或更改选定区域，它只是返回一个引用。

如图 8-25 所示是 OFFSET 函数的基本用法实例。

	A	B	C	D	E
1		1	5	9	
2		2	6	10	
3		3	7	11	
4		4	8	12	
5	公式		结果		说明
6	=OFFSET(B1,3,2)		12		即单元格B1向下移动3行和向右移动2列，即显示单元格D4的值
7	=OFFSET(D4,-1,-2)		3		即单元格D4向上移动1行和向左移动2列，即显示单元格B3的值
8	=SUM(OFFSET(B2:C3,1,1))		38		即将B2:C3这个矩形区域整体向下移动1行和向右移动1列所形成的区域为C3:D4

图 8-25

8.5.2 在二维区域内查找

在实际模具制作中需要根据钢板材质和厚度进行单价取值，如图 8-26 所示左边是实际数据区域。其中 A:H 列为模具的基础数据区域，右边 J:M 列是材质和厚度标准数据（"含税单价/kg"），区域厚度不到标准厚度的，按照大于实际厚度值并且最接近实际厚度值的标准厚度计算。现需要计算制作该模具钢材的最终金额。

	A	B	C	D	E	F	G	H	I	J	K	L	M
1	名称	厚度(MM)	重量(kg/件)	材质	含税单价/kg	数量（PCS）	含税单价/PCS	金额		材质/厚度MM	500	155	154
2	面板	80.00	918.46	50#	7.64	1	7017.03	7,017.03		50#	9.64	8.91	7.64
3	流道板	70.00	99.5	50#	7.64	2	760.18	1,520.36		P20	11.4	12.35	10.45
4	流道板	55.00	577.32	50#	7.64	1	4410.72	4,410.72		718	12.35	12.35	11.4
5	流道板	70.00	30.05	50#	7.64	2	229.58	459.16		638	23	23	23
6	A板	140.00	1469.53	738	25	1	36738.25	36,738.25		738	25	25	25
7	B板	220.00	2309.26	50#	9.64	1	22261.27	22,261.27					
8	方铁1	220.00	84.19	50#	9.64	4	811.59	3,246.36					
9	上顶板	50.00	430.25	50#	7.64	1	3287.11	3,287.11					
10	下顶板	50.00	430.25	50#	7.64	1	3287.11	3,287.11					
11	底板	60.00	688.84	50#	7.64	1	5262.74	5,262.74					
12	合计							87,490.11					

图 8-26

从该实例可知制作模具的最终金额计算步骤如下：

$$含税.单价/PCS=含税.单价/kg×重量（kg/件）$$
$$金额=数量（PCS）×含税单价/PCS$$

因此，该实例中计算"含税单价/kg"是计算模具金额的关键。

此实例只需确定材质对应的行号和厚度对应的列标，即可返回在标准数据区域中每种钢板的含税单价/kg，故在 E2 单元格中定义如下公式：

=OFFSET($J$1,MATCH(($D2,$J$1:$J$6,0)-1,MATCH($B2,$J$1:$M$1,-1)-1)

按照钢板的厚度数据计算规则，需要在 OFFSET 函数的第 3 个参数——MATCH 函数中设置为-1，函数 MATCH 查找大于或等于实际钢板厚度的最小数值。

> **提示** 这种方式和前述 8.4.3 节执行双向查找的原理相同。

8.5.3 储值卡余额的计算及查询

很多服务性企业（如连锁餐饮店、网吧）实行储值卡充值消费的模式（见图 8-27），那么这种模式下如何计算卡内余额，又如何实现储值卡余额实时查询呢？

第 8 章 查找与引用函数

	A	B	C	D	E	F	G
1	日期	卡号	姓名	充值金额	消费金额	余额	备注
2	2015/1/1	091258	胡建军		129.00	-129.00	
3	2015/1/1	001521	蒋海松	600.00		600.00	
4	2015/1/1	001521	蒋海松		242.00	358.00	
5	2015/1/1	091501	伍健	500.00		500.00	
6	2015/1/1	091501	伍健		188.00	312.00	
7	2015/1/1	091200	肖爱民	100.00		100.00	
8	2015/1/1	091200	肖爱民	500.00		600.00	
9	2015/1/1	091200	肖爱民		425.00	175.00	
10	2015/1/1	080000	谢迎春	500.00		500.00	
11	2015/1/1	080000	谢迎春		314.00	186.00	
12	2015/1/2	058522	艾多多	200.00		200.00	
13	2015/1/2	001525	程顺渊	600.00		600.00	
14	2015/1/2	001525	程顺渊		252.00	348.00	
15	2015/1/2	091516	邓小凤		106.00	-106.00	

图 8-27

先对此表按卡号和日期进行升序排序，在 F2 单元格中定义如下数组公式：
=IF(B2="","",IF(COUNTIF($B$1:$B2,B2)=1,D2-E2,OFFSET($F$1,LARGE(($B$1:$B2=B2)*ROW($B$1:$B2),2)-1,)+D2-E2))

公式解析：对卡号进行出现次数判断。如果是首次出现，则该客户的储值卡余额为充值金额减去消费金额；如果不是首次出现，则将前一次 F 列的余额累加到本次充值金额减去消费金额中。

其中，LARGE(($B$1:$B2=B2)*ROW($B$1:$B2),2)会定位所计算单元格的余额对应的"卡号"在 B 列单元格中的位置，然后减去 1 就确定了该"卡号"在本次出现之前一次的位置。这样就确定了该卡号对应的前一次储值卡的余额。

实现储值卡余额实时查询，如图 8-28 所示。

图 8-28

在 B2 单元格中定义如下数组公式：
=IFERROR(IF(COUNTIF(储值卡日记账!$C$2:$C$15,$A2)<1,"",OFFSET(储值卡日记账!$F$1,MAX(($A2=储值卡日记账!$C$2:$C$15)*(储值卡日记账!$A$2:$A$15<=$F$1)*ROW(储值卡日记账!$A$2:$A$15))-1,)),0)

公式解析：通过查找相同姓名、与截止日期最近的日期来确定该姓名和最近日期在第 2~15 行区域之间所对应的最大行号，据此可以确定 OFFSET 函数在 F1 单元格向下偏移的行数，这样就确定了该客户最近交易后储值卡的余额。

同理，在 C2 单元格中定义数组公式可以查询出该客户的最近交易日期。数组公式如下：
=IFERROR(IF(COUNTIF(储值卡日记账!$C$2:$C$15,$A2)<1,"",OFFSET(储值卡日记账!$A$1,MAX(($A2=储值卡日记账!$C$2:$C$15)*(储值卡日记账!$A$2:$A$15<=$F$1)*

ROW(储值卡日记账!$A$2:$A$15))-1,)),"")

小结 通过对上述实例的学习,也可以参照此模式设计小企业客户或者供应商应收应付的余额计算、查询表格等。

上述实例也可以使用条件求和函数计算余额,方法也更简单,公式如下:
=SUMIFS(D$2:D2,B$2:B2,B2)-SUMIFS(E$2:E2,B$2:B2,B2)

8.5.4 OFFSET 与动态数据验证

OFFSET 常常与名称管理器结合生成动态引用区域,而名称与数据验证的完美结合就可以实现动态的下拉菜单。如图 8-29 所示,按照各部门明细,使用函数公式来生成各一级部门下的二级部门的列表供用户选择。

	A	B	C	D	E	F	G	H	I	J	K
1	部门				明细组					部门	财务部
2	财务部	总账组	成本组	销售组	材料组	财务共享中心	海外财务组			明细组	成本组
3	信息中心	IT服务组	网络管理组	系统管理组	研发软件组	客服软件组	运营软件组	管理软件组			
4	品质管理部	进料检验组	成品检验组	过程管理组							
5	人力资源部	绩效组	培训组	招聘组	人事组	薪资组					
6	行政部	行政组	后勤组	保安组	运输组						

图 8-29

定义名称如下。

部门:=OFFSET(Sheet1!$A$2,,,COUNTA(Sheet1!$A$2:$A$10))

明细组:=OFFSET(Sheet1!$A$1,MATCH(Sheet1!$K$1,部门,0),1,,COUNTA(OFFSET(Sheet1!$B$1:$H$1,MATCH(Sheet1!$K$1,部门,0),)))

在 K2 单元格中设置数据验证,在"来源"处输入"=部门";在 K3 单元格中设置数据验证,在"来源"处输入"=明细组"。这样就实现了一个二级下拉菜单的功能。

公式解析:

★ 这是一个典型的 OFFSET 动态引用的实例。公式中主要通过对一级部门名称的 MATCH 定位,再根据 COUNTA 来求得实际二级部门数,最后通过 OFFSET 得到结果。

★ 其中最主要的公式就是部门明细名称的公式,"MATCH(Sheet1!$K$1,部门,0)"是该公式最核心的部分,通过这部分得到行偏移,通过"OFFSET (Sheet1!$B$1:$H$1,MATCH(Sheet1!$K$1,部门,0),)"部分得到引用列数。

如"财务部"的二级部门列表,先通过 MATCH 查找其行号位置,通过内嵌 OFFSET 的动态引用取得 E2:G2 区域,再通过 COUNTA 来得到具体明细组数,最后通过"=OFFSET($A$1,1,1,,6)"来得出最终二级部门区域引用($E$2:$G$2),提供给 K2 的下拉菜单选项序列供选择。

8.5.5 按关键字设置智能记忆式下拉菜单

如图 8-30 所示，A:B 列是某饭店的菜谱。A 列有 85 个菜名，现需要在 E2:E16 单元格区域中按关键字智能地选取相应的菜名。如何在输入关键字后下拉菜单中仅仅保留包含开头关键字的相应菜名？实现步骤如下。

菜名	价格		序号	点菜名	价格
冰爽素什锦	8		1	干锅肥肠	22
草菇盖菜	10		2	红油肚丝	14
炒合菜	14		3	泡椒凤爪	12
陈麻婆豆腐	8		4	紫	5
川北凉粉	6			紫菜蛋花汤	
葱爆羊肉	20				
葱油金针菇	10				
豆豉鲮鱼油麦菜	12				
豆角炒肉丝	14				
发财三丝羹	10				
风味辣鸡翅	18				
夫妻肺片	14				
干煸四季豆	13				
干锅茶树菇	20				
干锅肥肠	22				
干炸黄花鱼	12		合计		53

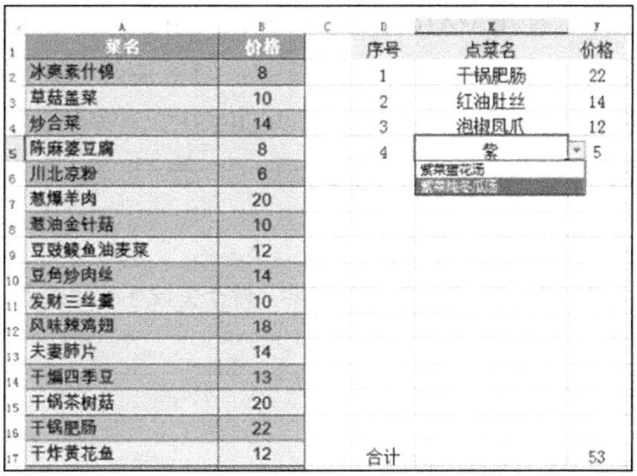

图 8-30

STEP 01 将光标放置在 A:B 列中有数据的任意一个单元格，然后单击“插入”选项卡下的“表格”，将数据区域转换成表 1，对表 1 按照菜名进行升序排序。

STEP 02 选择 E2:E16 单元格区域，在“数据验证”对话框的“设置”选项卡中序列的“来源”处输入如下公式：=OFFSET($A$2,MATCH(E2&"*",$A:$A,0)-2,,COUNTIF($A:$A,E2&"*"))。

在该对话框中的“出错警告”选项卡下取消“输入无效数据时显示出错警告”复选框的勾选，单击“确定”按钮，关闭“数据验证”对话框，如图 8-31 所示。

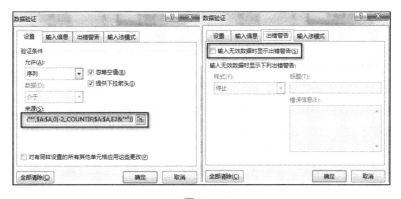

图 8-31

STEP 03 在 F2 单元格中定义如下公式,实现对相应菜名自动查询出价格:=IF(E2="","",LOOKUP(E2,表 1))。

设计思路简析:

★ 使用超级表能实现数据源的自动扩充,而且按升序排序可将相同字符开头的菜名排在一起,方便 F 列中的 LOOKUP 公式进行升序查询。

★ 在数据来源的公式中,使用 MATCH(E2&"*",$A:$A,0)-2 定位 E2 单元格字符开头记录所在的位置,并将其作为 OFFSET 函数偏移的行数;然后使用 COUNTIF($A:$A,E2&"*")统计 E2 单元格字符开头的数据个数,并将其作为 OFFSET 函数引用数据的高度。

★ 取消"输入无效数据时显示出错警告"复选框的勾选,可防止输入关键字时无法实现下拉菜单的功能。

> **提示** 本案例只适用于查询以关键字开头的下拉菜单;对于关键字处于文本中间或右边的,则无法实现智能记忆式下拉菜单选择。

8.6 INDIRECT 函数

8.6.1 认识 INDIRECT 函数

INDIRECT 函数语法如下:

```
INDIRECT(ref_text,[a1])
```

★ ref_text:该参数是必需的。它指对单元格的引用。此单元格包含 A1 样式的引用、R1C1 样式的引用、定义为引用的名称或对作为文本字符串的单元格的引用。如果 ref_text 不是合法的单元格引用,则 INDIRECT 返回错误值。

如果 ref_text 是对另一个工作簿的引用(外部引用),则被引用的工作簿必须已打开。如果源工作簿没有打开,则 INDIRECT 返回错误值#REF!。

★ a1:可选的。它是一个逻辑值,用于指定包含在单元格 ref_text 中的引用的类型。

如果 a1 为 TRUE 或省略,则 ref_text 被解释为 A1 样式的引用。

如果 a1 为 FALSE,则 ref_text 被解释为 R1C1 样式的引用。

作为引用最直接的方式就是在单元格中输入引用地址。关于引用的形式,在第 5 章中已经有所阐述。INDIRECT 从英文字面意思看的含义为 "间接的、迂回的"。此函数作为引用函数,且第 1 个参数为文本形式,因而要用到英文状态下的半角双引号。在此函数中通常将引用地址套上双引号,然后再传递给 INDIRECT 函数。如图 8-32 所示的几个引用很好地展示了 INDIRECT "间接的、迂回的" 这一特点。

	A	B	C	D
1	应收结余		结果	公式
2			应收结余	=A1
3				
4			应收结余	=INDIRECT("A1")
5				
6	A1 →	"A1" →		INDIRECT("A1")
7				

图 8-32

在上述示例中，我们也许会觉得 INDIRECT 函数有些多此一举，然而这正是该函数的显著特点。而且，我们发现 INDIRECT 具有剥离引号的作用，这一点对理清该函数实际引用的地址非常有帮助。

因为 INDIRECT 的参数是文本字符串，文本字符串可以灵活地进行组装，所以，一个目标地址可以通过多个单元格的内容来“生成”。

INDIRECT 函数引用的地址具有非常好的可控性，这一切都得益于参数可以由文本字符串组装来生成。如图 8-32 所示是 INDIRECT 函数对各分表中 A 列“应收结余”所对应 C 列的值进行的引用。但分表中的“应收结余”虽然都在 A 列，不过其所在的行号并不固定，直接引用其对应 C 列的数据也不是很方便，在这里我们就两次利用该函数的特性将目标地址的单元格进行了如图 8-33 所示 C2 单元格中的组装。很多参数类型为字符串的函数（如 SUMIF、SUMIFS 等函数）都有这种灵活性的优点。

	A	B	C
1	项目	金额	公式
2	Sheet1	-4,560.00	=INDIRECT(A2&"!C"&MATCH("应收结余",INDIRECT(A2&"!A:A"),0))
3	Sheet2	2,310.00	
4	Sheet3	123,456.00	
5	Sheet4	95,810.00	
6	Sheet5	-9,500.00	
7	Sheet6	10,000.00	
8	Sheet7	11,000.00	

图 8-33

公式解析：“&”前的 Sheet1 是分表名称，我们知道要取分表 C 列中的数据，因此，应将“C”作为 INDIRECT 函数的参数。同时从前述函数中有关引用的基础知识可知，引用其他工作表的单元格前要用到“!”，然后再通过 MATCH 函数定位出“应收结余”在 A 列的位置。由于对应 C 列的数值和“应收结余”在 A 列的行号位置是相同的，因此，我们就成功地将分表中的数值所在单元格的列标和行号都确定了下来，从而也就达到了引用“应收结余”对应的 C 列的值的目的。

引申扩展：如果某个名称引用了某个单元格区域，我们使用这个名称的时候就相当于在操作其所引用的区域，于是猜想这种返回引用区域的名称也是一种地址，因而使用公式=INDIRECT("名称")来引用特定的单元格区域。

8.6.2 汇总各分表数据

📖 实例 1：条件汇总跨表数据

图 8-34 显示了某公司 1—4 月的物料销售金额汇总数据，每个月的销售金额数据分别位于不同的工作表中，其中图 8-34 右边部分是 1 月的数据，其余各月销售表格结构与 1 月相同，那么如何在“汇总”表中实现按月按物料代码汇总各月的销售金额数据呢？

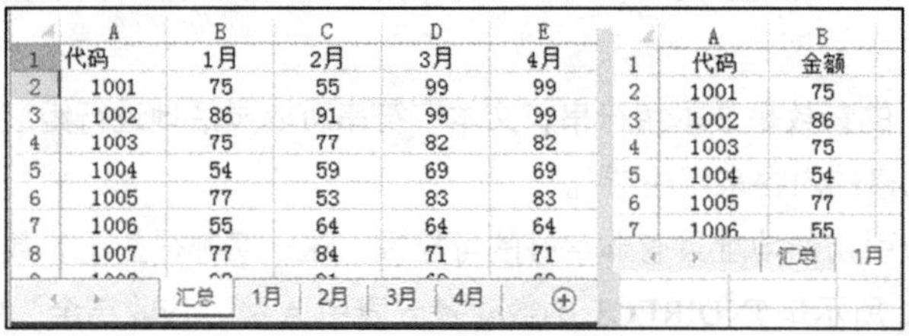

	A	B	C	D	E
1	代码	1月	2月	3月	4月
2	1001	75	55	99	99
3	1002	86	91	99	99
4	1003	75	77	82	82
5	1004	54	59	69	69
6	1005	77	53	83	83
7	1006	55	64	64	64
8	1007	77	84	71	71

	A	B
1	代码	金额
2	1001	75
3	1002	86
4	1003	75
5	1004	54
6	1005	77
7	1006	55

图 8-34

由于物料代码的排序可能和各分表中物料代码的排序不完全一致，因此这样就不能按单元格的位置进行求和。观察汇总表的表格结构可知，物料代码按纵向排列、月份按横向排列，因此可以考虑用 SUMIF 函数和 INDIRECT 函数实现汇总求和。

在 B2 单元格中定义公式如下：

```
=SUMIF(INDIRECT(B$1&"!A:A"),$A2,INDIRECT(B$1&"!B:B"))
```

公式解析：由于月份在汇总表的 B1:E1 单元格区域中是横向变动的，而物料代码、销售金额在分表中的列是固定的，考虑到后续有新增的月份数据，因此在 SUMIF 函数的第 1 个参数和第 3 个参数中的引用区域前的分表名称用 B$1 混合引用，以便于公式向右复制时有更好的延展性。故此，SUMIF 函数的第 1 个参数和第 3 个参数分别写成 INDIRECT(B$1&"!A:A")和 INDIRECT(B$1&"!B:B")。

由于各分表中的物料代码也不一定完全相同，随着业务的发展，有可能新增一些物料代码，因此，在后续的汇总计算中为防止遗漏数据，可将新增月份的物料代码复制、粘贴到“汇总”表中的 A 列已有物料代码数据的下方，然后对“汇总”表中的 A 列删除重复项，将公式复制到 A 列最后一个非空单元格所在行对应的需要计算数据的其他单元格即可。

📖 实例 2：多条件汇总分表数据

图 8-35 显示了某公司 3 个分厂（KS01、KJ01、DG01）月末各工位物料的库存数量数据。现在需要按工位对各分厂各物料的库存数量进行汇总，汇总表结构如图 8-35 所示。各分厂的物料库

存数量结构相同，观察汇总表的结构可知，物料号按纵向排列，各工位按横向排列，但各分厂并没有体现在表格结构之中。这个实例按照要求两个（物料号、工位）显性条件、一个（工厂）隐性条件进行汇总。

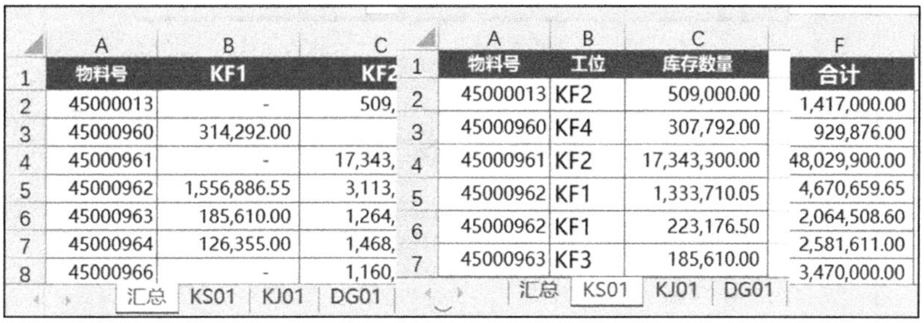

	A	B	C
1	物料号	KF1	KF2
2	45000013	-	509,
3	45000960	314,292.00	
4	45000961	-	17,343,
5	45000962	1,556,886.55	3,113,
6	45000963	185,610.00	1,264,
7	45000964	126,355.00	1,468,
8	45000966	-	1,160,

汇总　KS01　KJ01　DG01

	A	B	C
1	物料号	工位	库存数量
2	45000013	KF2	509,000.00
3	45000960	KF4	307,792.00
4	45000961	KF2	17,343,300.00
5	45000962	KF1	1,333,710.05
6	45000962	KF1	223,176.50
7	45000963	KF3	185,610.00

汇总　KS01　KJ01　DG01

F
合计
1,417,000.00
929,876.00
48,029,900.00
4,670,659.65
2,064,508.60
2,581,611.00
3,470,000.00

图 8-35

在 B2 单元格中定义公式如下：

```
=SUM(SUMIFS(INDIRECT({"KS01","KJ01","DG01"}&"!C:C"),INDIRECT({"KS01",
"KJ01","DG01"}&"!A:A"),$A2,INDIRECT({"KS01","KJ01","DG01"}&"!B:B"),B$1))
```

很显然，上述多条件求和公式是以 SUMIFS 为主体框架的，而 SUMIFS 的通用多条件求和模式如下：SUMIFS(求和区域，条件区域 1，条件 1，条件区域 2，条件 2，……，条件区域 *n*，条件 *n*)。因此，在跨表汇总数据求和时，我们可以考虑使用 INDIRECT 函数来构造上述 SUMIFS 函数中的各个区域。因为各分厂这个统计条件在汇总表中并没有作为表格结构的一部分，所以需要用“{"KS01","KJ01","DG01"}”这个常量数组来表示多张工作表，然后在 INDIRECT 函数中将相应的区域和这个常量数组所表示的分厂的工作表进行组装。

至此，一般用户会认为只使用 SUMIFS 和 INDIRECT 函数进行嵌套求和就可以了，为什么还要在这个公式外面再套一个 SUM 函数呢？如果不在外围套用 SUM 函数，所得结果是错误的数据，而且这个所得数据的结果只是第一张分表 KS01 的数据。很显然其余各分表的数据并没有包括进求和区域范围，这是为什么呢？以 45000960 汇总为例，在分表"KS01"和"DG01"中这个物料没有库存数据，而在"KJ01"中存在数据，故不套用 SUM 函数时只使用 SUMIFS 和 INDIRECT 函数进行嵌套求和，得到的结果为 0。上述数组公式所得的结果如下：{0,314292,0}，再在上述结果外围套上 SUM 函数，即 SUM({0,314292,0})得出的结果为 314292。

注意 使用分号;进行多张工作表的分隔也可以得到正确的结果，即用“{"KS01";"KJ01";"DG01"}”这个常量数组来表示多张工作表。

📖 实例 3：条件查询分表数据

如图 8-36 所示，在汇总表中需要对各个客户的充电相关数据统计“累计充电度数”、“后付费金额”、“充值金额（含返利）”和“期末余额”4 个项目的数据，分表结构如图 8-37 所示。

	A	B	C	D	E	F	G
1	序号	报表名称	累计充电度数	后付费金额	充值金额（含返利）	期末余额	
2	1	苏州通达四方公司	122530	106,394.40	72,000.00	30,438.40	
3	2	苏州好客旅游公司	9973	12,879.60	-	912.00	
4	3	苏州风行汽车公司	7710	9,204.80	-	-47.20	
5	4	苏州思维公司	10905	12,414.80	-	-671.20	
6				-	-	-	
7				-	-	-	

汇总　苏州通达四方公司　苏州好客旅游公司　苏州风行汽车公司　苏州思维公司

图 8-36

	A	B	C	D	E	F	G	H	I	J
1	月份	期初余额	累计充电度数	电费单价	洗车费	后付费金额	充值金额（含返利）	充值日期	充值发票号	期末余额
2	1		31760	1.2						-38,112.00
3	2	-38,112.00	23734	1.2						-66,592.80
4	3	-66,592.80	32818	1.2	420.00	420.00				-105,974.40
5	4	-105,974.40	29218	1.2		105,974.40	24,000.00	2015/4/14	00291642	-11,061.60
6	5	-11,061.60	0	1.2			48,000.00	2015/5/12	00340946	36,938.40
7	6	36,938.40		1.2	500.00					36,438.40
8	7	36,438.40	5000	1.2						30,438.40
9	8	30,438.40		1.2						30,438.40
10	9	30,438.40		1.2						30,438.40
11	10	30,438.40		1.2						30,438.40
12	11	30,438.40		1.2						30,438.40
13	12	30,438.40		1.2						30,438.40
14	合计		122530		920.00	106,394.40	72,000.00			30,438.40
15										
16										

汇总　苏州通达四方公司　苏州好客旅游公司　苏州风行汽车公司　苏州思维公司

图 8-37

在 C2 单元格中定义如下公式：

```
=IFERROR(INDIRECT(B2&"!C"&MATCH("合计",INDIRECT(B2&"!A:A"),0)),0)
```

该公式利用了 MATCH 函数定位出了各分表 A 列中含有“合计”的行号以及“累计充电度数”在分表中列位置固定的特点，故在 INDIRECT 函数中构造出列标和行号，从而达到统计各分表相应统计项目合计数据的目的。

汇总表统计可参照 C2 单元格公式定义 D:E 两列中的公式。

此处“汇总”工作表中的 B 列可以采取超链接方式显示报表名称，注意：在超链接的设置中“要显示的文字”后面的文本框中必须去掉“!A1”字样，否则所定义的公式会出现错误值#REF!。

小结 如果各分表的结构一致，若要对各分表做查询或汇总，则可以考虑用 INDIRECT 函数去组装相应单元格的列标和行号，从而达到查询或汇总分表相关数据的目的。

8.6.3 查询特殊分表数据

如图 8-38 所示是某连锁店销量汇总表和分表华东（1）区的销量数据，各分表中销售的品牌、款号、商品类型均相同，且均为各区域汇总后的销售数据。现需要在汇总表中按款号分区域、月份进行汇总。

	A	B	C	D	E	F
1	品牌	款号	商品类型	区域	1月	2月
2	EN	682017-010	服装	华东（1）区	1433	3110
3	EN	682017-050	服装	华东（1）区	269	104
4	EN	682017-103	服装	华东（1）区	1962	1394
5	EN	682017-505	服装	华东（1）区	514	990
6	EN	682017-800	服装	华东（1）区	1398	1442
19	AD	Q0301	器械	华南（1）区	503	826
20	NI	823600-010	服装	华南（1）区	328	3800
21	NI	823600-001	服装	华南（1）区	1492	626
22	NI	823600-505	服装	华南（1）区	227	200
23	NI	F1440	鞋子	华南（1）区	985	1310
24	EN	682017-010	服装	华中区 新	1741	1382
25	EN	682017-050	服装	华中区 新	1578	475
26	EN	682017-103	服装	华中区 新	832	562

汇总　华东（1）区　华南（1）区　华中区

	A	B	C	D	E	F	G	H	I
1	品牌	款号	商品类型	1月	2月	3月	4月	5月	6月
2	EN	682017-010	服装	1433	3110	1971	1313	1551	336
3	EN	682017-050	服装	269	104	1362	1882	713	1787
4	EN	682017-103	服装	1962	1394	1066	1777	1856	1556
5	EN	682017-505	服装	514	990	215	1786	874	1634
6	EN	682017-800	服装	1398	1442	752	1697	1299	1384
7	AD	G0121	背包	482	2192	1780	744	1470	625
8	AD	Q0301	器械	188	386	756	575	997	1595
9	NI	823600-010	服装	540	1588	1476	1724	439	1865
10	NI	823600-001	服装	279	3236	369	461	1649	1924
11	NI	823600-505	服装	1393	2816	1346	472	1487	1614
12	NI	F1440	鞋子	504	2870	1224	1860	1484	1344
13									
14									

汇总　华东（1）区　华南（1）区　华中区 新

图 8-38

如果在汇总表中的 E2 单元格定义如下公式：=VLOOKUP($B2,INDIRECT ($D2&"!B:I"),COLUMN()-2,0)，公式返回的结果为错误值#REF!，这表明公式存在引用错误，这究竟是什么原因引起的呢？

如果工作表名称中带有括号或者空格，为了能正确引用，需要给工作表名称加上英文半角单引号。关于这一点，可参见 5.2 节有关“其他引用”中的相关介绍。故在使用 INDIRECT 函数时需要考虑将英文半角单引号加到分表名称前后和“!”之前。因此，在汇总表的 E2 单元格中定义如下公式：

```
=VLOOKUP($B2,INDIRECT("'"&$D2&"'!B:I"),COLUMN()-2,0)
```

其中，"'"&$D2&"'!B:I"就相当于“'华东(1)区'! B:I”，因此，INDIRECT 函数中的这种写法，和普通公式引用中如果工作表名称中带有括号或者空格，则使用英文半角单引号将表名引起来有异曲同工之妙。但此处使用该函数的引用来构造 VLOOKUP 的第 2 个参数则显得更加灵活、多变。

提示　即使各分表中有的分表名称不存在括号或空格，使用此英文半角单引号的公式仍然能保证引用的数据正确无误，读者不妨一试。

8.6.4　查询区域中的倒数第二个数

在填报报表时，经常使用两年期同期数对比，如图 8-39 所示的报表，那么如何在 Z3、AA3 单元格中自动填报当前月份的数据呢？实现方法如下。

	A	B	C	D	E	F	G	H	I	J	K	L	M	X	Y	Z	AA
1	月份	1月		2月		3月		4月		5月		6月		12月		本年当月数	上年同期数
2		本年	上年	本年	上年	本年	上年	本年	上年	本年	上年	本年	上年	本年	上年		
3	产量	1772	1100	1637	1310	1106	1378	1364	1671	1621	1470					1,621.00	1,470.00

图 8-39

在 AA3 单元格中定义公式如下：
=LOOKUP(1,0/($B$3:$Y$3<>""),$B$3:$Y$3)

在 Z3 单元格中定义公式如下：
=OFFSET(INDIRECT(ADDRESS(ROW(),COLUMN($B$3:$Y$3)+MATCH(AA3,$B$3:$Y$3,0)-1)),,-1)

公式解析：首先在 AA3 单元格中利用 LOOKUP 函数查找出该行最后一个非空单元格中的数值，即上年同期数，在 Z3 单元格中再利用该数值向左偏移一列，即可得到本年当月数。"ADDRESS(ROW(),COLUMN($B$3:$Y$3)+MATCH(AA3,$B$3:$Y$3,0)-1)"求出最后一个非空单元格地址，再将该非空单元格地址以文本的形式传递给 INDIRECT 函数，而 INDIRECT 函数则具有剥离引号的功能，再将单元格地址传递给 OFFSET 函数的第 1 个参数。如果不使用 INDIRECT 函数而直接使用"ADDRESS(ROW(),COLUMN ($B$3:$Y$3)+MATCH(AA3,$B$3:$Y$3,0)-1)"作为 OFFSET 函数的第 1 个参数，则无法得到结果。

8.6.5 按最近值查询

在实际工作中经常遇到需要按最接近的匹配来查找值，而直接使用 VLOOKUP 或者 HLOOKUP 的模糊匹配查询无法达到要求。

如图 8-40 所示，A:F 列是某家公司制造模具使用的一些钢材物料，每种钢材需要按照长度、宽度、厚度之和到右边 H:L 列的标准数据中匹配出相应的单价（此处的实例省略模具中每种钢材物料的数量，不考虑对模具金额求和）。查找长宽高之和的实际值并不等同于标准的长宽高之和。在取值时，如果实际值大于标准值的中间值，就取右端点（标准值）对应的价格；如果实际值小于该中间值，就取左端点对应的价格。

	A	B	C	D	E	F	G	H	I	J	K	L
1	名称	长度	宽度	厚度	实际长宽高之和	最低价：不含税单价		长度	宽度	厚度	标准长宽高之和	价格（元/PCS）
2	M112668-A板精框架	941	261	72	1274	1606.84		155	155	40	350	280
3	M112668-B板精框架	941	261	59.5	1261.5	1606.84		225	225	40	490	368
4	M112610-A板精框架	1071	669	90	1830	2905.98		310	310	45	665	450
5	M112610-B板精框架	1071	669	80	1820	2905.98		410	410	50	870	660
6	M112619-A板精框架	1361	841	85.2	2287.2	3589.74		510	510	60	1080	1100
7	M112619-B板精框架	1362	842	79.5	2283.5	3589.74		630	630	80	1340	1880
8	M112618-A板精框架	1085	636	45.8	1766.8	2905.98		730	730	80	1540	2500
9	M112618-B板精框架	1185	721	79.5	1985.5	3589.74		830	830	90	1750	3400
10	M112621-A板精框架	1255	730	48	2033	3589.74		930	930	90	1950	4200
11	M112621-B板精框架	1350	820	85	2255	3589.74						
12	M112617-A板精框架	1151	171	60	1382	1606.84						
13	M112617-B板精框架	1151	171	70	1392	1606.84						
14	M112658-A板精框架	840	550	80	1470	2136.75						
15	M112658-B板精框架	840	550	79.5	1469.5	2136.75						

图 8-40

从以上内容可知，这实际上是一个按照"最近值查询"的问题。

在 K 列定义名称"标准长宽高之和"，引用区域如下：=Sheet1!$K$2:$K$10。

在 L 列定义名称"标准价格"，引用区域如下：=Sheet1!$L$2:$L$10。

在 F2 单元格中定义如下数组公式：

=ROUND(INDIRECT(ADDRESS(ROW(标准长宽高之和)+MATCH(MIN(ABS(E2-标准长宽高之和)),ABS(E2-标准长宽高之和),0)-1,COLUMN(标准长宽高之和)+1))/1.17,2)

公式解析：标准长宽高之和的端点分别为 350、490、665、870、1080、1340、1540、1750、1950，其中 E2 单元格中的长宽高之和的实际值与这些端点值相减后所得到的绝对值形成一列多行的数组：924、784、609、404、194、66、266、476、676。

"ROW(标准长宽高之和)+MATCH(MIN(ABS(E2-标准长宽高之和)),ABS(E2-标准长宽高之和),0)-1"利用 MATCH 函数确定出"MIN(ABS(E2-标准长宽高之和))"在"ABS(E2-标准长宽高之和)"这个数组中的行号位置；创建一个查找值与各标准值（即长宽高之和）差异绝对值的数组是其中的关键。

ADDRESS 函数的列号就可直接使用 COLUMN(标准长宽高之和)+1 进行确定。

经过上述两步确定出 ADDRESS 函数的行号和列标，再将该函数以一个文本字符串作为 INDIRECT 函数引用的第 1 个参数，从而最终达到引用标准价格的目的。

> 提示　如果查找出与实际值最接近的标准值在查找区域中有两个，则公式使用第一个出现的值。

另一种解法：在 F2 单元格中使用 VLOOKUP 定义的数组公式如下：

=ROUND(VLOOKUP(MIN(ABS($E2-标准长宽高之和)),IF({1,0},ABS($E2-标准长宽高之和),标准价格),2,0)/1.17,2)

公式解析：这个公式由"IF({1,0}, ABS($E2-标准长宽高之和), 标准价格)"计算出内存数组：{924,280;784,368;609,450;404,660;194,1100;66,1880;266,2500;476,3400;676,4200}，我们可以看到，在该内存数组中，VLOOKUP 函数以差异绝对值的最小值在该内存数组中查找。注意{1,0}是一行二列（横向）常量数组，后面的两个区域是多行一列（纵向）数组，即两个数组的方向不同，这样才会生成两列多行的数组。这个其实是逆向查询的引申扩展用法。

8.7　HYPERLINK 函数

8.7.1　建立超链接并高亮显示数据记录

如图 8-41 所示，需要动态查看业务员的收款达成率，并能利用查询出来的业务员创建超链接，对所查询的对象对应的数据记录做高亮显示。

	A	B	C	D	E	F	G	H	I	J
1	产品	业务员代码	业务员	计划收款金额	实际收款金额	未收款	达成率		业务员代码	148
2	彩印	140	丁保明	844,057.03	798,194.00	45,863.03	94.57%		业务员	吴红
3	彩印	141	李寿青	155,586.00	118,796.00	36,790.00	76.35%		达成率	87.46%
4	彩印	142	刘瑞文	821,338.73	536,637.00	284,701.73	65.34%			
5	彩印	143	纽玉如	160,480.91	134,320.00	26,160.91	83.70%			
6	彩印	144	王峰	118,351.10	94,488.00	23,863.10	79.84%			
7	彩印	145	王晓东	1,466,604.49	1,106,129.00	360,475.49	75.42%			
8	彩印	146	张莉	684,726.71	464,314.00	220,412.71	67.81%			
9	平板	147	王晓东	1,580,810.44	1,088,769.00	492,041.44	68.87%			
10	平板	148	吴红	10,820,064.65	9,463,183.00	1,356,881.65	87.46%			
11	纸管	149	陈雷	620,883.73	587,183.00	33,700.73	94.57%			
12	纸管	150	李红霞	411,053.27	318,557.00	92,496.27	77.50%			
13	纸管	151	赵益明	563,902.49	405,815.00	158,087.49	71.97%			

图 8-41

该工作表的表页名为"数据源",在 J1 单元格设置数据验证,序列的来源选择"业务员代码"所在的 B 列,在 J3 单元格中设置公式如下:

=VLOOKUP(J1,B:G,6,0)

在 J2 单元格中设置公式如下:

=HYPERLINK("#数据源!C"&MATCH(J1,$B$2:$B$18,0),VLOOKUP(J1,B:C,2,0))

我们知道 HYPERLINK 函数的语法形式如下:HYPERLINK (link_location, friendly_name)。其中,link_location 表示目标文件的完整路径;friendly_name 表示单元格中显示的跳转文本值或数字值,该参数返回的结果显示为蓝色并带有下画线。

公式中的"#"表示本工作簿,通过 MATCH 函数定位查询业务员代码在查询区域 B2:B18 的位置,从而确定了超链接的地址,然后通过 VLOOKUP 函数返回第 2 个参数 friendly_name,即对应的业务员。

如果 friendly_name 参数为文本格式时,则必须用英文格式的双引号括起来,否则该函数会返回#NAME?错误值。

设置高亮显示:选中 A2:G18 区域,选择"使用公式确定要设置格式的单元格",然后在编辑规则说明中输入"=$B2=$J$1",设置单元格填充色。

8.7.2 编制工作表目录

有时我们遇到同一工作簿中有多张表格,在这种情况下标签栏无法显示所有的工作表,例如:财务预算体系、建筑投标中某项目的土建或安装体系。这时我们可以考虑利用 HYPERLINK 函数的跳转功能实现表格的快速查看,形成一个报表目录,单击报表目录的单元格中的超链接可到达指定的工作表。如图 8-42

	A	B	C
1	序号	报表名称	
2	1	单位工程控制价表	
3	2	分部分项工程量清单与计价表	
4	3	工程量清单综合单价分析表	
5	4	措施项目清单与计价表1	
6	5	措施项目清单与计价表2	
7	6	措施项目清单费用分析表	
8	7	其他项目清单与计价汇总表	
9	8	规费、税金项目清单与计价表	
10	9	承包人供应材料一览表	
11	10	主材价格表	
12			

图 8-42

所示是一张工作表目录实例。

首先，在 Excel 表格中定义名称，一般选择定义的名称为 B1 单元格中所表述的内容(即首行)。这里选择“报表名称”，有时需要选择“最左列”。在引用位置处输入如下公式：

```
=REPLACE(GET.WORKBOOK(1),1,FIND("]",GET.WORKBOOK(1)),)&T(NOW())
```

在单元格 B2 中输入如下公式：=IF(ROW()>COUNTA(报表名称)，"",HYPERLINK("#"&INDEX(报表名称,ROW()),INDEX(报表名称,ROW())))，然后拖动公式到不出现报表名称为止。

在 A2 单元格中定义公式：=IF(B2="","",ROW()-1)，然后拖动复制公式。

注意
- ★ 该方法使用了宏表函数 GET.WORKBOOK()，需要启用宏。如果你的 Excel 宏安全性设置为高或禁止宏，则无法使用该函数。
- ★ 其中的工作表名称不能出现“]”“()”之类的字符，否则会出现“引用无效”或“无法找到指定文件”之类的错误，这时可对工作表名称进行修改。

提示 通过这种方式不仅可将文件名从各分表中取出来，而且通过将分表名称作为超链接的方式可实现自动跳转到所希望查看的分表。更为重要的是，通过取出文件名的方式，还可与前述 INDIRECT 函数结合实现汇总查询分表数据的功能。

8.7.3 取得硬盘指定目录下的文件名

在日常工作中有时候某个文件夹下的文件过于凌乱时不易查找，这时我们可以通过 HYPERLINK 函数的跳转功能实现表格的快速查找和打开编辑文件。如图 8-43 所示是利用 HYPERLINK 函数、名称、数据验证、宏表函数相结合所生成的一个文件，单击相应的链接即可打开文件。

	A	B
1	请选择你要列出的文件类型	单击相应链接即可打开文件
2	*.*	1.6.5 根据关键字动态设置数据有效性.xlsx
3		19-视同销售汇总表.xls
4		1逻辑函数案例.xlsx
5		2013快速填充功能.docx
6		2013新增功能快速填充.xlsx
7		20151124公开课视频1.mp4
8		20151124公开课视频2.mp4
9		2015年清单.xls
10		2016-02-16培训视频.mp4
11		2016-02-17培训视频.avi
12		2求和函数案例.xlsx
13		3查找引用函数案例.xlsx
14		4文本函数.xlsx
15		5日期与时间函数案例.xlsx
16		Catch recompress.jpg
17		E135-档案表中批量导入员工照片.wmv
18		Excel 2010 SQL完全应用.pdf
19		Excel函数实战培训 (Greg).pptx

图 8-43

首先，新建一个空白的 Excel 2003 文件，并将 Sheet1 改名为"目录"，在 A2 单元格中设置数据验证，在如图 8-44 所示的"数据验证"对话框中选择"序列"，在"来源"处输入"*.*，*.xls，*.doc"。其中，"*.*"表示需要显示所有类型的文件，"*.xls"表示只显示 Excel 文件（包括后缀名为.xls、.xlsx、.xlsm 等的文件），"*.doc"表示只显示各种 Word 文档。

图 8-44

其次，在名称管理器中定义名为"路径"的名称，在引用位置处后的文本框中输入的公式如下：
    =MID(CELL("filename"),1,FIND("[",CELL("filename"),1)-1)

在"路径"名称的公式中的 CELL("filename")为取出单元格的路径和文件名，利用 FIND("[",CELL ("filename"),1)-1，找出第一个"["在路径字符串中的位置，然后减去 1 即取出完整的路径。

定义名为"分类"的名称：=FILES(路径&目录!$A$2)&T(NOW())。其中 FILES 为宏表函数，可返回指定目录下指定条件的文件名，并且以一维数组的形式返回结果。FILES(路径&目录!$A$2)返回"路径"中的文件名。而 NOW()是易失性函数，在工作表改动或打开时会被强迫重算。T(NOW())将数值转换成空文本，用&连接起来。整个用法的目的就是在工作表改动时重算整个公式。如图 8-45 所示为已经定义完毕的两个名称。

图 8-45

再次，在 B2 单元格中定义如下数组公式：
    =IF(ROW()-1>COUNTA(分类),"",HYPERLINK(路径&INDEX(分类,ROW(1:1)),INDEX(分类,ROW(1:1))))

第 8 章　查找与引用函数

公式解析：如果当前行大于找到的文件个数，就返回空值；否则返回 HYPERLINK 超链接，返回目录下所有"分类"的超链接。

> **提示**　此处用 Excel 2003 文件来创建一个目录文件，可以直接保存这种带有宏表函数的文件；而在.XLSX 文件中使用宏表函数，则必须另存为带宏的文件名（.XLSM）。

将这个文件放置到某文件夹下然后打开，可根据图 8-43 中 A2 单元格的数据验证下拉菜单的功能来筛选所需查看的文件，单击你希望查看文件的相应链接即可打开文件。

第 9 章

日期与时间函数

9.1 认识日期与时间的本质

  Excel 支持两种日期系统，在 Windows 操作系统中，默认情况下 Excel 使用 1900 日期系统。使用该日期系统时，允许输入的日期范围为 1900/1/1～9999/12/31，Excel 不能识别这个日期范围之外的日期。数值 1 代表 1900/1/1，2 代表 1900/1/2……依此类推，数值 2 958 465 代表 9999/12/31，故 Excel 日期值对应的序列号是 1~2 958 465，所有这个范围内的日期值都能通过将单元格设置为"常规"而显示成数值。也就是说，1900/1/1 以前的日期对应的序列号并不存在为 0 或者负数值的说法，9999/12/31 之后的日期对应的序列号也不存在。如果单元格的值为负数，则不能显示为日期值；如果数值大于 2 958 465，也不能显示为日期值。错误值都显示为一长串的"##########"。

  从上述日期的本质可以看出，可以识别的日期数据能够通过数字格式转换显示为数值，也能够直接参与算术运算。反之，如果输入的日期不能被 Excel 识别为日期值，则不能通过格式设置显示为数值，也不能直接参与算术运算。在图 9-1 的表格中可以定义公式来检测日期是否为真正的日期。在 B2 单元格中定义如下公式：=TEXT(A2,"yyyy 年 mm 月 dd 日;;;假日期")。

第 9 章　日期与时间函数

	A	B	C
1	数据	判断	备注
2	1899-9-1	假日期	1900年1月1日以前的日期
3	2015-2-29	假日期	2015年为非闰年
4	2016-4-31	假日期	4月不存在31天
5	2016.3.15	假日期	带"."的日期不是Excel确认的日期格式
6	2016/3/15	2016年03月15日	年月日可以使用符号"/"间隔
7	2016\3\15	假日期	不能使用反斜杠"\"间隔年月日
8	15/3/2016	假日期	日在前月份在中间年份在最后也为非法日期
9	2016-3-15	2016年03月15日	年月日可以使用"-"间隔

图 9-1

每一天用数值 1 表示，每 1 小时的值为 1/24，每 1 分钟的值为 1/(24×60)，每 1 秒的值为 1/(24×60×60)。在 Excel 中，小时的数值可以超过 24，分钟和秒数允许超过 60，Excel 会自动进位转换。因此，时间是小数形式的日期值。

处理非法日期的常见方法如下：

★ 对于图 9-1 中的一些非法日期如带"."或者"\"间隔符号的日期，可以用查找替换将错误的间隔符号替换成正确的间隔符号。

★ 分列能处理日期字符串（长度为 8 个字节）为连续数字的文本，如"20160318"；但形如"2016216"这种连续数字的字符串（长度为 7 个字节）文本，则无法分列成正确的日期格式。读者不妨模拟一下数据试试。

★ 函数方法处理日期字符串文本，如 A2 单元格中的文本字符串为"20160318"，可利用 =--TEXT(A2,"#-00-00")转换为日期格式。

9.2　返回与月份相关的数据

如图 9-2 所示，上半部分是通过 DATE 函数和 EDATE 函数计算期限为 6 个月的银行承兑汇票的到期日（有些银行计算银行承兑汇票的到期日是出票日期加上期限的月份数后的对应日期，而无须减去 1 天）。

如图 9-2 所示，下半部分为与月份相关的日期函数，有关 DATE、EOMONTH 函数的用法参见图 9-2 中的表格备注。

	A	B	C	D	E
1	银承号码	出票日期	期限（月数）	到期日	公式
2	07823453	2016/4/5	6	2016/10/4	=DATE(YEAR(B2),MONTH(B2)+C2,DAY(B2)-1)
3	07823454	2016/4/30	6	2016/10/29	=EDATE(B3,C2)-1
4					
5	与月份相关的日期函数				
6	日期	待返回数据	公式		备注
7	2016/5/8	2016/5/31	=DATE(YEAR(A7),MONTH(A7)+1,0)		该月最后1天
8	2016/6/10	2016/6/30	=DATE(YEAR(A8),MONTH(A8)+1,0)		该月最后1天
9	2016/5/8	2016/5/31	=EOMONTH(A9,0)		第2参数为0表示当月
10	2016/6/10	2016/5/31	=EOMONTH(A10,-1)		第2参数为-1表示上月
11	2016/6/19	2016/6/1	=EOMONTH(A11,-1)+1		计算当月的月初日期
12	2016/7/5	31	=DAY(EOMONTH(A12,0))		计算当月天数

图 9-2

9.3 与星期、工作日有关的函数

与星期、工作日有关的函数参见图 9-3 中的相关说明。

	A	B	C	D
1	日期	结果	公式	说明
2	2016/4/2	7	=WEEKDAY(A2)	不同国家一周的第一天有所不同。该函数第2参数为1或者省略，以周日作为一周开始的第1天，周六作为一周的第7天。
3	2016/4/2	6	=WEEKDAY(A3,2)	该函数第2参数为2，以周一作为一周开始的第1天，周日作为一周的第7天。
4	2016/4/2	14	=WEEKNUM(A4)	确定某个日期是一年中的第几周
5	2016/4/2	13	=ISOWEEKNUM(A5)	ISO周数，国际标准算法：以周一作为一周的起始，每年1月1日的第一个周四所在的星期为第1周
6	2016/4/5	2016/4/11	=WORKDAY(A6,4)	求该日期后4个工作日是哪天。
7	2016/4/1	2016/4/8	=WORKDAY(A7,4,"2016/4/4")	2016/4/4为清明节，2016/4/1后第4个工作日是哪天。
8	2016/4/5	26	=NETWORKDAYS(A8,"2016/5/10","2016/5/1")	2016/5/1为劳动节，求2016/4/5到2016/5/10共有多少个工作日。

图 9-3

Excel 2010 中新增了 WORKDAY.INTL 和 NETWORKDAYS.INTL 函数，这两个函数分别作为 WORKDAY 和 NETWORKDAYS 更新版本函数，其功能更加强大。下面是这两个函数的实例，现在结合图 9-4 简单介绍一下这两个函数。

	A	B	C	D	E	F
1	项目节点	所需天数	开始日期	C列公式	劳动节	2016/5/1
2			2016/4/26		青年节	2016/5/4
3	方案讨论	1	2016/4/27	=WORKDAY.INTL($C2,B3,1,$F$1:$F$2)		
4	程序开发	6	2016/5/6	=WORKDAY.INTL($C3,B4,1,$F$1:$F$2)		
5	数据测试	3	2016/5/11	=WORKDAY.INTL($C4,B5,1,$F$1:$F$2)		
6	优化程序	2	2016/5/13	=WORKDAY.INTL($C5,B6,1,$F$1:$F$2)		
7	培训		2016/5/16	=WORKDAY.INTL($C6,B7,1,$F$1:$F$2)		
8						
9	项目开始日期	项目结束日期	天数	C列公式		
10	2016/4/27	2016/5/16	13	=NETWORKDAYS.INTL(A10,B10,1,F1:F2)		

图 9-4

WORKDAY.INTL 语法：

WORKDAY.INTL(start_date,days,weekend,holidays)

该函数的用途：使用自定义周末参数返回指定若干个工作日之前/之后的日期。

★ start_date：表示一串起始日期的数字。

★ days：表示之前/之后非周末和非假日的天数。在本例中为 B 列相应所需的天数。

★ weekend：一个用于指定周末个数的数字或字符串。本例中的"1"代表周六、周日为周末。

★ holidays：要从工作日历中去除一个或者多个日期的可选组合，如传统假日、国家法定假日及非固定假日。本例中的 F1:F2 单元格日期为需要从工作日中去除的日期。

NETWORKDAYS.INTL 语法：

NETWORKDAYS.INTL(start_date,end_date,[weekend],[holidays])

该函数的用途：使用自定义周末参数返回指定两个日期之间的完整工作日天数。

★ start_date：表示一串起始日期的数字。

★ end_date：表示一串结束日期的数字。

★ weekend：一个用于指定周末个数的数字或字符串。本例中的"1"代表周六、周日为周末。

★ holidays：要从工作日历中去除一个或者多个日期的可选组合，如传统假日、国家法定假日及非固定假日。本例中的 F1:F2 单元格日期为需要从工作日中去除的日期。

9.4 利用假日函数巧解票据缺失问题

在实际工作中，可利用日期与整数序列值之间的对应关系来巧妙地解决一些问题。如图 9-5 所示，A 列和 B 列是某公司某月现金收款日记账中利用收据号码来记录的现金收款情况。现根据当月最小收据号码、最大收据号码来提取缺失收据号码，据此可根据所缺失的收据号码与实际收款收据中的作废号码进行对比，防止现金收款不入账之类舞弊行为的发生。

	A	B	C	E	F	H	I
1	摘要	金额	收据号码	缺失收据号码	缺失单数	最小号码	最大号码
2	王大发缴纳废旧物资收购投标保证金#01150090	57,363.00	01150090	01150093	4	01150090	01150108
3	外部供应商协理清交驻厂餐费#01150091	17,468.00	01150091	01150100			
4	吕文洲缴纳离职补偿金#01150092	1,500.00	01150092	01150102			
5	张云英还借款#01150094	54,815.00	01150094	01150107			
6	新锐缴纳罚款#01150097	12,000.00	01150097				
7	武大维交三方协议违约金#01150095	5,000.00	01150095				
8	东泰solid押金#01150096	43,000.00	01150096				
9	神风废旧物资回收交废品处理款#01150108	7,900.00	01150108				
10	厦门王菲菲交出入证押金#01150098	2,000.00	01150098				
11	北京司图厂人员何宇交出入证押金#01150099	56,588.00	01150099				
12	北京司图驻厂人员王科交出入证押金#01150106	42,662.00	01150106				
13	北京司图厂人员徐建义交出入证押金#01150101	16,423.00	01150101				
14	上海科曼尼李春交罚金#01101107	7,600.00	01101107				
15	上海科曼尼许三多交罚金#01150103	60,345.00	01150103				
16	无锡正弘许迈永交罚金#01150104	9,827.00	01150104				
17	丹阳门德斯交废品收购款#01150105	37,000.00	01150105				

图 9-5

在 C2 单元格中定义公式取出摘要中的收据号码，公式如下：
=RIGHT(A2,8)

在 E2 单元格中定义如下公式：
=IF(WORKDAY.INTL($H$2,ROW(1:1),"0000000",$C$2:$C$17)>VALUE($I$2),"",
TEXT(WORKDAY.INTL($H$2,ROW(1:1),"0000000",$C$2:$C$17),"00000000"))

复制公式到此列下方单元格，直到出现空白为止。

在 F2 单元格中定义如下公式，用以计算缺失收据号码单数：
=NETWORKDAYS.INTL(H2,I2,"0000000",$C$2:$C$17)

提示 "0000011" 中的 11 表示周六、周日为非工作日；"0000000" 双引号中的字符长度为 7，表示一周的 7 天；"0000000" 中的 7 个字符都为 0 表示全周无休。使用这两个函数的第 3 个参数 weekend 设置为全周无休，这样就可以直接用以上两个日期函数来处理某些整数序列问题了，使得公式更加简洁、清晰。

9.5 隐藏 DATEDIF 函数

在 Excel 中有一个名称为 DATEDIF 的函数，它是很多数据处理者所不知道的函数。这是 Excel 中的一个隐藏函数，读者可以直接输入使用。它对于计算两个日期之间间隔的天数（月数、年数）非常有用，可广泛用于工龄工资、存货倒计时管理、分期摊销、应收账款账龄的计算等方面。下面简单介绍一下该函数的语法。

语法：DATEDIF（start_date,end_date,unit）
★ 第 1 个参数 start_date：起始时间。
★ 第 2 个参数 end_date：结束时间。
★ 第 3 个参数 unit：函数返回的类型。

参数 1 和参数 2 可以是具体的时间，也可以是其他函数的结果。
参数 3：unit 为返回结果的代码，具体代码如下：
★ "y" 返回整年数。
★ "m" 返回整月数。
★ "d" 返回整天数。
★ "md" 返回参数 1 和参数 2 的天数之差，忽略年和月。
★ "ym" 返回参数 1 和参数 2 的月数之差，忽略年和日。
★ "yd" 返回参数 1 和参数 2 的天数之差，忽略年。按照月、日计算天数。

下面以工龄工资计算为例来说明该函数的用法。例如，某公司规定，工作满一年的员工可开始计算工龄工资；对于不在起薪日当日入职的员工，一般规定以入职当月的次月的起薪日起开始

第 9 章　日期与时间函数

计算工龄。例如某公司规定每月 1 日为计算工龄的起薪日，工龄工资标准为 50 元，即工龄工资=工龄（年数）×50，工龄超过 15 年的以 15 年为限计算工龄工资（即工龄工资是封顶的）。在 2016 年 6 月初计算 5 月工资时，起薪日就是 2016-5-1。工龄工资计算可参见图 9-6 所示的表格。

	A	B	C	D	E	F	G	H
1	工号	姓名	入职日期	当月起薪日	工龄（年数）	工龄（月数）	工龄工资	月数/12
2	00101	胡静春	2011/4/20	2016/5/1	5	60	250	5.00
3	00102	钱家富	2008/1/15	2016/5/1	8	99	400	8.25
4	00103	胡永跃	2002/5/7	2016/5/1	13	167	650	13.92
5	00104	狄文倩	2000/3/9	2016/5/1	16	193	750	16.08
6	00977	马永乐	2016/1/23	2016/5/1	0	3	0	0.25
7	00978	王明	2015/10/27	2016/5/1	0	6	0	0.50

图 9-6

在 E2 单元格中定义的公式如下：
=DATEDIF(C2,D2,"Y")

在 F2 单元格中定义的公式如下：
=DATEDIF(C2,D2,"M")

在 G2 单元格中定义的公式如下：
=MIN(50* DATEDIF(C2,D2,"Y"),50*15)

从 E 列的结果可见，该函数计算出来的结果都是 0 或自然数，不会出现小数。

但是这个函数本身存在一些先天性的缺陷，计算两个日期之间间隔的月数和年数时会出现一些错误。对于如图 9-7 所示的表格第 6～9 行 D 列间隔月数的计算，其中 D2 单元格的公式如下：
=DATEDIF(A2,B2,"M")。

	A	B	C	D	E	F
1	开始日期	结束日期	间隔天数	错误间隔月数	间隔月数	间隔年数
2	2016/1/15	2017/1/12	363	11	11	
3	2016/1/15	2017/1/15	366	12	12	1
4	2016/1/15	2018/1/24	740	24	24	2
5	2014/1/15	2018/1/24	1470	48	48	4
6	2017/3/31	2017/4/30	30		1	
7	2017/1/29	2017/2/28	30		1	
8	2015/3/31	2017/4/30	761	24	25	2
9	2015/1/29	2017/2/28	761	24	25	2

图 9-7

从第 7 行的开始日期和结束日期来看，2017/1/29 和 2017/2/28 应该是整整间隔一个月，但 D 列间隔月数的计算结果却为 0。

从第 6～9 行的数据我们可以看出，问题都出在月底方面。DATEDIF 函数只关注了日期的天信息，忽视了对月底信息的判断，开始日期的日数都大于结束日期的日数。

日期数据的本质是数字序列值，一天对应整数 1，因此如果某个日期数据+1 成为某月的 1

313

号,那么这个日期就是月末。如果两个日期都为月底,那么两个日期都变成各自下一个月的 1 号,也能正常地返回间隔月份。

故在 E2 单元格中定义公式:

`=DATEDIF(IF(DAY(A2+1)=1,A2+1,A2),IF(DAY(B2+1)=1,B2+1,B2),"M")`

以上计算公式完美地解决了这个函数的先天性缺陷。

9.6 时间函数计算应用实例

📖 实例 1:文本字符串型时间的计算

如图 9-8 所示是某产品加工时间的计算,其中 B 列是文本字符串型时间,要求保留的时间长度为小时。

	A	B	C
1	入库时间	加工开始时间	加工小时
2	2016/2/10 13:50	20160209153509	22.26
3	2016/3/11 13:50	20160310114520	26.09
4	2016/3/12 9:25	20160311114520	21.67
5	2016/4/15 8:32	20160414164035	15.87
6	2016/4/19 10:32	20160418153010	19.04

图 9-8

思路:由 9.1 节可知,可利用 TEXT(A2,"#-00-00")将 B 列中的日期字符串文本转换为日期格式;日期与后面的小时需要用空格进行分隔,小时、分之间需要用 ":" 分隔,故先将小时、分之间的字符 A 进行分隔,然后利用 SUBSTITUTE 函数将 A 替换为 ":";最后两个时间相减得出加工小时数。

故在 C2 单元格中定义如下公式:

`=(A2-SUBSTITUTE(TEXT(B2,"#-00-00 00A00A00"),"A",":"))*24`

📖 实例 2:寄存包裹收费的计算

如图 9-9 所示为某车站包裹寄存收费数据记录,收费标准如下:大包裹为 6 元/小时,中等包裹为 4 元/小时,小包裹为 2 元/小时。计时规则如下:如果所计算的分钟数不超过半小时,按 0.5 小时(半小时)计算;大于半小时,按 1 小时计算。

第 9 章　日期与时间函数

	A	B	C	D	E	F	G	H	I
1	包裹号	寄存时间	取走时间	累计时间				每小时费用（元）	总费用（元）
2				天数	小时数	分钟数	累计小时数		
3	1（大）	2005/5/21 10:20	2005/5/21 13:10		2	50	3	6	18
4	2（小）	2005/7/11 8:50	2005/7/13 15:00	2	6	10	54.5	2	109
5	3（中）	2005/6/24 19:10	2005/6/25 7:10		12		12	4	48
6	4（小）	2005/3/21 9:20	2005/3/21 11:30		2	10	2.5	2	5
7	5（大）	2005/8/31 14:05	2005/8/31 17:00		2	55	3	6	18
8	6（大）	2005/8/29 16:25	2005/8/30 20:40	1	4	15	28.5	6	171
9	7（小）	2005/8/15 22:30	2005/8/16 6:10		7	40	8	2	16
10	8（中）	2005/6/12 11:40	2005/6/12 14:25		2	45	3	4	12

图 9-9

在 D3 单元格中计算天数所定义的公式如下：
=INT(C3-B3)

在 E3 单元格中计算小时数所定义的公式如下：
=INT(MOD((C3-B3),1)*24)

在 F3 单元格中计算分钟数所定义的公式如下：
=INT(MOD(MOD((C3-B3),1)*24,1)*60)

在 G3 单元格中计算累计小时数所定义的公式如下：
=D3*24+E3+IF(F3=0,0,IF(F3<=30,0.5,1))

在 I3 单元格中计算总费用所定义的公式如下：
=H3*G3

提示　此案例根据 9.1 节中有关日期与时间的本质是对应数值的特点，利用取整和求余函数来分别计算天数、小时数、分钟数。

第 10 章

文本函数

10.1 常见的文本函数

众所周知,Excel 最突出的特点是其强大的数字处理能力,当然其也有很强的文本处理能力。文本函数不仅仅限于处理文本,有些文本函数也能处理包含数值的单元格,例如前述章节中清理异常数据的有关函数就已有相关阐述。表 10-1 是常见的文本函数的相关说明。

表 10-1

函 数	说 明
CHAR	返回由代码数字指定的字符
CODE	返回文本字符串第一个字符的数字代码
CLEAN	删除文本中所有打印不出的字符
TRIM	删除文本中的空格
EXACT	检测两个文本值是否完全相同
FIND	在一个文本值内查找另一个文本值(区分大小写)
SEARCH	在一个文本值内查找另一个文本值(不区分大小写)
SUBSTITUTE	在文本字符串中以新文本替换旧文本
REPLACE	替换文本内的字符
TEXT	根据指定的数值格式将数字转换成文本

续表

函 数	说 明
LEFT	基于所指定的字符数返回文本字符串中的第一个或前几个字符
MID	从文本字符串中的指定位置起返回特定个数的字符
RIGHT	基于所指定的字符数返回文本字符串中的最后一个或多个字符
REPT	按给定次数重复文本

10.2 文本函数基础

1. 字符编码函数

CHAR 和 CODE 是能处理字符编码的两个函数，这两个函数的功能正好相反，如图 10-1 所示是这两个函数的实例。一般情况下，很少单独使用这两个函数。

	A	B	C	D
1	内容	结果	B列公式	说明
2	86	V	=CHAR(A2)	由字符编码86返回大写字母"V"
3	118	v	=CHAR(A3)	由字符编码118返回小写字母"v"
4	V	86	=CODE(A4)	返回大写字母"V"对应的字符编码86
5	v	118	=CODE(A5)	返回小写字母"v"对应的字符编码118
6	々	41385	=CODE(A6)	返回字符"々"对应的字符编码41385
7	√	41420	=CODE(A7)	返回字符"√"对应的字符编码41420
8	V	V	=CHAR(CODE(A8))	这正说明了这两个函数功能正好相反

图 10-1

2. 文本字符串比较

如图 10-2 所示是有关字符串比较的几个实例，在此要特别注意的是需要正确区分空文本与空单元格，空单元格有时会被当成 0 来处理。关于检测异常数据的相关知识，前述相关章节已有所涉及。

	A	B	C	D	E
1	字符串1	字符串2	比较结果	C列公式	说 明
2	MAY	May	TRUE	=A2=B2	此公式比较忽略字母大小写
3	MAY	May	FALSE	=EXACT(A3,B3)	此公式比较区分字母大小写，完全相同时返回TRUE
4			TRUE	=A4=B4	A4单元格公式为"=""",B4无任何数据，空单元格等价于空文本
5			FALSE	=A5=0	A5单元格公式为"=""",但空文本不等于数值0
6			FALSE	=ISBLANK(A6)	A6单元格公式为"=""",经ISBLANK函数检测不为空白，""""为假空
7	Small	Small	FALSE	=EXACT(A7,B7)	经LEN函数检测前者含有6个字符，后者有5个字符，前者有不可见字符
8	Small	Small	TRUE	=EXACT(TRIM(CLEAN(A8)),B8)	利用TRIM去掉空格、CLEAN函数清除非打印字符

图 10-2

3. 文本连接

在进行文本字符串处理时，如图 10-3 所示是文本字符串连接合并的几种方法，常见的方法是使用连字符"&",有时也可以使用 CONCATENATE、PHONETIC 函数。

	A	B	C	D	E
1	字符串1	字符串2	比较结果	C列公式	说明
2	我爱	学习Excel	我爱学习Excel	=A2&B2	
3	我爱	学习Excel	我爱学习Excel	=CONCATENATE(A3,B3)	该函数不支持区域引用
4	我爱	学习Excel	我爱学习Excel	=PHONETIC(A4:B4)	支持区域引用,但不适合数值的连接
5	大家爱	学习	大家爱学习Excel	=PHONETIC(A5:B6)	该函数支持连续单元格区域引用,也支持联合单元格区域引用,还支持函数嵌套
6	Ex	cel			

图 10-3

10.3 两组文本函数用法的比较

在进行文本处理时常常需要先精确定位指定字符的位置,然后进行相应的数据处理。FIND、SEARCH 函数是两个常用的定位字符位置的函数,两者的联系与区别参见图 10-4 中的实例。

	A	B	C	D
1	文本	字符位置	B列公式	说明
2	1234567@qq.com	8	=FIND("@",A2)	FIND确定"@"的位置,可据此截取"@"左侧QQ号码
3	1234567@qq.com	8	=SEARCH("@",A3)	SEARCH确定"@"的位置,可据此截取"@"左侧QQ号码
4	参考同类供应商PO20140711300订单	8	=FIND("PO",A4)	FIND区分文本大小写,小写无法确定位置
5	参考同类供应商po20140711300订单	#VALUE!	=FIND("PO",A5)	
6	参考同类供应商PO20140711300订单	8	=SEARCH("PO",A6)	SEARCH不区分文本大小写
7	参考同类供应商po20140711300订单	8	=SEARCH("po",A7)	
8	广州东晨东盛销售公司	#VALUE!	=FIND("东*",A8)	FIND不支持通配符
9	广州东晨东盛销售公司	3	=SEARCH("东*",A9)	SEARCH支持通配符

图 10-4

在许多时候,可能需要对某个文本字符串中的部分内容进行替换,除了使用 Excel 的"替换"功能外,还可以使用文本替换函数。常用的文本替换函数为 SUBSTITUTE 函数和 REPLACE 函数。如图 10-5 是这两个函数的实例,从中可以看出这两个函数的联系与区别。

	A	B	C	D
1	文本	结果	B列公式	说明
2	DO it yourself	3	=LEN(A2)-LEN(SUBSTITUTE(A2," ",""))+1	通过替换空格为无空格来实现单词间空格的计算,然后加1得出单词个数,第4参数省略表示需要替换所有空格
3	Let's do it better	4	=LEN(A3)-LEN(SUBSTITUTE(A3," ",""))+1	
4	0512-123456	0512-6123456	=SUBSTITUTE(A4,"0512-","0512-6")	电话号码升位,在"-"后电话号码前加"6",该函数的第2参数为被替换的旧文本,第3参数为待替换的新文本。
5	0512-123456	0512-6123456	=REPLACE(A5,1,5,"0512-6")	电话号码升位,在"-"后电话号码前加"6",该函数的第2参数为被替换的旧文本起始位置,第3参数为待替换文本个数,最后一个参数是新文本。
6	PO20160419100	PO20160419-100	=REPLACE(A6,11,0,"-")	原订单号后3位为批次号,在倒数第3位前添加"-"号可清晰看出批号。注意第3参数为0的用法,这表明该函数还有在字符串的指定位置插入字符的功能。
7	PO20160419200	PO20160419-200	=REPLACE(A7,11,0,"-")	

图 10-5

如果明确知道目标字符,但是不知道其在字符串中的具体位置,可以使用 SUBSTITUTE 函数。如果目标字符并不固定,但能够明确知道其在字符串中的具体位置,可以使用 REPLACE 函数来实现替换。REPLACE 函数有一个妙用,就是可以在字符串的指定位置插入字符。

在理解、记忆和使用这两个函数时需要注意以下技巧:SUBSTITUTE 函数中间的参数是截取的字符;REPLACE 函数中间的参数是字符串的长度。这两个函数往往和其他函数一起结合使用,很少单独使用。

10.4 分离中英文

实例 1:中英文对照文本的分离

如图 10-6 所示,A 列数据是英文和中文混杂的文本,现需要将英文和中文分离开。

英文和中文混杂文本	英文	中文
Balance sheet资产负债表	Balance sheet	资产负债表
account receivable应收账款	account receivable	应收账款
method of apportionment分摊方式	method of apportionment	分摊方式
material listing物料清单	material listing	物料清单
journal entry凭证输入	journal entry	凭证输入
accounts payablt interface应付账接口	accounts payablt interface	应付账接口
accounts receivable balance应收账余额	accounts receivable balance	应收账余额
sales area data销售部门数据	sales area data	销售部门数据
sales order confirmation销售订单确认	sales order confirmation	销售订单确认
semi-finished product半成品	semi-finished product	半成品
multi-level master scheduling多层主计划	multi-level master scheduling	多层主计划
month-end closing月末关账	month-end closing	月末关账

图 10-6

在 B2 单元格中定义如下公式:
`=LEFT(A2,LOOKUP(CODE("z")+1,CODE(MID(A2,ROW($1:$99),1)),ROW($1:$99)))`
在 C2 单元格中定义如下公式:
`=SUBSTITUTE(A2,B2,)`

公式解析:这里假设 A 列字符长度的最大值为 99,可事先用 LEN 函数检测 A 列的文本长度最大值;用 CODE 函数将 A2 单元格中每一个字符对应的字符编码取出,形成一个由字符编码数字和错误值#VALUE!组成的 99 个文本。我们知道英文字母的最后一个字母为 z,并且 CODE("z")为 122,所以用 LOOKUP 来找出比 123(即 CODE("z")+1)小的字符在那 99 个文本中的对应位置,这个位置就是最后一个英文字符在 A2 单元格中的位置。在这里利用了 LOOKUP 函数。当查找值大于查找区域中的对象时,将返回小于查找值对应的最后一个位置的对应值。

C2 单元格公式解析略。

实例2：航班中英文对照文本的分离

如图10-7所示，A列数据是英文和中文混杂的航班信息，现需要提取英文航班信息。

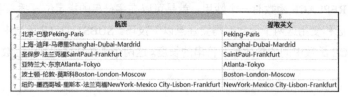

图10-7

在B2单元格中定义如下数组公式：

=RIGHT(A2,SUM(--(LEN(RIGHT(A2,ROW($A$1:A102)))=LENB(RIGHT(A2,ROW($A$1:A102))))))

公式解析：这里主要利用一个汉字占两个字节的特性，从右边开始，分别用 LEN 和 LENB 函数，依次逐一取出 1~102 个字符长度，然后比较 LEN 和 LENB 取出两种字符的长度。当两者全部是英文时条件满足返回 TRUE；当一方取出的全是英文字母而另外一方开始出现汉字时，就开始出现不满足条件的逻辑值 FALSE。之后再用"--"将逻辑值转换成数值，最后用 SUM 求和，将英文字符的长度计算出来。

提示 此实例也可将上述文本中半角的"-"替换成全角的"—"，然后利用一个汉字占两个字节的特性，在B2单元格中定义公式如下：

=MID(A2,SEARCHB("?",SUBSTITUTE(A2,"-","—"))/2+1,LEN(A2)*2-LENB(A2))

10.5 根据多个关键字确定结果

如图10-8所示，如果名称中包含"卡""海报""王"中的任何一个关键字或者同时包含两个、三个关键字，就为"赠品"，否则为"正品"。

	A	B	C	D
1	名称	金额	返回结果	金额和
2	主题临摹卡王	555	赠品	1455
3	随书海报	200	赠品	
4	装箱海报	300	赠品	
5	装箱卡海报	400	赠品	
6	装箱大	500	正品	

图10-8

在C2单元格中定义如下数组公式：

=IF(COUNT(FIND({"卡";"海报";"王"},A2)),"赠品","正品")

公式解析：该公式通过 FIND 在 A2 单元格中同时查找“卡”“海报”“王”3 个关键字。如果一个关键字都找不出来，则返回 3 个错误值#VALUE!。而根据 COUNT 函数只能对数值计数的特点，故 COUNT 函数对 3 个错误值计数会返回 0。只要 FIND 找到上述 3 个关键字中的至少一个关键字，COUNT 函数就会大于或等于 1，故通过 COUNT 与 FIND 联手可以确定逻辑条件是否成立。

在 D2 单元格中定义如下数组公式：

```
=SUMPRODUCT(IFERROR(MMULT(N(ISNUMBER(FIND({"卡","海报","王"},A2:A6))),
{1;1;1})^0,),B2:B6)
```

公式解析：该公式通过 ISNUMBER(FIND({"卡","海报","王"}},A2:A6)对 FIND 函数的查找结果判断是否为数值，如果为数值则返回 TRUE，否则返回 FALSE。然后通过 N 函数将逻辑值 TRUE 或者 FALSE 转换为 1 或者 0，再通过 MMULT 函数，将 1 或者 0 形成的数组与{1;1;1})^0 进行矩阵相乘，据此确定满足的条件，对对应的 B2:B6 中的相应单元格求和。

10.6　从路径中提取文件名

字符串提取是我们经常遇到的问题，如图 10-9 所示，要从 A 列的路径中提取出文件名称。

	A	B
1	**超链接路径**	**提取文件名**
2	E:\照片视频\新建文件夹\Dd22.jpeg	Dd22.jpeg
3	F:\新建文件夹\智力测试.docx	智力测试.docx
4	F:\最爱-MP4（110630）\最爱A.mp4	最爱A.mp4
5	C:\Program Files\Common Files\Microsoft Shared\Filters\VISFILT.DLL	VISFILT.DLL
6	C:\Windows\Branding\Basebrd\zh-CN\basebrd.dll.mui	basebrd.dll.mui
7	..\My Documents\我的数据源\数据透视表格式美化 数据源$.odc	数据透视表格式美化 数据源$.odc

图 10-9

观察数据的特点可以发现，A 列字符串中都是以“\”字符进行分隔的，实际上我们就是提取最后一个反斜杠“\”后的内容。

结合数据特点，我们有如下多种方法来处理这个问题。

方法 1：SUBSTITUTE 函数

我们可以用 SUBSTITUTE 函数以一个新字符替换掉最后一个“\”字符，然后利用 FIND 函数找到新字符在文本串中位置的特点，结合新的文本长度再去取新字符靠右边的文件名就可以了。故在 B2 单元格中定义如下公式：

```
=IFERROR(RIGHT(A2,LEN(A2)-FIND("*",SUBSTITUTE(A2,"\","*",LEN(A2)-LEN
(SUBSTITUTE(A2,"\",""))))),"")
```

公式解析如下：

STEP 01　LEN(A2)-LEN(SUBSTITUTE(A2,"\","")这部分是计算字符串中一共有几个“\”。

STEP 02 用 SUBSTITUTE 函数以一个新字符 "*" 替换掉最后一个 "\"。

STEP 03 然后再利用 FIND 函数找到 "*" 在文本串中的位置。

STEP 04 接下来用 LEN(A2)计算出字符串的总长度,再减去星号 "*" 在文本串中的位置,余下的就是我们需要提取的字符个数。

STEP 05 最后用 RIGHT 函数从 A2 单元格的右侧开始,提取(字符长度-星号位置)的字符,就是需要的结果了。

方法 2:SUBSTITUTE 函数

=TRIM(RIGHT(SUBSTITUTE(A2,"\",REPT(" ",99)),99))

STEP 01 REPT(" ",99)的作用是生成 99 个空格。

STEP 02 再用 SUBSTITUTE 函数,将间隔符号 "\" 全部替换为 99 个空格。

STEP 03 接下来使用 RIGHT 函数,从替换后的字符串右侧开始,提取 99 个字符,这样就得到最后一个 "\" 之后的字符串和不确定数量的空格。

STEP 04 最后使用 TRIM 函数,将多余的空格替换掉。

方法 3:REPLACE 函数

=REPLACE(A2,1,FIND("*",SUBSTITUTE(A2,"\","*",LEN(A2)-LEN(SUBSTITUTE(A2,"\","")))),,)

最关键的是确定 REPLACE 函数的第 3 个参数 num_chars,确定的原理同上述方法 1 的分析。

拓展应用 基于上述原理,我们可以同样地使用此方法提取网络路径中最后的文件名、单元格中的最后一个英文单词。

10.7 付款模板设计

如图 10-10 所示是一个付款单模板,其中除第 8~10 行外均从日记账中自动取得信息(其中,M7 单元格付款流水号码设置了动态数据验证)。本实例只就第 7 行的大写及其后的小写数字按单元格填充来说明如何取数。

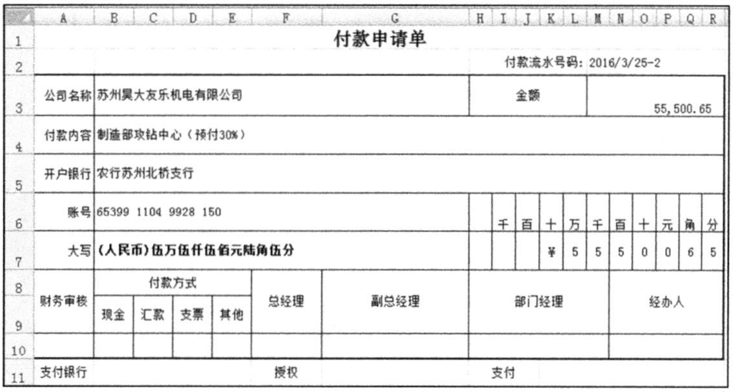

第 10 章　文本函数

```
                                付款申请单
                                           付款流水号码: 2016/3/25-2
 公司名称 苏州昊大友乐机电有限公司         金额
                                                          55,500.65
 付款内容 制造部攻钻中心（预付30%）
 开户银行 农行苏州北桥支行
 账号   65399 1104 9928 150            千百十万千百十元角分
 大写   (人民币)伍万伍仟伍佰元陆角伍分     ¥ 5 5 5 0 0 6 5
       付款方式
 财务审核 现金 汇款 支票 其他  总经理   副总经理    部门经理    经办人

 支付银行              授权           支付
```

图 10-10

在 B7 单元格中定义如下公式：

=IF(M3<0,"金额为负无效",(IF(OR(M3=0,M3=""),"（人民币）零元",IF(M3<1,"(人民币)",TEXT(INT(M3),"[dbnum2](人民币)G/通用格式")&"元"))))&IF((INT(M3*10)-INT(M3)*10)=0,IF(INT(M3*100)-INT(M3*10)*10=0,"","零"),(TEXT(INT(M3*10)-INT(M3)*10,"[dbnum2]")&"角"))&IF((INT(M3*100)-INT(M3*10)*10)=0,"整",TEXT((INT(M3*100)-INT(M3*10)*10),"[dbnum2]")&"分")

在 I7 单元格中定义如下公式，并向右复制公式到 R7 单元格：

=LEFT(RIGHT(" ¥"&$M$3/1%,11-COLUMN(A1)))

公式解析：在大写金额公式中，通过 INT 取出小写数字中各个位置上的数字，随后通过 TEXT 的第 2 个参数中的[dbnum2]将其转换成大写数字，再与相应的"元""角""分"文本连接起来形成人民币大写数字。

在 I7 单元格公式中，通过将金额除以 1%将小数点去掉，然后再连接"¥"符号（注意"¥"前有一空格），之后利用向右复制公式时 11-COLUMN(A1)会越来越小的规律，取出对应位置上的"¥"或相应的数字。

10.8　从文本中分离物料代码

实例 1：分离文本

如图 10-11 所示，A 列物料代码和物料名称合并在一起，需要将其分离出来。观察数据特点发现，物料代码的字符代码长短不一，无法通过分列分离出物料代码和物料名称。

	A	B	C
1	代码+物料名称	代码	物料名称
2	28XE1-01211气囊圆板	28XE1-01211	气囊圆板
3	29BUH-03027推力杆支架(左)	29BUH-03027	推力杆支架(左)
4	29BUH-03028推力杆支架(右)	29BUH-03028	推力杆支架(右)
5	29BUH-43451高度阀上支架	29BUH-43451	高度阀上支架
6	29DTA-01267减振器支架(左)	29DTA-01267	减振器支架(左)
7	35XT1-1309825954支架	35XT1-1309825954	支架
8	29DTA-02267减振器支架	29DTA-02267	减振器支架
9	35XT1-13支架yinger	35XT1-13	支架yinger
10	29XT2-04031ECASE阀支架	29XT2-04031	ECASE阀支架
11	29DTA-03047推力杆支架	29DTA-03047	推力杆支架
12	29DTA-08035稳定杆支架	29DTA-08035	稳定杆支架

图 10-11

在 B2 单元格中定义如下数组公式：

=LEFT(A2,MATCH(1,-MID(A2,ROW($1:$99),1)))

在 C2 单元格中定义如下公式：

=RIGHT(A2,LEN(A2)-LEN(B2))

公式解析：在 B2 单元格公式中，ROW($1: $99)是{1;2;3……;99}的数组。这里假设单元格中的文本最长为 99 个字符，MID(A2,ROW($1: $99),1)取 A2 中的第 1~99 个字符形成数组。"-"为取负运算，将数字变成负数，而将字母和汉字变成错误值。MATCH(1,)函数的第 3 个参数如果省略，则默认为 1，这种方法可用于二分法查找最后一个数字的位置。

📖 实例2：根据物料层级分离物料代码

如图 10-12 所示，A 列数据是从软件系统导出的物料代码数据。其中物料代码前有相关物料在 BOM 中的层级符号"├--"。使用这样的物料代码数据无法从成本系统中获取相关成本数据，现需要将物料代码前的层级符号"├--"去掉。观察数据发现，每个物料代码在 BOM 中所处的级别不同，因而"├"后面的"-"字符个数并不固定，而且有的物料代码中也有"-"字符，通过分列方式无法取出物料代码。

	A	B	C
1	物料代号	物料名称	物料代码
2	├--22A03-01222	传动轴螺栓	22A03-01222
3	├--22LCW-01010-A	传动轴总成	22LCW-01010-A
4	├--24EC1-00010-S	后桥总成	24EC1-00010-S
5	├--29C7B-06000	前稳定杆组件	29C7B-06000
6	├--29C5C-01001	前悬架装置图	29C5C-01001
7	├--29LEX-02001	后悬架装置图	29LEX-02001
8	├--29C7B-12000	前钢板弹簧组件	29C7B-12000
9	├--29LEX-13000	后钢板弹簧组件	29LEX-13000
10	├--29C5C-21001	前减振器组件	29C5C-21001
11	├--29LEX-21002	后减振器组件	29LEX-21002
12	├----57T51-02015	压条型材(铝嵌塑/直线)	57T51-02015

图 10-12

在 C2 单元格中定义如下数组公式：

```
=RIGHT(A2,LEN(A2)-MATCH(TRUE,CODE(MID(A2,ROW($2:$11),1))>45,0))
```

公式解析：在这里 BOM 层级符号中“├--”的“-”字符最小位置是第 2 位，CODE 对 MID(A2,ROW($2:$11),1)取出物料代号“├”后面的“-”字符、数字和字母，返回其相应的字符编码值（“-”的字符编码值为 45）。这些字符编码值与 45 相比较形成一个逻辑数组区域，然后通过 MATCH 函数中的第 1 个参数逻辑值 TRUE 与数组区域中的逻辑值对比，以此确定首次出现数字或字母的位置，最后通过 RIGHT 函数取出右边的物料代码。

10.9　“文本函数之王”——TEXT 函数

TEXT 函数，有人称它是“文本函数之王”。其实，TEXT 的宗旨就是将自定义格式体现在最终结果里。TEXT 函数主要用于将数字转换为文本。当然，也可以对文本进行一定的处理。

TEXT 函数语法：TEXT(value,format_text)

★ value：该参数是数值、计算结果为数字值的公式，或对包含数字值的单元格的引用。

★ format_text：该参数是“单元格格式”对话框“数字”选项卡的“分类”框中的文本形式的数字格式。

下面提供 TEXT 函数的多个经典应用案例。

📖 实例 1：TEXT 函数——条件判断（如图 10-13 所示）

	A	B	C	D	E	F
1	姓名	分数	等级		分数段	等级
2	刘雨晨	89	优秀		[0,60)	不及格
3	王春	72	及格		[60,80)	及格
4	陈浩	52	不及格		[80,100)	优秀
5	马建峰	65分	分数错误			
6	张世平	90	优秀			
7	朱修波	79	及格			
8	邬燕忠	71	及格			
9	仲欣	74	及格			
10	黄梅霞	66	及格			
11	徐翠	54	不及格			

图 10-13

在 C2 单元格中定义如下公式：

```
=TEXT(B2,"[>=80]优秀;[>=60]及格;不及格;分数错误")
```

公式中的条件需要用中括号括起来，这时分号的作用就不是隔开正数、负数、0 了。条件判断的顺序为先左后右，如同 IF 函数一样。

从以上示例可以看出，TEXT 函数可以进行分支条件判断。我们也可以用该函数来设置上下

限,例如,7.2.11 节的实例 2 计算销售提成就涉及上下限,用 TEXT 函数设置公式如下:
=--TEXT(B2*1%,"[>2500]25!0!0;[<100]1!0!0;G/通用格式")。

公式的上限值 2500 用 "25!0!0" 表示,在 0 前面使用!是为了在计算结果超出 2500 时,将后面超出的数字强制显示为 0;公式的下限值 100 用 "1!0!0" 表示,是为了当计算结果低于 100 时,将数值强制显示为 100。具体实例可参考 7.2.11 节的实例 2。

实例 2:TEXT 函数——业绩考核

很多公司一般按业务达成量进行阶梯式考核,如图 10-14 所示是随着业务达成量的递增分若干个档次计算相应的提成奖励。

	A	B	C	D	E	F	G	H
1	数据测试(元)	计算结果		大客户部业务主管提成点数表				
2	45,000.00	450.00		达成量(Y)	Y≤5万元	5万元<Y≤10万元	10万元<Y≤15万元	Y>15万元
3	85,002.00	1,375.05		提点	1%	1.50%	1.80%	2%
4	110,002.00	2,180.09						
5	165,000.00	4,845.00						
6	75,000.36	1,125.00						

图 10-14

在 B2 单元格中定义如下公式:
=ROUND(SUM(TEXT(A2-{0,50000,100000,150000},"0;!0")*{0.01,0.015,0.018,0.02}),2)

下面就以 A5 单元格中的数据为例对这个公式进行解析:

{0,50000,100000,150000}中的 0、50000、100000、150000 分别是第一档、第二档、第三档、第四档的达成量临界点,然后用 A5 单元格中的 165000 分别减去临界点数据,故得出各个差额数据 165000、115000、65000、15000,各段差额数据乘以对应的提成点,最后对这些乘积的数据进行求和。

在公式中,使用了 TEXT(A2-{0,50000,100000,150000},"0;!0"),如此一来,当达成量在最低档的时候,再用达成量减去各档的临界点就会出现负数。TEXT 函数的第 2 个参数写成"0;!0",目的是将负数强制转换为 0。

实例 3:寄存包裹收费的计算

此实例可参考 9.6 节的实例 2。在前面的实例中经过了多步才算出寄存包裹的收费。如果在此使用 TEXT 函数则相对简单得多,表格如图 10-15 所示。

第 10 章 文本函数

	A	B	C	D	E	F
1	包裹号	寄存时间	取走时间	累计小时数	每小时费用（元）	总费用（元）
2	1（大）	2005/5/20 10:20	2005/5/20 13:10	3	6	18
3	2（小）	2005/7/10 8:50	2005/7/12 15:00	54.5	2	109
4	3（中）	2005/6/23 19:10	2005/6/24 7:10	12	4	48
5	4（小）	2005/3/20 9:20	2005/3/20 11:30	2.5	2	5
6	5（大）	2005/8/30 14:05	2005/8/30 17:00	3	6	18
7	6（大）	2005/8/28 16:25	2005/8/29 20:40	28.5	6	171
8	7（小）	2005/8/14 22:30	2005/8/15 6:10	8	2	16
9	8（中）	2005/6/11 11:40	2005/6/11 14:25	3	4	12

图 10-15

根据 9.6 节的实例 2 可知，只需计算出每个包裹寄存的累计小时数，就可以计算出寄存费。在 D2 单元格中定义公式：=CEILING(--TEXT(C2-B2,"[H]:mm:ss")*24,0.5)。

根据日期与时间是数值的本质可知，两个时间相减可得出小时数。在 Excel 中默认的时间间隔是数字格式的，"[h]:mm:ss" 表示累积的时间，而默认结果会是整除 24 小时的余数，[h]可以突破使用"h:mm:ss"数字格式超过 24 小时不能正确计算的限制。也就是说两个时间超过了 24 小时，就必须使用[h]:mm:ss 的数字格式。不超过 24 小时的时间间隔计算可以使用"h:mm:ss"数字格式。

然后使用 CEILING 函数将计算所得的结果按照 0.5 的倍数向上舍入，以达到"不超过半小时按 0.5 小时（半小时）计算，大于半小时按 1 小时计算"的目的。

第 11 章 信息函数

11.1 常见的信息函数

信息函数是用来获取单元格内容信息的函数。信息函数不仅可以获取单元格信息，还可以确定单元格中内容的格式、位置、错误类型等信息。

常见的信息函数主要有 CELL、IS 类函数、PHONETIC、TYPE、N 函数等。

11.2 检验数据类型函数

当在公式中使用某些信息函数时会返回逻辑值，这种类型函数的函数名都是以 "IS" 开头的。图 11-1 是 IS 类函数的若干实例。

	A	B	C	D
1	数据	结果	公式	说明
2		FALSE	=ISBLANK(A2)	判断是否是空白
3	#REF!	TRUE	=ISERR(A3)	判断一个值是否为#N/A以外的错误值
4	#N/A	TRUE	=ISERROR(A4)	判断一个值是否为错误值
5	3	FALSE	=ISEVEN(A5)	判断一个值是否为偶数
6	FALSE	TRUE	=ISLOGICAL(A6)	判断一个值是否为逻辑值
7		FALSE	=ISNA(A7)	判断一个值是否为#N/A
8		FALSE	=ISNUMBER(A8)	判断一个值是否为数值
9		TRUE	=ISTEXT(A9)	判断一个值是否为文本

图 11-1

第 11 章 信息函数

> **提示** A2 单元格中看似为空白,返回结果却是 FALSE,里面可能存在空格、非打印字符、隐藏的零值。

A8 单元格中有空白,故返回结果是 FALSE。

A9 单元格中看似为空白,返回结果却是 TRUE,里面可能存在空格、非打印字符等不可见的文本。

以上逻辑判断实例中出现的异常情形可参考 2.6 节的相关内容,故可利用 IS 类函数的特性对异常数据进行检测,然后采取正确的方式进行数据清理。

如图 11-2 所示是 TYPE 函数对 A 列数据检测的结果及说明。

数据	返回结果	公式	值类型	说明
5000	1	=TYPE(A2)	数字	A2单元格为数值
5000	2	=TYPE(A3)	文本	A3单元格为文本型数字
TRUE	4	=TYPE(A4)	逻辑值	A4单元格公式为"=A2>B2",故返回结果为逻辑值
#REF!	16	=TYPE(A5)	误差值	A5单元格公式为"=VLOOKUP(B2,B:D,4,0)"出错,故返回结果为错误值

图 11-2

11.3 CELL 函数及其应用

11.3.1 CELL 函数概述

CELL 函数的功能是返回某一引用区域的左上角单元格的格式、位置或内容等信息。

CELL 函数语法如下:CELL(info_type, [reference])

★ info_type 为一个文本值,指定所需单元格信息的类型。图 11-3 中列出了 info_type 的可能值及相应的结果。

数据	公式	info_type可能值	返回结果说明
$D$1	=CELL("address",D1)	"address"	引用中第一个单元格的引用,文本类型。本例为返回单元格地址。
5	=CELL("col",E2)	"col"	引用中单元格的列标。本例为返回E2单元格列标。
0	=CELL("color",F4)	"color"	如果单元格中的负值以不同颜色显示,则为值 1;否则,返回 0(零)
欢乐颂	=CELL("contents",F2)	"contents"	引用中左上角单元格的值:不是公式。返回F2单元格内容。
C:\Users\hp\Deskto p\[忽略隐藏列求和.xlsx]Sheet4	=CELL("filename")	"filename"	包含引用的文件名(包括全部路径),文本类型。如果包含目标引用的工作表尚未保存,则返回空文本("")。本例为返回当前文件所在的全部路径。
G	=CELL("format",A3)	"format"	与单元格的数字格式相对应的文本值。如果单元格中的负值以不同颜色显示,则在返回的文本值的结尾处加"-";如果为单元格中的正值或所有值加括号,则在文本值的结尾处返回"()"。A3单元格为常规格式"G"。
1	=CELL("protect",A1)	"protect"	如果单元格没有锁定,则为值 0;如果单元格锁定,则返回 1
6	=CELL("row",A6)	"row"	引用中单元格的行号。本例为返回A6单元格的行号。
b	=CELL("type",E11)	"type"	与单元格中的数据类型相对应的文本值。如果单元格为空,则返回"b"以表示空白。如果单元格包含文本常数,则返回"l"以表示标签;如果单元格包含其他内容,则返回"v"以表示值。本例E11单元格为空白。
20	=CELL("width",B1)	"width"	取整后的单元格列宽。列宽以默认字号的一个字符的宽度为单位。本例为返回B1单元格所在列的列宽度。

图 11-3

★ reference 是 CELL 函数的第 2 个参数，如果忽略，则 info_type 中所指定的信息将返给最后更改的单元格。

11.3.2 CELL 函数应用

📖 实例1：获取当前单元格文件的完整路径

如图 11-4 所示，在 D2 单元格中输入公式：=CELL("filename")，可将该文件所在的路径、文件名、工作表名都显示到当前单元格。

图 11-4

📖 实例2：获取当前单元格所在的工作表名

在如图 11-5 所示的 D4 单元格中输入如下公式：
`=MID(CELL("filename"),FIND("]",CELL("filename"))+1,255)`
通过 FIND 函数定位 "]" 出现的位置，然后使用 MID 函数截取 "] " 后面的内容。

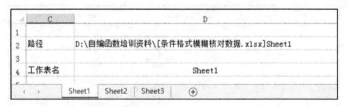

图 11-5

📖 实例3：获取当前文件所在的路径

在 D6 单元格中输入如下公式：
`=LEFT(CELL("filename"),FIND("[",CELL("filename"))-1)`
上述公式通过 FIND 函数定位 "[" 出现的位置，然后使用 LEFT 函数截取它左边的文本，从而获取文件路径，如图 11-6 所示。

	C	D
1		
2	路径	D:\自编函数培训资料\[条件格式模糊核对数据.xlsx]Sheet1
3		
4	工作表名	Sheet1
5		
6	当前文件所在路径	D:\自编函数培训资料\
7		
8	文件名	条件格式模糊核对数据.xlsx
9		

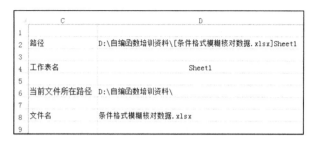

图 11-6

📖 实例 4：获取当前文件名

在 D8 单元格中输入如下公式：

```
=MID(CELL("filename"),FIND("[",CELL("filename"))+1,FIND("]",CELL("filename"))-FIND("[",CELL("filename"))-1)
```

通过 FIND 定位 “[” 和 “] ” 的位置，再利用 MID 函数进行左边截取和右边截取，最终只获得文件名，如图 11-6 所示。

11.4　根据关键字设置智能模糊查询

如图 11-7 所示左侧是一份菜单，右侧是一个点菜单模板，它可以根据关键字来智能模糊查询所有带有该关键字的菜名，方便用户选择相应的菜名（即这些单元格具有动态的数据验证功能）。具体实现步骤如下。

图 11-7

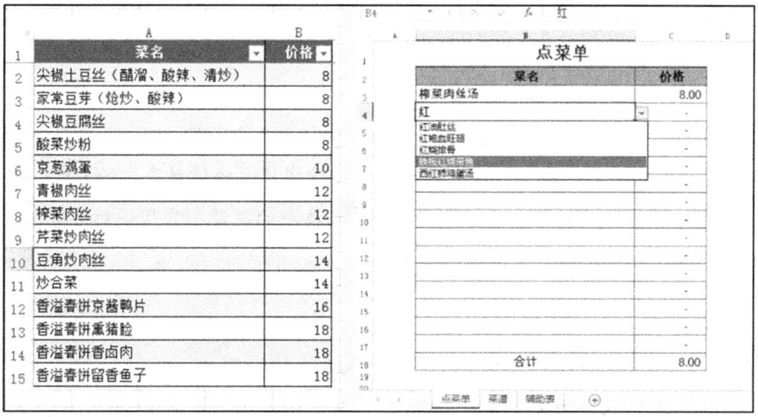

STEP 01 单击"公式"选项卡"定义的名称"分组中的"定义名称"按钮,之后在打开的对话框中新建名称"关键字",在"引用位置"文本框处输入:=CELL("contents"),如图11-8所示。

图 11-8

STEP 02 新建一个辅助表,在B1单元格中输入"=关键字",在A4单元格中输入如下数组公式:=INDEX(菜谱!A:A,SMALL(IF(ISNUMBER(FIND($B$1,菜谱!$A$2:$A$1000)),ROW($2:$1000),2^20),ROW(1:1)))&"",并将该公式复制到该单元格以下的其他单元格中,如图11-9所示。

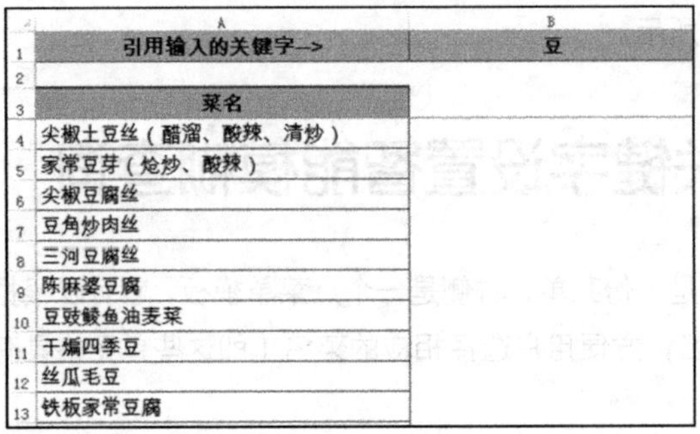

图 11-9

> **提示**
>
> ★ 当在点菜单中输入关键字时,利用CELL函数"如果第2个参数忽略,则info_type中所指定的信息将返给最后更改的单元格"的这一特点,将关键字传递给辅助表中的B1单元格。
> ★ 利用INDEX+SMALL+ROW组合函数对B1单元格中的关键字实现一对多查询,将含有该关键字的菜名在辅助表的A列中全部列示出来。

STEP 03 对图11-9中一对多查询出来的A列的菜名定义一个名称"菜名",在"引用位置"文本框中输入公式:=OFFSET(辅助表!$A$3,1,,COUNTIF(辅助表!$A:$A,"> ")-2),如图11-10所示。

注意:在此公式中,"> "中的大于号后面有一个空格,否则会导致输入关键字无法显示含关键字的菜名的错误。

第 11 章 信息函数

图 11-10

STEP 04 选择"点菜单"表格中的 B3:B17 单元格区域,单击"数据"选项卡下的"数据验证"按钮,在打开的"数据验证"对话框中,在"设置"选项卡的"验证条件"栏中选择"序列",在"来源"文本框中输入"=菜名";在"出错警告"选项卡下取消"输入无效数据时显示出错警告"复选框的勾选,单击"确定"按钮,关闭"数据验证"对话框,完成数据验证的设置,如图 11-11 所示。

图 11-11

提示 当在点菜单的 B3:B17 单元格区域的某个单元格中输入关键字时,在辅助表中的 B1 单元格显示出关键字和查询出所有含有该关键字的菜名,这时单击下拉菜单会带出含该关键字的所有菜名。

STEP 05 在 C3 单元格中输入对应菜名的价格查询公式:=IFERROR(VLOOKUP(B3,菜谱!A:B,2,0),0)。至此,点菜单智能模糊查询下拉菜单已经设计完成。

333

第 12 章 数组公式

12.1 数组公式的概念与特性

Excel 函数与公式很强大的一面就是数组公式的运用,有时普通公式无法有效解决的问题应用数组公式可实现神奇的效果。以前的相关章节对数组公式已有所涉及,本章将系统地介绍数组公式的相关知识和一些有用的实例。

1. 认识数组公式

数组(array),是由数据元素组成的集合,数据元素可以是数值、文本、日期、逻辑、错误值等。数据元素以行和列的形式组织起来,构成一个数据矩阵。

在 Excel 中,数组可以是一维数组和二维数组,其维度与行和列相对应。一维数组可以存储在一行单元格区域中(也称水平数组)或一列单元格区域中(也称垂直数组);二维数组可存储在矩形的单元格区域中。如图 12-1 所示是各种数组的表现形式及其特点。

第 12 章 数组公式

A	B	C	D	E	F	G	H
数据区域					公式	说明	特点
1	2	3	4	5	{={1,2,3,4,5}}	一维水平数组	各元素以逗号分隔,而且数组显示在一行单元格中
一季度					{={"一季度";"二季度";"三季度";"四季度"}}	一维垂直数组	各元素以分号分隔,而且数组显示在一列单元格中
二季度							
三季度							
四季度							
1	2	3	4	5	{={1,2,3,4,5;10,20,30,40,50;100,200,300,400,500}}	二维数组	二维数组使用逗号分隔水平元素,使用分号分隔纵向元素。本示例是一个3行5列的数组
10	20	30	40	50			
100	200	300	400	500			

图 12-1

提示 如果所输入的数组元素少于所选择的区域,则会在多余的单元格中显示"#N/A";二维数组中的每行都必须含有相同数量的元素,否则数组无效。例如,下面的数组是无效的,因为第二行只有 3 个元素:

    {1,2,3,4;5,6,7;8,9,10,11}

根据构成元素的不同,可以把数组分为常量数组和单元格区域数组。

常量数组是指,不是存储在单元格区域中而是直接存储在内存中的数组,例如前面讲述的 VLOOKUP 函数逆向查询中"if({1,0})"{1,0}就是一个常量数组。

常量数组可以包含数字、文本、逻辑值,甚至可以包含错误值。数字可以是整数、小数或者为科学计数法形式。文本必须用引号引起来。可以在同一个常量数组中使用不同类型的值。

常量数组不能包含公式、函数或其他数组。数值不能包含美元符号、逗号、括号或者百分号。例如,下面显示的是一个无效的常量数组:

    {1,$2,3,4%}

单元格区域数组实例可参见图 12-1,{A9:E11}就是一个 3 行 5 列的区域数组。

单一单元格数组公式:使用存储区域或内存中的数组,并在单个单元格中生成显示结果。在单一单元格中输入一个数组公式。

多单元格数组公式:使用存储区域或内存中的数组,并生成结果数组。多单元格数组需要同时选择多个单元格并输入一个公式。

2.使用数组公式

我们知道在单元格中输入普通公式后需要按 Enter 键确认;数组公式与普通公式的确认键不同,输入数组公式则需要按 **Ctrl+Shift+Enter** 组合键确认。数组公式输入完毕会自动在等号"="前和公式末尾插入大括号"{}"。

在单一单元格中定义数组公式后如需要继续修改时,在修改完毕后需要按 **Ctrl+Shift+Enter** 组合键确认,否则无法得出正确结果。

如果定义的是多单元格数组公式,则必须将整个区域同时选择进行编辑,不能只更改、编辑单元格区域中的某一个单元格,否则会弹出如下警告消息(如图 12-2 所示)。

图 12-2

在前面学习有关选择性粘贴的转置功能时,可将行转换成列,将列转换成行,事实上可以使用 TRANSPOSE 函数来转置数组。如图 12-3 和图 12-4 所示是两个转置数组实例。

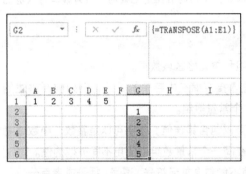

图 12-3

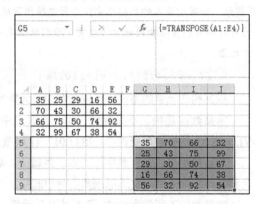

图 12-4

在数组公式的学习中,我们常常需要用到 ROW 函数和 COLUMN 函数来创建连续整数的数组。例如,在如图 12-5 所示的单元格区域 A2:A8 中输入数组公式:{=ROW(1:7)}。

如果在第一行插入一个新行,则上述公式会变成{=ROW(2:8)}。有时这种改变会对数据处理带来不利的影响。这时可考虑 INDIRECT 函数不会调整双引号中字符串的引用,数组公式如下:{=ROW(INDIRECT("1:7"))},如图 12-6 所示。

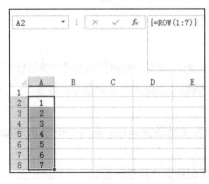

图 12-5

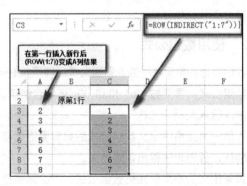

图 12-6

12.2 单一单元格数组公式

12.2.1 单一单元格数组公式的两个实例

实例 1：确定区域中最接近的值

在第 8 章 INDIRECT 函数的案例中有关"按最近值查询"中已经介绍了两种方法进行处理，下面提供第 3 种解法来查询模具钢板厚度对应单价的问题，如图 12-7 所示。

	A	B	C	D	E	F	H	I	J	K	L
1	名称	长度	宽度	厚度	实际长宽高之和	最低不含税单价	长度	宽度	厚度	标准长宽高之和	价格(元/PCS)
2	M112668-A板精框架	941	261	72	1274	1606.84	155	155	40	350	280
3	M112668-B板精框架	941	261	59.5	1261.5	1606.84	225	225	40	490	368
4	M112610-A板精框架	1071	669	90	1830	2905.98	310	310	45	665	450
5	M112610-B板精框架	1071	669	80	1820	2905.98	410	410	50	870	660
6	M112619-A板精框架	1361	841	85.2	2287.2	3589.74	510	510	60	1080	1100
7	M112619-B板精框架	1362	842	79.5	2283.5	3589.74	630	630	80	1340	1880
8	M112618-A板精框架	1085	636	45.8	1766.8	2905.98	730	730	80	1540	2500
9	M112618-B板精框架	1185	721	79.5	1985.5	3589.74	830	830	90	1750	3400
10	M112621-A板精框架	1255	730	48	2033	3589.74	930	930	90	1950	4200
11	M112621-B板精框架	1350	820	85	2255	3589.74					
12	M112617-A板精框架	1151	171	60	1382	1606.84					
13	M112617-B板精框架	1151	171	70	1392	1606.84					
14	M112658-A板精框架	840	550	80	1470	2136.75					
15	M112658-B板精框架	840	550	79.5	1469.5	2136.75					

图 12-7

在 F2 单元格中定义如下数组公式：
=ROUND(INDEX(标准价格,MATCH(SMALL(ABS(E2-标准长宽高之和),1),ABS(E2-标准长宽高之和),0))/1.17,2)

公式解析：公式中通过 E2 实际长宽高之和与每个标准长宽高之和的差值的绝对值形成一个内存数组，在这个内存数组中通过 SMALL(array,1) 确定出两者差值的绝对值的最小值，通过 MATCH 函数定位出差值的绝对值最小值在差值的绝对值所形成的内存数组中的位置，从而确定了所要引用的标准价格的行号。

> **提示** 如果区域中实际值与标准值之差的绝对值最小值有两个相同的数据，则此公式只返回区域中第一个出现的值。

实例 2：返回列中的最后一个值

在此前的章节我们对数据表中记录更新时如何选择动态区域已经有所涉及，我们经常使用公式"=OFFSET(A1,COUNTA(A:A)-1,0)"来动态定位最后一个值。但是，如果 A 列中存在空单元格时，这种方法并不奏效。

如图 12-8 所示，A 列中存在一些空单元格时，在 A 列前 2000 行中的最后一个非空单元格数值为 234。

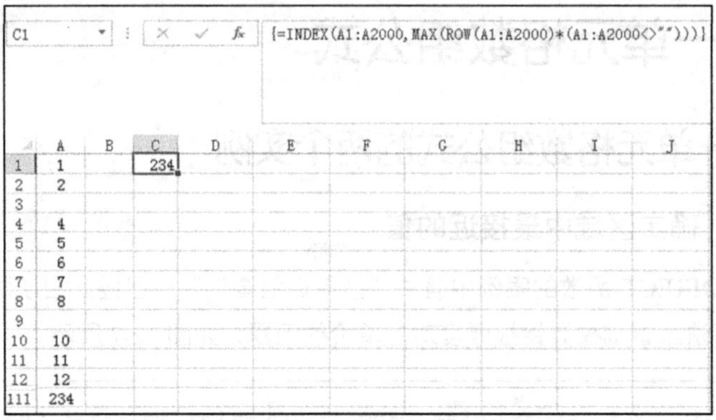

图 12-8

下面的数组公式可以返回 A 列前 2000 行最后一个非空单元格的值 234：
=INDEX(A1:A2000,MAX(ROW(A1:A2000)*(A1:A2000<>"")))

公式解析：首先通过 ROW(A1:A2000) 返回一个 1~2000 的行号数值的数组，而 A1:A2000<>"" 返回一系列逻辑值（TRUE 和 FALSE）组成内存数组。然后通过"*"将行号数组与逻辑值数组相乘。我们知道"*"可将逻辑值 TRUE 转换为 1，将逻辑值 FALSE 转换为 0。故最后将所有非空单元格的行号确定了下来，再对非空单元格行号取出最大值。

提示 如果列中包含任何错误值，则公式无法返回正确的数据，如图 12-9 所示。

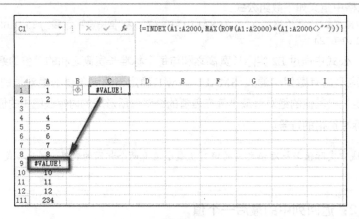

图 12-9

事实上，在这种列中存在空单元格、错误值的情况下，使用如下 LOOKUP 公式可返回最后一个非空单元格的内容。很显然，LOOKUP 公式的这种用法可以忽略错误值，即使该列中的数据类型并不一致（如有的单元格为数值，有的单元格为文本）。故这个公式比上述数组公式更加有效。
=LOOKUP(1,0/(A:A<>""),A:A)

12.2.2　MMULT 函数应用

MMULT 函数用于返回两个数组的矩阵的乘积。

函数语法：MMULT(array1,array2)

其中 array1 和 array2 表示要进行矩阵乘法运算的两个数组。该参数可以直接输入数值或单元格引用，该参数可以为数值、文本格式数字或逻辑值。如果包含文本或空值，则会返回错误值#VALUE!

MMULT 函数的实质：首先，array1 每行的每一个元素与对应的 array2 每列的每一个元素相乘；其次，返回相乘后结果的和。

使用此函数需要注意如下两点。

★ 如果 array1 的列数与 array2 的行数不相等，则该函数返回错误值#VALUE!。

★ 返回结果矩阵的特点：结果矩阵的行数与参数 array1 数组的行数相同，结果矩阵的列数与参数 array2 数组的列数相同。

一般该函数都是 array1 为水平数组，array2 为垂直数组。通过该函数运算的特性达到降维的目的。

🕮 实例 1：MMULT 函数多条件求和

如图 12-10 所示是某连锁店 7—10 月销售各种商品情况的一部分数据。

	A	B	C	D	E	F	G	H	I
1	月份	城市	商品名称	规格	类别	销量			
2	7月	广州	袜子	单色	男	359		7月份广州的总销量	964
3	7月	武汉	袜子	黑色男	男	535		7月和10月拖鞋总销量	1578
4	7月	青岛	帽子	带边	女	890		7-10月武汉男式袜子销量	1235
5	7月	广州	拖鞋	带跟红色	女	605			
6	7月	青岛	拖鞋	带跟黑色	男	331			
7	8月	广州	袜子	单色	男	297			
8	8月	青岛	袜子	红色女	女	705			
9	8月	武汉	袜子	黑色男	男	308			
10	8月	青岛	帽子	带边	女	995			
11	8月	武汉	帽子	针织	女	960			
12	8月	广州	拖鞋	带跟红色	女	360			
13	9月	广州	袜子	单色	男	1021			

图 12-10

表格中已按照首行字段名定义了名称，现需要对 H 列中 H2:H4 的数据进行条件求和。

在 H2 单元格中可以定义如下数组公式：

```
=MMULT(--(TRANSPOSE(月份)="7 月"),(城市="广州")*销量)
```

在 H3 单元格中可以定义如下数组公式：

```
=MMULT(--(TRANSPOSE((月份="7 月")+(月份="10 月"))),(商品名称="拖鞋")*销量)
```

在 H4 单元格中可以定义如下数组公式：

```
=MMULT(--(TRANSPOSE((城市="武汉")*(商品名称="袜子"))),(类别="男")*销量)
```

在上述 MMULT 函数所构造的参数中，array2 构造出了一个垂直数组，如“(城市="广州")*

销量"、"(商品名称="拖鞋")*销量"及"(类别="男")*销量"。

由于 array2 是一个垂直数组,因此 array1 需要构造出一个水平数组。但由于表格中各条件的数据是纵向数据,因此可用 TRANSPOSE 将纵向数据转置为水平数据。

公式中 TRANSPOSE "--"号的作用:"--"在 Excel 里叫作减负运算,其目的是将字符串格式的数字转变成真正意义上的数字,从而参加计算(即将逻辑值转换成数字 1 和 0);也可以将它理解为两个减号,结果是负负得正,没有改变原数据的正负,但将其变成了数字。

📖 实例 2:MMULT 函数的综合应用

如图 12-11 所示,A 列是公司名称的全称,C 列是简称,要求根据简称查询出全称,查找返回的全称必须包含 C 列简称的每一个字符。

图 12-11

在 D2 单元格中定义如下数组公式:

=INDEX(A:A,MATCH(,MMULT(-ISERR(FIND(MID(C2,COLUMN(A:X),1),A$1:A8)),B1:B24+1),))

公式解析:MID(C2,COLUMN(A:X),1) 会在 C2 单元格的文本中,首先取出该简称里面的第 1 个字符,之后利用 FIND 到 A 列中去查找是否存在这个字符,如存在则返回这个字符的位置。接着取出简称中的第二个字符,再利用 FIND 到 A 列去查找是否存在这个字符,如存在则返回该字符的位置。依次类推,共循环 24 次,"-ISERR(FIND(MID (C2,COLUMN(A:X),1),A$1:A8))"形成一个 1 行×24 列的水平数组。

B1:B24+1:构造出一个 24 行×1 列的且元素都为 1 的垂直数组。

最后通过 MMULT 函数构造出一个 24 行×24 列的矩阵区域,这个区域就是 MATCH 函数的第 2 个参数,MATCH 函数确定出所查找简称在 A 列的行号。

> 提示 这里假设 A 列文本最长字符的长度是 24 个字符,根据字符的最大长度,可调整 COLUMN(A:X) 中的 X 和 B1:B24 中的 24。

如果一个简称对应多个全称,则该公式只能返回行号最小所在单元格中的全称(即第一个全称),而无法返回第一个全称之后的其他全称。

12.2.3 应收账款余额账龄的计算

对于不按发票号码对应冲账的应收账款（即对客户应收账款的最新余额）账龄计算逻辑，相对于前述第 6 章中应收账款账龄的计算要复杂得多。下面以此为例来说明应收账款余额账龄的计算，如图 12-12 所示是应收账款明细表数据源。

	E	F	G	H	I	J	K
1	原始应收款项数据表						
2	单位名称	负责人	摘要	日期	借方	贷方	结余
3	大田集团	张三	销售产品	2016/2/25	12,130.00		12,130.00
4	天弘电子	李四	销售产品	2016/3/15	2,000.00		2,000.00
5	大田集团	王五	收回款项	2016/3/1		12,000.00	130.00
6	上海云东公司	费六	销售产品	2016/1/22	1,222.00		1,222.00
7	苏州金山	张三	预收款项	2015/11/5		311.00	- 311.00
8	苏州金山	张三	销售产品	2015/12/25	2,111.00		1,800.00
9	上海云东公司	杨七	收回款项	2015/11/19		1,122.00	100.00
10	AMD公司	张三	销售产品	2015/12/30	12,999.00		12,999.00

图 12-12

如图 12-13 所示是账龄分析表，账龄分为"1-30 天"、"31-60 天"、"61-90 天"、"91-180 天"、"181-1 年"、"1 年-3 年"、"3 年以上"，共 7 个账龄分段。

	A	B	C	D	F	H	J	L	N	P	Q
1	应收账款账龄自动分析表										
2	账龄分析基准日期:		2016年3月19日								
3	序号	单位名称	1-30天	31-60天	61-90天	91-180天	181-1年	1年-3年	3年以上	合计
4	1	大田集团	130.00	-	-	-	-	-	-	130.00
5	2	天弘电子	2,000.00	-	-	-	-	-	-	2,000.00
6	3	上海云东公司	-	100.00	-	-	-	-	-	100.00
7	4	苏州金山	-	-	1,800.00	-	-	-	-	1,800.00
8	5	AMD公司	-	-	12,999.00	-	-	-	-	12,999.00
9	6		-	-	-	-	-	-	-	

图 12-13

账龄计算方法实现步骤如下。

STEP 01 "3 年以上"账龄的计算。

在如图 12-13 所示的 P 列的前一列 O4 单元格中定义如下数组公式：
=SUM((数据源!E$3:E$10000=$B4)*($D$2-数据源!H$3:H$10000>1095)*(数据源!I$3:I$10000))-SUM((数据源!E$3:E$10000=$B4)*(数据源!J$3:J$10000))

公式解析：计算客户名称为"大田集团"并且账龄分析基准日期减去该客户业务记录日期所得出的账龄大于 3 年（即 3×365=1095 天）的应收账款借方累计数。由于是计算客户的应收账款余额账龄，考虑到客户支付应收账款存在支付以前各期间应收账款的情况，因此贷方发生额只需计算该客户的累计发生额，该客户借方累计数减去贷方累计数即应收账款余额，这样就计算出了账龄大于 3 年的应收账款。

P4 单元格中"3 年以上"的计算公式如下：=IF(O4<0,0,O4)。

该公式的意思为，当计算出"3 年以上"账龄金额小于 0 时，表明应收账款不存在大于 3 年的情况。

STEP 02 “1 年-3 年”账龄的计算。

在 N 列的前一列 M4 单元格中定义如下数组公式：

```
=IF(O4>0,SUM((数据源!E$3:E$10000=B4)*($D$2 -数据源!H$3:H$10000>365)*($D$2 -数据源!H$3:H$10000<=1095)*(数据源!I$3:I$10000)),SUM((数据源!E$3:E$10000=B4)*($D$2-数据源!H$3:H$10000>365)*($D$2-数据源!H$3:H$10000<=1095)*(数据源!I$3:I$10000))+O4)
```

公式解析：计算客户名称为“大田集团”并且账龄在“1 年-3 年”之间的应收账款借方累计数，该客户借方累计数减去贷方累计数即应收账款余额，这样就计算出了账龄在“1 年-3 年”的应收账款金额。这里加上了一个判断：如果“3 年以上”账龄金额大于 0，则在“1 年-3 年”之间的应收账款借方累计数的基础上加上此前“3 年以上”账龄的金额。

STEP 03 按照步骤 2 中的方法依次计算出“181-1 年”、“91-180 天”、“61-90 天”、“31-60 天”及“1-30 天”这几个账龄分段中的应收金额。

将上述公式应用到其余各客户的相应账龄的记录中，最终账龄分析表如图 12-13 所示。

12.2.4 一对多查询经典应用

在工作中我们经常会遇到查找对象有多个结果的情形，这时就需要查询出所有的对应结果，我们通常称之为“一对多查询”。最经典的一对多查询数组公式如下：

```
=INDEX(结果列,SMALL(IF(条件,ROW 满足条件的行号,较大的空行行号),ROW(1:1)))
```

实例 1：形式发票模板

如图 12-14 所示是一张形式发票，表中的 Date、Client、Taxation No、Address、Bank No、Descriptions、Amount 等都是根据发票号码从《形式发票明细清单》（见图 12-15）中取出的相应数据。

	A	B	C	D	E	F	G	H	I
1				Proforma Invoice No:		00756254			
2				Date:	2015/10/25				
4	Client:	Celistica Electronic Co;ltd(Suzhou)			Taxation No:	9875643210345			
5	Address:	苏州工业园区苏虹西路124号0512-624789			Bank No:	中国建设银行苏州工业园区支行/99999999632			
6	No	Descriptions		Quantity	Currency	Net Amt	Tax Amt	Amount	Remarks
7	1	Airfare				1,340.17	227.83	1,568.00	
8	2	Merchandise				6,700.85	1139.15	7,840.00	
9						-		-	
10						-		-	
11						-		-	
12						-		-	
17	Total					8,041.02	1,366.98	9,408.00	
18	Amount in words			Nine Thousand Four Hundred EightEuros and No Cents					
19									
20					Signature:				

图 12-14

第 12 章 数组公式

	A	B	C	D	E	F	G	H
1	日期	发票号码	客户代码	客户名称	摘要	数量	金额	币种
2	2015/10/25	00756254	10001	Celistica Electronic Co;ltd(Su	Airfare	2	1,568.00	USD
3	2015/10/25	00756254	10001	Celistica Electronic Co;ltd(Su	Merchandise		7,840.00	USD
4	2015/11/14	58697132	10002	泰科电子（苏州）有限公司	Caterer		1,500.00	USD
5	2015/11/20	58697146	10003	捷迪信通信苏州有限公司	Accommodatio	5	-7,800.53	EURO
6	2015/12/25	02734967	10004	Bosch Auto	Caterer	5	15,002.27	RMB

图 12-15

由于一张形式发票可能存在多条开票明细记录，因此可考虑用上述经典的一对多查询数组公式。

在图 12-14 所示表格中的 E2 单元格中定义如下数组公式：

=INDEX(形式发票明细清单!A:A,SMALL(IF(形式发票明细清单!$B$2:$B$9999=$F$1,ROW(形式发票明细清单!$B$2:$B$9999),10000),ROW(1:1)))

在图 12-14 所示表格中的 B7 单元格中定义如下数组公式：

=INDEX(形式发票明细清单!E:E,SMALL(IF(形式发票明细清单!$B$2:$B$9999=$F$1,ROW(形式发票明细清单!$B$2:$B$9999),10000),ROW(1:1)))&""

在图 12-14 所示表格中的 H7 单元格中定义如下数组公式：

=INDEX(形式发票明细清单!G:G,SMALL(IF(形式发票明细清单!$B$2:$B$9999=$F$1,ROW(形式发票明细清单!$B$2:$B$9999),10000),ROW(1:1)))

使用同样的方法对 Client、Taxation No、Address、Bank No 定义相关数组公式。

现在以 B7 单元格为例对公式进行解析。

★ 条件模块：IF(形式发票明细清单!$B$2:$B$9999=$F$1,ROW(形式发票明细清单!$B$2:$B$9999),10000)

表示如果形式发票明细清单 B2:B9999 区域中的发票号码等于形式发票表格 F1 单元格中的 "00756254"，则返回 B2:B9999 区域中对应的行号，否则返回 10000。

条件模块经过数组运算，因为 B2、B3 满足条件，所以返回的是行号数组{2;3}。

★ 排序模块：SMALL(IF,ROW(1:1))

公式的第 1 行，ROW(1:1)返回{1}，第 2 行返回{2}……因此，利用 SMALL+ROW 可以将条件模块返回的行号数组从小到大依次排序得出。当然，此例中 SMALL({2;3;},1)得到的是 2，第 2 小的是 3，第 3 小的及以后都是 10000。

★ 引用模块：INDEX(引用列,SMALL 得到的行号)

=INDEX(E:E,2)——引用 E2，=INDEX(E:E,10000)——引用 E10000。

★ 容错模块：&""

当公式到了第 3 行时，两个满足条件的记录都已经找出来了，此时公式如下：
=INDEX(E:E,10000) &""

如果最大行数大于 10000 行，需要将 10000 修改为较大的行数以满足取数要求。因此，利用空单元格与空文本合并返回空文本的特性，使超出结果数量的部分不显示出来。

> **提示** 如果所取数据为数值，则公式末尾的"&"""可省略；如果所取数据为文本，则需要在公式末尾加上"&"""。这种方式可以屏蔽错误值。

扩展应用：利用上述一对多查询数组公式同样可以设计诸如小企业凭证打印模板、报价单打印模板、销售订单打印模板等。

实例2：物料重复检查

在物料管理中常常需要对制造 BOM 中的物料是否重复进行检查，而物料名称往往又多种多样，对此我们可以使用一对多查询数组公式进行检查，需要检查重复的物料，如图 12-16 所示。

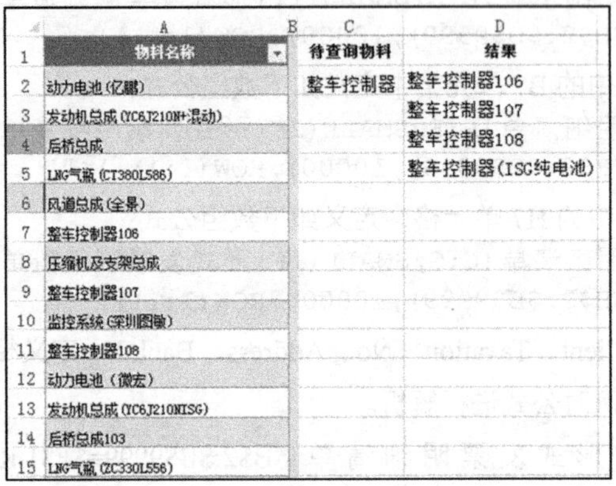

图 12-16

在 D2 单元格中定义如下数组公式：

`=IFERROR(INDEX(A:A,SMALL(IF(ISNUMBER(FIND(C$2,A$2:A$19)),ROW($2:$19)),ROW()-1)),"")`

复制拖动上述公式，直到出现空白为止。

公式解析：如果 FIND 函数能在数据区域中查找到物料名称的关键字，则可返回名称关键字位置的数字；如果查找不到，则返回错误值#VALUE!。这样就形成了表示位置的数字和错误值的一个数组区域。随着公式向下复制，会自动取出对应的行号，从而返回满足条件的物料名称全称。

12.3　多单元格数组公式

12.3.1　条件求和

如图 12-17 所示，A:F 列是某公司 7—10 月销售数据的一部分，现需要对其中的数据进行条件求和。

	A	B	C	D	E	F	G	H	I	J	K
1	月份	城市	商品名称	规格	类别	销量			袜子	帽子	拖鞋
2	7月	广州	袜子	单色	男	359			5822	3746	3600
3	7月	武汉	袜子	黑色男	男	535					
4	7月	青岛	帽子	带边	女	890		月份			
5	7月	广州	拖鞋	带跟红色	女	605		7月	894	890	936
6	7月	青岛	拖鞋	带跟黑色	男	331		8月	1310	1955	360
7	8月	广州	袜子	单色	男	297		9月	2226	319	1662
8	8月	青岛	袜子	红色女	女	705		10月	1392	582	642
9	8月	武汉	袜子	黑色男	男	308					
10	8月	青岛	帽子	带边	女	995					

图 12-17

现需要对 I1:K1 单元格中的“袜子”“帽子”“拖鞋”的销量进行求和，按月份对“袜子”“帽子”“拖鞋”的销量进行求和。

选中 I2:K2 单元格区域，定义如下数组公式：

```
=SUMIF(C2:C23,I1:K1,F2:F23)
```

选中 I5:K8 单元格区域，定义如下数组公式：

```
=SUMIFS(F2:F23,A2:A23,H5:H8,C2:C23,I1:K1)
```

从以上数组公式可以看出，数组公式中只不过将条件数组化了，例如 I1:K1 和 H5:H8，所求的数据可以通过多单元格一次性地计算出结果。这正是数组公式的强大之处，而 SUMIFS 函数普通公式中的条件只选择单一单元格作为条件参数。

12.3.2　按年龄段统计辞职人数的频率分布

如图 12-18 所示是某集团公司 3 年来离职人数统计表的部分数据截图，E 列为年龄段，根据年龄段在 F 列设置级距。

	A	B	C	D	E	F	G
1	姓名	职位类别	年龄		年龄段	年龄级距	离职人数
2	胡静春	管理类	43		(0, 25]	25	248
3	钱家富	管理类	39		(25, 30]	30	442
4	胡永跃	管理类	45		(30, 35]	35	247
5	狄文倩	管理类	39		(35, 40]	40	177
6	马永乐	管理类	40		(41, 45]	45	92
7	王明	管理类	39		(45, 50]	50	34
8	许红军	管理类	36		(50, 55]	55	23
9	徐征	管理类	36		(55, +∞]		3
10	刘正宁	管理类	41		合计		1266
11	李红贵	管理类	34				
12	王萍	管理类	37				
13	卞正军	管理类	39				

图 12-18

在 G2:G9 单元格区域中定义数组公式：=FREQUENCY(C:C,$F$2:$F$9)。

公式解析：该函数的第 1 个参数为待统计的数据区域，第 2 个参数为频率分布的级距。在这里级距的最大值设置为 55，F9 单元格中虽然无数据，但在该函数中会将 F9 单元格中的级距默认为大于最大值 55。

事实上在 G2:G9 单元格区域中定义数组公式：=FREQUENCY(C:C,$F$2:$F$8)，其计算结果也是正确的。

> **提示** 在 G2 单元格中也可定义数组公式：=INDEX(FREQUENCY(C:C,$F$2:$F$8),ROW(1:1))，并将该公式向下复制到 G9 单元格区域。

12.3.3 预测未来值

如图 12-19 所示是某城市 2016/6/1 至 2016/7/11 期间每间隔 4 天的空调销量。根据天气预报预计，2016/7/15 至 2016/7/31 的温度如 B13:B17 单元格所示，现需要预测 2016/7/15 至 2016/7/31 的空调销量，因为空调销量和天气温度高低存在因果关系。下面分别用 FORECAST 函数和 TREND 函数预测未来几天的空调销量数据。

	A	B	C
1	日期	温度	空调销量
2	2016/6/1	27	350
3	2016/6/5	28	361
4	2016/6/9	29	362
5	2016/6/13	30	330
6	2016/6/17	32	350
7	2016/6/21	30	372
8	2016/6/25	34	381
9	2016/6/29	35	385
10	2016/7/3	36	374
11	2016/7/7	37	390
12	2016/7/11	39	401
13	2016/7/15	38.5	393
14	2016/7/19	37	387
15	2016/7/23	39	395
16	2016/7/27	38.5	393
17	2016/7/31	39	395

图 12-19

1. FORECAST 函数

用途：根据一条线性回归拟合线返回一个预测值。使用此函数可以对未来销售额、库存需求/消费趋势进行预测。

语法：FORECAST(x,known_y's,known_x's)

参数说明如下：

★ x 为需要进行预测的数据点的 X 坐标（自变量值）。

★ known_y's 是从满足线性拟合直线 $y=kx+b$ 的点集合中选出的一组已知的 y 值。

★ known_x's 是从满足线性拟合直线 $y=kx+b$ 的点集合中选出的一组已知的 x 值。

选中 C13:C17 单元格，定义如下数组公式：

=INT(FORECAST(B13:B17,C2:C12,B2:B12))

2. TREND 函数

用途：根据已知 x 序列的值和 y 序列的值，构造线性回归直线方程，然后根据构造好的直线方程，计算 x 值序列对应的 y 值序列。

语法：TREND(known_y's,known_x's,new_x's,const)

参数说明如下。

★ known_y's：表示已知的 y 值。该函数可以是数组，也可以是指定的单元格区域。

★ known_x's：表示已知的 x 值。该函数可以是数组，也可以是指定的单元格区域。可用参数 known_y's 和 known_x's 构造指数曲线方程。

★ new_x's：表示给出的新的 x 值，也就是需要计算预测值的变量 x。如果省略该参数，则函数会默认其值等于 known_x's。

★ const：表示一个逻辑值，用来确定是否将指数曲线方程中的常量 b 设为 0。参数值为 TRUE 或省略时，b 就按实际的数值计算；参数值为 FALSE 时，b 的值为 0，此时指数曲线方程变为 $y=mx$。

> **提示** 参数 known_y's 和 known_x's 的数组或单元格区域中如果存在包含文本、逻辑值和空白的单元格，那么这些单元格将被忽略。

选中 C13:C17 单元格，定义如下数组公式：
=INT(TREND(C2:C12,B2:B12,B13:B17))

如果在上述单元格中定义如下数组公式，则计算结果会有所不同。
=INT(TREND(C2:C12,B2:B12,B13:B17,0))

该函数中的第 4 个参数表示截距为 0。

第 13 章

函数与公式的综合应用

本章主要介绍循环引用、随机数、规划求解和函数与公式的综合应用几个实例，总体上将函数与公式各章节的技巧与思路进行组合，为读者提供解决实际工作中的问题分析与拆解、组合应用的各种思路，发挥函数与公式解决复杂问题的威力。

13.1 循环引用与迭代计算

在 5.3 节中简单介绍了循环引用，下面详细介绍循环引用的基本原理。如果在单元格中输入的公式包含对其他单元格或者区域的取值或者运算结果的引用，其他单元格或者区域都不能包含对这个定义有公式的单元格的引用。无论是直接引用还是间接引用，都会导致数据的引用源头和数据运算的结果发生冲突，会陷入一种运算上的死循环，从而产生"循环引用"错误。

例如，在某工作表的 A1 单元格中定义公式：=sum(A1:A10)，这样就会产生循环引用错误，Excel 会弹出如图 13-1 所示的错误警告窗口。

图 13-1

第 13 章　函数与公式的综合应用

循环引用是指某一公式依赖于同一公式结果的任何引用，因此公式引用自身单元格不一定就是循环引用。如果公式运算过程与单元格自身的值无关，而仅仅与单元格的行号、列标等物理属性有关，则不会产生循环引用。例如，在 D2 单元格中输入如下公式，都不会出现循环引用的错误提示警告。虽然这些公式引用了 D2 单元格，但是运算的结果不是和 D2 单元格的值相关联的。

```
=ROW(D2)
=CELL("ADDRESS",D2)
=COLUMN(D2)
```

Excel 在默认情况下没有启用"迭代计算"模式。当 Excel 文件中存在循环引用公式时，打开文件后，左下角的状态栏中将会显示"循环引用"字样（见图 13-2）。如果循环引用在当前工作表，状态栏还会提示循环引用所在单元格的地址。如果在其他工作表中存在循环，则可以依次查看各工作表，直到找到循环引用单元格的地址。

图 13-2

虽然在一般情况下需要避免公式中出现循环引用，但是在某些特殊情况下，却需要启用"迭代计算"模式，以便将前一次的计算结果作为后一次的运算参数进行代入，然后依次循环并反复地代入运算，直到得出正确的结果。"启用迭代计算"模式如图 13-3 所示。

图 13-3

如图 13-4 所示的表格，在财务账页中，不同财务人员由于录入增值税进项税发票号码的习惯不同，导致发票号码在摘要中的位置有所不同。显然，通过一般函数的方式难以从摘要中取出发票号码来进行进项税核对。我们可以以 A2 单元格中摘要字符串的字符个数为循环限定次数，每次循环都从字符串中提取出一个位置上的字符进行判断，如果是数字，则留下这个字符，并且与之前提取出的数字相连接；如果不是，就舍弃。

	A	B	C
1	摘要	发票号码	200
2	09873567崔各庄维修部修理费	09873567	
3	支付上海百度公司服务费87310293	87310293	
4	舍弗勒23760731配件入库	23760731	

图 13-4

根据上述思路可设置循环公式迭代计算，实现步骤如下。

STEP 01 在 C1 单元格中设置循环计数器，输入公式：=C1+1。其中 C1 单元格的初始值为 0，每执行一次迭代计算，公式都会在原来的基础上累加数字 1。

在 B2 单元格中可以定义如下循环引用公式：=IF($C$1=0,"",IF($C$1<=LEN(A2),IF(ISNUMBER(-MID(A2,$C$1,1)),B2&MID(A2,$C$1,1),B2),B2))。

公式解析：

（1）IF(ISNUMBER(-MID(A2,$C$1,1)),B2&MID(A2,$C$1,1),B2) 以 C1 单元格中的计数器取值作为 A2 单元格中字符串的字符提取位置，每次提取一个字符并判断是否为数字（ISNUMBER 函数），将 B2 单元格公式中的前一个运算结果与此字符相连接，否则保留原有结果不变。

（2）IF($C$1<=LEN(A2),(1),B2) 限定循环的次数为 A2 单元格的字符个数的长度。当 C1 单元格计数器的值小于或等于字符串长度时，执行数字提取的运算，否则保持 B2 单元格的运算结果不变。其中(1)指的是步骤（1）中的 IF(ISNUMBER(-MID(A2,$C$1,1)),B2&MID(A2,$C$1,1),B2)。

（3）=IF($C$1=0,""，…)，设定 B2 单元格的初始值状态。当 C1 单元格计数器的状态为初始值 0 时，B2 单元格为空文本。其中…指公式 IF($C$1<=LEN(A2), IF(ISNUMBER(-MID(A2,$C$1,1)),B2&MID(A2,$C$1,1),B2),B2)。

STEP 02 这两个步骤设置完成了一个循环的构造，其中 C1 单元格就是循环次数计数器，B2 单元格中定义了循环迭代公式的初始状态和循环体，并根据 A2 单元格的字符串长度决定了循环体执行的次数。

STEP 03 上述步骤执行完毕，打开"Excel 选项"对话框，勾选前述界面的"启用迭代计算"复选框，并设定"最多迭代次数"为 100，单击"确定"按钮，关闭对话框，公式就开始运算了。

注意上述示例所列举的在摘要中所出现的数字只能是发票号码数字而不能有其他数字，例如月份、序号数字等，否则结果不正确。

13.2 随机函数的应用

在 Excel 数学函数中，除了前面已经介绍过的求和与统计函数外，还提供了产生随机数的函数，随机函数主要有 RAND 和 RANDBETWEEN。

RAND 函数没有参数，其用来返回大于或等于 0 及小于 1 的均匀分布的随机数，每次工作表进行计算时将产生一个新的随机数。

RANDBETWEEN 函数用来返回处于指定的两个数之间的均匀分布的随机整数，每次工作表进行计算时将产生一个新的随机整数。

语法形式如下：

```
RANDBETWEEN(bottom,top)
```

bottom 参数：RANDBETWEEN 将返回的最小整数。

第13章 函数与公式的综合应用

top 参数： RANDBETWEEN 将返回的最大整数。

注意：Excel 2003 的加载项中需要勾选"分析工具库"后方可使用 RANDBETWEEN 函数，否则返回#NAME?。

如图 13-5 所示的表格是学校某次考试的学生名单的一部分，如图 13-6 所示的表格是考场及座位号的顺序编排。如何给学生随机安排考场及座位号呢？

序号	姓名	随机号	准考证号码	考场号	座位号	检查
1	袁媛	0.588594552	20171123293	9	23	1
2	戴琼	0.127049634	20171123667	21	37	1
3	王珊	0.248893613	20171123561	18	21	1
4	王煜军	0.995684876	20171123005	1	5	1
5	李洋根	0.390275196	20171123466	15	16	1

图 13-5

序号	准考证号	考场号	座位号
1	20171123001	1	1
2	20171123002	1	2
3	20171123003	1	3
4	20171123004	1	4
5	20171123005	1	5

图 13-6

我们在如图 13-5 所示表格的 C2 单元格中定义公式：=RAND()，并将公式应用到 C 列其余的单元格中。

由于本次参加考试的总人数为 772 名，我们只需将准考证序号设置为处于 1～772 之间不重复的随机整数即可。为了保证准考证号码的长度一致，可以考虑用 TEXT 函数将不足 3 位数的随机整数补齐 0；这个 1～772 之间不重复的随机整数可以考虑使用 RANK 函数对 C 列的随机数进行排名生成。

在 D2 单元格中定义公式：="20171123"&TEXT(RANK(C2,$C$2:$C$773),"000")，并将公式应用到 D 列的其余单元格中。其中"20171123"为准考证号码中固定的 8 位数字。

然后在 E2、F2 单元格中分别定义公式：=VLOOKUP(D2,考场及座位号!B:D,2,0) 和 =VLOOKUP(D2,考场及座位号!B:D,3,0)。

这两个公式可用来返回考场及座位号安排表中相应准考证号码对应的考场及座位号。这张表中每一个准考证号码的考场号与座位号都是一一对应的，因此，不会出现多人坐同一考场同一座位号的情况。

在准考证号码随机产生表中我们可以在 G 列设置检查准考证号码唯一性的公式，在 G2 单元格中的公式如下：=COUNTIF(D:D,D2)。经检查，D 列生成的随机准考证号码都是唯一的，不会存在重复的情形。

13.3 规划求解的应用

"规划求解"是一组命令的组成部分,这些命令有时也被称作假设分析工具。借助"规划求解"，可求得工作表上某个单元格（被称为目标单元格）中公式的最优值。"规划求解"将对直接或间接与目标单元格中公式相关联的一组单元格中的数值进行调整，最终在目标单元格公式中求得期望的结果。"规划求解"通过调整所指定的可变单元格中的值，从目标单元格公式中求得所需的结果。在创建模型的过程中，可以对"规划求解"模型中的可变单元格数值应用约束条件，而且约束条件可以引用其他影响目标单元格公式的单元格。

"规划求解"通常用来作为决策的工具。规划求解模型包括三部分：目标单元格、可变单元格和约束条件。

★ 目标单元格是建立数据关系并得到最优结果的单元格，在该单元格中可建立与可变单元格相关联的函数与公式。目标单元格的值类型分为最大值、最小值和目标值。

★ 可变单元格是所需要求解的一个或者多个单元格并且被目标单元格直接或者间接地引用。

★ 约束条件是对目标单元格或者可变单元格的限制条件。规划求解有 6 种限制条件，即<=、=>、=、int、bin、dif。其中 int 用于取整；bin 表示二进制关系，只能取 1 和 0；dif 用于可变单元格，不得取重复值。

下面以一个实例来说明规划求解在决策中的应用。

ABC 公司是生产台式电脑（又称"计算机"）和打印机的公司（该公司主要生产和销售这两种产品），客户可以单独购买台式电脑，也可以配套购买台式电脑和打印机，但不能单独购买打印机。目前每台电脑的毛利是 800 元，每台打印机的毛利是 1500 元。每台电脑与打印机的生产小时数如图 13-7 所示。如何安排生产可以使得公司毛利最大化呢？

	车间1	车间2
台式电脑	400	0
打印机	600	1000
生产车间每天工作小时限额	2400	2000

图 13-7

首先，假设最优生产方案中台式电脑和打印机的产量分别显示在如图 13-8 所示的 E11 和 F11 单元格。其中 C 为台式电脑，P 为打印机。建立规划求解模型需要如下 3 个步骤。

	D	E	F	G	H
6		800	1500		
7	变量名称	C	P	约束条件	资源系数
8	系数1	400	600	0	2400
9	系数2	0	1000	0	2000
10					
11					
12	毛利总额	-			

图 13-8

STEP 01 确立目标函数：在这个实例中的目标就是毛利总额，故此处的线性规划求解 E12 单元格的函数公式可以如下表示：=SUMPRODUCT(E6:F6,E11:F11)。

STEP 02 确定约束条件：此实例中的约束条件如下。

第 13 章 函数与公式的综合应用

★ SUMPRODUCT(E8:F8,E$11:F$11)<=H8，即车间 1 员工每天工作的小时限额，其中约束条件为 G8 单元格，公式如下：= SUMPRODUCT(E8:F8,E$11:F$11)。

★ SUMPRODUCT(E9:F9,E$11:F$11)<=H9，即车间 2 员工每天工作的小时限额。其中约束条件为 G9 单元格，公式如下：=SUMPRODUCT(E9:F9,E$11:F$11)。

★ 生产销售量不能为负数，并且应为整数。

★ 打印机不能单独销售，所以台式电脑的产销量大于或等于打印机的产销量：E11>=F11。

STEP 03 在规划求解中设置上述目标函数与约束条件。

单击"数据"选项卡下"分析"分组中的"规划求解"按钮，弹出"规划求解参数"设置对话框，如图 13-9 所示。单击"添加"按钮，弹出如图 13-10 所示的"添加约束"对话框，设置约束条件 1：$G$8<=$H$8。

在"添加约束"对话框中依次添加前述所列的约束条件。最终的约束条件如图 13-11 所示。

图 13-9

图 13-10

图 13-11

单击如图 13-11 所示"规划求解参数"对话框中的"求解"按钮,弹出"规划求解结果"对话框,如图 13-12 所示。单击"确定"按钮可得到上述约束条件下的最优结果,如图 13-13 所示。

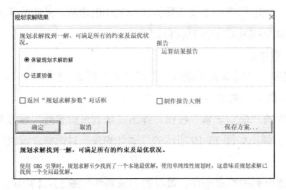

图 13-12　　　　　　　　　　　　　　　　图 13-13

由上述规划求解计算可知,ABC 公司每天生产 3 台电脑、2 台打印机可以使得公司的毛利总额最大化。

13.4　直线法折旧计算表

在企业财务管理中,一般对固定资产进行折旧的方法是采取直线法折旧。所谓直线法折旧,就是将固定资产按预计使用年限平均计算折旧并均衡地分摊到各期的一种方法,故又被称为平均年限法。采用这种方法计算的每期(年、月)折旧额都是相等的。

在 Excel 表格中,可以使用 SLN 函数按直线法计算固定资产折旧额。该函数简要介绍如下:
SLN 函数语法:SLN(cost,salvage,life)
cost:为资产原值。
salvage:资产在使用寿命结束时的残值。
life:为折旧期限(有时也被称作资产的使用寿命)。

函数的第 3 个参数如果填写的是使用年数,则返回固定资产的年折旧额;如果填写的是月数,则该函数返回固定资产月折旧额。

由于企业的固定资产都是按月计提折旧的,因此需要考虑固定资产的入账月份、到期月份、使用年限、残值率等因素,需要结合相关时间动态地计算折旧。所以,简单地使用这个函数并不能方便地处理各项固定资产当月折旧额、累计折旧额、折旧计提期满自动调整计提折旧尾差,以及计提表格月份超过固定资产应停止计提折旧月份时,不再计提折旧等问题。

如图 13-14 所示的表格是多项固定资产折旧计提计算表格,涉及的计算项目有累计折旧月数、当月折旧额计算(K 列)、累计折旧、剩余折旧额(余额)等项目的计算。

第 13 章　函数与公式的综合应用

	A	B	C	D	E	F	G	H	I	J	K	L	M	N
1	项目	部门	总金额	入账月份	开始计提折旧月份	残值率	使用年限	折旧月数	到期时间	累计折旧月数	2018年1月	累计折旧	余额	剩余月数
2	项目1	财务部	49,940.00	2006/6/1	2006/7/1	5%	5	60	2011/7/31	60		47,443.00	-	
3	项目2	技术部	19,499.14	2009/10/1	2009/11/1	5%	8	96	2017/11/30	96	-	18,524.18	-	
4	项目3	生产部	40,815.38	2016/10/1	2016/11/1	5%	10	120	2026/11/30	15	323.12	4,846.80	33,927.81	105
5	项目4	生产部	90,000.00	2016/11/1	2016/12/1	5%	20	240	2036/12/31	14	356.25	4,987.50	80,512.50	226
6	项目5	生产部	23,931.63	2016/12/1	2017/1/1	5%	6	72	2023/1/31	13	315.76	4,104.88	18,630.17	59

图 13-14

在图 13-14 中，A～D 列、F～G 列的数据需要手工录入。其中 D 列入账月份的单元格设置如下，入账月份的当月第一天，开始计提折旧的月份一律设置为入账日期的次月 1 日，因此 E2 单元格公式如下：=DATE(YEAR(D2),MONTH(D2)+1,1)。

折旧月数列中的 H2 单元格公式如下：=G2*12

到期时间列中的 I2 单元格公式如下：=EOMONTH(E2,H2)，默认为到期所在月份的最后一天。

K 列的 K1 单元格在这里用年月进行了显示。这列用来进行当月折旧额计算，其计算公式如下：=DATE(YEAR(TODAY()),MONTH(TODAY())+1,0)。

该公式的含义：取电脑日期当天所在月份的最大日期值，也就是当月的最后一天。

J 列的 J2 单元格公式如下：

=IF(I2=$K$1,H2,IF(I2>$K$1,DATEDIF(E2,$K$1,"m"),H2))

公式含义如下，如果到期日期与 K1 单元格日期相等，也就是最后一期折旧月，则计提累计月数为固定资产应计提折旧月数；如果到期日期大于当月的最后一天，则表示折旧不是最后一期，折旧计提月数还未期满；如果到期日期小于当前日期所在月份的最后一天，则表示已经超过应折旧月数，此时累计折旧月数也应该等于总折旧月数。

在 K2 单元格中定义如下公式：

=IF(E2>$K$1,0,IF(I2=$K$1,ROUND(C2*(1-F2),2)-ROUND(SLN(C2,C2*F2,G2*12)*(H2-1),2),IF(I2>$K$1,ROUND(SLN(C2,C2*F2,G2*12),2),0)))

公式解析：公式中 IF(E2>$K$1,0 这部分是对当月新增固定资产项目时进行判断，如果入账月份次月 1 日大于当前日期所在月份的最后一天，则当月不计提折旧。

IF(I2=$K$1,ROUND(C2*(1-F2),2)-ROUND(SLN(C2,C2*F2,G2*12)*(H2-1),2) 这部分是在计提折旧当日所在月份的最后一天与折旧到期日相等时，最后一个月折旧额为应计提折旧总额减去已计提折旧月数与平均每月折旧额相乘后的乘积的差额。这里之所以采用倒减法，是因为这样可以避免应计提折旧总额与直线法折旧额各月累计之间的尾差问题。

公式中 IF(I2>$K$1,ROUND(SLN(C2,C2*F2,G2*12),2) 这部分判断当折旧计提月数还未期满时，用直线法平均计算当月折旧额。

剩下最后的情况就是当日所在月份的最后一天大于到期日，表示该固定资产已经超过应折旧月数时，当月折旧额为 0，不再进行折旧。

同理，L 列累计折旧额定义如下公式：

=IF(I2<=$K$1,ROUND(C2*(1-F2),2),ROUND(SLN(C2,C2*F2,G2*12),2)*(DATEDIF(E2,$K$1,"m")))

公式解析：IF(I2<=$K$1,ROUND(C2*(1-F2),2)这部分判断累计计提折旧月数是否大于或等于应计提折旧月数。如果是，则累积折旧额为折旧总额；如果累计计提折旧月数小于应计提折旧月数，则累积折旧额如下：平均月折旧额*截至当月最后一天已累计计提折旧月数。

在 M 列即累计折旧余额（余额）中的 M2 单元格定义如下公式：=ROUND(C2*(1-F2)-L2,2)。

剩余月数（即剩余应计提折旧月数）的公式如下：=H2-J2。

需要指出的是，因为在 K1 单元格中已设置取当日所在月份的最后一天，所以本表会自动计算当月折旧相关的数据，折旧数据会按月呈动态变化。

13.5　先进先出法计算库存物料的账龄

库存物料的账龄计算对于库存物料管理具有十分重要的意义。很多企业采用先进先出法对库存物料进行管理。先进先出法是指以先购入的存货应先发出（即用于销售或耗用）这样一种存货实物流动假设为前提，对发出存货进行计价的方法。采用这种方法，先购入的存货成本单位在后购入存货成本之前转出，据此确定发出存货和期末存货的成本。

下面分步介绍在 Excel 中如何实现先进先出法计算库存物料的账龄。

STEP 01　准备所有入库历史记录数据表格和期末库存物料表格。如图 13-15 所示，左侧表格为入库记录表，右侧表格是期末库存物料表格。

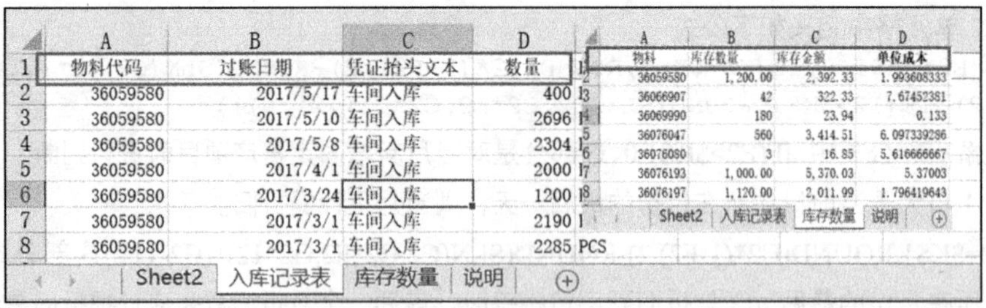

图 13-15

上述期末库存物料表格中的每个物料代码需要保证是唯一的，需要检查入库记录表中是否有库存数量表不存在的物料代码，如有，请删除入库记录表中不存在的物料代码记录，然后将入库记录表按照物料代码升序、过账日期降序排序，库存数量表中的物料代码也需要按物料代码升序

第 13 章　函数与公式的综合应用

排序。

在入库记录表中的物料代码列前插入一列，并将列字段命名为"序号标记"，如图 13-16 所示，在 A2 单元格中定义公式：=SUMPRODUCT(--(B2=B$2:B2))，并将此公式应用到 A 列的其余单元格中。

该公式的含义是对同一物料代码的出现顺序进行标记。如果数据量较大，则在公式计算完毕，除第一个单元格公式保留之外，将该列的其余单元格粘贴成数值，这样方便下次直接套用公式。

STEP 02　在 G～K 列分别添加"累计数"、"数量分解"、"账龄天数"、"账龄分组"和"金额"等字段。

在 G2 单元格中定义公式：=SUMIFS(E$2:E2,B$2:B2,B2)，该公式用来计算按日期降序排序的对应物料的入库累计数量。

在 H2 定义公式：=IF(AND(A2=1,VLOOKUP(B2,库存数量!A:B,2,0)<=G2),VLOOKUP(B2,库存数量!A:B,2,0),IF(VLOOKUP(B2,库存数量!A:B,2,0)>=G2,E2,IF(VLOOKUP(B2,库存数量!A:B,2,0)-G1>=0,VLOOKUP(B2,库存数量!A:B,2,0)-G1,0)))。

此公式体现了先进先出法计算库存物料账龄中分解库存数量的逻辑原理，公式各部分解析如下。

（1）IF(AND(A2=1,VLOOKUP(B2,库存数量!A:B,2,0)<=G2),VLOOKUP(B2,库存数量!A:B,2,0)，这部分是判断，当某物料首次出现并且库存数量小于或等于最后一次入库的数量时，就返回库存数量。

（2）IF(VLOOKUP(B2,库存数量!A:B,2,0)>=G2,E2 这部分是当某物料库存数量大于或等于对应日期入库的数量时，就让分解的数量为对应日期入库的数量。

（3）IF(VLOOKUP(B2,库存数量!A:B,2,0)-G1>=0,VLOOKUP(B2,库存数量!A:B,2,0)-G1,0)，这部分是保证某物料的库存数量大于上一行数量入库累计但小于下一行入库数量累计时，就让该物料的库存数减去上一行入库的累计数，并将这个数据对应到这一行中，也就是将库存数分解的最后尾数分解到下一行的入库日期的记录中。

为了保证上述数量分解公式的成功运用，需要注意下几点：

★ 该公式的第 3 部分（即公式解析（3）部分）一定要从 G1 开始，不能是 G2，否则分解的结果不对。借用这个 G1 单元格的做法体现了一种数据循环迭代的理念。

★ 同一物料入库数据发生记账错误而做调整的，也就是错误入库的正数和调整冲回数即负数相抵为 0 的数据记录必须删除，否则会造成数量分解不正确。

★ 不同物料之间入库数量串户的调整。需要首先原样冲回原入库数量，然后再做另一物料的入库，在计算物料的账龄时，需要删除该物料原来的错误入账数量记录和冲回该物料的入库数量记录。

STEP 03　账龄计算。假设计算账龄的基准日期为 M1 单元格中的"2017-12-31"，在 I2 单元格中定义计算账龄天数公式：=M$1-C2。

在 J2 单元格中定义如下账龄分组公式：=LOOKUP(I2,{0,"⑴、0-30 天";31,"⑵、31-60 天";61,"⑶、61-90 天";91,"⑷、91-120 天";121,"⑸、121-150 天";151,"⑹、半年内";181,"⑺、1 年内";361,"⑻、1-2 年";721,"⑼、2-3 年";1081,"⑽、3 年以上"})。

在 K2 单元格中定义公式：=ROUND(H2*VLOOKUP(B2,库存数量!A:D,4,0),2)。

最终表格样式如图 13-16 所示。

	A	B	C	D	E	F	G	H	I	J	K	L	M
1	序号标记	物料代码	过账日期	凭证抬头文本	数量	EUn	累计数	数量分解	账龄天数	账龄分组	金额		2017/12/31
2	1	36059580	2017/5/17	车间入库	400	PCS	400	400	228	(7)、1年内	797.44		
3	2	36059580	2017/5/10	车间入库	2696	PCS	3096	800	235	(7)、1年内	1,594.89		
4	3	36059580	2017/5/8	车间入库	2304	PCS	5400	0	237	(7)、1年内	-		
5	4	36059580	2017/4/1	车间入库	2000	PCS	7400	0	274	(7)、1年内	0		
6	5	36059580	2017/3/24	车间入库	1200	PCS	8600	0	282	(7)、1年内	0		
7	6	36059580	2017/3/1	车间入库	2190	PCS	10790	0	305	(7)、1年内	0		

图 13-16

将以上第 2 步至第 3 步的公式应用到该表格中数据记录的最后一行。插入数据透视表，最终期末库存物料的账龄表结果如图 13-17 所示。

	A	B	C	D	E	F	G	H	I	J
1	求和项:金额	列标签								
2	行标签	(2)、31-60天	(3)、61-90天	(4)、91-120天	(5)、121-150天	(6)、半年内	(7)、1年内	(8)、1-2年	(9)、2-3年	总计
3	36059580				2392.33	0	0	0	0	2392.33
4	36066907				322.33	0	0	0	0	322.33
5	36069990							23.94		23.94
6	36076047	3414.51	0	0	0	0	0	0	0	3414.51
7	36076080						16.85	0	0	16.85
8	36076193						5370.03	0	0	5370.03
9	36076197	2011.99	0	0	0	0	0	0		2011.99

图 13-17

从以上数据透视表中可以看出，该数据透视表列标签各项自动按照账龄分组由小到大、从左至右依次排列，这是由于在上述账龄分组中使用了序号标记各个分组。

先进先出法的扩展应用：在财务管理软件中没有使用核销往来账款功能模块的情况下，也可以使用先进先出法的这一基本原理去拆分应收账款或者应付账款的余额数据，计算出相应往来款的账龄。

第 14 章 Excel 图表制作技巧

很多数据处理工作者基本上都听说过有关数据展示的"文不如表、表不如图,一图胜千言"这一说法,这说明了图表在展示数据特点方面的重要性和无可替代性。在数据处理与分析时,往往需要用图表来展示各种数据之间的关系,表达一定的主题或者观点,正是基于这一点我们可以将图表看作对数值的可视化表示。图表所展示的数据关系不仅简明直观,而且方便用户展示数据特点、查看数据差异,有时甚至可以预测未来发展趋势。

本章的前半部分先简述一些图表制作基本原则、基本技巧,后半部分继续介绍一些更高级的图表制作技巧。

14.1 Excel 图表制作基础

在 Excel 中需要首先认识构成图表的一些要素,了解图表制作的基本原则,然后根据数据关系选择合适的类型进行图表的制作。下面分 4 节来介绍这些基础知识。

14.1.1 认识 Excel 图表要素

如图 14-1 所示是 Excel 图表的基本构成要素。下面简要介绍图表中的基本术语。

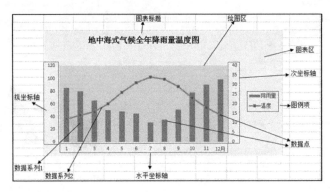

图 14-1

- ★ 图表标题：表示图表的标题或分类内容。
- ★ 数据点：是数据源表格单元格中内容的图形表示。
- ★ 数据系列：是一组相关数据点构成的一个集合。
- ★ 轴：图表中用作度量的并作为绘图区一侧边界的直线，包括分类轴和数值轴，一般图形具有水平坐标轴和纵坐标轴（饼图无坐标轴）。
- ★ 图例项：标示图表中为数据系列或分类所指定的图案或颜色。
- ★ 网格线：有助于查看数据的可添加至图表的线条，一般分为水平网格线和垂直网格线。
- ★ 刻度线：在轴上，与轴交叉起度量作用的短线。
- ★ 误差线：显示潜在误差相对于系列中每个数据点的不确定程度的图形线。

14.1.2　Excel 图表制作原则

为提高图表的可读性和视觉效果，以便在制作 Excel 图表中表达出图表的主题观点，准确地展现出数据的特点，需要掌握以下三大基本原则。

- ★ 根据数据表达出的信息特点确立图表的主题观点，进而确定数据之间的关系，根据数据关系选择最合适的图表类型。每种图表类型所反映的数据关系有所不同，有关图表的选择原则可参见 14.1.3 节。主题必须清晰明确，当事件的主题不清晰明确时不要使用图表。

例如，图 14-2 并没有就离职人数最多的制造部进行分析，而是着重揭示销售人员离职的原因主要是，去同行业的公司做销售工作。图 14-2 用条形图突出了饼图中销售人员离职主要原因的主题，这说明公司的销售职位方面存在着某些问题。

第 14 章　Excel 图表制作技巧

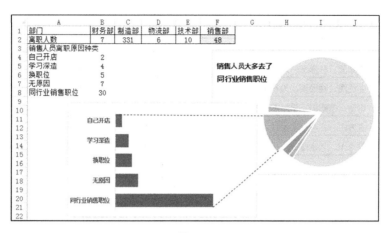

图 14-2

★ 简洁明确原则：图表要简洁易懂、传递明确的信息，简约而不简单。过多的数据对象和细节会掩盖数据的主要特点；分清数据之间的主次关系，尽量减少非数据元素对图表的影响；一个图表只表达一个观点，过于复杂的图表宜分多个图表来做；不要使用 Excel 图表的数据表，图表的重点在图以及它给人的印象，而不需要精确的数据。

图表应以图为主，标题、图例、刻度值等其他图表元素仅仅起到标示和解释作用。图表标题：简洁并切中要点，图表和标题需要统一，图表需要反映标题，标题也应强化对图表的可读性的理解。如图 14-3 所示，图表的标题和副标题恰当地反映出图中 3 月房产交易达成率一路走高这一主题。

★ 对比原则：对比是增加图表视觉效果的最有效途径。突出特定的数据需要选择恰当的图表类型，在颜色、字体、布局、样式等所有方面不要使用 Excel 默认设置；颜色要柔和、自然、协调，在颜色运用上切忌喧宾夺主，非数据元素应使用浅色系；使用合理的长宽比例，并保持一致，不能为了强调对比效果而人为歪曲图表；建议避免使用三维、透视、渲染等花哨效果。

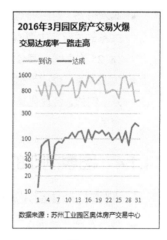

图 14-3

14.1.3　Excel 数据关系与图表选择

既然图表是用来展示数据关系的，那么常见的数据关系有哪些呢？表 14-1 列出了 Excel 数据处理中常见的数据关系。

表 14-1

数 据 关 系	适用图表类型	应用场景举例
分类比较	条形图、柱形图、热力型数据地图、雷达图	各销售区域销售额比较、同类产品销售量对比
时间系列	曲线图、柱形图、堆积面积图	连续 5 年的公司产品销售额变化趋势
总体构成	饼图、条形图、瀑布图、Bullet 图、堆积柱形图	市场份额、各种产品收入结构、经营收入结构
频次分布	直方图、正态分布曲线图	各年龄层次的购物方式分布
关联关系	散点图、气泡图	新产品销售额与研发投入大小之间是否存在关系

- ★ 分类比较：着重强调各分类对象数据大小及各分类对象之间的数据差异。可从对分类对象的大于、小于、介于等描述性词汇中找到比较的提示。
- ★ 时间系列：重在表达所反映的对象随着时间流逝的数据变化趋势。不着重强调每个部分在总数据中所占的比例或大小，而是对其随着时间的流逝所产生的变化感兴趣。一般可从上涨、下降、增长、波动等关键字词中提炼出该数据关系。
- ★ 总体构成：着重强调的是各部分与整体之间的构成关系。主题词通常有份额、总数百分比、占比等。
- ★ 频次分布：对统计对象划分的不同组段，用以描述统计对象的分布特征和分布类型。这种关系的关键字主要有频率、分布、密度等。例如，车间操作工离职人员的年龄主要集中在 18~25 岁之间，某公司员工的月薪主要集中在 4500~6000 元之间。
- ★ 关联关系：也称为相关性关系，着重表现数据的相关性强弱或者数据之间是否具有因果关系。例如，合理化建议奖励大小与员工工龄大小无关，石油价格下跌与世界经济发展低迷有关。

14.1.4 图表制作的注意事项

1. 制作柱形图应注意的事项

- ★ 数据系列和数据点不能过多，数据系列多于 3 个或者数据点超过 8 个时，需要考虑用其他图形绘图或者采取其他方式分开绘图。
- ★ 比较分类项目时，若分类标签文字过长导致重叠或者倾斜，请改用条形图。
- ★ 柱形图的纵坐标轴必须从 0 开始，否则会隐瞒数据真相、误导读者。
- ★ 同一数据系列的柱子不应使用不同颜色，需要特别做出说明的除外。

柱形图常见的分类如下：细分柱形图、分组柱形图、连续柱形图、背离式柱形图、范围柱形图。

2. 制作条形图应注意的事项

- ★ 绘图前应先进行数据排序，让最长的条形排在最上面。

★ 条形图之间的分类间距应小于其宽度，对需要特别强调的地方使用突出的颜色或者使用阴影，以便强调主题。
★ 分类标签特别长时可以考虑放在条与条之间的空白处。
★ 当有负数时，避免条形图与分类轴标签覆盖。

条形图常见的分类如下：细分条形图、分组条形图、连续条形图、背离式条形图、范围条形图。

条形图用于项类之间的对比关系，可减少时间序列对数据对比关系造成的混乱。对于时间序列下的对比关系则使用柱形图为佳。

3．制作折线图应注意的事项

★ 折线线条要足够粗，明显粗过所有非数据元素。
★ 折线不能太多，否则会使人有眼花缭乱的感觉，数据过多时需要考虑分开绘图。
★ 折线的起点大多必须从纵坐标轴开始，而不是留下一段距离。
★ 折线的纵坐标轴刻度可以根据需要设置从非 0 开始。
★ 折线图在某些情况下不适用图例，可直接在合适的位置对折线进行标识，减少目光搜索。
★ 折线图不能用于分类数据比较，除非是竖向的折线图。

柱形图和折线图都可以表达时间系列对比关系，但二者有一定的区别。数据点较少时（不超过 8 个）使用柱形图，数据点较多时则使用折线图。如果侧重于一个时间段内的数据大小和程度高低，宜使用柱形图；折线图则侧重于随着时间变化而变化的趋势。

4．制作饼图应注意的事项

★ 分类项目应少于 5 项或者 7 项，太细的项目需要归于"其他"，但一般 2~3 个分类为最佳。
★ 数据要从大到小排序，最大的扇区从 12 点位置开始，顺时针旋转，这样符合阅读习惯。
★ 尽量避免使用三维、透视效果。
★ 不要使用爆炸式效果，最多可将某一片扇区分离出来以示强调。
★ 不要使用图例，可直接标示在扇区上；如需要连线，请绘制水平线条。
★ 可以使用填充色对扇区进行分组，各分类之间使用白色边框线将产生很好的切割感。
★ 饼图用于表达单一整体的各部分比例。当比较两个整体的成分结构时应使用条形图或者柱形图。

饼图的颜色运用：一般运用对比强烈的颜色来突出显示，如果是黑白图表则使用强烈的阴影效果。如果各部分相差不多时，建议按照从大到小或者从小到大的顺序排列，并且使用深浅不一的同种颜色。

在如图 14-4 所示的发展中国家人口移动趋势的饼图中，将早期和当前的城市人口用显眼的颜色来突出其由小到大的比例变化，而将郊区的人口变化由大到小用阴影填充。在此揭示了发展中国家的工业化对城市人口的影响结果是，随着工业化的发展，大量人口由郊区涌向城市寻求发展；而发达国家的工业化已经完成，则出现了大量人口向郊区移动的态势，这一点正好与发展中国家相反。

图表基础知识附注：商务图表的特点

Excel 的默认图表布局与商务图表的布局具有较大差距，远不如商务图表的布局专业合理，因此用于汇报的图表需要按照商务图表的布局进行设计，而不能使用 Excel 的默认图表布局。

商务图表具有完整的图表要素、突出的标题区、竖向的构图方式。具体来讲，商务图表的主标题、副标题、分类标签、图形、注释、边框线等所有元素，均采用左对齐；商务图表的布局体现相关数据之间的亲密性；商务图表常使用留白，以使页面更加美观、更有条理性。商务图表的布局可分为如图 14-5 所示的几个区域。

图 14-4

图 14-5

14.2　Excel 图表制作技巧系列

14.2.1　快速向图表追加数据系列

一般制作图形的过程，是先选定数据区域，然后插入图表。在实际工作中经常需要往图表中继续加入其他数据系列，这时如何添加比较方便呢？

在如图 14-6 所示的实例中如果需要继续向图表中添加毛利数据系列，可以采取以下两种方法。

★ 复制/粘贴方法：选中待加入图表的数据区域（这里选择 A1:A9、C1:C9），按 Ctrl+C 组合键复制，再选中图形，按 Ctrl+V 组合键粘贴即可。

★ 对话框添加：选中图表，单击鼠标右键选择数据，选中待添加的表格区域，即名称选择表头名称，数据系列选择该表头下的数据区域。这是数据添加的常规方式。

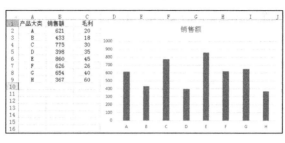

图 14-6

14.2.2 让折线图从纵坐标轴开始

在 Excel 中制作折线图时，默认生成图表的折线总是从 X 轴的两个刻度线之间开始，这致使前后都留下了刻度线的空间，如图 14-7 所示。而专业的商业折线图，折线一般位于绘图区左侧（即 Y 轴），止于绘图区右侧，每个数据点均匀落在刻度线上。

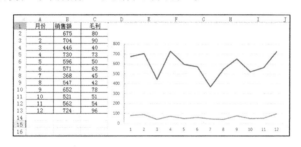

图 14-7

修改方法：选择横坐标轴，单击鼠标右键，选择设置坐标轴格式→坐标轴选项→坐标轴位置：在刻度线上，如图 14-8 所示。

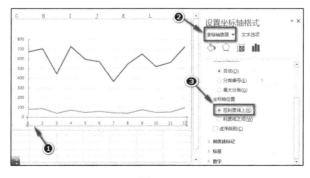

图 14-8

14.2.3 设置图表互补色

在做柱形图或条形图时，如果有负数的情况，我们希望正数使用一种颜色表示正增长，负数使用另一种颜色表示负增长。

具体做法如下：将图 14-9 中的负数分离到另外的列中，本列中对应的值改为空值，然后再选定数值区域，删除图例项，进行颜色设置等美化图形，最终结果如图 14-10 所示。

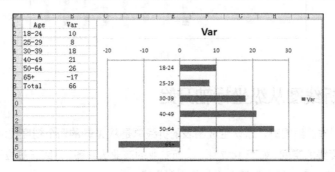

图 14-9

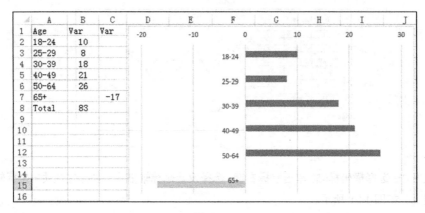

图 14-10

14.2.4 图表配色原则和取色方法

Excel 图表制作设计强调对比原则，力求增强视觉效果。颜色的运用是影响图表表现力的很重要的一个因素，图表配色需要遵循如下原则。

第一，配色首先应考虑图表的数据关系，应使图表主题更鲜明，更容易阅读。

这一原则是商务图表配色的根本出发点。用户可以为图表搭配很漂亮的颜色，让图表变得赏心悦目。但图表的美观必须以更容易阅读、理解图表内容为基础。不建议使用 Excel 默认的图表

第 14 章 Excel 图表制作技巧

颜色。

第二，配色应着重突出图表主体。

图表是由多种图表元素组成的，其中图表项才是"主角"。优秀的配色方案，将弱化坐标轴、数据标签、背景等非数据元素并突出图表项。例如罗兰贝格图表，图表项多采取单一颜色或者加上一些深浅明暗的变化（加上左上角的小红块），使读者的视线焦点集中在图表项上。

第三，配色所选择的颜色数量不宜过多。

过于花哨的颜色容易分散读者的注意力，是图表配色的大忌。

第四，配色应考虑图表整体风格的协调统一，保持一致的配色风格。

不断变换配色风格，往往会使读者无所适从，图表效果会适得其反。

在图表制作时，我们通常可以自定义颜色，可以根据需要选择对应的颜色代码值，即 RGB 值（计算机一般通过一组代表红、绿、蓝三原色比重的 RGB 颜色代码来确定一个唯一的颜色，如"255，0，0"代表红色），如图 14-11 所示。

用户可以参考其他一些图片中颜色的 RGB 值，再在表格的颜色自定义设置中根据所取得的代码值调整 RGB 值。如图 14-12 所示，使用 QQ 截图工具时显示出了截图中颜色的 RGB 值。

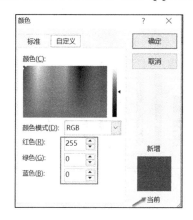

图 14-11　　　　　　　　　　　图 14-12

14.2.5　自动绘制参考线

经营分析中常常需要给图形添加一条或者多条参考线，比如平均线、预算线、预警线、控制线、预测线等。例如，如图 14-13 所示反映的是各车间对某项支出的控制水平数据，需要向图表中添加一条平均线以查看哪些车间处于平均线之上或之下，据此考核车间、控制支出水平。但图中的平均线没有贯穿 1 车间和 11 车间的柱形图，因此并不符合图表美化的要求。

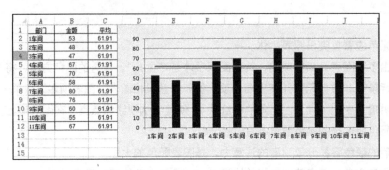

图 14-13

在实例中的 1 车间与表头之间添加一行数据：部门为空白，金额一定要输入 0，平均值则仍然填制 1 车间与 11 车间的平均值，然后点中 X 轴，单击鼠标右键，选择设置坐标轴格式→坐标轴选项→坐标轴位置：在刻度线上，这样就将平均线的起点位置设置到从纵坐标轴开始了。但是，这样做仍然会将最后一个对象的数据图形隐去一半。在最后一个对象后面即 A13 单元格加一个空白对象，在 C13 单元格中输入前面所述的平均值，如图 14-14 所示。之后选择数据范围为 2~14 行的数据，而不是原来的 11 行数据，则修改后的图形比原来的数据范围要多两行数据范围。

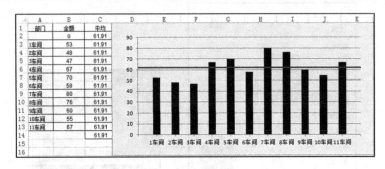

图 14-14

14.2.6　将数据错行与空行组织

可通过如图 14-15 所示的堆积柱形图中的订单量与实际生产数（产成品+在制品）进行对比来检查公司产品订单的执行情况，实现方法如下。

第 14 章 Excel 图表制作技巧

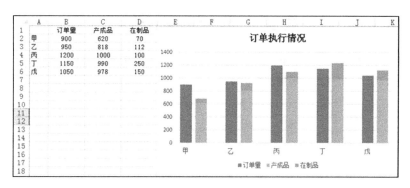

图 14-15

将图 14-15 中的数据通过"空行"和"错行"组织成 A8:D22 样式，然后选择该区域做成堆积柱形图，出现如图 14-16 所示的堆积柱形图雏形。

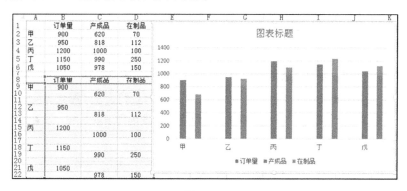

图 14-16

上述柱形图的柱状偏小且同一产品的两个柱形图之间间距较大。选中任意一个系列的柱形图，之后单击鼠标右键，选择"设置数据系列格式"，将"系列选项"下的"分类间距"设置为 20%，美化后的效果如图 14-17 所示。

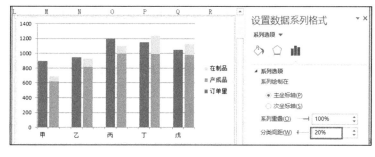

图 14-17

14.2.7 使用涨/跌柱线显示预算与实际差异

如图 14-18 所示是公司全年销售预算与实际销售之间对比的两条线，下面我们用股价图中的涨/跌柱线来标示实际与预算之间的差异大小。

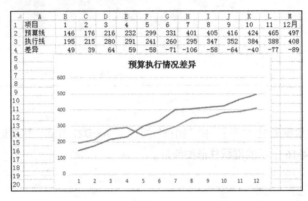

图 14-18

STEP 01 选中图表，单击图表右上部的"图表元素"快速微调按钮"+"符号，勾选"涨/跌柱线"复选框，添加如图 14-19 所示的涨/跌柱线；选中上涨柱线，在"图表工具"的"格式"选项卡下选择"形状填充"，在颜色下拉列表中选择红色；同理选择下跌柱线，设置为绿色（色彩设置和股价上涨、下跌标示颜色一致）。

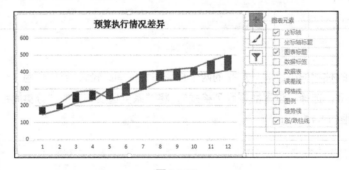

图 14-19

STEP 02 选中预算线，单击图表右上部的"图表元素"快速微调按钮"+"符号，勾选"数据标签"复选框，如图 14-20 所示。

第 14 章　Excel 图表制作技巧

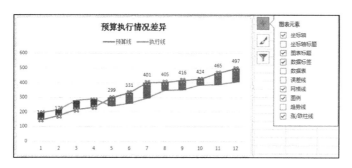

图 14-20

STEP 03　单击图表右上部的"图表元素"快速微调按钮"+"符号，单击"数据标签"后的"▶"，选择"更多选项"，弹出如图 14-21 右侧所示的"设置数据标签格式"任务窗格。

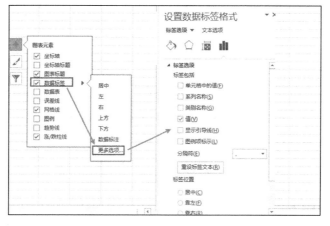

图 14-21

STEP 04　在标签选项中，选择"单元格中的值"选项，单击"选择范围"，打开"数据标签区域"对话框，设置引用单元格区域"=Sheet3!$B$4:$M$4"，单击"确定"按钮，关闭该对话框。在标签选项中取消勾选"值"，并在"标签位置"下选择"靠上"，完成涨/跌柱线数据标签的添加，如图 14-22 所示。

371

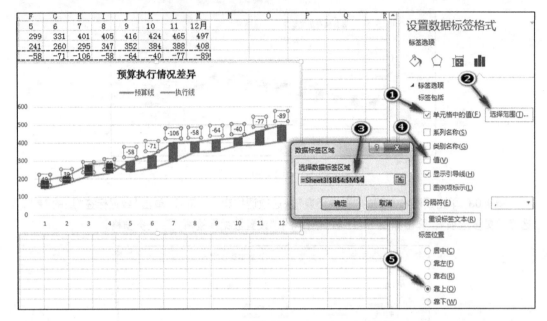

图 14-22

> **提示** "数据标签区域"对话框是 Excel 2013 新增的功能，可以根据需要给一个数据系列添加所需的数据标签。在 Excel 2013 以前的版本中需要借助一些外挂的添加数据标签工具实现特殊数据标签的添加。

14.2.8 添加误差线

误差线：通常用于统计或科学数据，显示潜在的误差或相对于系列中每个数据标志的不确定程度。误差线只适用于柱形图、条形图、折线图、XY 散点图和面积图。

瀑布图（water fall）常用来反映从一个数字到另一个数字的变化过程。下面以一个瀑布图为例说明误差线在图表中的应用。

如图 14-23 所示，A:B 列为某项指标 Np 的 2015 年数据（2015 NP），该数据是由 2014 年年末的数据（2014 Np）经过 2015 年中 f1、f2……f6 等 6 个影响因素后得到的数据。其中正数为增加该指标值的数据，负数为降低该指标值的数据。

	A	B	C	D	E	F	G	H
1	Item	Amt		Accumulation	Start Finish	占位系列	正数系列	负数系列
2	2014 Np	1692		1692	1692			
3	f1	154		1846		1692	154	
4	f2	367		2213		1846	367	
5	f3	873		3086		2213	873	
6	f4	-480		2606		2606		480
7	f5	-490		2116		2116		490
8	f6	950		3066		2116	950	
9	2015 Np	3066			3066			

图 14-23

STEP 01 准备数据：准备好图 14-23 中的 D:H 列数据。在 D2 单元格中定义公式：=SUM($B$2:B2)；在 E2 和 E9 单元格中分别输入开始和结束数据；在 F 列的 F3 单元格中定义公式：=IF(B3<0,D3,D2)，并向下复制该公式至 F8 单元格；G 列和 H 列分别在对应位置上输入增加和降低金额，其中降低金额需要填为绝对值金额。

STEP 02 选中 A2:A9 和 E2:H9 这两个区域，用这个区域的数据制作堆积柱形图。将“占位”系列设置为无填充、无线条，达到隐形的效果，如图 14-24 所示。

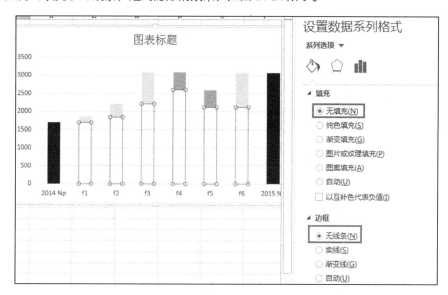

图 14-24

STEP 03 如果想将各柱子之间用横线连接起来，可将“Accumulation”系列数据（即选择 A2:A9 和 D2: D9 这两个区域）加入图表，设置图表类型为散点图，如图 14-25 所示。选择散点图，添加误差线，如图 14-26 所示。

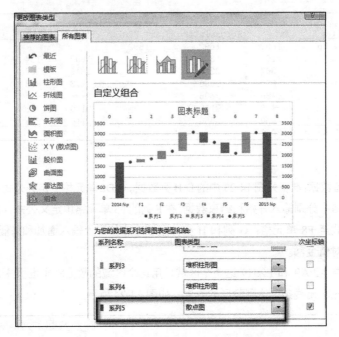

图 14-25

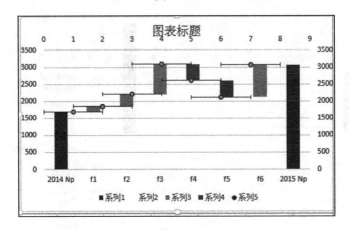

图 14-26

STEP 04 在水平误差线方向设置中选择"正偏差",末端样式选择"无线端",误差量选择"固定值"(设为 1),出现水平误差线,正好连接各柱子,如图 14-27 所示;设置散点图无色无点(无填充、无标记),原来的散点实现隐形。

第 14 章　Excel 图表制作技巧

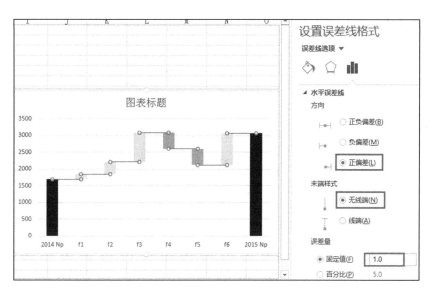

图 14-27

STEP 05 美化图形，最终效果如图 14-28 所示。

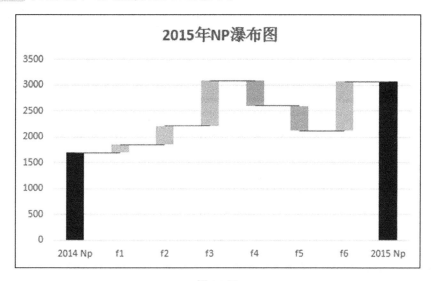

图 14-28

14.2.9　绘图前的数据排序

在制作条形图时，为了保证所制作的图形更为直观、清晰、容易查看，应将最长的条形排在最上面，故绘图前先将数据按照从大到小的顺序进行降序排序。

如图 14-29 所示是某些市场销售情况，现需要在不改动原数据的情况下，让图形根据数据的变化进行自动排序，步骤如下。

	A	B	C	D	E	F	G
1	市场	金额	辅助数据			自动排序数据	
2	江苏	471	471		1	上海	585
3	上海	585	585		2	浙江	565
4	浙江	565	565		3	江苏	471
5	山东	262	262.0001		4	武汉	469.0001
6	北京	433	433.0001		5	广州	458.0001
7	天津	302	302.0001		6	北京	433.0001
8	武汉	469	469.0001		7	深圳	415.0001
9	广州	458	458.0001		8	天津	302.0001
10	深圳	415	415.0001		9	山东	262.0001

图 14-29

STEP 01 在 C 列中定义公式：=B2+ROW()/100000，目的是为了区别原数据中相同的行，不影响比较效果；在 G2 单元格中输入公式：=LARGE($C$2:$C$10,E2)，将 C 列数据降序排序；在 F2 单元格中输入如下公式，返回分类名称：=INDEX($A$2:$A$10,MATCH(G2,$C$2:$C$10,0))。

STEP 02 以 F2:G10 数据区域作为绘图数据区域，插入条形图，如图 14-30 所示。

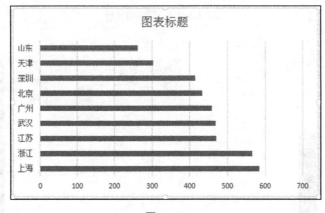

图 14-30

STEP 03 选择纵坐标轴，设置坐标轴格式，勾选坐标轴选项下的"逆序类别"，实现了最长条形在图表区最上面的初步效果。但同时横坐标轴出现在了图表区的上部，不符合阅读习惯。选择横坐标轴，设置坐标轴格式，选择坐标轴选项下的"标签位置"为"高"，实现了将横坐标轴放置在图表区下部的效果，如图 14-31 所示。

第 14 章　Excel 图表制作技巧

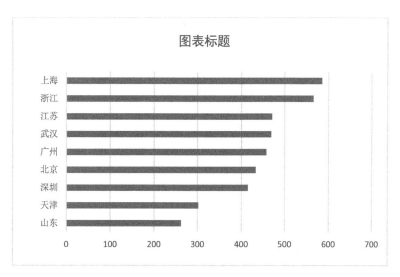

图 14-31

STEP 04 最后美化图形，效果如图 14-32 所示。

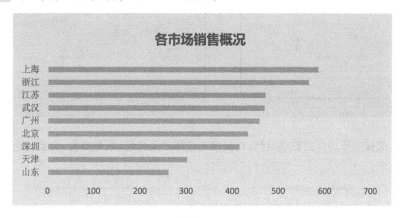

图 14-32

14.2.10　用颜色区分业绩高低的柱形图

如图 14-33 所示的图形用 3 种颜色区分业绩高低，用颜色的视觉效果就可以直接体现每月业绩情况，免去了查看数据后在脑中分析的过程。可能你会觉得添加一个平均线也可以达到这种效果，但是这会多一个思考过程。如果数据是 KPI 指标，要求完全达到 100%的完成率，平均线和柱子就会非常接近，你不得不仔细查看柱子和平均线之间的距离来进行区分。

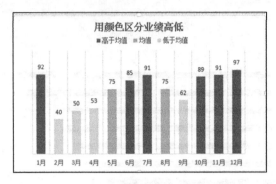

图 14-33

STEP 01 首先根据数据源将 B 列数据分离到如图 14-34 所示的均值、高于均值、低于均值列中。

STEP 02 插入簇状柱形图，选择 A1:A13 及 C1:E13 数据区域，如图 14-35 所示，注意数据源选择的正确性。

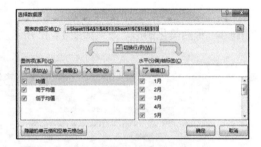

图 14-34　　　　　　　　　　　　　图 14-35

STEP 03 选择高于均值的数据系列，将其填充色修改为绿色，系列重叠、分类间距设置为 100%，如图 14-36 所示。

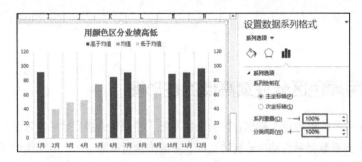

图 14-36

第 14 章　Excel 图表制作技巧

STEP 04 将均值、低于均值的数据系列设置为次坐标轴，将均值系列柱形图的填充色设置为灰色、低于均值的数据系列柱形图设置为红色。注意需要将次坐标轴刻度的最大值设置成与主坐标轴刻度的最大值一致。

STEP 05 单击图表右上部"图表元素"快速微调按钮"+"符号，勾选"主轴主要垂直网格线"，去掉"主轴主要水平网格线"的勾选，如图 14-37 所示。添加图例项，并将图例位置设置为"靠上"。

STEP 06 给柱形图添加数据标签，如图 14-38 所示。删除主坐标轴和次坐标轴，设置图表标题，最终效果如图 14-33 所示。

图 14-37

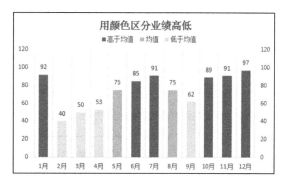

图 14-38

14.2.11　居于条形图之间的分类轴标签

当分类轴标签比较长时，商业图表常将分类轴标签放在条形图之间，这样做节省了横向空间，图表也更加紧凑，如图 14-39 所示。

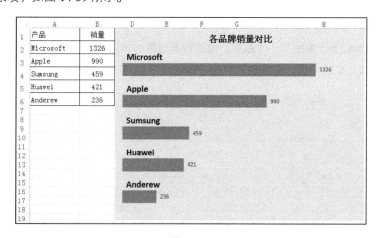

图 14-39

STEP 01 用如图 14-39 所示的数据源制作一个条形图，勾选"逆序类别"，清除坐标轴，如图 14-40 所示。

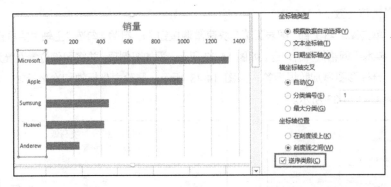

图 14-40

STEP 02 使用粘贴法将该数据再次加入图表，这时形成簇状条形图，如图 14-41 所示。

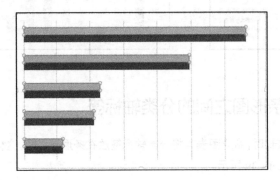

图 14-41

STEP 03 选择位于上面的第一个系列，设置数据标签格式，勾选"类别名称"，取消"值"和"显示引导线"复选框的勾选，标签位置选择"轴内侧"，如图 14-42 所示。

第 14 章 Excel 图表制作技巧

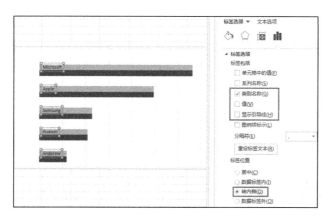

图 14-42

STEP 04 设置第一个系列无框无色,实现隐形效果;选择数据标签框,可以将字体加粗,并删除纵坐标轴;选择第二个条形图系列,设置其数据标志显示为值;调整条形图的分类间距,向左拉至尽可能小处,进行颜色等其他图表要素的美化,最终效果如图 14-39 所示。

第 15 章 专业图表制作

15.1 圆环图

	A	B	C
1	项目	损失金额	占比
2	现场缺料	45,748.20	40.75%
3	技术处理	39,452.47	35.14%
4	材料品质	27,069.75	24.11%
5	合计	112,270.42	100.00%

图 15-1

圆环图类似于饼图，可显示每个数值占总数值的大小。如图 15-1 所示的表格是某公司品质管理过程中统计 3 种事项导致停工造成的人工成本损失金额，现需要制作圆环图以显示各部分占比。具体步骤如下。

STEP 01 插入圆环图，选择如图 15-2 所示表格中的 A2:A4 和 C2:C4 区域。

	A	B	C
1	项目	损失金额	占比
2	现场缺料	45,748.20	40.75%
3	技术处理	39,452.47	35.14%
4	材料品质	27,069.75	24.11%
5	合计	112,270.42	100.00%

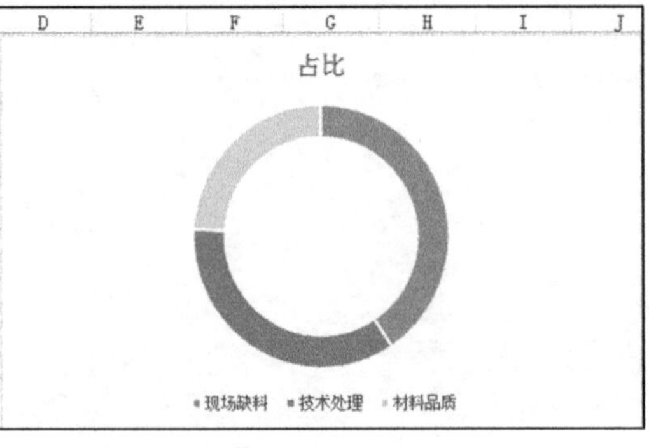

图 15-2

第 15 章 专业图表制作

STEP 02 选择圆环图形，单击鼠标右键，选择"添加数据标签"，出现百分比数值，选中任意一个百分比数值。之后单击鼠标右键，选择"设置数据标签格式"，在打开的任务窗格中勾选"类别名称"选项，同时勾选"图例项标示"，分隔符选择"分行符"，如图 15-3 所示，这样数据标签就显得比用逗号、分号将图例名称和百分比分隔开更美观。

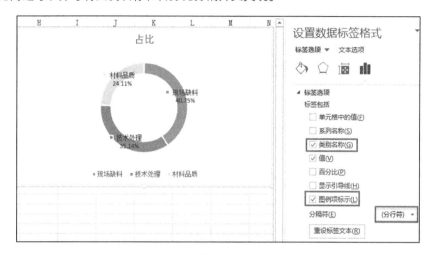

图 15-3

STEP 03 由于圆环过于细小，故选择圆环图，单击鼠标右键，选择"设置数据系列格式"，在打开的任务窗格中选择"系列选项"，将圆环图内径大小设置为 50%，如图 15-4 所示。

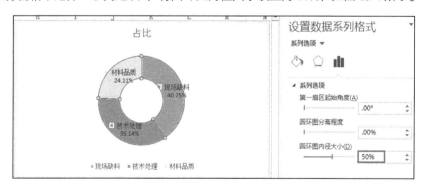

图 15-4

STEP 04 选择圆环图的蓝色部分，单击鼠标右键，选择"设置数据点格式"，在"填充"选项下选择"纯色填充"，这里选择深蓝色，如图 15-5 所示，其余两个部分依照同样的方法设置；将各部分依次设置成较深的颜色，这时数据标签的黑色字体会不容易看清，将其修改为白色加粗字体。

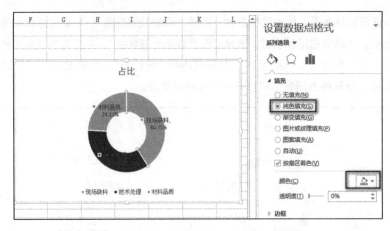

图 15-5

STEP 05 美化图形：删除图表中底部的图例项，设置图表标题，设置背景色，最终效果如图 15-6 所示。

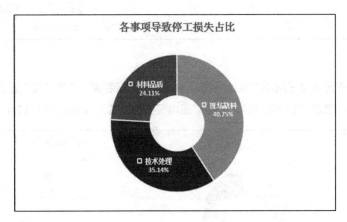

图 15-6

15.2 弧线对比图

如图 15-7 所示的表格是模拟的大中华区一些畅销手机的市场数据。现在需要绘出如图 15-7 所示的弧线对比图数据，用以展示各品牌手机的销售情况。

绘图思路：对于这种弧线对比图，我们可以使用雷达图来制作。当一个序列的所有点数值相等时，就可以绘制出一条圆弧线。有关雷达图的介绍可以参考 15.10 节中的相关内容。

第 15 章 专业图表制作

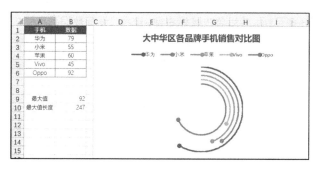

图 15-7

STEP 01 在如图 15-7 所示的 B9 单元格取出 B2:B6 单元格区域中的最大值,公式如下:=MAX(B2:B6);设定最大值的弧线长度,公式如下:=RANDBETWEEN(180,360),因为弧线的弧度最大值为 360°,所以该随机函数的上限设置为 360。

STEP 02 准备辅助数据,辅助数据结构如图 15-8 所示。在 E2:I2 单元格区域中输入降序数据系列,在 E3:I3 单元格区域中输入升序数据系列,将 A2:A6 单元格区域的数据转置填充到 E4:I4 单元格区域;在 D5 单元格中输入数据 "1",然后选择该单元格。打开 "开始" 选项卡下 "编辑" 分组中的 "填充" 下拉列表框,选择 "序列",弹出 "序列" 对话框。在此对话框的 "序列产生在" 中选择 "列",在 "终止值" 后的文本框中输入 "360",如图 15-9 所示。这样就填充了一个 1~360 的数据序列。

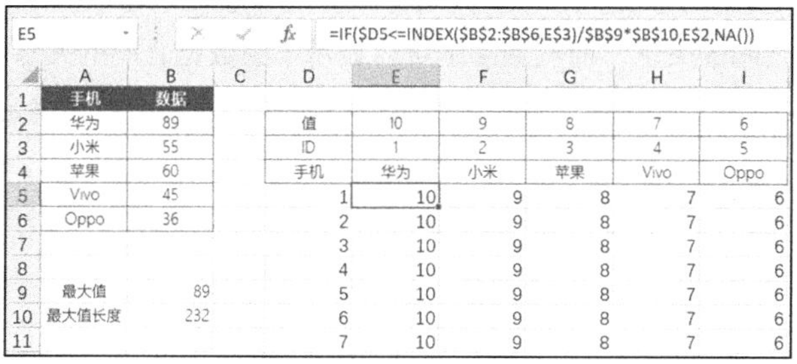

图 15-8 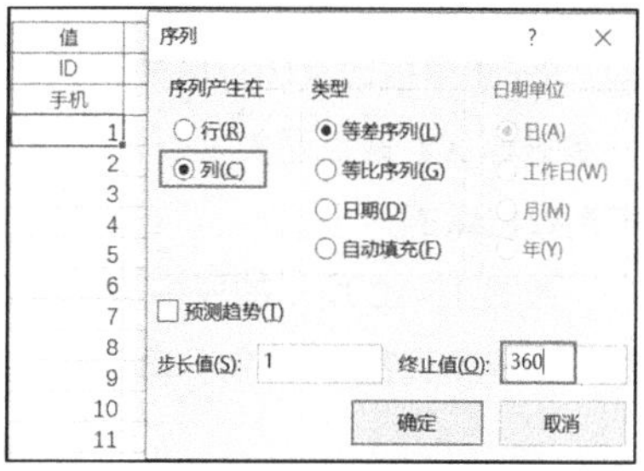   图 15-9

STEP 03 在 E5 单元格中定义公式:=IF($D5<=INDEX($B$2:$B$6,E$3)/$B$9*$B$10,E$2,NA()),将该公式向右复制到 I5 单元格,然后将 E5:I5 单元格区域中的公式向下复制到对应序列值为 360 所在行处。该公式的含义如下:如果序列填充值小于或等于转换后的数据,就取第 2 行的值绘图;否则为 NA(),不绘图。在这里之所以要进行数据转换,是由于数据的数量级可能会出现多种情况,因此一律按比例转换到最大值的相应值。

STEP 04 选择 E4:I364 单元格区域数值,选择图表中的雷达图,清除数据标签、网格线、刻度标签等不需要的元素,初步显示出弧线对比图的雏形,如图 15-10 所示。

STEP 05 选择第一条弧线，然后单击鼠标右键，选择"设置数据系列格式"，打开"系列选项"下"线条"中的"结尾箭头类型"下拉列表框，之后选择如图 15-11 所示带圆点的图示类型。其余 4 条弧线只需依次选中，按 F4 键就可以快速设置成同样的弧线图形。最后，适当美化一下所绘的图形。

图 15-10

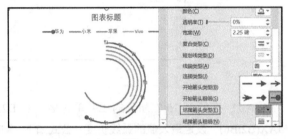

图 15-11

> **提示** 在绘图中运用 F4 键同样可以起到重复上一次所进行的操作的作用。
>
> 本图形适合信息图风格的报告，常用于市场营销策划宣传；在实际企业内部分析中并不适用，需要慎用。

15.3 气泡图

Excel 中的散点图可以显示两组数据之间的关系，而气泡图则可以显示三组数据之间的关系。气泡图与 XY 散点图类似，但是它们对成组的三个数值而非两个数值进行比较。第三个数值确定气泡数据点的大小。

如图 15-12 所示的表格是一些汽车品牌自进入某地区以来私家车保有量的统计数据（模拟用数据，非真实数据）。制作气泡图的步骤如下。

	A	B	C	D
1	汽车品牌	进入时间	保有量（万台）	市场份额
2	福特	2002/12	27	13%
3	丰田	2000/4	31	15%
4	本田	2001/6	15	7%
5	通用	2006/7	30	14%
6	大众	2004/5	48	23%
7	标致	2006/9	11	5%
8	日产	2009/6	9	4%
9	江淮	2010/11	21	10%
10	奇瑞	2008/3	14	7%
11	吉利	2012/5	7	3%

图 15-12

第 15 章 专业图表制作

STEP 01 插入气泡图，这里选择三维气泡图，按照图 15-13 那样选择相应的数据。

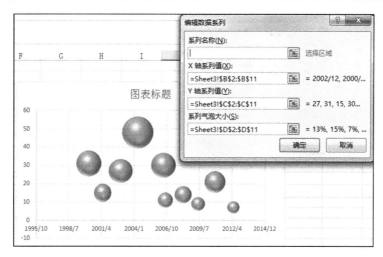

图 15-13

STEP 02 将纵坐标轴的最小值修改为 0，设置横坐标轴的最小值为 36 000（对应的日期值为 1998/7/1）、最大值为 42 000（对应的日期值为 2014/12/1），选择气泡图数据系列，添加数据标签，然后设置数据标签格式。"分隔符"选择"分行符"，"标签位置"选择"靠上"，勾选"单元格中的值"复选框，单击"选择范围"，弹出"数据标签区域"对话框，选择 A2:A11 单元格区域，确定后关闭对话框，如图 15-14 所示。

STEP 03 选择横坐标轴，横坐标轴颜色选择"黑色"，如图 15-15 所示。之后将宽度设置为"1 磅"，箭头末端类型选择一个带箭头形状的时间轴。

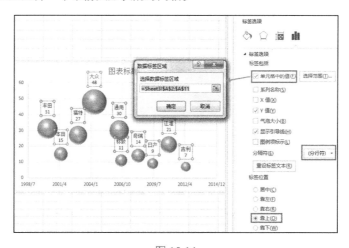

图 15-14

387

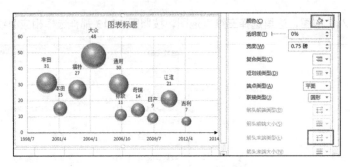

图 15-15

STEP 04 删除纵坐标轴的刻度值,选择最大的气泡,单击鼠标右键,选择"设置数据点格式",然后进行颜色设置。这里选择颜色较深的桃红色,如图 15-16 所示,其余气泡图依照同样的方法进行设置。

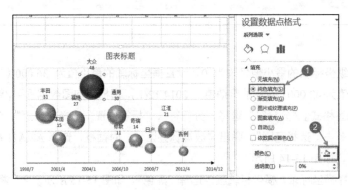

图 15-16

STEP 05 美化图形:设置背景色、图表标题,最终效果如图 15-17 所示。

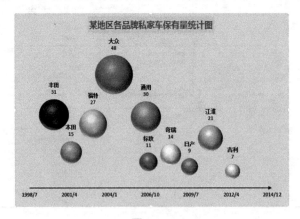

图 15-17

15.4 矩阵图

在管理工作中,有些读者做过产品 BCG 矩阵分析(又称四象限分析法),就是将公司产品类别划分为 4 个大类,对于不同类别的产品采取有针对性的市场营销及生产运营策略,以使企业的产品品种及其结构适合市场需求的变化。如图 15-18 所示是公司 8 个系列的产品销售状况,制作矩阵图如下。

	A	B	C	D	E
1	项目	销量	毛利率	aver	average
2	A系列	621	1.63%	554.25	8.17%
3	B系列	433	-2.00%	554.25	8.17%
4	C系列	775	3.88%	554.25	8.17%
5	D系列	398	10.21%	554.25	8.17%
6	E系列	860	7.88%	554.25	8.17%
7	F系列	626	12.91%	554.25	8.17%
8	G系列	654	17.11%	554.25	8.17%
9	H系列	67	13.75%	554.25	8.17%

图 15-18

STEP 01 选择 B2:B9 和 C2:C9 单元格区域数据,并插入散点图,如图 15-19 所示。

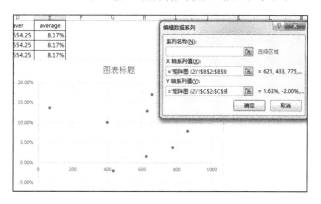

图 15-19

STEP 02 用粘贴法快速添加"平均点"数据到图表中,如图 15-20 所示。

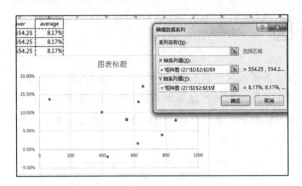

图 15-20

STEP 03 单击图中的平均点，在菜单中找到误差线选项，并添加"百分比误差线"，如图 15-21 所示。

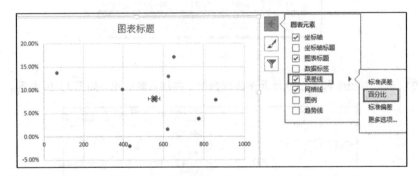

图 15-21

STEP 04 右击图中的水平误差线，设置"百分比误差线"。设置误差量的固定值为 1000，如图 15-22 所示。

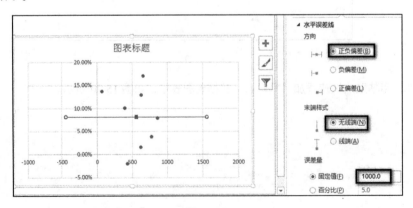

图 15-22

STEP 05 接着设置垂直误差线。设置误差量的固定值为 0.2，如图 15-23 所示。

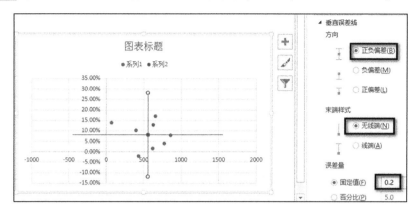

图 15-23

STEP 06 删除网格线和图例，调整横坐标轴、纵坐标轴的刻度，选中散点系列，添加数据标签格式。设置数据标签格式，在此将标签位置设置为"靠上"，取消"Y 值"复选框的勾选，勾选"单元格中的值"，单击"选择范围"，在弹出对话框的"选择数据标签区域"中选择"A2:A9"，如图 15-24 所示。

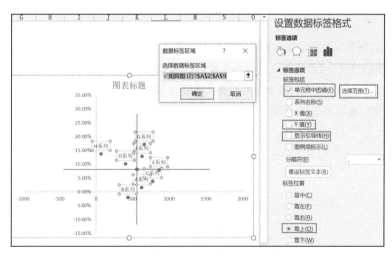

图 15-24

STEP 07 美化图表：对图表各要素进行美化，最终效果如图 15-25 所示。

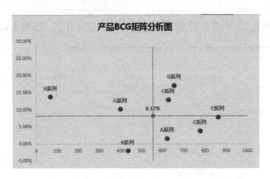

图 15-25

> **附注** 在 BCG 矩阵图中,第一象限中的数据点是明星型产品(Stars),它是指销量高、毛利率高的产品,需要加大投资以促使其迅速发展;第二象限中的数据点是问题型产品(Question Marks),它是指毛利率高、销量低的产品,应采取选择性投资战略;第三象限中的数据点是瘦狗型产品(Dogs),它是指销量低、毛利率低的产品,宜采用撤退战略;第四象限中的数据点是现金型产品(Cash Cows),它是指毛利率低、销量高的产品,能给企业带来大量现金流,宜采取稳定战略,目的是保持市场份额。

15.5 平板图

在对多个数据系列的折线图做趋势比较时,如有 3 个以上的数据系列时,极容易出现相互交叉、乱成一团麻的情况,很难清楚地观察各个系列的变化趋势。这时可用平板图来处理。如图 15-26 所示是几个汽车品牌 1—6 月的销售模拟数据,实现步骤如下。

STEP 01 将原数据源实行"错行"组织,如图 15-27 所示。

图 15-26　　　　　　图 15-27

STEP 02 选择如图 15-27 所示表格中所组织的数据区域绘制折线图,需要注意除第一个数据系列外的其他水平坐标轴的选择,如图 15-28 所示。

图 15-28

STEP 03 删除图 15-28 中的水平网格线,添加主轴主要垂直网格线和图例项,如图 15-29 所示。

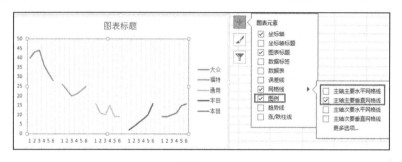

图 15-29

STEP 04 选择水平坐标轴,坐标轴位置选择"在刻度线上",刻度线标记中的标记间隔修改为 7,这是在 6 个月的基础上加上了 1 期,如图 15-30 所示。如果设置成小于 7 或者大于 7 的情况,则多个系列不能均匀地落在纵向网格线之间,会出现跨网格线的情况。

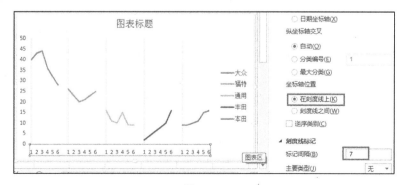

图 15-30

STEP 05 将右侧图例放置到绘图区顶部，并做适当调整，美化图表的相关要素，如图 15-31 所示。

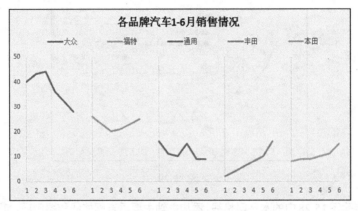

图 15-31

提示　该种方法适用于多系列折线图，系列之间量纲相同，且数量级相差不是太大的情况。

15.6　不等宽柱形图

不等宽柱形图是柱形图的一种变化形式，它用柱形的高度反映一个数值的大小，同时用柱形的宽度反映另一个数值的大小，可从多维度来观察数据特点。

图 15-32 是某地区通信市场三大通信运营商有关用户规模和净利的模拟数据，我们希望用柱形图的宽度代表用户规模，柱形图的高度代表净利值。

绘图思路：用户总规模为 100%，制作有 100 个小柱子的柱形图。将 100 个小柱子按用户规模的比例分配给各通信运营商，成为 3 组柱子，每组的高度代表该组的净利值，这样就用分组的柱形图形成了一个不等宽的柱形图。

STEP 01　首先组织如图 15-33 所示的数据。为了显示方便，图中的 A7:E108 隐藏了一些行。为了保证各产品柱形图的宽度正确，在组织图中第 7~108 行数据时，对净利数据必须错行组织，同时必须保证每一个销售额数据和用户规模对应的数据一致，即在本例中净利为 25 的占第 7~51 行，净利为 30 的占第 53~82 行，净利为 35 的占第 84~108 行。

第 15 章 专业图表制作

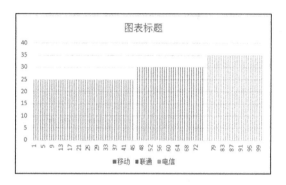

图 15-32   图 15-33

STEP 02 选择 A6:E108 单元格区域中的数据来绘制堆积柱形图,出现了 100 个细条状的柱形图,如图 15-34 所示。

图 15-34

STEP 03 图 15-34 中的这种效果显然不是我们所希望的样式。选中柱形图的任意一个位置,单击鼠标右键,选择"设置数据系列格式",在打开的任务窗格的"系列选项"中,将系列重叠(分隔)拉至 100%,分类间距拉至无间距(0%),接着删除横坐标轴坐标标签,效果如图 15-35 所示。

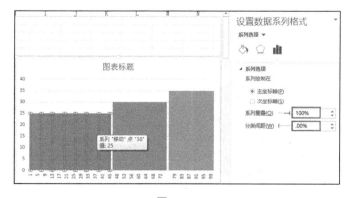

图 15-35

STEP 04 在 E 列添加如图 15-32 所示的辅助数据，选择 E2:E4、B2:B4、C2:C4 单元格区域，将数据系列添加到图表中。添加图例项，选中新添加系列的图例项，将图表类型更改为散点图，如图 15-36 所示。

图 15-36

STEP 05 选中图 15-36 散点数据中的数据点，添加数据标签，如图 15-37 所示。将代表柱形图宽度的数据拖放到水平坐标轴处，代表柱形图高度的数据拖放到柱形图顶部。

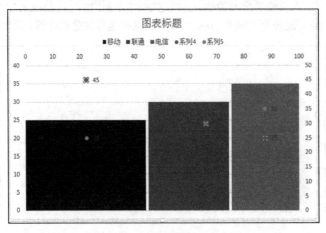

图 15-37

第 15 章 专业图表制作

STEP 06 选中散点，将散点的数据点标记选项设置为无形状、无填充、无边框，达到隐形效果；删除散点图的图例项（系列 4、系列 5），美化图表中的其他因素，最终效果如图 15-38 所示。

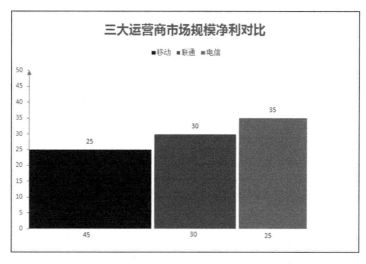

图 15-38

提示

★ 由于反映柱形图的宽度和高度数据用散点图给出，会很难找出对应图形来更改图表类型，因此在第 3 步中使用了控制图例项来修改图表类型的技巧。对于在图表中出现的直接用鼠标选择数据系列比较困难的情况，可通过添加图例项来执行对该数据系列进行修改图表类型、设置数据系列格式等操作。

★ 利用散点图模拟特殊数据标签是比较常见的图表制作技巧。有关散点图模拟图表中不易添加的数据的更多技巧，可参见后续图表的制作。

15.7 滑珠图

滑珠图的用途多为描述样本背景的分布特征，例如受众的性别占比、年龄分布、文化程度分布、消费习惯等。如图 15-39 所示是 AD、NI 两大品牌分别从城市、性别、收入水平 3 个角度分析的消费者销售数据汇总。滑珠图的实现步骤如下。

	A	B	C	D	E
1	城市	AD	NI	辅助条	辅助
2	昆山	854	318	1800	12.5
3	苏州	840	416	1800	11.5
4	无锡	988	394	1800	10.5
5					9.5
6	性别				8.5
7	男	1594	783	1800	7.5
8	女	1088	345	1800	6.5
9					5.5
10	收入水平				4.5
11	<3000	283	96	1800	3.5
12	<5000	505	223	1800	2.5
13	<9000	1034	435	1800	1.5
14	>9000	860	374	1800	0.5

图 15-39

绘图思路：图 15-39 展示的是两大品牌之间不同维度分析的销售情况，生成的滑珠图需要采用条形图配合散点图的方式进行制作。因此，需要添加辅助列 D 列（因为 B、C 两列中的最大值为 1594，所以这里选择 1800）作为滑杆。添加辅助的 E 列的数值作为散点图纵坐标轴的数值。数据从 0.5 开始并采取间隔 1 进行增加的原因是条形图宽度可占 50% 的宽度，并能保证散点落在滑杆上。

STEP 01 选择这些数据，插入簇状条形图，勾选纵坐标为"逆序类别"，这时可得到如图 15-40 所示的图形。

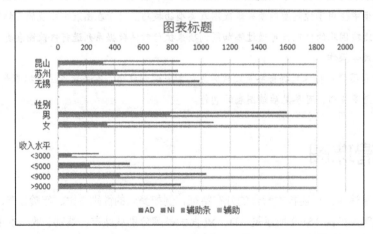

图 15-40

STEP 02 选中图表中的 AD 数据系列，将图表类型更改为带数据标记的散点图；同理，设置 NI 系列数据为散点图。散点图的雏形初现，如图 15-41 所示。

第 15 章 专业图表制作

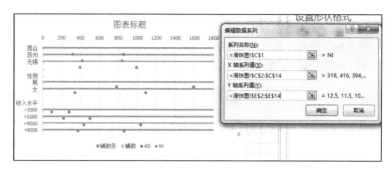

图 15-41

STEP 03 经观察发现，图 15-41 中的散点并没有均匀落在滑杆上。因此，需要对右侧的纵坐标轴进行设置。设置纵坐标的最小值为 0，最大值为 13。这时散点恰好落在滑杆上，删除辅助系列，如图 15-42 所示。

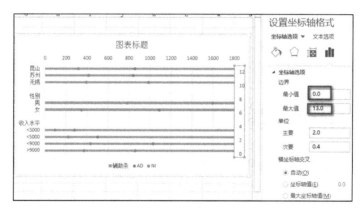

图 15-42

STEP 04 选择辅助条系列条形图，设置数据系列选项，设置分类间距为 500%，如图 15-43 所示。系列选项填充选择"无填充"，边框设置为"实线"，颜色选择"浅蓝色"。

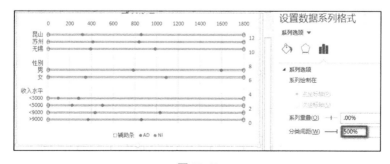

图 15-43

Excel 数据处理与分析实战宝典（第 2 版）

STEP 05 美化图形：调整 AD、NI 两个系列散点的默认设置；删除右侧纵坐标；将绘图区上方的横坐标轴刻度调整到下方；删除"辅助条"图例项，将图例项调整到绘图区上部，并调整图例项的字体；添加"图表标题"；设置图表背景为"浅灰色"。最终效果如图 15-44 所示。

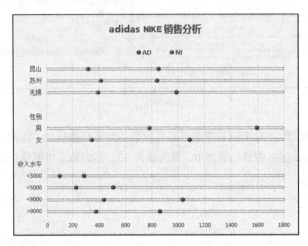

图 15-44

15.8 不等距纵坐标图形

如图 15-45 所示是奥体房产交易中心 3 月有关到访和达成意向人数统计的基础资料的一部分（本示例的数据为模拟数据，仅用于绘制图表）。如果按照一般方法制作到访和达成意向人数的折线图，当两组数据差异较大时，数值较小的数据系列在图表中基本上看不清数值的变化，有的数据点甚至直接"躺"在了 X 轴上。这种情况显然不是我们所期望看到的。此时，我们可考虑使用对数刻度来显示两个系列的数据。

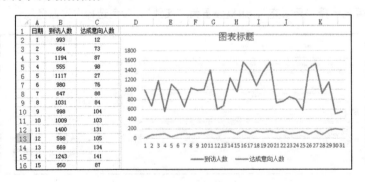

图 15-45

第 15 章 专业图表制作

STEP 01 在 D、E 两列中对 B、C 两列数据取以 10 为底的对数，以 D、E 两列数据为数据源绘制折线图，自定义纵坐标轴刻度的最小值和最大值分别为 1 和 3.5。但是这种图形的纵坐标刻度是等距的，这样就导致了两条数据线相隔得非常接近。这显然无法清晰地显示两组数据之间的差异情况，如图 15-46 所示。

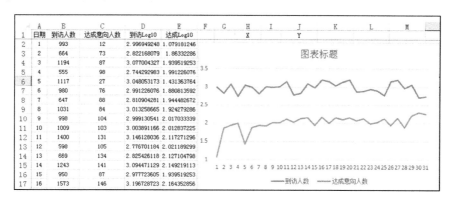

图 15-46

STEP 02 根据需要，在 H:J 列单元格中组织如图 15-47 所示的辅助数据，其中 I 列数据以 10 为起点，终值为 1600（因为 B 列数据中的最大值为 1573），在 J 列对 I 列中的数据取以 10 为底的对数值。

H	I	J
X		Y
0.5	10	1
0.5	20	1.30103
0.5	30	1.47712125
0.5	40	1.60205999
0.5	50	1.69897
0.5	100	2
0.5	300	2.47712125
0.5	800	2.90308999
0.5	1600	3.20411998

图 15-47

STEP 03 选择 H2:H10 和 J2:J10 这两个区域的数据加入图表，并将图表类型更改为散点图。由于散点图的横坐标轴为前两个数据系列默认的横坐标轴，因此需要在此修改为 H2:H10 单元格区域，如图 15-48 所示。

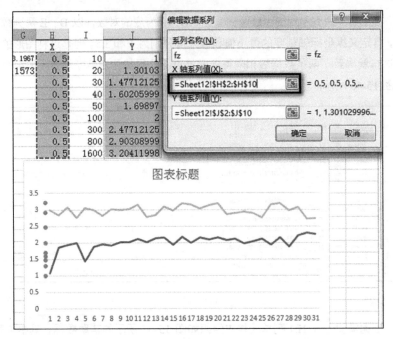

图 15-48

STEP 04 选择散点图系列，添加误差线，删除垂直误差线，保留水平误差线。选中水平误差线，"方向"选择"正偏差"，"末端样式"选择"无线端"，"误差量"选择固定值 31（因为数据源有 31 个数据点），如图 15-49 所示。

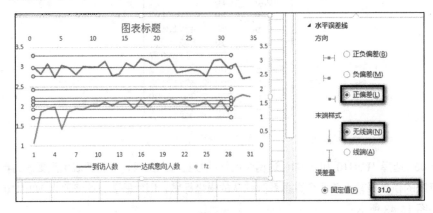

图 15-49

STEP 05 删除如图 15-49 所示图表中的网格线、纵坐标轴的刻度值、绘图区上部的数据刻度值，选中误差线左端的圆点，添加数据标签，然后修改数据标签格式。去掉"Y 值"的勾选，勾

第 15 章　专业图表制作

选"单元格中的值",在数据标签区域中选择 I2:I10,单击"确定"按钮,关闭"数据标签区域"对话框,标签位置选择"靠左",如图 15-50 所示。

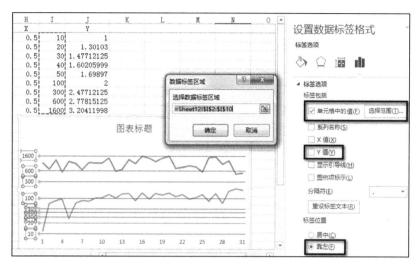

图 15-50

STEP 06 美化图形:将误差线左端点的圆点设置为无填充、无边框,达到隐形效果,删除"fz"图例,最后按照商务图表的形式美化图表,形成一个 Dashboard 形式的图表。最终图表如图 15-51 所示。

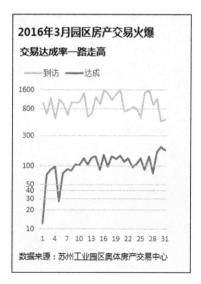

图 15-51

15.9 百分比堆积柱形图

如图 15-52 所示是房地产商广告成本与购买房产之间对比关系的数据（本示例的数据为模拟数据，仅用于绘制图表）。现需要根据此表格数据绘制广告投入效应的百分比堆积柱形图，用于揭示广告费投入是否合理，以便按渠道增减广告费投入。

项目	广告成本	购房者决定%	辅助
互联网	3%	22%	0
报纸	5%	4%	0
电视	50%	27%	0
展销会	35%	40%	0
其他	7%	7%	0

图 15-52

STEP 01 插入百分比堆积柱形图，选择 A1:C6 区域，绘制出来的图形不是我们希望的效果，单击"切换行/列"即可将水平（分类）轴标签改成纵向比例，即"广告成本"和"购房者决定%"为横坐标轴的轴标签，如图 15-53 所示方框处为切换前的状态。

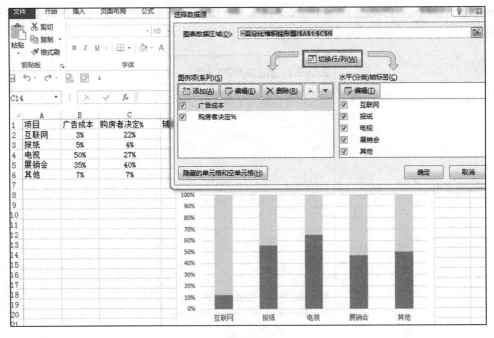

图 15-53

STEP 02 将图 15-53 中的广告成本投入按照从小到大的顺序排列：选中广告成本投入最大的浅灰色序列，将编辑栏处 SERIES 公式中的第 4 个参数 3 修改为 1，如图 15-54 所示。接着修改第二大的橙色系列，将 SERIES 公式中的第 4 个参数 4 修改为 2。其余依次比照相同的方法进行修改，实现了广告成本投入从小到大的排序，如图 15-55 所示。

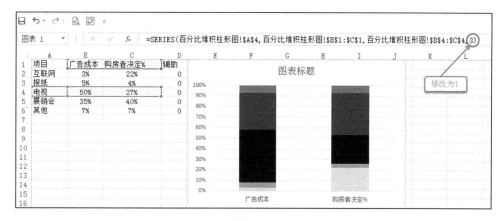

图 15-54

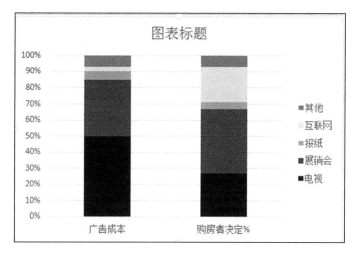

图 15-55

STEP 03 对于上述百分比堆积柱形图，可采取热力型数据地图方式进行美化，即广告投入由小到大用同一颜色的深浅来表示，颜色越深表示投入越大。这里选择橙色系列颜色，添加数据标签，如图 15-56 所示。

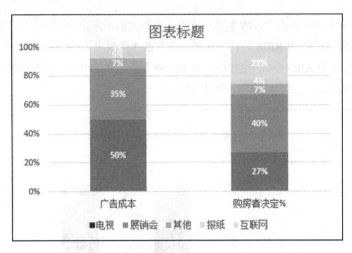

图 15-56

STEP 04 选择项目和辅助列中的数据绘制散点图，利用散点图添加文本型标签（即 A 列中的广告费投入方式）。文本型标签会拥挤在原点处。逐一将文本型标签拖放到广告效果堆积柱形图右侧的对应位置，并将绘图区上部的刻度数值设置成白色字体（直接删除水平坐标轴会将对应的文本型标签一起删除），实现隐形效果，如图 15-57 所示。

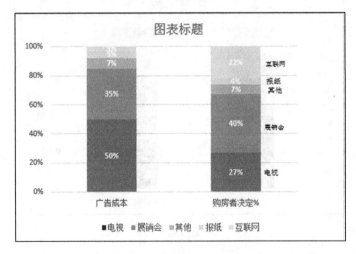

图 15-57

STEP 05 美化图形：将图 15-57 中的图例项删除，原点处有颜色的点设置为无填充、无边框，达到隐形效果。按广告费投入渠道连线：在"插入"菜单下的形状中选择直线进行连线。利用照相机功能将原表格中的 B1 和 C1 单元格内容进行拍照，并将其放置在对应柱形图下方（注意原表格设置成无框线），然后将所拍摄的单元格照片的框线设置成无线条。最终效果如图 15-58 所示。

第 15 章 专业图表制作

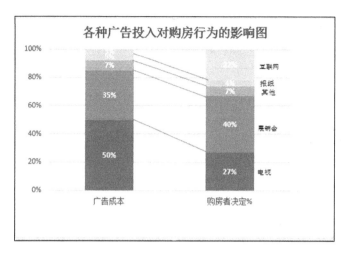

图 15-58

从图 15-58 中可以看出,互联网广告投入虽然较小,但影响消费者的购买行为却较为显著;电视广告投入、展销会广告投入的效果虽然也较为明显,但从投入效果对比上看没有互联网广告效率高;报纸广告的效率显然是最低的。

15.10 利用数据验证创建动态图形

如图 15-59 所示,A1:H10 数据区域是各分公司各种销售指标完成情况的数据,现需要制作任意两个公司进行对比的动态图。虽然都是百分比数据,但由于对比指标多达 5 个,利用折线图显然不是最佳的选择,这种情况下选择雷达图是比较合适的。动态图制作步骤如下。

排名	分公司	销售毛利率	销售完成率	扣除资金成本毛利率	已收款占收入比	未逾期占应收比	合计体检指标
9	东北	9.88%	42.53%	8.47%	26.32%	55.53%	28.55%
5	华北	10.88%	86.66%	8.70%	34.68%	32.78%	34.74%
7	华东	11.03%	92.27%	9.58%	26.74%	23.71%	32.67%
3	华南	14.62%	125.01%	12.77%	31.99%	22.41%	41.36%
6	华中	9.29%	93.17%	8.12%	25.52%	35.95%	34.41%
2	苏鲁皖	14.06%	117.45%	12.90%	37.08%	42.84%	44.87%
1	苏州	22.62%	157.48%	21.38%	27.02%	43.68%	54.43%
4	西北	12.70%	63.05%	14.35%	69.32%	34.35%	38.75%
8	西南	11.29%	73.05%	9.19%	38.47%	19.62%	30.33%

	分公司	销售毛利率	销售完成率	扣除资金成本毛利率	已收款占收入比	未逾期占应收比
请选择分公司→	苏州	22.62%	157.48%	21.38%	27.02%	43.68%
请选择分公司→	苏鲁皖	14.06%	117.45%	12.90%	37.08%	42.84%

图 15-59

STEP 01 在 B15、B16 单元格设置数据验证,数据来源于 B2:B10 单元格区域,在 C15 单元格中定义公式:=INDEX(C2:C10,MATCH($B$15,$B$2:$B$10,0)),复制公式到 G15 单元格。依照同

样的方法设置待比较的第 16 行的数据取得方式。

STEP 02　选择 B2:G16 单元格区域，插入雷达图，生成的图表如图 15-60 所示。

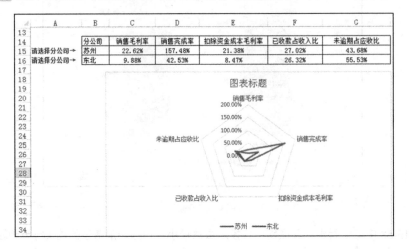

图 15-60

STEP 03　经过美化后的图表如图 15-61 所示。随意选择 B15、B16 单元格下拉菜单，该图表可动态显示任意两个分公司综合经营情况的对比。

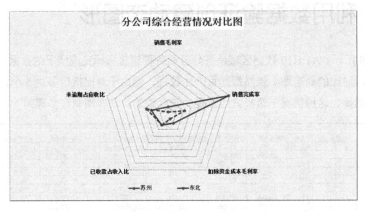

图 15-61

附注　雷达图（Radar Chart），又称为戴布拉图、蜘蛛网图（Spider Chart）。雷达图是财务分析报表的一种，其主要应用于企业经营状况分析。即，将一个公司的各项财务分析指标所得的数字或比率，就其比较重要的项目集中画在一个非常像雷达的图表上，以表现一个公司各项财务比率的情况，从而使使用者能一目了然地了解公司各项财务指标的变动情形及其好坏趋向。

15.11 本量利分析动态图

本量利分析是成本—产量（或销售量）—利润依存关系分析的简称，是指在变动成本计算模式的基础上，以数学化的会计模型与图文来揭示固定成本、变动成本、销售量、单价、销售额、利润等变量之间的内在规律性的联系，为会计预测决策和规划提供必要的财务信息的一种定量分析方法。本量利分析需要具备线性关系假设、品种结构稳定假设、产销平衡假设这3种假设前提。

下面以一个实例来说明本量利分析动态图的实现步骤，图15-62为本量利分析的基本要素设置。

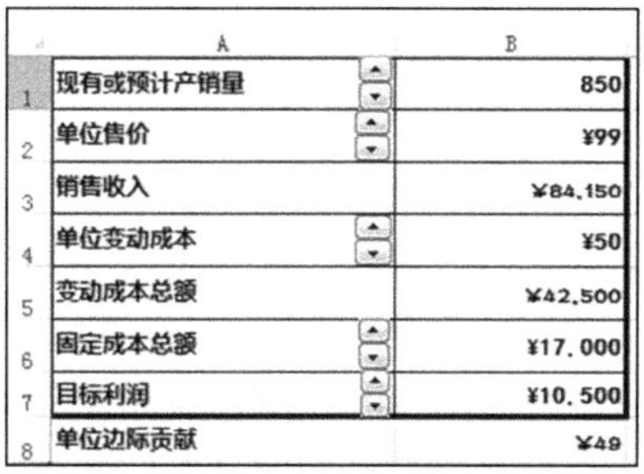

图 15-62

STEP 01 选择 A2 单元格，在"开发工具"选项卡下单击"插入"按钮，选择表单控件中的"数值调节钮"，选中该按钮，单击鼠标右键，选择"设置控件格式"，在打开的"设置控件格式"对话框中单击"控制"选项卡，设置最小值、最大值、步长分别为 100、1000、10，单元格链接选择 B1 单元格，如图 15-63 所示。已知单位售价、单位变动成本、固定成本总额、目标利润的区间范围分别为[60,150]、[25,100]、[15000,30000]、[0,30000]，步长分别为 1、1、500、500；依照同样的方法依次设置单位售价、单位变动成本、固定成本总额、目标利润的控件按钮。图 15-63 所示表格中的其他项目依照数据计算规则设置相关公式，在此不再赘述。

图 15-63

STEP 02 设置本量利分析图中的相关数据点。

如图 15-64 所示的盈亏临界点销量公式如下：=B6/(B2-B4)，盈亏临界点销售额公式如下：=B2*B10；同样依照本量利分析计算规则，分别设置 A 列“实现目标利润销量”、“实现目标利润销售额”、“安全边际量”等如图 15-64 所示项目单元格对应的 B 列相应单元格中的计算公式。

★ A18 单元格中的公式如下：=B10，B18 单元格的固定值为 0。

★ A19 单元格中的公式如下：=B10，B19 单元格中的公式如下：=B2*B10。

★ A20 单元格中的固定值为 0，B20 单元格中的公式如下：=B2*B10。

★ A21 单元格中的公式如下：=B10，B21 单元格中的公式如下：=B2*B10。

其中，A18:B21 单元格区域中的值分别对应的是盈亏平衡点（即盈亏临界点）对应的纵坐标轴、横坐标轴上的值。利用同样的方法分别设置“实现目标利润销量”数据点、“现有或预计产销量”的数据点，注意每个点必须设置 4 组对应数值，如图 15-64 所示。

STEP 03 设置收入线、成本线、边际贡献线的数值区域。

★ 在 D 列销量列单元格中分别设置如图 15-65 所示的销量数据。

★ E3 单元格中的公式如下：=B2，F3 单元格中的公式如下：=B4，E4 单元格中的公式如下：=$E$3*D4，并将此公式应用于 E 列中对应的其他单元格中。

★ F4 单元格中的公式如下：=$F$3*D4+$B$6，G4 单元格中的公式如下：=($E$3-$F$3)*D4，并将此公式应用于相应列的其他单元格中。

	A	B
10	盈亏临界点销量	354
11	盈亏临界点销售额	¥34,708
12	实现目标利润销量	563
13	实现目标利润销售额	¥55,125
14	安全边际量	496
15	安全边际额	¥48,592
16	安全边际率	58.33%
17	盈亏临界点作业率	41.67%
18	354	¥0
19	354	¥34, 708
20	0	¥34, 708
21	354	¥34, 708
22	563	¥0
23	563	¥55, 125
24	0	¥55, 125
25	563	¥55, 125
26	850	0
27	850	¥83, 300
28	0	¥83, 300
29	850	¥83, 300

图 15-64

	D	E	F	G
1	销量	收入	成本	
2				
3		98	50	
4	0	0	17000	0
5	500	49000	42000	24000
6	1000	98000	67000	48000
7				
8				
9				
10	2000	196000	117000	96000
11	2500	245000	142000	120000
12	3000	294000	167000	144000

图 15-65

STEP 04 选择成本线（数值区域 D4:D12 、F4:F12）的数值区域，插入带平滑线的散点图；依照同样的方法设置收入线、边际贡献线，如图 15-66 所示。

第 15 章　专业图表制作

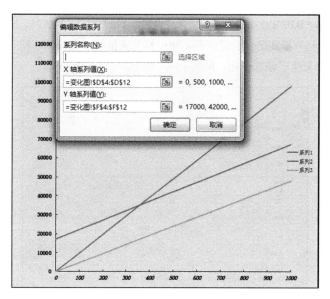

图 15-66

STEP 05　在图 15-66 中继续添加系列 4，其横坐标轴、纵坐标轴的数据范围依次选择 D4:D6、A18；系列 5 的横坐标轴、纵坐标轴的数据范围依次选择 D4:D6、B18；系列 6 的横坐标轴、纵坐标轴的数据范围依次选择 A18:A19、B18:B19，如图 15-67 所示为介于 300~400 之间的垂直于横坐标轴的数据线；系列 7 的横坐标轴、纵坐标轴的数据范围依次选择 A26:A27、B26:B27。

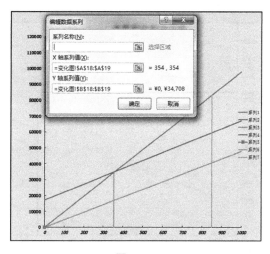

图 15-67

STEP 06　按照同样的方法分别添加系列 8 至系列 12。各系列的横坐标轴、纵坐标轴的数据范

411

围依次选择 A20:A21、B20:B21；A22、B22；A22:A23、B22:B23；A24:A25、B24:B25；A28:A29、B28:B29。这时本量利分析图已经初现雏形。单击相应变量的"数值调节钮"以调节数据大小，可以看到相应的图形发生了动态变化，如图 15-68 所示。

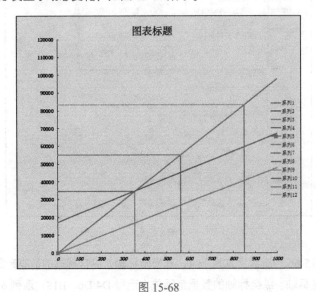

图 15-68

STEP 07 对图 15-68 进行美化，此处的美化步骤省略。最终效果如图 15-69 所示。

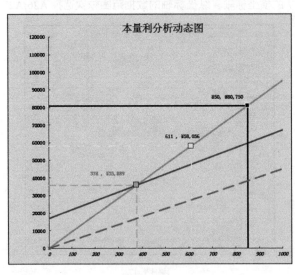

图 15-69

15.12 利用名称与控件制作动态图形

本节将介绍利用名称与控件相结合来制作动态图形的方法。

如图 15-70 所示是数据源，当我们选择月份查看时可以分析全部省份的数据变化趋势，当选择省份时可以查看相应省份全年各月的数据变化趋势。

	A	B	C	D	E	F	G	H	I	J	K	L	M
1	省份	1	2	3	4	5	6	7	8	9	10	11	12月
2	安徽	38	14	44	56	28	52	25	26	33	51	25	38
3	北京	40	12	35	31	10	13	20	35	11	35	15	11
4	福建	29	20	34	19	25	35	33	35	16	33	34	28
5	江苏	33	21	20	40	27	28	29	39	37	29	22	34
6	广东	17	10	21	54	39	42	49	13	29	47	36	28
7	浙江	38	34	40	48	29	29	38	49	42	25	40	14
8	河北	21	23	17	40	37	21	39	19	21	26	34	36
9	上海	18	26	30	12	27	28	18	35	32	25	25	19
10	湖南	28	52	23	59	38	25	56	37	64	49	27	26
11	湖北	23	52	44	59	50	31	29	60	30	46	31	18
12	山东	25	49	44	27	21	19	31	55	59	20	40	32
13	四川	37	25	29	28	31	19	21	43	18	19	20	37

图 15-70

我们可以利用单选控件与组合框控件的组合应用来实现这个动态图形的制作需求，实现步骤如下。

STEP 01 创建单选控件。首先插入两个单选按钮，分别将其文本设置为"By month"和"By province"，然后设置其链接单元格为 A15，如图 15-71 所示。

图 15-71

STEP 02 在 A16:A27 区域写上数据源区域中的全部省份，在 B16:B27 区域写 1 月、2 月、3 月……12 月，这个地方的内容作为辅助区域，方便我们之后的引用。

由于两个单选控件控制的数据内容不同，因此其所设置的引用区域也应不同。为了下面将要制作的组合框里能够根据单选控件选择的项目不同而显示不同的序列（月份选项或者省份选项），我们需要在名称管理器里设置一个名称，以便将来在制作组合框的时候可以根据这个名称里的公式判断应该在组合框里显示哪组序列。

打开"公式"选项卡里的名称管理器，新建一个叫 Series 的名称，其表达式如下：=IF(Sheet2!$A$15=1,Sheet2!$B$16:$B$27,Sheet2!$A$16:$A$27)，如图 15-72 所示。

图 15-72

当我们选择"By month"选项的时候，由于单元格 A15 里显示的是 1，因此 Series 这个名称就返回 B16:B27 区域中的值，也就是返回一个按月份列出的序列；如选择"By province"，则 A15=2，返回一个 A16:A27 区域中的值，这是一个按照省份列出的序列。

STEP 03 设置可根据选择变化的组合框控件。现在可以插入一个组合框控件，选择已插入的这个控件，单击鼠标右键，设置控件格式。单元格链接选择 C15，在数据源区域中填写：利用控件制作图形.xlsx!Series，如图 15-73 所示。单击"确定"按钮以后，我们就发现，组合框可以根据单选控件所选项目的不同显示出对应的下拉菜单来了。当我们选择"By month"这个单选控件时，在组合框的下拉列表中可选择不同的月份，C15 单元格就显示出对应的 1、2、3、…、12 来；当选择"By province"时，在组合框的下拉列表中可选择不同的省份。

第 15 章 专业图表制作

图 15-73

STEP 04 创建名称。当上一步已完成，且可以选择不同项目的组合框之后，我们就可以利用与之相联系的 C15 单元格创建一个 OFFSET 函数作为数据源了。

打开名称管理器，新建一个被称为"Sale_qty"的名称，如图 15-74 所示，其表达式如下：
=IF(Sheet2!$A$15=1,OFFSET(Sheet2!$A$1,1,Sheet2!$C$15,12,1),OFFSET(Sheet2!$A$1,Sheet2!$C$15,1,1,12))。

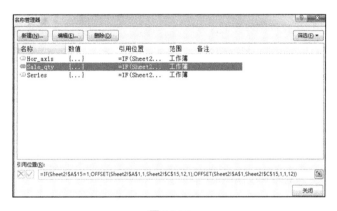

图 15-74

我们在这个案例里使用了一个 IF 函数，用来判断在 A15（即单选控件结果所链接的单元格）等于 1 或者等于 2 的时候所采用的不同 OFFSET 函数。根据上述函数的意思，当 A15=1 的时候，所引用的区域是 OFFSET(Sheet2!$A$1,1,Sheet 2!$C$15,12,1)，也就是按月查看不同省份的销售数据。当 A15 不等于 1 的时候，就引用 OFFSET(Sheet2!$A$1,Sheet2!$C$15,1,1,12)，也就是按省份查看不同月份的数据。

STEP 05 根据名称创建图表。创建一个折线图，单击鼠标右键，设置数据源。添加一个新的数据系列，其系列值如下：=利用控件制作动态图.xlsx!Sale_qty，如图 15-75 所示。

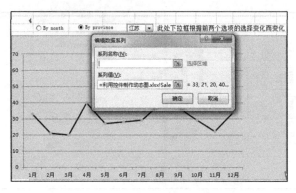

图 15-75

STEP 06 创建动态横坐标标签。由于这次横坐标要根据所选的查看方式不同而分别显示月份或者省份,因此在名称管理器里创建一个被称为 Horizontal_axis 的名称,其引用位置的表达式如下:=IF(Sheet2!$A$15=1,Sheet2!$A$16:$A$27, Sheet2!$B$16:$B$27)。这样就可以在选择按月份查看的时候引用省份作为坐标轴标签,或者在选择按省份查看时引用月份作为标签了。

单击图表,之后单击鼠标右键,选择"选择数据"命令,在选择数据源对话框里将水平(分类)轴改为"=利用控件制作图形.xlsx!Hor_axis",这样即可让横坐标随着滚动条变化,显示对应的月份或者省份了,如图 15-76 所示。

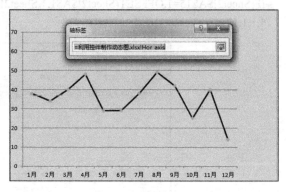

STEP 07 美化和修饰。前面的主要步骤都已经完成,最后要对控件的位置进行调整,使其适合人们阅读报表的习惯,并且对图表配色等进行美化,效果如图 15-77 所示。

图 15-76

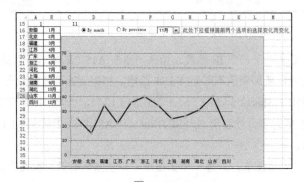

图 15-77

第 15 章 专业图表制作

15.13 Power View 基础

Power View 是一种数据可视化技术,用于创建交互式图表、图形、地图和其他视觉效果,以便直观呈现数据,它是 Excel 2013 新增的一项功能。使用 Power View 创建图表的条件并不复杂,组织数据的方式与数据透视表方式类似。使用 Power View 创建图表的主要目标就是能快速地创建图表,而且查看和筛选数据的方式非常灵活多变,交互性能良好。

Power View 需要使用 Silverlight,因此在第一次使用时,如果没有安装 Silverlight,则需要安装它。其安装方法在此不再赘述。下面来看看我们是如何使用 Power View 的。

将光标放在数据源中的任意一个单元格,然后插入 Power View 报告,如图 15-78 所示,这时需要等待一小段时间。

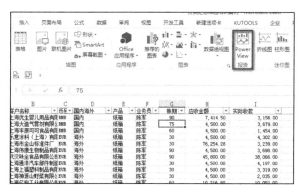

图 15-78

插入 Power View 报告后出现如图 15-79 所示的界面,该界面主要包含三部分:最左边是显示画布区,可以放置多个 Power View 表格或 Power View 图表;中间是筛选器;右侧是字段列表显示区。Power View 报告的这个布局和数据透视表大体相仿。

图 15-79

将"产品"从 Power View 字段列表框区域中拖放到筛选器中,同时取消勾选"编号"、"客户名称"、"币别"和"业务员"字段。最终结果如图 15-80 所示。

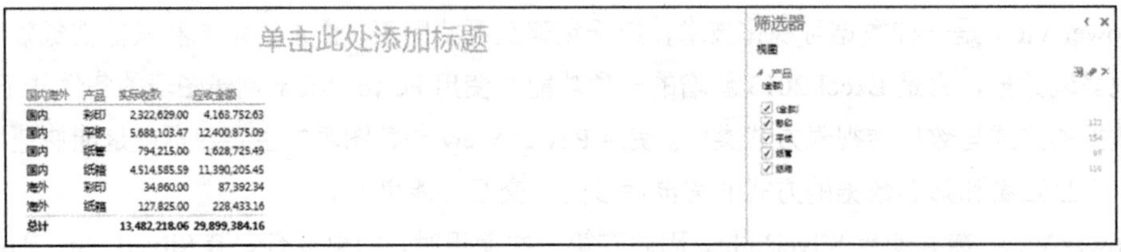

图 15-80

单击"设计"选项卡,在"切换可视化效果"分组中可以看到数据的不同展现类型。默认的是"表"模式,如图 15-80 所示就是"表"模式。此外还有"矩阵"和"卡"模式,如图 15-81 所示。

事实上可以在不打开数据源表格的情况下制作 Power View BI 图,实现步骤如下。

STEP 01 新建一个空白表格,单击"数据"选项卡下的"现有连接",弹出"现有连接"对话框,单击"浏览更多"按钮,在打开的对话框中找到欲获取数据的文件,选择该文件,单击"打开"按钮(见图 15-82),进入"选择表格"对话框。

STEP 02 在如图 15-83 所示的"选择表格"对话框中,选择数据存储的表格(此处为 Sheet1)。如果数据首行不包含列标题,可取消该勾选。单击"确定"按钮,关闭"选择表格"对话框,进入"导入数据"对话框。

图 15-81

第 15 章　专业图表制作

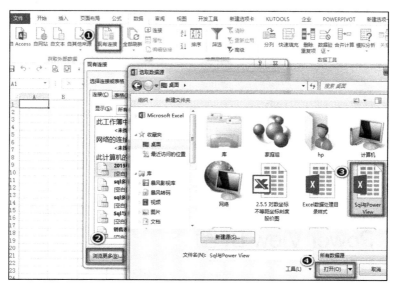

图 15-82

STEP 03　在如图 15-84 所示的"导入数据"对话框中选择"Power View 报表",单击"确定"按钮,关闭"导入数据"对话框,进入"Power View 报表"生成界面。

STEP 04　在 Power View 报表界面的 Power View 字段列表中,单击 Sheet1 前面的"▷",这样就调出了数据源表格中的字段列表,然后根据需要添加要用到的字段来制作 Power View BI 图,如图 15-85 所示。

Power View 类似于数据透视表中的切片器,可以对数据进行筛选查看,用它可以制作出功能丰富的动态图表。Power View 为数据呈现提供了一种全新的方式,借助 Silverlight,可使数据真正地"动"起来。

图 15-83

图 15-84

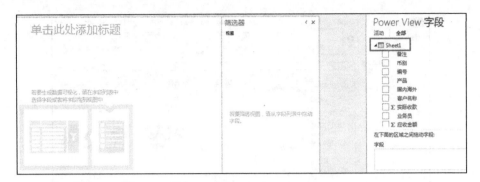

图 15-85

15.14 Power View BI 图

在 Excel 2013 之前的版本中，Excel 要实现交互式的 BI 报表（图表），需要借助控件、定义名称，有时甚至要利用 VBA 才可以实现 BI 报表（图表）生成，非常不方便。自从 Excel 2013 有了 Power View，一切都变得很简单了。本节介绍在 Excel 2013 中插入 Power View 制作 BI 图表及展示 BI 图表效果的方法。

如图 15-86 所示是利用 Power View 制作 BI 图表数据源的一部分。

STEP 01 将光标悬停在数据源中的任意一个单元格，单击插入 Power View 报告，在 Power View 字段列表中，取消“业务员”的勾选，产生按产品统计的金额 Power View 报表，如图 15-87 所示。

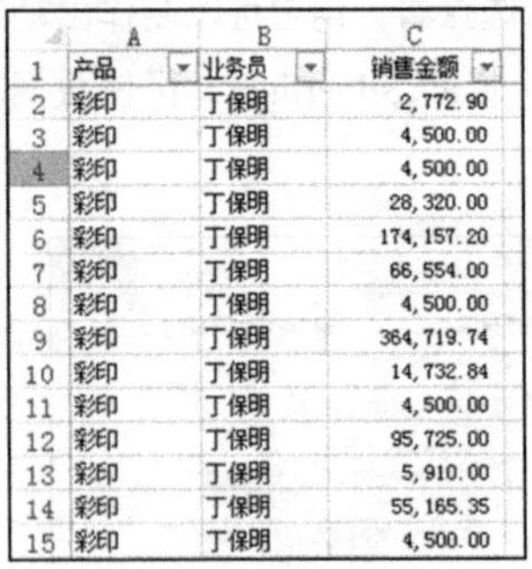

	A	B	C
1	产品	业务员	销售金额
2	彩印	丁保明	2,772.90
3	彩印	丁保明	4,500.00
4	彩印	丁保明	4,500.00
5	彩印	丁保明	28,320.00
6	彩印	丁保明	174,157.20
7	彩印	丁保明	66,554.00
8	彩印	丁保明	4,500.00
9	彩印	丁保明	364,719.74
10	彩印	丁保明	14,732.84
11	彩印	丁保明	4,500.00
12	彩印	丁保明	95,725.00
13	彩印	丁保明	5,910.00
14	彩印	丁保明	55,165.35
15	彩印	丁保明	4,500.00

图 15-86

单击此处添加标题

产品	金额
彩印	4,251,144.97
平板	12,400,875.09
纸管	1,595,839.49
纸箱	9,269,178.83
总计	27,517,038.38

图 15-87

STEP 02 将光标悬停在 Power View 报表中的任意一个单元格，单击“设计”选项卡下“切换可视化效果”分组中的“其他图表”，这里选择“饼图”，单击“布局”选项卡下“标签”分组中的“图例”，选择“在顶部显示图例”，之后选择绘图区右侧的“|”或者右下角的“┘”，然后拖放调整“饼图”到合适大小，如图 15-88 所示。

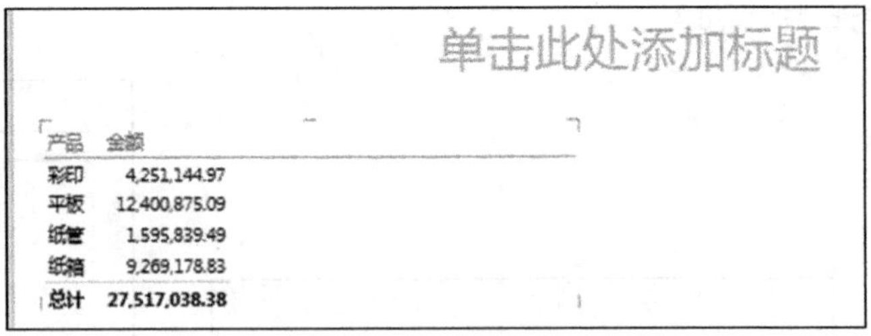

第 15 章 专业图表制作

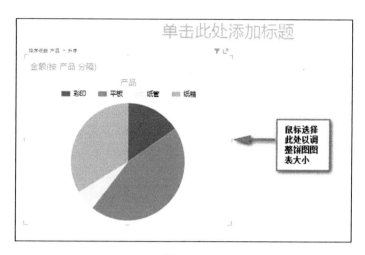

图 15-88

STEP 03 将光标悬停在饼图区域之外的画布区，勾选 Power View 字段列表中的"业务员"和"金额"，然后新增按业务员角度反映销售的 Power View 条形图，调整条形图大小，添加图表标题，如图 15-89 所示。

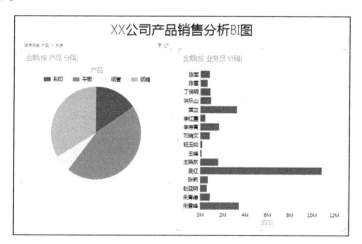

图 15-89

下面可以通过不同的操作方式来展示 Power View BI 图表的效果。

单击左侧饼图区中的"彩印"图例项（或单击相应的扇形区），饼图中反映该产品的扇形区域呈高亮显示而其他产品呈浅色显示，与此同时右边的条形图也相应地高亮显示从事销售"彩印"的业务员完成销售的情况，如图 15-90 所示。如果单击其他产品系列，两个图形会产生联动变化。这一点与数据透视表中切片器的功能相同。

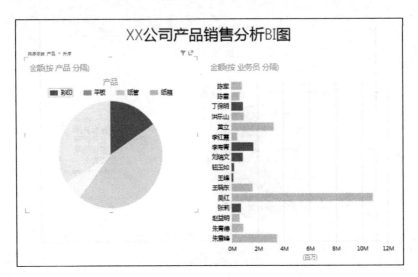

图 15-90

当单击右侧条形图中的某一条形系列时，除单击的条形图高亮显示外其余条形图都呈浅色显示，与此同时，左侧饼图中会高亮显示出该业务员所销售产品占全部所销售同类产品的份额，如图 15-91 所示。

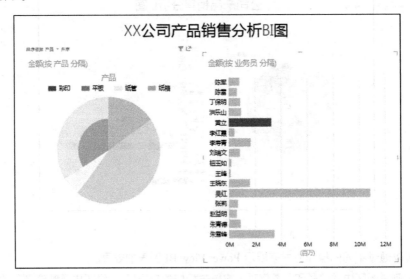

图 15-91

当单击除绘图区或图例项之外的图表区时，图中所有产品的扇形区都高亮显示，表示所有的产品对象全被选中。

第 15 章 专业图表制作

> **附注** BI（Business Intelligence）图表即商务智能图表，它是一套完整的解决方案，用来将企业中现有的数据进行有效的整合，快速准确地提供报表并提出决策依据，帮助企业做出明智的业务经营决策。

Excel 商务智能图表通过 Excel 表格引入的"结构化引用"计算的威力，通过灵活、直观地驾驭"动态数据区域"，极大地提升了图表的自动化和交互性。利用 Power View 制作 BI 图表是一个非常有效的途径。

第 16 章

VBA 在数据处理中的应用

16.1 制作目录链接报表

工作簿中常常因为表太多且来回切换而比较麻烦，如果能有个目录直接跳转到所希望查看的那张工作表就好了。以下是实现根据目录自动跳转到表格的代码：

```
#01  Private Sub Workbook_Open()
#02    On Error Resume Next
#03     Sheets("目录").Cells.Clear
#04    Sheets("目录").Range("A1") = "目录"
#05    k = 1
#06    For Each sh In Sheets
#07       If sh.Name <> "目录" Then
#08          k = k + 1
#09          Sheets("目录").Cells(k, 1) = sh.Name
#10       End If
#11    Next
#12    Sheets("目录").Range("A:A").EntireColumn.AutoFit
#13    Sheets("目录").Range("A:A").EntireColumn.HorizontalAlignment = xlCenter
#14  End Sub
```
'代码作用：每次打开这个工作簿，就可以把所有的表名重新提取一遍放到目录表的 A 列，防止
'有新增的表没有被链接到。

第 16 章 VBA 在数据处理中的应用

```
#15 Private Sub Worksheet_SelectionChange(ByVal Target As Range)
#16     Dim sht As Worksheet
#17     On Error Resume Next
#18     If Target.Row < 2 Or Target.Column > 1 Then Exit Sub
#19     For Each sht In Worksheets
#20         If sht.Name <> "目录" Then sht.Visible = xlSheetVeryHidden
#21     Next sht
#22     Sheets(Target.Value).Visible = xlSheetVisible
#23     Sheets(Target.Value).Select
#24 End Sub
'以上代码放到目录工作表下。代码作用：当你选中这个单元格时，就会跳转到这个单元格所对
'应名称的表中，并且把除目录及这个表外的其他表都隐藏，不必因为有太多工作表而烦恼。
```

16.2 利用循环分解连续发票号码

很多公司的财务账页中都用发票号码记载相关金额。出于简化的处理，很多财务人员都会输入形如"01379001-9012"之类的连续发票号码。但税金系统中的发票号码与其相关金额都是一一对应的，如果以连续发票号码的方式去核对两个系统之间税金的差异则会非常麻烦。以下 VBA 循环程序可将连续发票号码分解出单张发票号码，再利用相关公式计算出单张发票的税金金额，从而为核对公司账税金与税金系统发票差异提供了便利。有关的 VBA 代码如下。

```
#01 Sub 连续发票号()
#02     Dim arr, brr, crr
#03     Dim i&, j&, k&, m&, mLen&, Count&
#04     arr = Worksheets("Sheet1").[a1].CurrentRegion
        '把工作表 Sheet1 中的 A1 单元格相连区域装入数组 arr
#05     ReDim brr(1 To 1000, 1 To 4)    '重新定义结果数组大小
#06     For i = 2 To UBound(arr)    '循环 arr
#07         If InStr(arr(i, 1), "-") Then
            '判断是否有"-"，执行下面的语句
#08             crr = Split(arr(i, 1), "-")    '以-号分离数组 crr
#09             mLen = Len(crr(1))    '取得数组 crr 中第二个元素的长度
#10             Count = crr(1) - Right(crr(0), mLen)
                'Right(crr(0), mLen)
                '取得发票起始码，最终码-起始码，即得到发票张数减 1
#11             For j = 0 To Count    '循环 0 to 发票张数减 1，实际就是发票张数
#12                 k = k + 1 '自加 为了定位 放数组
#13                 brr(k, 1) = Format(Left(arr(i, 1), 8) + j, "00000000")
                    '单个发票号  格式化 变成 01234567 以防去置 0
#14                 brr(k, 2) = arr(i, 1)    '隶属于原发票号码
#15                 brr(k, 3) = arr(i, 2)    '发票张数
#16                 brr(k, 4) = arr(i, 3)    '发票金额
```

```
#17             Next
#18         Else
                '判断如果没有"-",那么执行下面的语句。就是有的发票是单张发票
#19             k = k + 1    '自加 为了定位 放数组
#20             brr(k, 1) = arr(i, 1)   '单个发票号
#21             brr(k, 2) = arr(i, 1)   '隶属于原发票号码
#22             brr(k, 3) = arr(i, 2)   '发票张数
#23             brr(k, 4) = arr(i, 3)   '发票金额
#24         End If
#25     Next
#26     Worksheets("Sheet2").[a2].Resize(k, 4) = brr
        '读出数组放在以 a2 单元格为起点的工作表 Sheet2 的单元格区域中,该区域有 k 行 4 列
#27     Call 分解金额(k)    '调用过程
#28 End Sub
#29 Sub 分解金额(k)
#30     Worksheets("Sheet2").[E2].Select '前面加上工作表,可以选中指定工作表 Sheet2
'的 E2 单元格
#31     ActiveCell.FormulaR1C1 = _
#32
"=IF(COUNTIF(R2C[-3]:RC[-3],RC[-3])<RC[-2],ROUND(RC[-1]/RC[-2],2),RC[-1]-R
OUND((RC[-2]-1)*ROUND(RC[-1]/RC[-2],2),2))"    '写分解金额公式
#33     Selection.AutoFill Destination:=ActiveCell.Range("A1:A4" & k)
        '将分解出来的结果进行自动填充
#34 End Sub
```

以下实例运行的结果如图 16-1 所示。

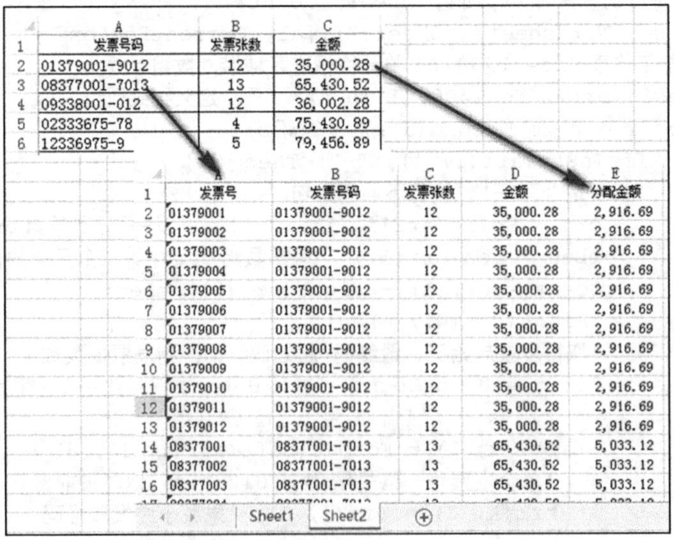

图 16-1

> **提示** 上述连续发票号码分解金额假定的前提是，同一笔销售需要开多张发票时，开票人员的习惯总是按总金额除以所需张数得出的结果来开出前 N-1 张发票，将数字尾差调整到最后 1 张即第 N 张发票的金额上。

16.3 VBA 自定义函数

很多用户有一个需要，即将美元（欧元）金额数字转换为英文美元（欧元）大写金额，例如：$12345.90 可转换为 "Twelve Thousand Three Hundred Forty Five Dollars and Ninety Cents"。下面这段代码就是一个将美元金额数字转换为英文美元大写金额的自定义函数 AmountinWord。

按 Alt+F11 组合键启动 Visual Basic 编辑器。在"插入"菜单上，单击"模块"。在模块表中输入下面的代码。

```
#001  Option Explicit
#002  '主函数
#003  Function AmountinWord(ByVal MyData)
#004      Dim Dollars, Cents, Temp
#005      Dim DecimalPlace, Count
#006      ReDim Place(9) As String
#007      Place(2) = " Thousand "
#008      Place(3) = " Million "
#009      Place(4) = " Billion "
#010      Place(5) = " Trillion "
#011      '金额字符串表达式
#012      MyData = Trim(Str(MyData))
#013      '确定小数点位置，如果没有就用 0 代替
#014      DecimalPlace = InStr(MyData, ".")
#015      '转换美分，并将 MyData 设置为美元金额
#016      If DecimalPlace > 0 Then
#017          Cents = GetTens(Left(Mid(MyData, DecimalPlace + 1) & _
#018              "00", 2))
#019          MyData = Trim(Left(MyData, DecimalPlace - 1))
#020      End If
#021      Count = 1
#022      Do While MyData <> ""
#023          Temp = GetHundreds(Right(MyData, 3))
#024          If Temp <> "" Then Dollars = Temp & Place(Count) & Dollars
#025          If Len(MyData) > 3 Then
#026              MyData = Left(MyData, Len(MyData) - 3)
#027          Else
#028              MyData = ""
```

```vba
#029            End If
#030            Count = Count + 1
#031        Loop
#032        Select Case Dollars
#033            Case ""
#034                Dollars = "No Dollars"
#035            Case "One"
#036                Dollars = "One Dollar"
#037            Case Else
#038                Dollars = Dollars & " Dollars"
#039        End Select
#040        Select Case Cents
#041            Case ""
#042                Cents = " and No Cents"
#043            Case "One"
#044                Cents = " and One Cent"
#045            Case Else
#046                Cents = " and " & Cents & " Cents"
#047        End Select
#048        AmountinWord = Dollars & Cents
#049    End Function
#050    '将100~999数字转换成文本
#051    Function GetHundreds(ByVal MyData)
#052        Dim Result As String
#053        If Val(MyData) = 0 Then Exit Function
#054        MyData = Right("000" & MyData, 3)
#055        '转换百位数的位置
#056        If Mid(MyData, 1, 1) <> "0" Then
#057            Result = GetDigit(Mid(MyData, 1, 1)) & " Hundred "
#058        End If
#059        '转换整位数和个位数的位置
#060        If Mid(MyData, 2, 1) <> "0" Then
#061            Result = Result & GetTens(Mid(MyData, 2))
#062        Else
#063            Result = Result & GetDigit(Mid(MyData, 3))
#064        End If
#065        GetHundreds = Result
#066    End Function
#067    '将10~99数字转换成文本
#068    Function GetTens(TensText)
#069        Dim Result As String
#070        Result = ""                   '清空临时函数值
#071        If Val(Left(TensText, 1)) = 1 Then      '如果值是10~19之间的数
#072            Select Case Val(TensText)
```

```vb
#073            Case 10: Result = "Ten"
#074            Case 11: Result = "Eleven"
#075            Case 12: Result = "Twelve"
#076            Case 13: Result = "Thirteen"
#077            Case 14: Result = "Fourteen"
#078            Case 15: Result = "Fifteen"
#079            Case 16: Result = "Sixteen"
#080            Case 17: Result = "Seventeen"
#081            Case 18: Result = "Eighteen"
#082            Case 19: Result = "Nineteen"
#083            Case Else
#084        End Select
#085    Else                            '如果值是20~99之间的数
#086        Select Case Val(Left(TensText, 1))
#087            Case 2: Result = "Twenty "
#088            Case 3: Result = "Thirty "
#089            Case 4: Result = "Forty "
#090            Case 5: Result = "Fifty "
#091            Case 6: Result = "Sixty "
#092            Case 7: Result = "Seventy "
#093            Case 8: Result = "Eighty "
#094            Case 9: Result = "Ninety "
#095            Case Else
#096        End Select
#097        Result = Result & GetDigit _
#098            (Right(TensText, 1))    '恢复个位数的位置
#099    End If
#100    GetTens = Result
#101 End Function
#102 '将1~9转换成文本
#103 Function GetDigit(Digit)
#104    Select Case Val(Digit)
#105        Case 1: GetDigit = "One"
#106        Case 2: GetDigit = "Two"
#107        Case 3: GetDigit = "Three"
#108        Case 4: GetDigit = "Four"
#109        Case 5: GetDigit = "Five"
#110        Case 6: GetDigit = "Six"
#111        Case 7: GetDigit = "Seven"
#112        Case 8: GetDigit = "Eight"
#113        Case 9: GetDigit = "Nine"
#114        Case Else: GetDigit = ""
#115    End Select
#116 End Function
```

保存上述代码，将此文件另存为一个容易识别的文件名（这里名为"数字金额转换为英文大写金额"），保存类型选择"Excel 加载宏"，即保存为 .xlam 文件。单击"开发工具"选项卡下的"加载项"按钮，在打开的对话框中单击"浏览"按钮，选择该文件，单击"确定"按钮，关闭"浏览"对话框，勾选所需的加载项，如图 16-2 所示，这样就能像其他内置函数一样使用自定义函数了。

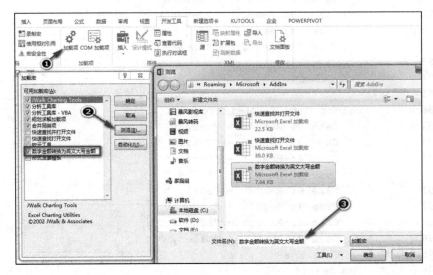

图 16-2

> **提示** 如果需要转换为其他外币金额的英文大写，可将上述货币 Dollar、Dollars 替换为相应货币的英文货币名称（如用 Euro、Euros 替换掉 Dollar、Dollars），函数名修改成另外一个函数名（如修改为 AmountinWordE）即可。

16.4　合并工作表

```
#01 Option Explicit
#02 Sub 表结构相同的工作表合并()
#03     Application.ScreenUpdating = False
#04     Application.DisplayAlerts = False
#05     Dim Sht As Worksheet
#06     Dim i%
#07     Worksheets("汇总表").Cells.Clear '清空"汇总表"
#08     MsgBox "请确保已创建名为"汇总表"的工作表", 0 + 64, "温馨提醒"
#09     '判断"汇总表"在工作表中的位置，值为 i
#10     For i = 1 To Worksheets.Count
```

```
#11         If Worksheets(i).Name = "汇总表" Then
#12             Exit For
#13         End If
#14     Next
#15     '复制行标题到工作表"汇总表"
#16     If i = 1 Then
#17         Worksheets(2).Rows("1:1").Copy Destination:=Worksheets(1).[a1]
#18     Else
#19         Worksheets(1).Rows("1:1").Copy Destination:=Worksheets("汇总表").[a1]
#20     End If
#21     '复制每一个分表内容到工作表"汇总表"
#22     For Each Sht In Worksheets
#23         If Sht.Name <> "汇总表" Then
#24             Sht.Range(Sht.[A2],Sht.[a1].SpecialCells(xlCellTypeLastCell)).Copy Worksheets("汇总表").[A1048576].End(xlUp).Offset(1, 0)
#25         End If
#26     Next Sht
#27     Application.DisplayAlerts = True
#28     Application.ScreenUpdating = True
#29 End Sub
```

16.5 合并工作簿

```
#01 Sub 多工作簿合并()
#02     Dim file() As String, FileStr As String, n As Integer, PathStr As String, HeadRows As Byte
#03     Dim names As String, ActiveWB As Workbook, cell As Range, Bool As Boolean
#04     With Application.FileDialog(msoFileDialogFolderPicker)   '创建文件对话框的实例
#05         If .Show Then          '如果在对话框中单击了"确定"
#06             PathStr = .SelectedItems(1)    '将选定的路径赋予变量
#07         Else
#08             Exit Sub           '否则退出程序
#09         End If
#10     End With
#11     On Error Resume Next
#12     FileStr = Dir(PathStr & IIf(Right(PathStr, 1) = "\", "", "\") & "*.XLSX")   '获取路径下的第一个文件名
#13     While Len(FileStr) > 0     '只要文件名的长度大于 0 就循环下去
#14         n = n + 1              '累加变量,该变量等于文件个数
```

```
#15              ReDim Preserve file(1 To n)   '重新指定数组变量的存储空间
#16              file(n) = PathStr & IIf(Right(PathStr, 1) = "\", "", "\") & FileStr    '将路径与文件名逐个写入数组
#17              FileStr = Dir()
#18          Wend
#19          If n = 0 Then MsgBox "没发现excel文件": Exit Sub
             '如果没有文件，则退出程序
#20          Application.DisplayAlerts = False
#21          With Workbooks.Add       '新建工作簿
#22              .Sheets(3).Delete    '删除第三张工作表
#23              .Sheets(2).Delete    '删除第二张工作表
#24              .Sheets(1).Name = "目录"    '将剩下的工作表命名为"目录"
#25          End With
#26          Application.DisplayAlerts = True
#27          '让用户指定标题行数，标题不参与合并
#28          HeadRows = Application.InputBox("请确认待合并工作簿的标题行数", "标题行", 1, , , , , 1)
#29          If HeadRows < 1 Then Exit Sub    '如果标题行小于1，则退出程序
#30          Application.ScreenUpdating = False      '关闭屏幕更新，从而提速
#31          Application.Calculation = xlCalculationManual    '调用手动计算模式
#32          nm = ActiveWorkbook.Name    '
#33          For k = 1 To n    '遍历文件夹中的所有Excel文件
#34              names = Dir(file(k))    '获取文件的名称(忽略路径)
#35              Workbooks.Open Filename:=file(k)    '打开文件
#36              Workbooks(nm).Activate    '返回存放合并数据的工作表
#37              For i = 1 To Workbooks(names).Sheets.Count    '遍历所有工作表，
'开始合并标题以外的数据
#38                  Bool = True    '将Bool变量设置为True
#39                  shn = Workbooks(names).Sheets(i).Name    '获取待合并工作表的名称
#40                  '通过循环检查存放合并数据的工作簿中是否有与当前合并工作表同名的表，如果有，
'则将Bool变量赋值为False
#41                  For j = 1 To Workbooks(nm).Sheets.Count
#42                      If Workbooks(nm).Sheets(j).Name = shn Then Bool = False: Exit For
#43                  Next j
#44                  If Bool = True Then    '如果Bool是True
#45                      Workbooks(nm).Sheets.Add After:=Workbooks(nm).Sheets(Workbooks(nm).Sheets.Count)    '新建工作表
#46                      Workbooks(nm).ActiveSheet.Name = Workbooks(names).Sheets(i).Name    '取名为待合并工作表的表名
#47                      Intersect(Workbooks(names).Sheets(i).UsedRange, Workbooks(names).Sheets(i).Rows("1:" & HeadRows)) _
#48                          .Copy Workbooks(nm).ActiveSheet.Cells(1, 2)    '将标题行复制过来
#49                      Workbooks(nm).ActiveSheet.Cells(1, 1) = "工作簿名"
```

```vba
#50             End If
#51             If Not IsEmpty(Workbooks(names).Sheets(i).UsedRange) Then    '如果不是空表
#52                 If Workbooks(names).Sheets(i).UsedRange.Rows.Count <= HeadRows Then Exit For   '如果数据行数小于指定的标题行则退出
#53                 With Workbooks(nm).Sheets(shn).UsedRange    '引用存放合并数据'的工作簿的工作表的已用区域
#54                     Set cell = Intersect(Workbooks(names).Sheets(i).UsedRange.Offset(HeadRows, 0), _
#55                     Workbooks(names).Sheets(i).UsedRange)    '将待合并工作簿中的工作表'除标题行以外的区域赋予变量 cell
#56                     cell.Copy .Rows(.Rows.Count + 1)(1).Offset(0, 1)    '将 cell 区域'赋予存放合并数据的工作表已用区域的下一行
#57                     .Rows(.Rows.Count + 1)(1).Offset(0, 1).Resize(cell.Rows.Count, cell.Columns.Count).Value = cell.Value    '再次复制,仅仅复制数值
#58                     .Rows(.Rows.Count + 1)(1).Resize(cell.Rows.Count,1).Merge
#59                     .Rows(.Rows.Count + 1)(1).Resize(cell.Rows.Count, 1) = Replace(names, "." & Split(names, ".")(UBound(Split(names, "."))), "")
#60                 End With
#61             End If
#62 lines:
#63         Next i    '合并下一张工作表
#64         Workbooks(names).Close False    '关闭工作簿,且不保存
#65     Next k
#66     '后面的内容用于创建工作表目录
#67     With Workbooks(nm).Sheets("目录")
#68         .Range("a1:b1") = Array("序号", "工作表")
#69         For Each sh In Workbooks(nm).Worksheets    '循环每张工作表
#70             L = L + 1
#71             If sh.Name <> "目录" Then    '如果表名不是"目录"
#72                 sh.UsedRange.Borders.LineStyle = xlContinuous    '对已用区域'添加边框(根据实际情况选用)
#73                 Sheets("目录").Cells(L, 1) = L - 1    '编号
#74                 '在目录工作表中添加超链接
#75                 Sheets("目录").Hyperlinks.Add Anchor:=Sheets("目录").Cells(L, 2), Address:="#" & sh.Name & "!A1", TextToDisplay:=sh.Name
#76             End If
#77         Next sh
#78     End With
#79     Application.ScreenUpdating = True    '恢复屏幕更新
#80     Application.Calculation = xlCalculationAutomatic    '恢复自动计算
#81 End Sub
```

16.6 将工作簿中的多张工作表批量复制到总表

在实际工作中，经常需要将各分公司或子公司的可见报表中的数据复制到总表工作簿中对应的各分表中（即隐藏报表不复制），便于总表工作簿中的汇总表引用或汇总数据，也便于查看各分表的数据。如果各公司上报报表中有新增的报表，则在总表中应能自动增加。如图 16-3 所示是总表工作簿中各分表与汇总表的一部分，如图 16-4 所示是存放于指定文件夹中的 3 个子公司上报的 3 张工作簿及常熟厂工作簿中的工作表截图。

> 提示　各分公司或子公司的报表需要存放于同一级的同一文件夹中，汇总报表不可与各分公司或者子公司的报表放在同一级文件夹下，否则会导致数据复制出错。

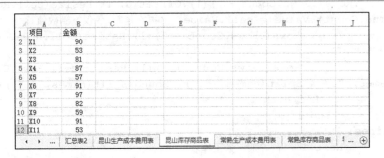

图 16-3

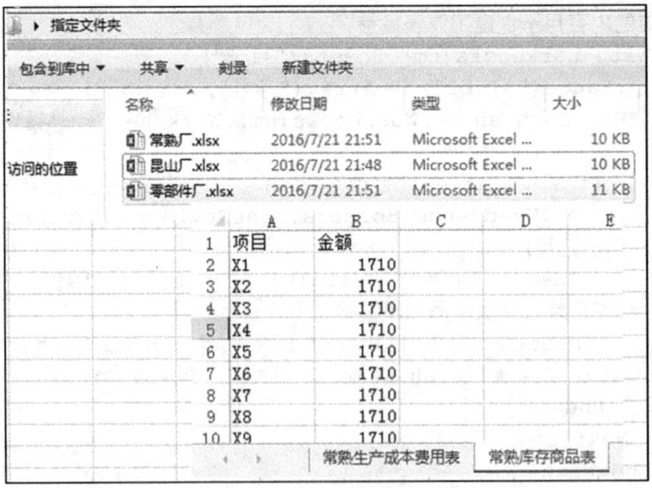

图 16-4

实现上述功能的代码如下：

第 16 章　VBA 在数据处理中的应用

```
#01 Sub Batchcopy()
#02     Dim fillPath$, shPath$
#03     Dim wbZb As Workbook, wbFb As Workbook, wSh As Worksheet
#04     Set wbZb = ActiveWorkbook        '设定 wbZb 对象变量为总表活动工作簿,方便后
'期调用
#05     With Application.FileDialog(msoFileDialogFolderPicker)   '使用对话
'框获得用户选择的文件夹名
#06         If .Show Then fillPath = .SelectedItems(1) & "\" Else Exit Sub
'显示选择文件夹对话框,并判断用户是否选择了文件夹。若条件满足,就获取选择的文件夹路径给
'fillPath,否则退出程序
#07     End With
#08     Application.AskToUpdateLinks = False     '链接文件时禁止更新
#09     Application.DisplayAlerts = False        '禁止弹出提示框
#10     shPath = Dir(fillPath & "*.xls*")        '通过得到的路径连接后缀名来
'得到第一个 Excel 工作簿名
#11     Do While shPath <> ""    '判断是否为空,若为空,就跳到最后一个 Excel 工作
'簿,结束本次循环,直到找不到 Excel 工作簿文件
#12         Set wbFb = CreateObject(fillPath & shPath)   '找到的目录路径跟
'工作簿名连到一起组成的工作簿路径,后台打开,并把 Excel 工作簿给 wbFb 对象使用
#13         If wbFb.Name <> wbZb.Name Then       '判断打开的工作簿是否为本身,
'若是,就跳过
#14             For Each wSh In wbFb.Sheets      '遍历 wbFb 对象中的全部工作表集合,
'并把每张工作表对象赋予 wSh 对象变量
#15                 Debug.Print wSh.Name
#16                 If wSh.Visible <> xlSheetHidden Then     '判断工作表是否为隐藏
'状态,若是,就跳过循环,继续下一个
#17                     On Error Resume Next     '屏蔽错误,继续执行
#18                     If wbZb.Sheets(wSh.Name) Is Nothing Then    '判断总表工作表
'是否存在分表一样的表
#19                         wbZb.Sheets.Add(wbZb.Sheets(wbZb.Sheets.Count)).Name =
wSh.Name
#20                     End If
#21                     wSh.Cells.Copy           '复制分表
#22                     wbZb.Sheets(wSh.Name).Cells.PasteSpecial
Paste:=xlPasteFormats    '第一次先粘贴分表结构格式到总表中对应的分表中
#23                     wbZb.Sheets(wSh.Name).Cells.PasteSpecial
Paste:=xlPasteValuesAndNumberFormats    '第二次粘贴数值
#24             End If
#25         Next
#26         wbFb.Close savechanges:=False        '以不保存方式关闭分表
#27     End If
#28     shPath = Dir()                           '查找下一个文件的工作簿名
#29 Loop
#30 Application.DisplayAlerts = True             '执行完毕,开启提示框弹出
```

```
#31 Application.AskToUpdateLinks = True      '打开文件更新链接
#32 End Sub
```

16.7 简易报价单系统

如图 16-5 所示是一个报价单模板，在此模板中可以实现数据输入完毕后将数据存储到指定数据库中，此外此报价单模板还具有打印、清空数据以便新增报价单这两种功能。存储报价单明细数据格式如图 16-6 所示，很显然这种表格结构相对于这种模板式的报价单，查询数据更为便捷。

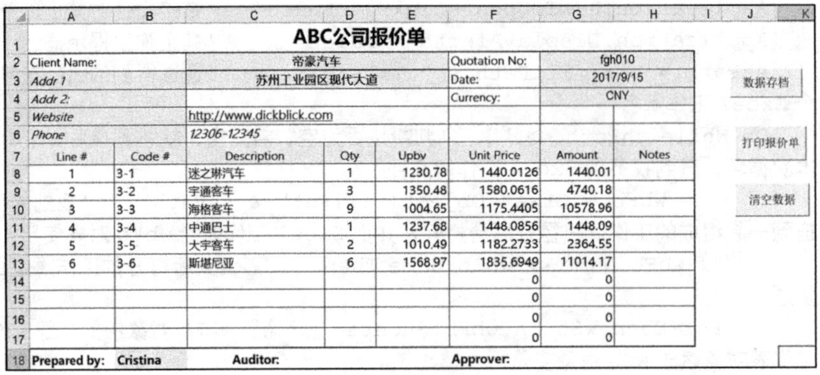

ABC公司报价单								
Client Name:		帝豪汽车			Quotation No:	fgh010		
Addr 1		苏州工业园区现代大道			Date:	2017/9/15		
Addr 2:					Currency:	CNY		
Website		http://www.dickblick.com						
Phone		12306-12345						
Line #	Code #	Description	Qty	Upbv	Unit Price	Amount	Notes	
1	3-1	迷之琳汽车	1	1230.78	1440.0126	1440.01		
2	3-2	宇通客车	3	1350.48	1580.0616	4740.18		
3	3-3	海格客车	9	1004.65	1175.4405	10578.96		
4	3-4	中通巴士	1	1237.68	1448.0856	1448.09		
5	3-5	大宇客车	2	1010.49	1182.2733	2364.55		
6	3-6	斯堪尼亚	6	1568.97	1835.6949	11014.17		
					0	0		
					0	0		
					0	0		
					0	0		
Prepared by: Cristina		Auditor:			Approver:			

图 16-5

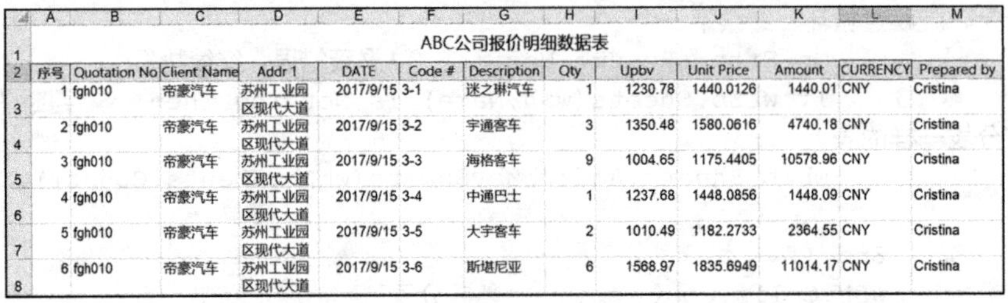

ABC公司报价明细数据表

序号	Quotation No	Client Name	Addr 1	DATE	Code #	Description	Qty	Upbv	Unit Price	Amount	CURRENCY	Prepared by
1	fgh010	帝豪汽车	苏州工业园区现代大道	2017/9/15	3-1	迷之琳汽车	1	1230.78	1440.0126	1440.01	CNY	Cristina
2	fgh010	帝豪汽车	苏州工业园区现代大道	2017/9/15	3-2	宇通客车	3	1350.48	1580.0616	4740.18	CNY	Cristina
3	fgh010	帝豪汽车	苏州工业园区现代大道	2017/9/15	3-3	海格客车	9	1004.65	1175.4405	10578.96	CNY	Cristina
4	fgh010	帝豪汽车	苏州工业园区现代大道	2017/9/15	3-4	中通巴士	1	1237.68	1448.0856	1448.09	CNY	Cristina
5	fgh010	帝豪汽车	苏州工业园区现代大道	2017/9/15	3-5	大宇客车	2	1010.49	1182.2733	2364.55	CNY	Cristina
6	fgh010	帝豪汽车	苏州工业园区现代大道	2017/9/15	3-6	斯堪尼亚	6	1568.97	1835.6949	11014.17	CNY	Cristina

图 16-6

实现上述功能的代码如下。

```
#01 Sub 报价单bc()  '保存数据
#02     Dim ar(1 To 10, 1 To 13) '定义一个10行13列的数组
#03     If [C2] = "" Or [C3] = "" Or [G2] = "" Or [G3] = "" Or [G4] = "" Or [B18] = "" Then
#04         MsgBox "客户名称、地址、报价单号、日期、币种和编制人必须全部填写完整方可保存数据。"
#05         Exit Sub
#06     End If
```

第 16 章　VBA 在数据处理中的应用

```
#07       For i = 8 To 17
#08           If Cells(i, 2) <> "" Then  '判断 B8:B17 是否为空
#09               m = m + 1  '不为空则累加,形成 1,2,3,4,5 的序列
#10 '               ar(m, 1) = []
#11               ar(m, 1) = Cells(i, 1)   '将报价单对应单元格的数据填到数据库表中
'的位置,取序号 Line
#12               ar(m, 2) = [G2]  '取报价单号
#13               ar(m, 3) = [C2]  '取公司名
#14               ar(m, 4) = [C3]  '取地址
#15               ar(m, 5) = [G3]  '取报价日期
#16               ar(m, 6) = Cells(i, 2)     '取物料代码
#17               ar(m, 7) = Cells(i, 3)     '取物料描述
#18               ar(m, 8) = Cells(i, 4)     '取数量
#19               ar(m, 9) = Cells(i, 5)     '取税前单价
#20               ar(m, 10) = Cells(i, 6)    '取税后单价
#21               ar(m, 11) = Cells(i, 7)    '取金额
#22               ar(m, 12) = [G4]  '取币种
#23               ar(m, 13) = [B18] '取编制人即 Prepared by
#24           End If
#25       Next
#26       Sheet2.[B65536].End(3).Offset(1, -1).Resize(m, 13) = ar
#27       'Sheet2 就是数据库表格
#28       '[B65536].End(3).Offset(1, -1) 判定要放置数据的单元格的起点,
#29       'Resize(m, 13) 表示以前述已判定要放置数据的单元格的起点为基点,放置到 m 行
'13 列的区域中
#30 End Sub

#01 Sub 报价单 print()   '打印
#02     If [C2] = "" Or [C3] = "" Or [G2] = "" Or [G3] = "" Or [G4] = ""
Or [B18] = "" Then
#03         MsgBox "客户名称、地址、报价单号、日期、币种和编制人必须全部填写完整方
可保存数据。"
#04         Exit Sub
#05     End If
#06     ActiveWindow.SelectedSheets.PrintOut Copies:=1
#07 End Sub

#01 Sub 数据清空()   '清空
#02     Range("C2,C3,G2:G4,A8:A17,B8:B17,C8:C17,D8:D17,E8:E17,B18") = ""
#03 End Sub
```

通过这个实例可知,在众多小型公司中可以使用这种 VBA 代码来处理采购订单、入库单、出库单、出口形式发票、装箱单、销售订单等统一格式化的模板,通用性非常强。

附录 A
用数据标准化思维规范数据

Excel 数据处理的完整流程如下：数据输入→数据存储→数据加工→报表输出。我们使用 Excel 进行数据处理的目的主要有两个：制作报表、图表；利用 Excel 强大的数据分析功能，进行数据分析。

一般 Excel 表格可以分为数据表、报表两大类。

★ 数据表：它就是保存数据的仓库，是记录数据的清单，是一张由行和列组成的一维表格。表格中的一列数据记录一类信息，一行数据记录一个数据对象的多种信息，所以数据表也可被称为"数据库"。

"列"在数据库中被称为"字段"，字段名称在数据表中不能重复，每个字段只记录同一个含义、同一类型的数据。"行"：除去标题行外的一行数据被称为"一条记录"。

★ 报表：它是呈现数据结果的表格，是对基础数据进行加工后形成的表格。报表不仅需要具备直观、易用和容易理解的特点，还需要具备美观、得体的特点。

制作报表的步骤：将所有的基础数据保存在数据表中，再通过公式或者其他手段对数据表中的数据进行归类、汇总和分析，从而得到你所需的报表。

基础数据的规范性是数据管理中最为关键的环节，其在很大程度上决定着报表的质量高低以及数据分析的准确性（本书的多个章节中在数据规范性方面有所涉及，但较为碎片化，这里就以附录的形式来阐述）。数据表的数据存储只需要将"事件"完整记录下来，其在设计理念上也不同于报表。下面分别介绍 Excel 数据规范管理以及如何养成良好的数据处理习惯。

A.1 走出 Excel 数据表设计的误区

具体包括以下各项。

（1）不要让多余的表格名称抢占了数据表的地盘。

如图 A-1 所示是一张物料收发存明细表，我们来解读一下这张表格的不规范之处以及如何规范。

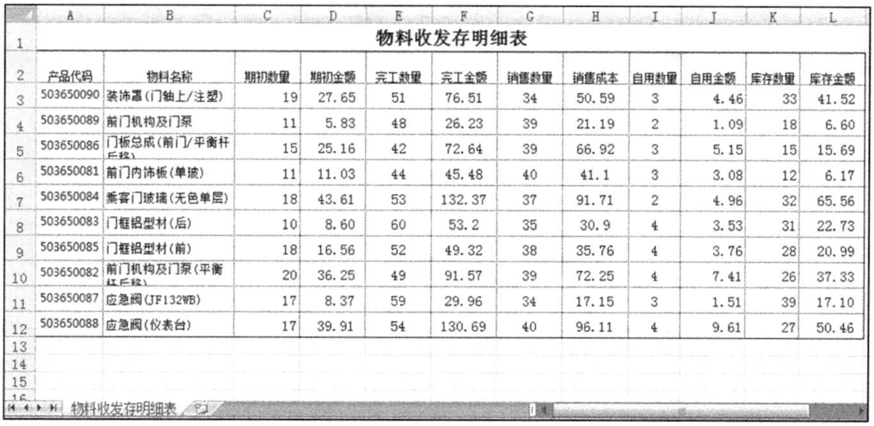

物料收发存明细表

产品代码	物料名称	期初数量	期初金额	完工数量	完工金额	销售数量	销售成本	自用数量	自用金额	库存数量	库存金额
503650090	装饰罩(门轴上/注塑)	19	27.65	51	76.51	34	50.59	3	4.46	33	41.52
503650089	前门机构及门泵	11	5.83	48	26.23	39	21.19	2	1.09	18	6.60
503650086	门板总成(前门/平衡杆	15	25.16	42	72.64	39	66.92	3	5.15	15	15.69
503650081	前门内饰板(单玻)	11	11.03	44	45.48	40	41.1	3	3.08	12	6.17
503650084	乘客门玻璃(无色单层)	18	43.61	53	132.37	37	91.71	2	4.96	32	65.56
503650083	门框铝型材(后)	10	8.60	60	53.2	35	30.9	4	3.53	31	22.73
503650085	门框铝型材(前)	18	16.56	52	49.32	38	35.76	4	3.76	28	20.99
503650082	前门机构及门泵(平衡	20	36.25	49	91.57	39	72.25	4	7.41	26	37.33
503650087	应急阀(JF132WB)	17	8.37	59	29.96	34	17.15	3	1.51	39	17.10
503650088	应急阀(仪表台)	17	39.91	54	130.69	40	96.11	4	9.61	27	50.46

图 A-1

这张表格作为一个基础数据源的表格，不规范之处在于表格名称占用了数据源区域的第一行。在 Excel 数据表的规则中，数据源区域的首行单元格中的内容为数据记录对象的属性字段名称，即列字段放置的区域。列字段也是数据排序、筛选、分类汇总的字段依据。

相信看过本书的读者可以看到，在使用 SQL 读取数据源中的数据时通常默认勾选“数据首行包含列标题”。在数据表首行被表格名称占用的情况下，SQL 语句虽然也能读出数据，但每次刷新数据前需要更改 SQL 语句中的单元格数据区域。如在数据源首行放置数据记录的列标题，则可以省去上述不必要的麻烦，所以表格名称占用数据源的首行对数据表来说并不是一个最佳的选择。

在 Excel 中有多种方式来表示表格名称：命名工作簿、命名工作表（如图 A-1 所示工作表标签中的名称）。如果需要打印数据源表格，也可以在页面设置中自定义页眉，在页眉中设置表格名称。

（2）对合并单元格说“不”：不让多条记录或者多个字段共用一个信息，这是建立数据表的一个基本原则。

图 A-2 中的 C1:D1 单元格用合并单元格共用了一个字段，所以在做数据透视表时通常会弹出如下界面的提示，导致无法生成数据透视表。取消合并单元格，并对列字段进行命名，列字段名也不能为空，否则也会出现如图 A-2 所示的错误提示。

图 A-2

图 A-3 的数据源记录中数据记录对象的 A、B 列使用了合并单元格，虽然也能做出数据透视表，但是结果却是错误的。合并单元格会造成合并区域中除首个单元格有统计对象而合并区域中其他单元格为空的问题，因此，数据透视表中会出现统计对象为"空白"却有数据的现象存在，这些空白对象的汇总数据不知道是哪个统计对象的。

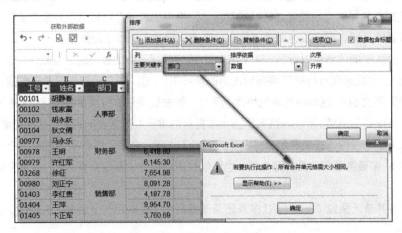

图 A-3

数据表中的合并单元格不仅仅会对数据透视表的使用造成一些困扰，它也会对数据表本身一些功能的使用带来困难，例如合并单元格会造成数据表排序、筛选、分类汇总的功能失效，如图 A-4 所示。

图 A-4

从以上实例可以看出，在数据表中使用合并单元格严重破坏了数据表的数据结构，故在数据表中应全面禁止使用。当然，合并单元格也并非一无是处。合并单元格如果用在报表、报告中，

附录 A　用数据标准化思维规范数据

则会使报表美观、大方、简洁。

（3）数据表中的各类数据应使用规范的格式，杜绝使用斜线表头和多行表头。

使用斜线表头分隔单元格尽管看起来比较美观，但这也是对数据关系的一种严重破坏，多行表头格式也应予以摒弃。对于 Excel 来说，多行表头就必然存在合并单元格，而合并单元格会对排序、筛选、透视等造成障碍。建议使用单行表头。如图 A-5 所示的工资表，其中的姓名和项目用斜线进行了分隔，工资构成及扣除项目都使用了合并单元格，这些都是不规范的数据格式表格。

图 A-5

（4）数据表中的各字段之间或者各记录之间不要人为地插入空白列或空白行。

在数据表中人为地插入空白列或空白行，数据表排序、筛选的功能将失效；还可能导致无法生成数据透视表，或者虽能生成数据透视表，但数据源范围选择存在错误。

如图 A-6 所示是某同事将明细账页导出后经整理形成的一个数据源表格（表格中的人名都采取了虚拟处理），目的是要做一个数据透视表，以便实现对个人借款进行账龄分析。

	A	B	C	D	E	F	G
1		职员	日期	凭证字号	摘要	借方	贷方
2	2月	[1110725]盖地虎	2016/2/26	付 - 151	盖地虎法国出差借款	33,900.00	
3		[1110726]过江龙	2016/2/27	付 - 1051	过江龙黑龙江出差借款	5,000.00	
4		[1110727]青面兽	2016/2/28	付 - 1052	青面兽开封出差借款	3,500.00	
5							
6	3月	职员	日期	凭证字号	摘要	借方	贷方
7		[1110725]盖地虎	2016/3/21	转 - 2151	盖地虎出差报销冲账		23,900.00
8		[1110739]小李广	2016/3/22	付 - 1012	小李广梁山泊出差借款	2,500.00	
9		[1110727]青面兽	2016/3/25	转 - 1052	青面兽出差报销冲账		3,200.00
10							
11	4月	职员	日期	凭证字号	摘要	借方	贷方
12		[1110725]盖地虎	2016/4/21	收 - 215	盖地虎归还备用金		5,000.00
13		[1110739]小李广	2016/4/22	转 - 1012	小李广出差报销冲备用金		2,500.00
14		[1110727]青面兽	2016/4/25	付 - 305	青面兽出差借款	5,000.00	

图 A-6

形成的数据透视表如图 A-7 所示（暂且不论账龄计算）。下面我们就来解读一下该数据透视表中反映了数据源中哪些不规范的问题。

	值	
行标签	求和项:借方	求和项:贷方
[1110725]盖地虎	33900	28900
[1110726]过江龙	5000	
[1110727]青面兽	8500	3200
[1110739]小李广	2500	2500
职员		
(空白)	0	0
总计	49900	34600

图 A-7

从数据透视表及数据源中我们可以看出如下问题点：在整理账页数据时人为地在各月中的数据记录之间插入了一个空白行；每月的数据记录都有各自的标题行；人为地将月份也作为数据记录的列标题。

Excel 数据表根据行和列的连续位置来判别数据之间的关联性，当人为地插入空白行后，Excel 会自动将空白行也作为一条数据记录来对待，所以数据透视表中存在“(空白)”的汇总记录；数据表的列字段行只能有一行，而不能有多行列字段，否则数据表会将除第一行列字段之外的列字段当成数据记录的一部分，故数据透视表中会出现“职员”的记录；人为添加一个 2 月、3 月、4 月的字段可谓画蛇添足，账页中本身就有日期字段，根据日期字段就可以自动生成月份。

由此可见，数据源中的数据记录保持连续性非常重要，如有空白行或者空白列则需要删除。

（5）一个字段只记录一类数据：在数据表中，不能用一个字段来保存多种类型数据，也不能使用多个字段来保存同一属性的数据。

在如图 A-8 所示的数据透视表中，按厂区进行数据透视时会发现，厂区代码会出现重复，查看数据源发现，C 列中的厂区代码有的为文本型数据，有的为常规（数值型）型数据。该列厂区代码的字段属性要么统一为文本型数字，要么统一为数值型数字，不能出现两种或两种以上的数据类型。如果使用函数，就会出现数据汇总错误。

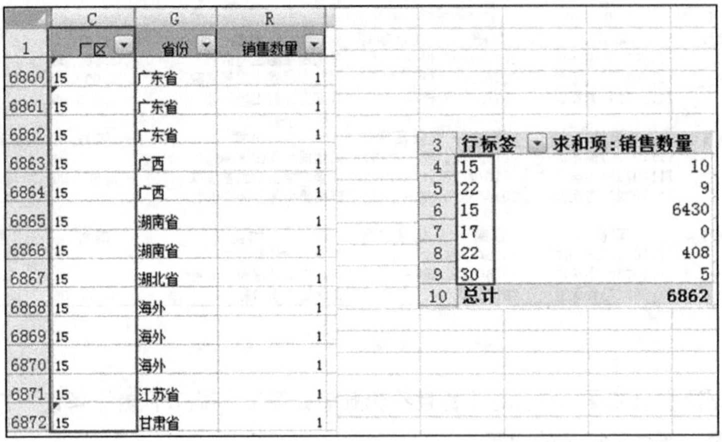

	C	G	R
1	厂区	省份	销售数量
6860	15	广东省	1
6861	15	广东省	1
6862	15	广东省	1
6863	15	广西	1
6864	15	广西	1
6865	15	湖南省	1
6866	15	湖南省	1
6867	15	湖北省	1
6868	15	海外	1
6869	15	海外	1
6870	15	海外	1
6871	15	江苏省	1
6872	15	甘肃省	1

3	行标签	求和项:销售数量
4	15	10
5	22	9
6	15	6430
7	17	0
8	22	408
9	30	5
10	总计	6862

图 A-8

有些日期格式从表面上看完全一样（例如 2016/4/16），但是实际上有的日期数据为日期型数据，有的是文本型数据。可以使用 TYPE 或 ISTEXT 函数判别日期的真伪。

使用多个字段来保存同一属性的数据会导致数据源臃肿，数据冗余。数据源并不一定是字段越多越好。

（6）字符之间不要输入空格或者其他字符：数据本身是什么样的就录入成什么样的，不要在字符首尾或中间添加空格或其他字符，不要使用 Alt+Enter 组合键进行数据换行等不规范操作。

附录 A 用数据标准化思维规范数据

例如某数据源中的销售区域分"国内"和"海外"两种,有些用户就将该列字段命名为"国内/海外"字段而不命名为"国内海外"或者"销售区域",中间加了一个符号"/"。遇到这种中间或者前后加了特殊字符的字段名,在写 SQL 语句时往往需要重命名,增添了不必要的麻烦。

"张燕"写成"张 燕",像这样在数据表中的姓名只有两个汉字时,中间输入空格,也是一种应该摒弃的陋习。

(7)不同位置的同一数据必须完全一致。

对于像公司名称、人名等公用信息,不要使用简写、别称,以便使用函数查找、引用并有利于使用替换等工具。对于工作中不同部门协同的项目或者共同使用的名称也应该使用统一的标准命名,方便数据在部门之间的传递以及共同使用。

在如图 A-9 所示的 C 列部门字段中,有些单元格使用了简称"人力部"、"财务"或者别名"人事部"、"业务部"。尽管同一部门的名称在个人眼里是同一部门,但是 Excel 却要求数据表达规范准确,一就是一,二就是二,来不得半点马虎。图 A-9 中的这种错误可以通过数据验证功能进行规范控制。

	A	B	C	D	E
1	工号	姓名	部门	应发工资	社保公积金
2	00101	胡静春	人事部	4,785.47	178.55
3	00102	钱家富	人力资源部	3,521.37	152.14
4	00103	胡永跃	人事部	8,723.13	872.31
5	00104	狄文倩	人力部	4,743.59	274.36
6	00977	马永乐	财务部	5,785.47	378.55
7	00978	王明	财务部	6,418.80	341.88
8	00979	许红军	财务	6,145.30	614.53
9	03268	徐征	销售部	7,654.98	765.5
10	00980	刘正宁	销售部	8,091.28	809.13
11	01403	李红贵	销售部	4,187.78	418.78
12	01404	王萍	销售部	9,954.70	995.47
13	01405	卞正军	业务部	3,760.69	376.07

图 A-9

(8)为每个统计对象设置一个唯一的标识:例如身份证号、工号、学号、物料代码等。

在公司、学校或其他组织中,姓名重复的可能性比较高,因此,通常利用身份证号、工号、学号对姓名设置唯一的标识。在物料管理中最基本的要求是一物一码,杜绝出现一物多码或一码多物的现象,否则在 Excel 中进行数据比对或汇总容易造成错误。如果用 Excel 管理物料,建议建立物料代码与物料名称的对照表(也可称为物料代码字典)代码。

(9)不要在数据表中对数据进行分类汇总。

数据表作为数据源,并不需要在数据表中一边增加记录,一边进行各种小计、合计的操作。数据源表格中只需增加记录、修改记录就可以了,更何况基础的数据后续还存在着调整的可能。如果其中存在各种小计、合计数据,后续的分类汇总、数据透视表等操作也会导致结果出现错误。

（10）采用 Excel 认同的数据格式，如 Excel 中正确的日期格式为 2016-5-23 或者 2016/5/23，而不要采用 2016.5.23、20160523 等这样非法的日期格式。如果涉及对数据源中的日期进行计算时，这会导致无法计算。如图 A-10 所示，在 C 列和 D 列分别对一些员工的年龄、出生月份使用相关函数进行计算时会出现#VALUE!错误值。

	A	B	C	D
1	姓名	出生日期	年龄	出生月份
2	胡景春	1987.2.5	#VALUE!	#VALUE!
3	刘德华	1980/12/14	35	12
4	于四海	19750630	#NUM!	#NUM!
5	范仲武	1983/8/6	32	8

图 A-10

（11）如果你感觉对数据的管理难度太大，这通常是因为数据库的字段设置不合理造成的。

如图 A-11 所示，上半部分是按日期统计销售出库数量的表格，作为基础的数据源。这种表格的数据结构是不合理的。如果每月都按这种模式去统计数据，后续的数据处理分析会难以为继，全年数据的汇总分析也将非常困难。

其实这些日期值都是日期型数据，因此设置一个“日期”字段，在这个字段中记录具体日期是最佳选择，数据结构应设计为如图 A-11 所示下半部分结构的表格。因此，凡是同一种属性的数据，在数据表中都应该记录在同一列中。

	A	B	C	D	E	F	G	AF	AG
1	商品代码	2016/5/1	2016/5/2	2016/5/3	2016/5/4	2016/5/5	2016/5/6	2016/5/31	总计
2	DFS-001	13	10	15	15	16	15	7	338
3	DFS-002	9	12	8	11	13	5	13	298
4	DFS-003	14	14	6	14	5	15	10	325
5	DFS-004	7	6	13	16	5	16	5	353
6	DFS-005	12	11	12	16	7	15	14	332
7	DFS-006	5	10	15	13	15	14	13	368

错误的表格结构

正确的表格结构

	A	B	C
1	商品代码	日期	销售数量
2	DFS-001	2016/5/1	13
3	DFS-001	2016/5/2	10
4	DFS-001	2016/5/3	15
5	DFS-001	2016/5/4	15
6	DFS-001	2016/5/5	16
7	DFS-001	2016/5/6	15
8	DFS-001	2016/5/7	7
9	DFS-001	2016/5/8	11
10	DFS-001	2016/5/9	14
11	DFS-001	2016/5/10	10

图 A-11

在设计数据表格时应围绕数据记录的主角展开，数据表字段按照业务流程节点的先后顺序由左向右进行排列。

以物料采购流程为例，采购流程一般包括采购需求生成、询价比价、采购订单、验货入库、

附录 A 用数据标准化思维规范数据

发票、付款等若干环节。这个流程看似环节众多，但贯穿该流程的主角只有物料这一个角色，其余的字段都是围绕物料这个字段展开的。如果需要对采购流程用一张表格进行记录，则需要将反映物料的字段如物料代码、物料名称排在数据表中最开始的前两列中。在这个流程中，可根据管理需要添加提出需求日期、询价日期、订单日期、入库日期、发票日期、付款日期等有关日期字段和需求数量、订单数量、入库数量、发票中的物料开票数量以及金额等其他字段，根据日期进行应付账款账龄计算，入库日期结合生产流程可计算物料账龄，也可以用来考核流程执行效率等其他辅助性指标。

（12）列字段名称不要重复，字段名称要唯一。

如果有多个同类型数据（如图 A-12 所示的表格），多列字段名称都是销量和金额，虽然数据透视表能接受同样的表头，在数据透视表的结果页面会自动加上序号，但是这在进行统计汇总时会造成很大的困扰：不知道哪个序号所统计的数据对应着数据源中哪列数据所需统计的结果。

	A	B	C	D	E	F	G	H
1	姓名	商品	销量	金额	销量	金额	销量	金额
2	袁林	萝卜	602	5,605.00	166	8,973.00	350	7,916.00
3	余维俭	青菜	808	6,254.00	381	9,388.00	711	6,139.00
4	曾鑫雯	土豆	993	7,909.00	528	5,512.00	775	2,196.00
5	余小康	西瓜	384	9,221.00	881	8,067.00	554	5,321.00
6	余小玲	板栗	356	3,368.00	876	3,189.00	111	3,780.00
7	叶焕元	香蕉	745	1,734.00	726	2,026.00	330	9,495.00
8	姚高伟	苹果	341	7,825.00	611	8,957.00	282	9,231.00

图 A-12

（13）币种和金额、数值和单位不能放在同一个单元格里。

如图 A-13 所示的表格 B 列数据，币种和金额在一起显示，单元格的数据格式不统一，在对客户统计金额时往往需要按币种进行统计。显然，这种数据格式无法达到要求。币种应单独一列进行呈现，金额这一列应统一成常规、数值或者会计专用格式。也就是币种和金额应分为两列呈现，在后续汇总统计时才不会出现错误。

	A	B
1	客户	金额
2	F1	€ 2,930.000
3	F2	€ 12,309.000
4	F3	JPY 5,800.00
5	F1	€ 520.000
6	F4	JPY 1,778.00
7	F5	€ 405.025
8	F2	$9,750.00

图 A-13

（14）数据表列字段的下一行不要出现为了表示数据关系的数字序号和计算表达式。

如图 A-14 所示这种结构的表格，在分类汇总、排序或者做数据透视表时，也容易出现错误。数据透视表也会将这种标记的项目栏位作为数据记录进行统计，最终造成数据错误或者无法生成数据透视表。所以，必须清除这种数字序号和表示数据关系的计算表达式。

	A	B	C	D	E	F	G	H	I
1	产品	材料费	啤费	油漆费	喷油费	丝印	包装费	管理费	加工费
2		1	2	3	4	5	6	7	2+4+6
3	A1	7	0.56	0.68	0.72	0.13	0.54	0.81	1.82
4	A2	9	0.65	0.85	0.88	1.19	1.6	0.88	3.13
5	A3	1	1.26	0.22	0.88	0.52	1.23	0.67	3.37
6	A4	11	0.72	0.94	0.67	0.68	1.23	0.41	2.62
7	A5	9	1.24	0.3	0.36	1.1	0.96	1.02	2.56

图 A-14

（15）相同结构的数据不要记录在不同的工作簿或工作表中。

如图 A-15 所示，全年 12 个月的基础数据分别记录在 12 张工作表中，由于各月数据不在同一工作表中，很显然进行全年汇总、筛选、排序、对比远不如在一张工作表中方便、快捷。Excel 自 2007 版开始的最大行数已经达到 1 048 576 行，对于一般公司足够使用了。只需在一张工作表中加上“销售日期”这个字段替换掉原来的“月份”字段就可以了。

	A	B	C	D	E	F	G	H	I
1	月份	品种	销量	单价	金额				
2	1	P6540-E	3	13.21899854	39.66				
3	1	P6540-D	4	13.40479975	53.62				
4	1	P6590-H	4	16.94188036	67.77				
5	1	P6540-E	20	13.21899854	264.38				
6	1	P6540-E	16	13.21899854	211.5				
7	1	P6540-D	17	13.40479975	227.88				

1月 | 2月 | 3月 | 4月 | 5月 | 6月 | 7月 | 8月 | 9月 | 10月 | 11月 | 12月

图 A-15

（16）数据表应尽可能地避免使用外部链接。使用外部链接，不但影响表格的打开速度，而且当工作簿移动或删除时，还容易出现断链，不易于查找和修复。

（17）数据表不宜大量使用批注，最好使用备注字段。

一般对少量特殊的单元格内容可以使用批注进行特别说明，但是如果在大范围内使用批注就得不偿失了。Excel 批注中内容的查找、筛选远不如在列字段中记录方便、快捷，故可设置“备注”字段。“备注”字段一般位于数据表中的最后列，在“备注”字段中进行说明有利于筛选、查找。

A.2 在使用 Excel 的过程中养成良好的数据处理习惯

具体包括以下各项。

（1）不将不同的工作表格放入同一张工作表中。

同一张工作表中只反映一个主题，不能有多个主题的表格分布在一张工作表中，为了检查处理数据、校验数据而临时使用的除外。

（2）恰如其分地估算是否适合使用 Excel。

对因文字过多而需要进行大量文字编排的，建议使用 Word。

Office 系列中各个组件的分工有所不同：Excel 擅长处理数据，Word 是用来处理文字的工具，PPT 则侧重于演示汇报。因此，专业的工作应使用专业的工具来处理，不要把 Excel 当成 Word 或 PPT 来使用。

随着 Excel 的不断完善优化，Excel 工作表记录的数据量可高达 1 048 576 行，数据量特别大时也可以使用 Excel 进行存储。但不建议在数据表中直接进行操作，可以使用 SQL、VBA 等工具在数据表所在工作簿之外的工作表中进行处理。出于安全和稳定性考虑，建议数据量特别大时使用数据库管理。

（3）对数据量大、操作步骤多、数据源复杂，特别是有重要数据的，在执行数据分析与处理后，应进行抽查或对结果进行检查。抽查方式为随机的，但一般包括前、中、后及有特殊格式的数据条。对结果的检查应采取不同的方式进行（如对总计或总和进行检查），避免检查思路与操作思路一致。

（4）对数据进行分析处理前应进行备份（保存在不同工作簿中），不破坏原始数据，便于处理完毕后核对；数据处理过程中及时保存数据。

不少用户在接收到外来数据时，往往是在接收的数据源上直接进行处理，没有对外来原始数据进行相应的备份。由于经过多个步骤进行处理，因此，一旦中间某个环节出现失误，就无法将数据恢复到最初的状态。面对此种情况，人们也只能追悔莫及，且束手无策。更致命的是这样的数据处理方式无法验证结果的正确性。因此，建议接收外部数据时首先进行备份；对数据分析处理时，在进行多个操作步骤后应保存，避免死机等意外情况后再重复处理数据。

（5）共享的重要数据即时备份。

很多公司都有公共盘存储数据，以供其他同事或者其他部门使用数据。但是公共盘上的 Excel 文件如果没有完善的权限控制，很难避免误操作删除数据或者误修改数据的情况出现。因此，在文件存放于公共盘前，数据提供者应在本机上做好备份。

（6）尽量不要大范围使用计算量大的条件格式、数据验证、数组公式，大量使用它们会明显降低 Excel 表格的计算速度。

（7）掌握一些常见的异常数据清理方法来规范数据源，在这方面的知识与技巧可参见 2.6 节中的相关介绍。

（8）数字及文本的对齐方式请使用 Excel 默认的格式，利用拆分窗口、冻结窗口的功能，以免为看到标题行而大量滚屏。

（9）当工作簿中的工作表较多时，应建立报表目录链接，以便快速选取工作表和来回切换工作表。

（10）函数使用方面：当要求数据准确时，务必在函数的最外层加上 ROUND 函数，以避免出现四舍五入、浮点运算导致的误差；报表中的计算公式出现#DIV/0!、#VALUE!、#N/A 等错误值时，如无特别需要，应使用 IFERROR 等函数屏蔽错误值。

（11）多人协作时需要赋予适当的权限。当工作表要提交给他人（多人）填写时，养成保护工作表、锁定单元格以及对特定单元格设定数据验证的习惯，以避免他人的错误操作影响报表的汇总；对于共享的数据表应根据需要给不同的用户设置完全控制、修改、读取和执行、读取、写入等权限，如图 A-16 所示。

图 A-16

（12）数据钩稽关系的检查。如果一个工作簿中有多张工作表，数据之间具有比较严密的钩稽关系，则应在工作表中反映出这些钩稽关系，并且设置相关公式来校验数据关系是否正确。

（13）报表美观原则。报表是呈现数据结果的表格，不像数据表那样只局限于一维数据的表格。在报表中可以使用合并单元格、多表头、斜线等进行美化。但报表的设计应力求结构合理、层次清晰、重点突出、排版美观，方便阅读与打印。